Résoudre le Puzzle du Climat

Résoudre le Puzzle du Climat

Le rôle surprenant du soleil

Javier Vinós

Critical Science Press

Madrid

2023

Photo de couverture : iStock.com/magann
Conception de la couverture : Javier Vinós

L'auteur tient à remercier Catherine Raulo pour sa révision du texte français

Publié par Critical Science Press
ISBN : 978-84-127783-3-5 (Broché)

MATIÈRES

LISTE DES FIGURES

Pièces du Puzzle

Figures

Tableaux

PRÉFACE

La température moyenne de la Terre s'est accrue de l'ordre du degré C en un siècle. Dans le même temps, la concentration de dioxyde de carbone dans l'atmosphère a augmenté de 0,03 % à 0,04 %. Est-ce suffisant pour justifier le syllogisme un peu simpliste : « donc l'augmentation de température est due aux émissions de CO_2 » ? Cette relation semble d'autant moins convaincante qu'une bonne partie du réchauffement est intervenu avant 1945, année marquant le début de l'accélérations des émissions, dans une période où elles représentaient à peine le dixième de ce qu'elles sont devenues de nos jours. Comme le recommande l'Organisation des Nations Unies et l'Union Européenne, est-il alors à ce point urgentissime sur ce prétexte des plus fragile d'euthanasier d'ici 2050 le volet énergétique de l'économie qui, à plus de 80 %, reste alimenté par des ressources fossiles ? Une des conséquences serait d'amplifier une crise énergétique déjà dramatique pour certains de nos contemporains. Demander à chacun davantage de sacrifices est pour les plus démunis synonyme de précarité, curieusement rebaptisée sobriété. Le consensus scientifique à ce sujet est-il aussi réel que l'on se plait un peu trop à nous le rabâcher ? L'augmentation de la concentration de CO_2 dans l'atmosphère mesurée à l'Observatoire de Mauna Loa, la référence selon le GIEC, n'a été que de 0,5 ppm (partie par million) en 1992, année plus froide due aux émissions d'aérosols suite à l'éruption du volcan Pinatubo, alors qu'elle a atteint 3 ppm en 1998 et en 2016, années plus chaudes dues à un phénomène El Niño dans l'Océan Pacifique. Difficile dans ces conditions d'incriminer les seules émissions qui restent loin d'une année à l'autre de varier dans une telle proportion de 1 à 6. Quelle fraction de l'augmentation de CO_2 atmosphérique conviendrait-il alors d'imputer à la combustion des ressources fossiles ? S'ajoute à cette question les incertitudes sur l'impact des émissions sur la température. Lorsqu'un facteur aussi élevé que 3 sépare les projections de modèles de climat retenus par le Groupe d'experts intergouvernemental sur l'évolution du climat (GIEC) quant à la température qui serait atteinte à la fin du siècle, on est en droit de se poser la question de leur validité et surtout lequel serait fiable si tant est qu'il y en ait un, ce que se garde bien de trancher l'organisme ; ce d'autant plus que les projections sont supérieures aux observations. De tels écarts apparaissent trop considérables pour relever de la prédiction scientifique commune. Ils sont pour partie dus à des hypothèses contradictoires concernant l'amplitude et le signe positif ou négatif de rétroactions de la vapeur d'eau, de loin le principal gaz dit « à effet de serre », et des nuages. Comme le montre l'auteur dans la figure 86 (chap. 49), les modèles sont en désaccord de 3 °C concernant la température de la Terre. Et c'est avec une telle incertitude que l'on prétend nous convaincre de limiter à 1,5 °C l'augmentation de température…

Le prétendu « consensus » n'est autre qu'un argument essentiellement politique mis en avant justement en l'absence de démonstration scientifique. A l'ère des fausses certitudes, l'ouvrage rappelle que le scepticisme doit rester au cœur de toute recherche scientifique. Son tour de force est de s'atteler à une démonstration compte-tenu de l'extrême complexité du système climatique et d'en décortiquer en particulier les composantes naturelles, grandes oubliées des rapports du GIEC, trop obnubilé qu'il est par son instruction à charge contre le bouc émissaire de service. L'ouvrage se base sur une abondante littérature publiée dans des revues internationales à comité de lecture. Les nombreuses citations sont précieuses. Sans déflorer toute la rigueur scientifique conjuguée à la subtilité et à la profondeur de l'argumentaire de ce livre, on ne peut qu'encourager le lecteur à découvrir la façon magistrale dont sont agencés et assemblés les pièces du gigantesque puzzle climatique. L'auteur rappelle à ce propos la fable des aveugles qui rencontrent un éléphant. Selon celui qui se charge d'examiner uniquement la trompe, ou une patte, l'oreille ou la queue, la description de l'animal sera très différente. Le message sous-jacent de cette histoire est que la réalité peut se présenter sous différentes formes si elle ne s'inscrit pas dans une perspective globale. C'est une telle construction n'éludant aucune observation qui fait la force de l'ouvrage. Il reste pédagogique dans la mesure où il consacre 16 chapitres à préciser chacune de 16 pièces du puzzle. L'une d'entre elles par exemple souligne la relation habituellement ignorée entre séquences montante puis descendante d'un cycle de taches solaires comparées aux phases El Niño et La Niña du phénomène observé sous les tropiques dans l'Océan Pacifique. Il a pour conséquence de formidables transferts de chaleur qui impactent la météorologie mondiale. C'est loin d'être le seul rôle du soleil. L'auteur montre de façon convaincante qu'en dépit d'une faible variabilité de l'irradiance solaire qui a amené le GIEC à négliger l'importance de notre astre, il joue une partition essentielle par exemple à travers le mécanisme de transfert de chaleur de l'équateur vers les pôles, l'Arctique en particulier, et ses évolutions.

Sans un minimum de CO_2 et sans le soleil, tous deux acteurs aussi indispensables qu'irremplaçables de la photosynthèse des plantes, il n'y aurait plus de végétation sur Terre et disparition de la vie telle que nous la connaissons. Un tiers de nos émissions de CO_2 enrichissent la biomasse végétale en général et favorise la croissance des plantes nutritives en particulier, céréales, fruits et légumes. Sans doute n'est-il pas inutile de le rappeler dans le contexte d'un doublement de la population mondiale ces cinquante dernières années ; des jeunes en particulier qui aspirent à manger à leur faim.

François Gervais
Directeur de recherche CNRS au Centre de Recherches sur la Physique des Hautes Températures, puis Professeur des universités
Ancien directeur-fondateur du laboratoire UMR CNRS 6157
Accrédité expert reviewer par le GIEC pour ses derniers rapports AR5 puis AR6
www.univ-tours.fr/annuaire/m-francois-gervais
Tours, France, 3 novembre 2023

Préface à l'Édition Anglaise

Dans son nouveau livre, « *Résoudre le puzzle du climat. Le rôle surprenant du soleil* », Javier Vinós a réalisé une synthèse magistrale des faits observés sur le climat de la Terre et des théories proposées pour expliquer ces faits. Il s'agit d'un livre long de 400 pages, mais qui vaut la peine d'être lu rien que pour ses excellents graphiques. Les abondantes citations d'articles originaux ajoutent à la longueur de l'ouvrage, mais les références constituent une ressource précieuse. Je ne connais pas d'autre livre qui présente autant de faits détaillés et intéressants sur le climat de la Terre, aujourd'hui, dans le passé et ce qui pourrait arriver dans le futur. Les théories de l'ère glaciaire actuelle sont examinées en profondeur, en commençant par les travaux pionniers de Milankovitch, vieux d'un siècle. Les divers indicateurs du climat passé sont examinés en profondeur, y compris le radio-isotope ^{14}C, qui indique une influence du soleil bien plus importante que ne l'admet le dogme actuel. Et bien d'autres choses encore, toutes présentées avec une clarté qualitative admirable. L'accent est moins mis sur les détails quantitatifs, ce que de nombreux lecteurs apprécieront. Le message le plus convaincant est que la focalisation maniaque sur le dioxyde de carbone (CO_2) en tant que « bouton de contrôle » du climat de la Terre est une profonde illusion. Vinós l'appelle « l'hypothèse de l'effet de serre renforcé ». Après plusieurs décennies de recherche et des dizaines de milliards de dollars dépensés, la mesure quantitative de l'influence du CO_2 sur le climat par le biais d'un effet de serre renforcé est aussi peu connue aujourd'hui qu'elle l'était en 1908 lorsque Svante Arrhenius estimait dans son livre « *Worlds in the Making* » que la surface de la Terre se réchaufferait de S = 4 °C si les concentrations de CO_2 dans l'atmosphère étaient doublées. Une estimation typique de l'establishment alarmiste climatique d'aujourd'hui est à peu près la même : 3 °C ! *Parturient montes, nascetur ridiculus mus !*[1]

Il est très difficile de défendre une sensibilité climatique aussi élevée que 3 °C. La plupart des estimations des effets directs et « instantanés » d'un doublement de la concentration de CO_2, soit une augmentation de 100 %, impliquent une diminution du rayonnement vers l'espace d'environ 1 % seulement. En raison de T^4 dans la loi de Stefan-Boltzman sur le rayonnement isotherme du corps noir, qui est toujours approximativement valable pour la Terre avec ses gaz à effet de serre, une diminution de 1 % du flux peut être compensée par une augmentation de 0,25 % de la température absolue T. Une valeur approximative de T est d'environ 300 K, de sorte que l'augmentation de la température sans rétroaction par le doublement du CO_2 devrait être d'environ 0,75 K ou S = 0,75 °C. Pour obtenir une sensibilité politiquement correcte, disons S = 3 °C, les rétroactions positives doivent augmenter ce chiffre d'un facteur 4 ou 400 %. Or, la plupart des rétroactions naturelles sont négatives, et non positives, selon le principe de Le Chatelier.

---

[1] Une montagne devait enfanter, une petite souris ridicule est née. De l'accouchement d'une montagne. Esope.

Le livre montre clairement que les modestes changements de température observés au cours du siècle dernier, alors que la concentration de CO_2 dans l'atmosphère est passée d'environ 280 parties par million (ppm) en 1850 à environ 430 ppm aujourd'hui, sont comparables à de nombreux changements de température similaires qui se sont produits au cours de la période interglaciaire dans laquelle nous vivons aujourd'hui. Aucun des changements de température susmentionnés n'a pu être causé par les émissions humaines de CO_2. Une partie du réchauffement actuel peut être due à des augmentations de CO_2 induites par l'homme, mais une grande partie est probablement due à des causes naturelles.

L'affirmation selon laquelle le réchauffement actuel constitue ou constituera une menace existentielle pour l'humanité n'est pas étayée par des données scientifiques crédibles. Au contraire, l'augmentation du CO_2 atmosphérique devrait s'avérer très bénéfique pour la vie sur Terre, car le CO_2 supplémentaire a un effet très positif sur la productivité de l'agriculture, de la sylviculture et de la vie photosynthétique en général.

Comme le montre clairement le livre, le climat change constamment, souvent de façon plus spectaculaire que les changements modestes observés depuis 1850. Quelle est la cause de ces changements ? La réponse à cette question a été repoussée d'au moins 50 ans par le dogme politiquement imposé selon lequel le CO_2 est le bouton de contrôle du climat. Dans une sorte de loi de Gresham scientifique, une « théorie de l'effet de serre renforcé » avilie et dictée par la politique supplante les théories concurrentes fondées sur l'étalon-or d'une science d'observation solide.[2] Le livre décrit une théorie plausible impliquant le soleil : « l'hypothèse du gardien d'hiver », mais il en existe d'autres tout aussi plausibles qui devraient être prises au sérieux.

Ce livre devrait fortifier le cœur des décideurs politiques courageux pour qu'ils se lèvent et résistent à ce dernier *« délire populaire extraordinaire et à la folie des foules »*, pour paraphraser le titre de l'ouvrage classique de Charles MacKay qui décrit avec justesse l'actuelle « urgence climatique ».

William Happer
Professeur émérite de physique Cyrus Fogg Brackett, Université de Princeton
Ancien directeur de l'Office of Science du ministère de l'énergie
Princeton, NJ, États-Unis
22 octobre 2023

---

[2] La loi de Gresham est un principe monétaire selon lequel « la mauvaise monnaie chasse la bonne ».

ABRÉVIATIONS

- Unités -

Δ : Delta, lettre grecque signifiant « changement de » lorsqu'elle est utilisée avec des magnitudes.

Gt : Gigatonne, milliard de tonnes.

hPa : Hectopascal, cent pascals. Unité de pression égale au millibar.

km : Kilomètre

mBar : Millibar

nm : nanomètre, milliardième partie (10^{-9}) d'un mètre.

ms : Milliseconde, un millième de seconde.

µm : micromètre, un millionième (10^{-6}) de mètre.

ppm : parties par million.

PW : Petawatt, mille milliards (10^{15}) de watts.

TW : Terawatt, mille milliards (10^{12}) de watts.

- Formules -

CO_2 : Dioxyde de carbone

- Acronymes -

av. J.-C.   :Avant Jésus-Christ. Indique un nombre d'années avant le début de l'ère chrétienne dans le calendrier grégorien.

AMO : Oscillation multidécennale de l'Atlantique.

apr. J.-C. :Après Jésus-Christ. Indique un nombre d'années depuis le début de l'ère chrétienne dans le calendrier grégorien.

AR : Assessment Report (rapport d'évaluation publié par le GIEC).

CMIP : Projet de comparaison de modèles couplés.

GES : Gaz à effet de serre.

HadCRUT : Hadley Climate Research Unit Temperature (Unité de recherche sur le climat de Hadley).

HN : Hémisphère Nord.

HS : Hémisphère Sud.

GIEC : Groupe d'experts intergouvernemental sur l'évolution du climat.

KNMI : du néerlandais, Institut météorologique des Pays-Bas.

LOD : Length of day (durée de la journée).

NASA : National Aeronautics and Space Administration (Administration nationale de l'aéronautique et de l'espace).

NOAA : National Oceanic and Atmospheric Administration (Administration nationale des océans et de l'atmosphère).

ONU : Organisation des Nations unies.

PDO : Oscillation décennale du Pacifique.

QBO : Quasi-Biennial Oscillation (oscillation quasi-biennale).

QBOe : phase de vent d'est de l'oscillation quasi-biennale.

QBOo : phase de vent d'ouest de l'oscillation quasi-biennale.

SILSO : Indice des taches solaires et observations solaires à long terme.

UV : Ultraviolet.

ZCIT : Zone de convergence intertropicale.

CHAPITRE 1
INTRODUCTION

Une science sans équivoque

Au cours des dernières décennies, un dogme incontesté a prévalu dans le monde entier, constituant un formidable défi à la diversité de pensée et d'expression qui a historiquement enrichi et nourri la culture et le progrès scientifique. Ce dogme affirme que les humains mettent gravement en danger la vie sur la planète et notre existence même par leurs émissions de CO_2. Récemment, des revues médicales de premier plan et l'Organisation mondiale de la santé ont identifié le changement climatique comme *« la plus grande menace pour la santé mondiale au 21ᵉ siècle ».*[3] Il est vraiment étonnant de trouver une telle caractérisation, surtout au lendemain d'une pandémie qui pourrait avoir tué 18 millions de personnes.[4]

Le plaidoyer passionné des rédacteurs en chef des revues de santé du monde entier en faveur d'une action immédiate pour atténuer la hausse des températures souligne une affirmation essentielle : le consensus scientifique est sans équivoque. Le dernier rapport du Groupe d'experts intergouvernemental sur l'évolution du climat (GIEC) affirme sans équivoque que l'homme est responsable du réchauffement de la planète. Cette conclusion repose sur l'affirmation que le réchauffement observé est principalement dû aux émissions des activités humaines et que le réchauffement induit par les gaz à effet de serre est partiellement masqué par le refroidissement dû aux aérosols.[5] Le GIEC conclut que les activités humaines sont sans équivoque à l'origine du réchauffement climatique. Cependant, en tant que scientifique, je suis bien conscient que la science est rarement univoque sur des questions scientifiques mal comprises et très complexes telles que le changement climatique.

Il y a près de dix ans, j'ai entrepris de trouver les preuves supposées concluantes que nos émissions sont le principal moteur du changement climatique observé, et pas seulement un facteur contributif. Étant donné que l'on nous demande à tous de faire des sacrifices pour réduire les émissions, il est essentiel que nous soyons bien informés de ces preuves cruciales. Cependant, mes recherches n'ont pas abouti à une réponse claire et directe. Elle m'a plutôt conduit à la notion de consensus scientifique et à des modèles informatiques. J'ai trouvé cette réponse insatisfaisante parce que le progrès scientifique vient de la remise en question du consensus établi, et non de son acceptation passive. Sinon, nous pourrions continuer à croire que la Terre est le centre de notre sys-

---

[3] Atwoli, L., et al, 2021. N. Engl. J. Med. 385 pp.1134-1137.
doi.org/10.1056/NEJMe2113200 **En entrant la séquence complète du digital object identifier dans la barre d'adresse d'un navigateur web, vous accéderez à l'article cité.**

[4] Wang, H., et al, 2022. The Lancet, 399 (10334), pp.1513-1536.
doi.org/10.1016/S0140-6736(21)02796-3

[5] IPCC AR6 Climate Change 2023 : Synthesis Report, pg.43.
doi.org/10.59327/IPCC/AR6-9789291691647

tème solaire. De plus, il est largement reconnu que les modèles climatiques ne sont pas exempts de défauts. Pour ceux qui ne le savent pas, je vous invite à lire ce livre, où je montre en détail comment les scientifiques eux-mêmes reconnaissent ces défauts.

Nous devons reconnaître que, si les modèles informatiques sont des outils précieux pour générer des idées et élargir les connaissances, ils n'ont pas de lien direct avec la réalité physique car ils sont le fruit de l'esprit humain. Leurs limites inhérentes sont évidentes lorsque l'on considère la possibilité que différents modèles produisent des résultats contradictoires, ce qui démontre clairement qu'ils ne fournissent pas de preuves scientifiques. Il est très peu probable que les résultats des modèles actuels soient valables dans deux décennies, alors que les preuves scientifiques recueillies par les astronomes babyloniens il y a plus de deux millénaires sont encore valables aujourd'hui.

Ma quête inlassable pour comprendre les causes du changement climatique m'a pris neuf ans et a impliqué un examen rigoureux de milliers d'articles scientifiques pertinents. J'ai appliqué avec intégrité la stricte méthode scientifique aux preuves présentées dans les articles, en ignorant les opinions de leurs auteurs. À de nombreuses reprises, j'ai obtenu les données de ces articles et je les ai retraitées et analysées de diverses manières. L'aboutissement de ce travail ardu est le livre que vous tenez entre les mains.

Contrairement à de nombreux ouvrages qui se contentent de « raconter » la science du changement climatique, ce livre tente de « montrer » les preuves et les données concrètes qui étayent une autre interprétation de cette science. En adoptant cette approche, le lecteur peut tirer ses propres conclusions sur la base des preuves présentées, plutôt que de se fier uniquement aux points de vue des autres. Il est vrai que ce livre est plus complexe que d'autres sur le même sujet et qu'un certain niveau de connaissances scientifiques peut certainement améliorer la compréhension de son contenu. Cependant, j'ai essayé de maintenir un équilibre en gardant le matériel *« aussi simple que possible, mais pas plus »*.[6] S'il est vrai que tous les lecteurs ne comprendront pas toutes les facettes de ce livre, il ne fait aucun doute que tous les lecteurs en sortiront avec une compréhension approfondie de la science du climat. Même les climatologues les plus éminents découvriront de nouvelles perspectives dans ces pages, étant donné la nature en constante évolution de ce domaine complexe, dont personne ne peut prétendre avoir une connaissance exhaustive.

Le changement climatique, une question scientifique

D'un point de vue scientifique, le changement climatique est essentiellement un changement énergétique. Pour que le climat global change à la surface de la planète, il faut qu'il y ait un changement dans le contenu énergétique de la couche supérieure de l'océan, de la surface et de la basse atmosphère. En particulier, le réchauffement climatique dépend d'une augmentation du contenu énergétique de cette partie de la planète. Cela limite les causes possibles du changement climatique et nécessite une compréhension approfondie de l'énergétique du système. Ce livre se concentre sur l'énergie car le changement climatique y est inextricablement lié.

---

[6] Citation attribuée à Albert Einstein.

Les recherches des climatologues portent principalement sur le changement climatique induit par l'homme, le GIEC ayant été créé en 1988 pour répondre à la *« crainte que certaines activités humaines ne modifient le régime climatique mondial, ce qui constituerait une menace pour les générations actuelles et futures ».*[7] *« Le rôle du GIEC est d'évaluer les informations scientifiques permettant de comprendre les fondements scientifiques du risque de changement climatique d'origine humaine ».*[8] Outre l'évaluation de ces informations, la décision des Nations unies de 1988 d'approuver le GIEC a déclenché l'une des explosions les plus spectaculaires de la recherche scientifique. Depuis 1988, le nombre d'articles publiés chaque année sur le changement climatique a été multiplié par 50 (fig. 1, ligne noire).[9] Un nouveau créneau scientifique a été créé, qui est passé d'une situation presque négligeable à une situation où plus de 25 000 scientifiques y travaillent, ce qui représente 0,3 % de l'ensemble de la production scientifique (fig. 1, ligne grise en pointillés).[10] Et ce créneau continue de croître.

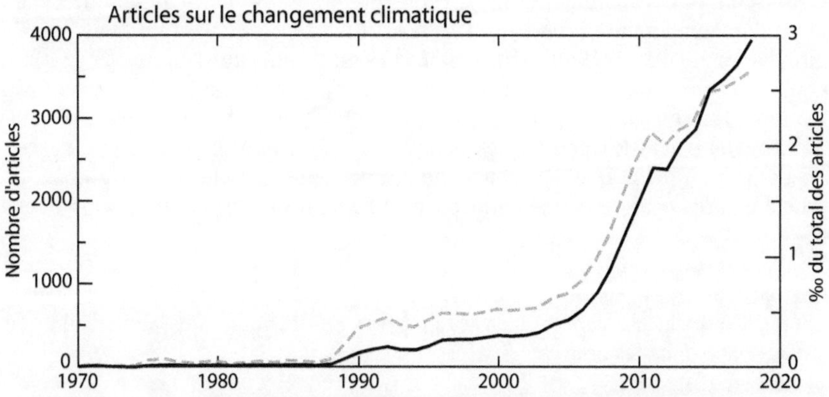

Figure 1. Nombre et proportion d'articles scientifiques sur le changement climatique.

Le climat a toujours subi des changements naturels, mais malgré les affirmations contraires, nous ne comprenons pas encore parfaitement les raisons et les mécanismes exacts de ces changements naturels. Il existe plusieurs hypothèses, mais nous ne savons toujours pas pourquoi le petit âge glaciaire, la période la plus froide des 10 000 dernières années, s'est produit entre 1300 et 1845. De même, nous ne pouvons pas expliquer complètement le réchauffement prononcé du début du 20e siècle ni la fonte importante des glaces de l'Arctique entre 1915 et 1930, suivie d'une tendance au refroidissement jusqu'aux années 1980. Il s'agit là de faits bien établis qui continuent d'échapper à toute explication adéquate.

Au cours des neuf dernières années, je me suis consacré à l'étude approfondie du changement climatique naturel. Pour ce faire, j'ai consulté des milliers

---

[7] Assemblée générale des Nations Unies, quarante-troisième session, supplément n° 53. 70e séance plénière. 6 décembre 1988.

[8] Principes du GIEC. www.ipcc.ch/site/assets/uploads/2018/09/ipcc-principles.pdf

[9] Klingelhöfer, D., et al, 2020. Environ. Sci. Eur. 32, pp.1-21. doi.org/10.1186/s12302-020-00419-1

[10] Le nombre de scientifiques et de chercheurs dans le monde est estimé à 8,8 millions.

d'articles scientifiques et examiné de près des preuves issues de 800 000 ans d'histoire du climat, ce qui m'a permis de devenir un expert en la matière.[11] J'en suis arrivé à la conclusion que certains processus essentiels impliqués dans le changement climatique naturel nous échappent encore. Plutôt que d'essayer d'adapter les preuves à des notions préconçues, j'ai suivi les principes que l'on m'a enseignés en tant que scientifique, qui consistent à laisser les preuves s'accumuler et guider notre compréhension. Cette approche implique d'être ouvert à toutes les preuves disponibles et d'envisager toutes les explications possibles avant de formuler une hypothèse qui corresponde à toutes les preuves. Cette méthode scientifique saine nous permet d'éviter de tomber dans le piège du biais de confirmation, une tendance inhérente à l'esprit humain. Comme l'a expliqué Sherlock Holmes, *« chercher une explication avant de connaître tous les faits est une erreur capitale. Le jugement s'en trouve faussé ».*[12]

Ce que j'ai découvert sur la façon dont le climat change naturellement n'est pas ce que je pensais trouver au début du processus, et c'est le sujet de ce livre. Comme nous l'avons déjà indiqué, l'énergétique du système climatique est au cœur du changement climatique. Parmi les divers processus impliqués dans la circulation de l'énergie dans le système climatique, l'un d'entre eux est mal compris et presque entièrement négligé en ce qui concerne le changement climatique. Il s'agit du transport méridien, qui implique le transport net de chaleur de l'équateur vers les deux pôles dans la direction méridienne. De nombreux éléments indiquent que les changements de cette caractéristique climatique cruciale sont le moteur inattendu du changement climatique que nous avons négligé.

Un signe convaincant de la justesse de l'hypothèse découlant directement des preuves est sa capacité à expliquer l'énigmatique influence solaire sur le climat. Cet effet est visible dans les archives paléoclimatiques, mais brille par son absence dans les archives instrumentales modernes.

L'objectif de ce livre est de présenter des preuves convaincantes qui remettent en question les visions simplistes du changement climatique qui sont souvent proposées. Il présente une nouvelle hypothèse qui met en lumière une cause jusqu'ici inexplorée du changement climatique : la quantité variable de chaleur transportée vers les pôles, qui est influencée par toute une série de facteurs. Cette hypothèse, connue sous le nom de « gardien d'hiver », souligne l'importance du transport de chaleur et de son impact climatique, en particulier pendant l'hiver. Des facteurs clés tels que l'activité solaire agissent comme des gardiens, régulant la quantité de chaleur transportée.

L'hypothèse du gardien d'hiver, fondée sur des preuves, est comparée à l'hypothèse populaire de l'effet renforcé du CO_2, fondée sur des modèles, afin de déterminer dans quelle mesure chacune de ces hypothèses explique les changements climatiques passés connus.

Il ne fait aucun doute que je souhaite personnellement que cette hypothèse soit fondamentalement correcte. Cependant, en tant que scientifique, mon objectif principal n'est pas de prouver que j'ai raison, mais de découvrir la vérité scientifique sur le changement climatique. Alors que de nombreux scientifiques

---

[11] Vinós, J., 2022. Le climat du passé, du présent et du futur : un débat scientifique. 2nd ed. Critical Science Press.

[12] Doyle, A.C., 1887. Une étude en rouge. Première partie, chapitre 3.

peuvent croire que les changements dans le CO_2 sont la clé de l'explication du changement climatique, je pense que cette réponse manque de preuves suffisantes. Je reconnais que d'autres peuvent ne pas être d'accord, comme c'est habituellement le cas en science, et je respecte les différentes interprétations des preuves. Je vous encourage à explorer les preuves présentées dans ce livre, surtout si vous êtes prêt à remettre en question vos croyances. À tout le moins, ce livre met en évidence une lacune importante dans notre compréhension du climat, une lacune qui persiste également dans nos modèles climatiques. Il devrait donc nous amener à nous interroger et à accroître notre incertitude quant à la manière de relever les défis posés par le changement climatique.

Pourquoi moi ?

Certains ont fait valoir que je n'avais pas l'expertise d'un spécialiste des sciences de la Terre, ce qui pourrait sembler diminuer la valeur scientifique de mes opinions. Je pense cependant que c'est le contraire qui est vrai. Ma formation de scientifique spécialisé dans la biologie moléculaire, les neurosciences et la recherche sur le cancer m'a permis d'acquérir une formation rigoureuse à la méthode scientifique et une grande expérience de l'analyse des preuves critiques tirées d'articles scientifiques. Le fait que je ne sois pas climatologue me permet de voir ce dont les autres non-spécialistes ont besoin pour comprendre un sujet aussi complexe. Cette perspective unique me permet de présenter la science du climat d'une manière accessible et compréhensible pour un public général.

L'expertise réside dans les connaissances que l'on possède, et non dans l'éducation formelle que l'on a reçue. Dans mon cas, j'étudie le climat depuis neuf ans, soit deux fois plus de temps qu'il ne m'en a fallu pour obtenir mon doctorat. Le vaste ensemble de connaissances que j'ai accumulées sur les changements climatiques naturels passés et présents fait de moi un expert dans ce domaine.

Mais ce qui me différencie des climatologues lorsqu'il s'agit d'écrire de manière critique sur le changement climatique, c'est que je ne suis pas l'un d'entre eux. Remettre en question le paradigme établi du changement climatique dû aux émissions peut être entravé par la formation académique au sein de ce même paradigme. Une formation académique spécialisée peut limiter notre capacité à imaginer des solutions innovantes à des problèmes immensément complexes tels que le changement climatique. Si le paradigme climatique actuel est défectueux ou incomplet, il peut être difficile pour ceux qui y sont formés de s'en rendre compte, ce qui rend la pensée innovante cruciale. En outre, oser remettre en question le point de vue orthodoxe comporte des risques professionnels importants, dont je suis totalement exempt.

Tout au long de l'histoire des sciences, les contributions les plus significatives ont souvent été apportées par des personnes extérieures au domaine. Benjamin Franklin et Michael Faraday étaient en grande partie autodidactes. James Croll, concierge d'université, a proposé l'une des premières théories astronomiques de la glaciation en 1864. Milutin Milankovic, un ingénieur, a présenté la théorie aujourd'hui acceptée du changement climatique orbital en 1920. De même, Guy Callendar, également ingénieur, a été le premier à établir un lien entre les augmentations mesurées du CO_2 et le réchauffement climatique. D'autres exemples sont Alfred Wegener, météorologue et explorateur, et Albert Einstein qui travaillait dans un office de brevets. Ces personnes, parmi tant d'autres, démontrent la valeur de la diversité dans l'avancement des connaissances scientifiques. Le progrès scientifique aurait été retardé si leurs contributions avaient été rejetées en raison de l'absence de références officielles.

Mon précédent livre en anglais sur le climat a été écrit principalement pour des universitaires, ce qui le rend difficile à lire pour le grand public. Ce livre fait un usage intensif d'acronymes et suppose que les lecteurs ont des connaissances préalables considérables en physique du climat. Malgré ces difficultés, le succès du livre a dépassé mes attentes. La figure 2 montre une capture d'écran de juillet 2023 de ResearchGate, le plus grand réseau social pour les scientifiques et les chercheurs, et la page du livre présente des statistiques impressionnantes. Le livre a un score remarquable en termes d'intérêt pour la recherche, se classant dans les 6 % supérieurs de tous les articles de recherche sur la plateforme et dans les 8 % supérieurs pour la climatologie. Il a également obtenu une place dans le top 1 % de tous les articles publiés en 2022.

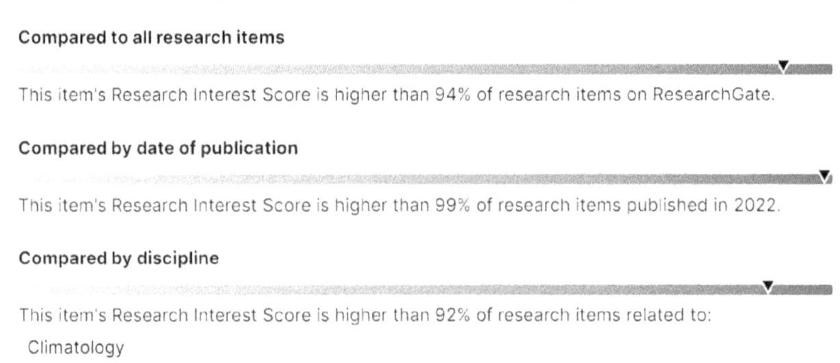

Figure 2. Score d'intérêt pour la recherche de mon précédent livre sur ResearchGate.

Le grand intérêt que mes collègues ont porté à mes travaux antérieurs sur le changement climatique montre que l'idée selon laquelle je ne suis pas qualifié pour écrire sur la science du climat à l'intention d'un public général n'est pas fondée.

Comment lire ce livre

Pour rendre la science climatique plus accessible, j'ai structuré ce livre en différents niveaux de lecture. Pour avoir un aperçu rapide, jetez un coup d'œil aux 16 pièces du puzzle à la fin de certains chapitres et au puzzle complet à la fin. Cela vous donnera une première impression en seulement 10 minutes. Pour le niveau suivant, lisez les résumés au début et à la fin des chapitres. Ils ont été soigneusement simplifiés pour plus de clarté. Ils forment un essai qui peut être lu en un peu plus d'une heure. Pour rendre le texte principal plus digeste, je l'ai divisé en courts chapitres, dont chacun se concentre sur un point important et se lit en une dizaine de minutes. Les sujets plus complexes ou secondaires ont été placés dans des encadrés. N'hésitez pas à les sauter sans perdre la compréhension des points principaux, même s'ils contiennent des éléments importants.

Le livre est divisé en quatre parties, chacune comportant quatre sections. La première traite du climat et de l'énergie, la partie la plus difficile et la moins engageante. Bien qu'il soit essentiel de comprendre l'énergétique du système climatique pour comprendre le changement climatique, je reconnais que certains lecteurs peuvent trouver cela décourageant. Je suggère à ceux qui n'ont pas la fibre scientifique de sauter cette partie et de passer directement à la partie II.

La premier section explique comment le système climatique obtient son énergie. Le chapitre 2 explique la nature du rayonnement solaire et son évolution. Le chapitre 3 traite de la partie de l'énergie entrante qui est rejetée par la planète par le biais de sa réflexion, ou albédo. Le chapitre 4 explique où va l'énergie solaire une fois qu'elle a pénétré dans le système climatique.

La section 2 explique comment le système climatique élimine l'énergie qu'il reçoit afin de maintenir sa stabilité thermique. Le chapitre 5 explique comment le système climatique cède de l'énergie. Le chapitre 6 traite de l'équilibre énergétique de la Terre, des flux d'énergie verticaux et de l'existence d'un déséquilibre énergétique. Le chapitre 7 explique le fonctionnement de l'effet de serre, tandis que le chapitre 8 traite de l'hypothèse populaire du CO_2 pour expliquer le changement climatique.

La section 3 présente le transport méridien, le transport horizontal de chaleur de l'équateur vers les pôles, qui est à l'origine des climats régionaux que nous connaissons. Le chapitre 9 présente le gradient de température avec les changements latitudinaux, qui est la force motrice du transport de chaleur vers les pôles. Le chapitre 10 explique comment la chaleur est transportée dans l'atmosphère et l'océan. Le chapitre 11 met l'accent sur les principaux changements de transport qui se produisent au fil des saisons. Le chapitre 12 met en évidence l'absence d'une théorie expliquant correctement le transport de chaleur.

La section 4 décrit le transport de la chaleur à travers les différentes parties du système climatique, le chapitre 13 à travers la troposphère et le chapitre 14 à travers la stratosphère. Le chapitre 15 traite des interactions importantes entre la troposphère et la stratosphère, qui influencent souvent fortement le climat, en particulier en hiver. Le chapitre 16 aborde en détail le transport de la chaleur en hiver vers l'Arctique. Le chapitre 17 montre que, bien que l'océan transporte une grande quantité de chaleur, la majeure partie de cette chaleur est transportée par le vent.

La deuxième partie présente au lecteur le changement climatique naturel. Ce sujet étant rarement abordé, cette partie devrait ouvrir les yeux de nombreux lecteurs et permettre aux moins enclins à la science de commencer le livre.

La section 5 traite des changements climatiques naturels que nous remarquons le plus et qui sont dus aux variations naturelles de la température de surface des océans. Le chapitre 18 explique le phénomène El Niño, tandis que le chapitre 19 présente les oscillations océaniques responsables de la variabilité climatique naturelle à basse fréquence.

La section 6 remonte dans le temps et examine certaines périodes de changement climatique que nous ne pouvons pas entièrement expliquer. Le chapitre 20 examine les périodes, il y a des millions d'années, au cours desquelles les pôles bénéficiaient de climats subtropicaux. Le chapitre 21 examine la relation controversée entre les températures d'un passé lointain et leurs niveaux de CO_2. Le chapitre 22 passe en revue les changements climatiques abrupts et fréquents qui se sont tous produits sur quelques siècles au cours de l'Holocène. Le chapitre 23 examine les preuves que les changements de l'activité solaire ont été à l'origine de certains de ces changements.

La section 7 traite des effets climatiques des éruptions volcaniques. Le chapitre 24 examine les preuves du rôle des éruptions volcaniques dans le changement climatique. Le chapitre 25 examine les preuves que certains des effets climatiques des éruptions volcaniques sont dus à des changements dans le transport de la chaleur. Le chapitre 26 examine la possibilité que les volcans soient principalement responsables du petit âge glaciaire.

La section 8 explore les limites de notre connaissance des effets des variations solaires sur le climat. Le chapitre 27 examine les effets d'un grand minimum solaire à partir de divers indicateurs paléoclimatiques. Le chapitre 28 explique les effets connus du cycle solaire, beaucoup moins importants. Le chapitre 29 passe en revue le mécanisme descendant qui décrit comment le signal solaire dans la stratosphère est transmis à la surface. Le chapitre 30 nous surprend avec l'effet largement ignoré de l'activité solaire sur la rotation planétaire.

La troisième partie explique ce que nous ignorons du changement climatique, discute des raisons pour lesquelles nous avons besoin d'une nouvelle théorie et présente l'hypothèse du gardien d'hiver.

La section 9 explique que le climat que nous connaissons depuis des décennies est le résultat de régimes climatiques établis après un décalage climatique abrupt. Le chapitre 31 montre comment le climat a subi un décalage climatique en 1976, qui a déclenché la récente tendance au réchauffement planétaire. Le chapitre 32 explique comment les régimes climatiques et les décalages climatiques ont été découverts et ce qu'ils sont. Le chapitre 33 présente les preuves du décalage climatique négligé qui s'est produit en 1997. Le chapitre 34 démontre que le réchauffement de l'Arctique n'est pas dû à l'amplification du réchauffement planétaire.

La section 10 examine pourquoi nous avons besoin d'une nouvelle théorie alors que la plupart des scientifiques sont satisfaits de la théorie populaire actuelle. Le chapitre 35 remet en question la capacité de l'hypothèse du CO_2 à expliquer les changements climatiques autres que le plus récent. Le chapitre 36 montre l'incapacité à intégrer la variabilité interne à basse fréquence dans notre théorie du climat. Le chapitre 37 montre comment la variabilité du transport méridien est ignorée en tant que facteur climatique malgré le grand nombre de preuves disponibles. Le chapitre 38 met en évidence l'incapacité à intégrer les effets indirects de l'activité solaire sur le climat, alors qu'il existe de nombreuses preuves.

La section 11 présente l'hypothèse du gardien d'hiver, qui place les changements dans le transport de chaleur au centre de la variabilité naturelle du climat. Le chapitre 39 illustre l'importance du vortex polaire pour la circulation atmosphérique et le transport de chaleur en hiver. Le chapitre 40 tente d'identifier les différents modulateurs du transport de chaleur et leurs liens. Le chapitre 41 se concentre sur le soleil en tant que modulateur le plus important du transport de chaleur sur des échelles de temps centennales.

La section 12 présente des éléments qui soutiennent fortement l'hypothèse du gardien d'hiver. Le chapitre 42 montre comment les observations confirment certains principes spécifiques du rôle proposé pour le Soleil dans le climat. Le chapitre 43 montre que le mécanisme proposé par cette nouvelle hypothèse est capable de modifier l'équilibre énergétique de la planète et de provoquer des changements climatiques.

La partie IV examine la comparaison entre les scénarios de CO_2 et de transport de chaleur pour expliquer comment le climat a changé dans le passé, comment il change aujourd'hui et comment il devrait changer à l'avenir.

La section 13 confronte les deux hypothèses aux changements climatiques passés. Le chapitre 44 montre la supériorité de l'hypothèse du gardien d'hiver pour expliquer les mystères du changement climatique dans un passé lointain. Le chapitre 45 porte la confrontation à l'Holocène, où la nouvelle hypothèse s'avère à nouveau supérieure pour expliquer les tendances climatiques générales et des événements spécifiques tels que celui qui s'est produit il y a 2 800 ans. Le chapitre 46 montre comment l'hypothèse de l'effet renforcé du CO_2 ne parvient pas à expliquer le réchauffement récent des 200 dernières années et les changements dans les tendances au réchauffement observés au cours des 100 dernières années.

La section 14 examine les mécanismes connus du changement climatique qui ne sont pas expliqués de manière adéquate par l'hypothèse de l'effet renforcé du CO_2 mais qui sont facilement expliqués par l'hypothèse du gardien d'hiver. Le chapitre 47 expose une cause admise du changement climatique qui est capable de déplacer l'équateur climatique sur une grande distance et qui n'a pas été identifiée. Il aborde également la difficulté d'évaluer et d'expliquer de manière adéquate l'ensemble déconcertant de phénomènes de variabilité interne à basse fréquence. Le chapitre 48 met en évidence l'incapacité à rendre compte de manière adéquate des régimes et des décalages climatiques dont les effets sont attribués à tort au forçage anthropique.

La section 15 examine les modèles climatiques qui constituent la base principale de l'hypothèse de l'effet renforcé du CO_2. Le chapitre 49 passe en revue certains de leurs problèmes connus et montre comment les modèles climatiques ne reproduisent pas le climat réel. Le chapitre 50 donne des exemples de raisons pour lesquelles, en tant que société, il est préférable d'ignorer les prédictions des modèles climatiques.

Enfin, la section 16 ne comporte qu'un seul chapitre, le chapitre 51, qui montre comment les hypothèses du gardien d'hiver et de l'effet renforcé du CO_2 produisent des prévisions très différentes du climat auquel nous pouvons nous attendre au cours des 25 prochaines années, ce qui laisse espérer que nous pourrons peut-être falsifier l'une d'entre elles.

Ce qu'offre ce livre

Le principal atout de ce livre est qu'il offre une visite guidée des preuves étonnantes que les scientifiques ont accumulées, illustrant les nombreuses façons dont le climat change en raison d'une variété de facteurs, dont certains ne sont pas encore bien compris. Ces révélations éclairantes remettent en question la notion simpliste selon laquelle le CO_2 atmosphérique est le principal régulateur de la température de la Terre.[13]

Une question cruciale émerge de ces données. Les changements dans le transport de chaleur vers les pôles influencent grandement le changement cli-

---

[13] Lacis, A.A., et al, 2010. Science, 330 (6002), pp.356-359.
  doi.org/10.1126/science.1190653

matique mondial, mais cet aspect a été négligé malgré des preuves substantielles. Bien que l'hypothèse du gardien d'hiver dérivée de cette découverte soit pertinente, sa véracité ultime est d'une importance secondaire. Ce qui importe, c'est de réaliser que nous ne comprenons pas encore suffisamment bien le changement climatique pour appliquer des solutions coûteuses qui pourraient ne pas avoir les effets escomptés.

Quelle que soit votre opinion sur le changement climatique, la lecture de ce livre ne manquera pas de changer votre point de vue. Il révèle un ensemble de processus étonnants et extraordinairement complexes qui peuvent sembler stables pendant de longues périodes, puis changer brusquement. Alors que de nombreux auteurs ont tenté d'expliquer le changement climatique, mon objectif est de lui donner vie. J'espère que ce livre transmettra le même sentiment d'émerveillement que celui que j'ai éprouvé en découvrant la nature toujours changeante de notre climat.

PARTIE I. CLIMAT ET ÉNERGIE

Section 1 - L'Énergie Entrante dans le Système Climatique

Chapitre 2
L'Énergie Solaire

L'énergie solaire alimente l'ensemble du système climatique. La quantité d'énergie solaire varie légèrement en fonction du cycle solaire, mais c'est dans la partie ultraviolette du spectre que ces changements sont les plus importants. Les différences dans la quantité d'énergie solaire atteignant la surface à différentes latitudes en raison des variations saisonnières sont responsables de la diversité des climats sur Terre. Ces variations de l'énergie solaire sont également ment responsables de l'apparition et de la fin des périodes glaciaires.

Le soleil détermine le climat

La majeure partie de l'énergie qui alimente le système climatique[14] et maintient la vie sur Terre provient du Soleil. La quantité de rayonnement solaire entrant est stupéfiante, estimée à 173 000 TW (térawatts, ou mille milliards de watts). En comparaison, le flux de chaleur géothermique provenant de la désintégration radiogénique et de la chaleur primordiale est estimé à 47 TW, la production de chaleur humaine à 18 TW et l'énergie des marées provenant de la Lune et du Soleil à 4 TW. Les autres sources d'énergie sont négligeables en comparaison, comme le vent solaire, les particules solaires, la lumière des étoiles, la lumière lunaire, la poussière interplanétaire, les météorites ou les rayons cosmiques. Cela signifie que l'irradiation solaire est responsable de plus de 99,9 % de l'apport d'énergie au système climatique.

Nature du rayonnement solaire

À une distance moyenne de 150 millions de km du Soleil, la Terre reçoit un flux d'énergie rayonnante de 1 361 W/m² (défini comme l'irradiation solaire totale) au sommet de l'atmosphère, généralement situé à 100 km.[15] Près de la moitié de cette énergie arrive dans le visible (400-700 nm), plus de 40 % dans l'infrarouge (au-dessus de 700 nm) et moins de 10 % dans l'ultraviolet (UV, en dessous de 400 nm ; voir encadré 1).

Le cycle solaire

Le Soleil, comme la plupart des étoiles, est une étoile variable. Sa luminosité varie selon différentes périodicités, dont les plus connues sont sa période de rotation de 27 jours et une période plus irrégulière de 11 ans. Cette périodicité quasi décennale est appelée simplement cycle solaire (fig. 3).

La cause de ce cycle est un déplacement périodique d'énergie entre les deux champs magnétiques générés par la dynamo solaire. Il se manifeste par l'apparition de taches sombres à la surface du Soleil, connues depuis l'Antiquité et correctement décrites depuis l'invention du télescope. Bien que les taches solaires réduisent la luminosité du Soleil, elles sont accompagnées de régions brillantes (facules) qui compensent largement cette perte. Par conséquent, un

---

[14] Cette couleur indique la première utilisation d'un terme défini dans le glossaire.
[15] Selon la NASA. earthobservatory.nasa.gov/images/7373/the-top-of-the-atmosphere

plus grand nombre de taches solaires est associé à un plus grand rayonnement solaire.

Heureusement, la variation de l'irradiation totale au cours du cycle solaire est minime, de l'ordre de 1,37 W/m^2, soit 0,1 %. Cependant, cette différence est inégalement répartie dans le spectre solaire, la partie ultraviolette changeant le plus et les parties visible et infrarouge changeant le moins (encadré 1).

Les émissions radio constituent une autre partie du spectre solaire qui présente des variations significatives au cours du cycle solaire. Des enregistrements quotidiens des émissions solaires à une longueur d'onde de 10,7 cm (2800 MHz) ont été effectués pour suivre l'activité solaire au cours des 80 dernières années. Contrairement au nombre de taches solaires, ces données ne sont jamais nulles.

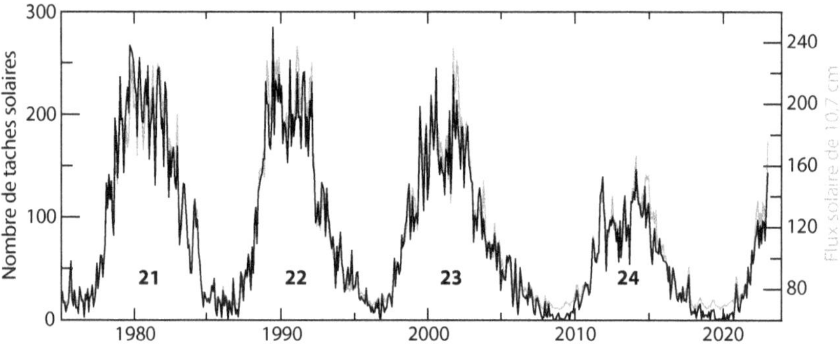

Figure 3. Le cycle solaire de 11 ans depuis 1975. L'activité solaire est mesurée par le nombre mensuel de taches solaires (courbe noire, échelle de gauche) et le flux solaire mensuel à 10,7 cm de radiofréquence (courbe grise, échelle de droite).[16] Chaque cycle solaire depuis 1750 porte un numéro, et nous sommes actuellement dans le cycle 25.

La distance au soleil et son impact sur l'irradiation

L'irradiation solaire totale est calculée à la distance moyenne du Soleil, mais l'orbite elliptique de la Terre fait varier sa distance au Soleil tout au long de l'année. Au périhélie (vers le 4 janvier), la Terre est 5 millions de km plus proche du Soleil qu'à l'aphélie (vers le 4 juillet), soit une différence d'irradiation de 6,9 %. Cette variation annuelle est plus importante que la variation au cours du cycle solaire. Cependant, la Terre n'est pas passive dans ce processus et ajuste l'énergie qu'elle réfléchit et transporte entre les hémisphères, compensant partiellement cette grande différence. D'autres facteurs, tels que la répartition inégale des continents et des océans entre les hémisphères, influencent également la façon dont la Terre réagit au rayonnement solaire. Il est intéressant de noter que la Terre est plus chaude lorsqu'elle est éloignée du Soleil et plus froide lorsqu'elle en est plus proche (chap. 5).

---

[16] Données de l'Observatoire royal de Belgique, Bruxelles.

Encadré 1. Variabilité du spectre de rayonnement solaire

Bien que la variabilité globale de l'irradiation au cours du cycle solaire soit minime (0,1 % seulement), cette moyenne masque des changements importants qui se produisent dans certaines parties du spectre et qui ont un effet climatique substantiel. La partie UV du spectre entre 200 et 240 nm, qui est responsable non seulement de la formation de l'ozone mais aussi de l'existence de la stratosphère, présente une variabilité de 3 % avec le cycle solaire, soit 30 fois plus que la variabilité totale ! Les principaux effets de la variabilité solaire sur le climat doivent donc être recherchés dans la stratosphère, et non à la surface (chap. 14).

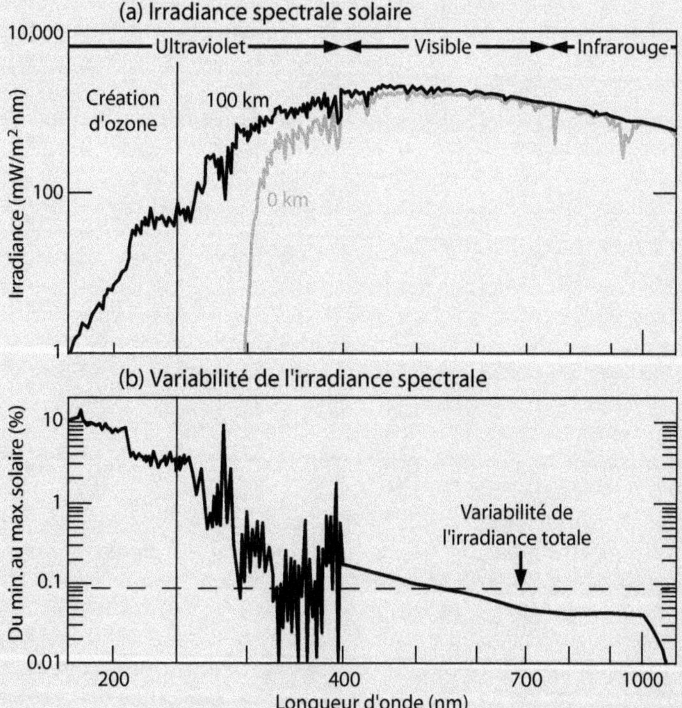

Figure E1. L'irradiation solaire et sa variabilité. (a) L'irradiation solaire est représentée en fonction de la longueur d'onde au-dessus de l'atmosphère terrestre (courbe noire) et à la surface (courbe grise) pour la partie du spectre comprise entre 200 et 1000 nm, qui contient la majeure partie de l'énergie solaire reçue. (b) Différence fractionnelle entre le maximum et le minimum du cycle solaire, la ligne horizontale en pointillés indiquant la variabilité moyenne totale due au cycle solaire.[17] On remarque que la variation est plus importante dans la partie UV du spectre que dans les autres parties.

---

[17] Figure tirée de Lean, J. & Rind, D., 1998. J. Clim. 11 (12), pp.3069-3094. www.jstor.org/stable/26244250

L'effet des saisons

L'axe de rotation de la Terre est incliné d'un angle variant entre 24,5° et 22,1° sur une période de 41 000 ans, appelée obliquité. L'inclinaison actuelle est de 23,44° et diminuera au cours des 12 000 prochaines années. L'inclinaison de la Terre influe considérablement sur la façon dont le rayonnement solaire est réparti sur la surface de la Terre tout au long de l'année, et son lent changement est l'une des principales causes des périodes glaciaires. Sur quelques siècles, l'obliquité peut être considérée comme presque constante, et le principal effet de l'inclinaison de l'axe est que le Soleil ne passe pas toute l'année au-dessus de l'équateur. Aujourd'hui, le Soleil change de position dans le ciel par rapport à l'équateur (angle de déclinaison), passant de 23,44° (au nord de l'équateur) au solstice de juin à −23,44° (au sud de l'équateur) au solstice de décembre. Elle se situe juste au-dessus de l'équateur (déclinaison de 0°) aux équinoxes. La modification de la répartition du rayonnement solaire causée par la différence de position du Soleil par rapport à l'axe de la Terre est à l'origine des saisons, qui constituent un élément essentiel du climat. Les variables climatiques telles que la température, les précipitations, la vitesse du vent et l'humidité ont un cycle annuel couplé au cycle saisonnier, même à l'équateur, où cet effet est moins prononcé. C'est un signe clair que le climat répond principalement à l'énergie du soleil, un fait connu depuis l'Antiquité.

Distribution irrégulière de l'énergie solaire

La sphéricité de la Terre et son inclinaison axiale font que la majeure partie de l'énergie solaire entrante frappe les régions tropicales et subtropicales (entre 35 degrés nord et sud). Le disque d'énergie circulaire d'un flux de 1361 W/m^2 arrivant du Soleil se traduit par une moyenne de 340 W/m^2 répartie sur l'ensemble de la haute atmosphère de la planète (y compris la partie nocturne). Toutefois, cette moyenne ne reflète pas la manière dont l'énergie est répartie. La moyenne annuelle dans les régions tropicales et subtropicales est proche de 400 W/m^2, tandis que dans les régions polaires, elle est proche de 190 W/m^2. Dans la vision actuelle du changement climatique, toute variation de ce flux radiatif moyen est considérée comme le forçage radiatif solaire responsable de tout effet d'un soleil variable sur le climat.

La distribution annuelle moyenne de l'irradiation solaire ne dit pas grand-chose sur les changements profonds de l'apport d'énergie solaire qui se produisent au fil des saisons. À proximité du solstice d'hiver, les hautes latitudes ne reçoivent aucun rayonnement solaire pendant des mois, alors qu'à proximité du solstice d'été, elles reçoivent un rayonnement solaire constant. Les changements saisonniers sont également très prononcés aux latitudes moyennes, bien qu'ils ne soient pas aussi extrêmes qu'aux latitudes élevées. En revanche, près de l'équateur, l'irradiation solaire au sommet de l'atmosphère varie peu en fonction des saisons.

La moyenne de l'irradiation solaire sur l'ensemble de l'année et sur toute la surface de la planète simplifie grandement les calculs. Cependant, elle masque l'effet profond des variations saisonnières et latitudinales de l'irradiation sur le climat.

L'insolation et son gradient latitudinal

L'insolation, c'est-à-dire la quantité d'énergie solaire reçue par unité de surface de la Terre, est un facteur déterminant de la température de surface. En raison de la géométrie de la Terre, l'insolation diminue fortement avec l'augmentation de la latitude. Contrairement à l'irradiation solaire, qui mesure l'énergie solaire au sommet de l'atmosphère, l'insolation est modifiée par divers facteurs tels que les conditions atmosphériques, la nébulosité et la réflectivité de la surface.

Ces facteurs ont un effet plus important aux latitudes élevées, où il y a plus de nuages, de glace et de neige, et où l'énergie solaire a un chemin plus long et est plus dispersée. Il en résulte une grande différence dans la quantité d'énergie solaire reçue entre les tropiques et les latitudes plus élevées, ce qui crée un gradient latitudinal d'insolation qui s'étend de l'équateur aux pôles. Ce gradient est la principale cause des différences de température entre ces régions.

Le gradient de température entraîne à son tour un transport de chaleur, dont l'une des formes les plus importantes est la chaleur latente générée par l'évaporation de l'eau, qui revient ensuite à la surface par la condensation et les précipitations. Le gradient d'insolation, le gradient de température et le transport de chaleur sont à l'origine des différents climats de la planète et de l'état climatique général, qui sont les concepts centraux explorés dans cet ouvrage.

En bref

La quantité d'énergie solaire reçue varie selon un cycle annuel et de 11 ans. Toutefois, les changements dus au cycle solaire ne sont significatifs que dans la partie ultraviolette du spectre, qui est absorbée dans la stratosphère.

Chapitre 3
L'Albédo

La réflexion de 29 % de l'énergie solaire à ondes courtes vers l'espace est connue sous le nom d'albédo. Près de 90 % de l'albédo est dû à l'atmosphère, principalement aux nuages. L'albédo est le plus élevé aux hautes latitudes, ce qui contribue à leur important déficit énergétique, qui doit être compensé par le transport de chaleur. L'albédo semble être une propriété très contrainte du système climatique, qui présente une très faible variabilité interannuelle et une symétrie interhémisphérique surprenante. L'absence de théorie expliquant la valeur de l'albédo et sa faible variabilité, associée à la faible capacité des modèles à la reproduire, souligne notre manque de compréhension de l'une des propriétés les plus fondamentales du climat.

Qu'est-ce que l'albédo ?

Lorsque la lumière du soleil atteint la Terre, une partie est absorbée et une autre est renvoyée dans l'espace. L'albédo est la quantité relative (fraction) de lumière solaire réfléchie par rapport à celle reçue et s'exprime sous la forme d'une quantité sans dimension et sans unité comprise entre 0 et 1. Ce concept est fondamental pour le climat car il détermine la quantité d'énergie absorbée par la Terre. Comme nous l'avons vu au chapitre 2, la Terre reçoit en moyenne 340 W/m^2 du Soleil, absorbe 242 W/m^2 (71 %) et réfléchit 99 W/m^2 (29 %). L'albédo de la Terre est de 0,29, ce qui signifie que 29 % de la lumière solaire entrante est renvoyée dans l'espace. Les scientifiques ne savent pas pourquoi l'albédo de la Terre a cette valeur, mais ils pensent qu'il a dû très peu changer au cours des milliers d'années, sinon la température de la Terre aurait été plus affectée. Par exemple, un albédo de 0,32 provoquerait une glaciation, tandis qu'un albédo de 0,27 ramènerait les conditions du Crétacé avec des palmiers aux pôles.[18]

L'albédo atmosphérique

Les nuages jouent un rôle essentiel dans l'albédo de la Terre, puisque près de 60 % de la surface de la planète est couverte de nuages. Ces nuages apparaissent blancs vus d'en haut car ils réfléchissent la lumière dans toutes les longueurs d'onde visibles. Les nuages sont responsables de la réflexion de 45 W/m^2, soit près de la moitié de l'albédo de la Terre (13 % de réflexion, fig. 4). Toutefois, il convient de noter que différents types de nuages existent à différentes altitudes et qu'ils absorbent également le rayonnement infrarouge par le haut et par le bas, ce qui ajoute à la complexité de leur rôle dans le climat.

L'atmosphère terrestre est composée de gaz et contient des aérosols, qui sont des particules liquides et solides en suspension (à l'exclusion des nuages et des précipitations). Ces aérosols ont une influence significative sur la formation des nuages en agissant comme des noyaux de condensation, un phénomène connu sous le nom de forçage radiatif indirect par les aérosols. Cependant, l'ef-

---

[18] Ramanathan, V., 2008. iLEAPS, (5), p.18.

fet indirect des aérosols reste mal compris et constitue une source majeure d'incertitude dans les modèles climatiques.

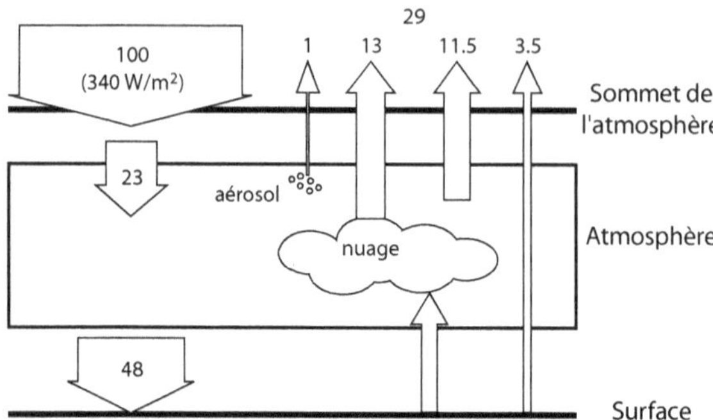

Figure 4. Représentation schématique de l'albédo de la Terre. Au sommet de l'atmosphère terrestre, la planète reçoit en moyenne 340 W/m² de rayonnement solaire. Sur cette quantité, 23 % sont absorbés par l'atmosphère et 48 % par la surface. Les 29 % restants sont réfléchis dans l'espace par l'albédo. Les nuages contribuent le plus à l'albédo, avec 13 % de l'énergie réfléchie, suivis par l'albédo atmosphérique dans un ciel clair, avec 11,5 %. Il est intéressant de noter que l'atmosphère atténue l'albédo de la surface, le réduisant à 3,5 % du rayonnement de courte longueur d'onde reçu. Bien que les aérosols contribuent peu à l'albédo atmosphérique, les variations de leur concentration peuvent avoir un effet notable sur l'albédo de la Terre.

Les aérosols peuvent également diffuser et absorber le rayonnement par le biais d'un forçage radiatif direct. La diffusion se produit lorsque les ondes électromagnétiques sont déviées de leur trajectoire initiale, ce qui peut transformer le rayonnement solaire direct en rayonnement diffus et contribuer à l'albédo. La contribution des aérosols à l'albédo est relativement faible, puisqu'elle ne représente qu'environ 1 % de l'énergie entrante ainsi réfléchie (figure 4). Cependant, l'albédo est si important que même une éruption volcanique tropicale peut provoquer un refroidissement global en augmentant la quantité d'aérosols dans la stratosphère.

Outre les aérosols, tout atome présent dans l'atmosphère peut être à l'origine d'une diffusion. C'est la raison pour laquelle le ciel paraît bleu, car la diffusion par l'oxygène et l'azote est plus probable dans la partie bleue plus énergétique du spectre visible. Par conséquent, une plus grande quantité de lumière bleue est diffusée à partir de chaque partie de l'atmosphère, ce qui crée le phénomène du ciel bleu. Cette diffusion contribue également à l'albédo, dont elle représente plus d'un tiers (fig. 4).

Albédo de surface

Toutes les surfaces ont un certain degré d'albédo, ce qui signifie qu'elles réfléchissent une partie de la lumière. Les océans et la végétation ont un albédo faible, tandis que les déserts, la neige et la glace ont un albédo élevé. Cependant, l'albédo de surface contribue peu à l'albédo moyen global de la planète, car les processus atmosphériques atténuent la contribution de l'albédo de surface par un facteur d'environ 3. 3,5 % seulement de la lumière solaire entrante est renvoyée vers l'espace par la surface (fig. 4).

Le déclin rapide de la glace de mer arctique au cours des premières années de ce siècle a suscité des inquiétudes quant à la possibilité d'une rétroaction entre la glace et l'albédo. La perte de glace de mer réduirait l'albédo, et l'énergie solaire supplémentaire entraînerait une nouvelle perte de glace de mer. Les modèles qui reproduisaient cette perte rapide prévoyaient un point de non-retour menant à un Arctique sans glace d'ici 2040, ce qui a suscité les craintes du public.[19] Cependant, des travaux récents suggèrent que jusqu'à 60 % de la diminution de l'étendue de la glace de mer en septembre depuis 1979 pourrait être due à des changements dans la circulation atmosphérique.[20] En outre, la persistance de la nébulosité estivale dans l'Arctique réduit considérablement la rétroaction glace-albédo.[21] La découverte que la variabilité interne est un facteur plus important que prévu explique pourquoi le taux de déclin de la glace de mer en été dans l'Arctique a tellement ralenti depuis 2007, contrairement à toutes les attentes.

Distribution de l'albédo

Examiné par latitude, l'albédo a une distribution très inégale (fig. 5). Il est le plus élevé aux hautes latitudes et le plus bas sous les tropiques. L'albédo atmosphérique est le plus élevé dans l'hémisphère sud, à environ 60°S, et dans l'Arctique, avec un petit pic dans les tropiques en raison de la forte couverture nuageuse. En revanche, l'albédo de surface ne contribue de manière substantielle que dans les régions polaires, en raison de l'albédo de la glace et de la neige.

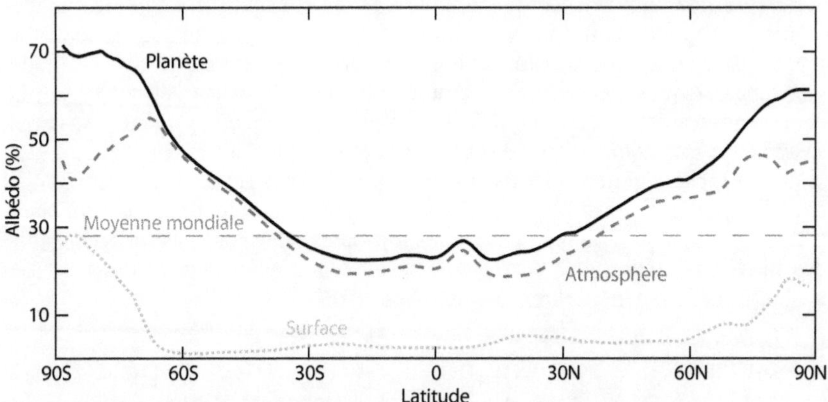

Figure 5. Distribution de l'albédo. Distribution latitudinale de l'albédo divisé en composantes atmosphériques et de surface. Notez la faible valeur de l'albédo entre 35°N et 35°S, où la majeure partie du rayonnement solaire atteint la Terre.[22]

Comme nous l'avons appris au chapitre 2, les régions tropicales et subtropicales reçoivent la majeure partie de l'énergie solaire qui atteint la haute atmosphère. Cependant, nous savons maintenant que les latitudes moyennes et élevées, qui reçoivent moins d'énergie, renvoient davantage d'énergie solaire dans l'espace. L'albédo amplifie la diminution de l'absorption de l'énergie solaire avec la latitude, augmentant ainsi la nécessité de transporter la chaleur des tro-

---

[19] Holland, M.M., et al, 2006. Geophys. Res. Lett. 33 (23).
    doi.org/10.1029/2006GL028024
[20] Ding, Q., et al, 2017. Nat. Clim. Chang. 7 (4), pp.289-295.
    doi.org/10.1038/nclimate3241.
[21] Sledd, A. & L'Ecuyer, T.S., 2021. Front. Earth Sci. p.1067.
    doi.org/10.3389/feart.2021.769844
[22] Figure tirée de Donohoe, A. & Battisti, D.S., 2011. J. Clim. 24 (16), pp.4402-4418.
    doi.org/10.1175/2011JCLI3946.1

piques vers les pôles. La distribution latitudinale de l'albédo planétaire est liée au gradient de température entre l'équateur et les pôles et au transport global de la chaleur dans le système climatique.

Variabilité de l'albédo

La variation annuelle de l'albédo présente un schéma semestriel substantiel avec des pics en mai et en octobre. Ce cycle est principalement affecté par les changements d'insolation précédant le solstice dans chaque hémisphère. Il est dû à l'albédo des surfaces couvertes de neige et de glace, et à l'albédo atmosphérique dû aux variations de la couverture nuageuse. L'albédo de la planète augmente et diminue de 1 % au cours de cette variation semestrielle. Cependant, les modèles ne peuvent pas reproduire de manière réaliste le cycle annuel observé de l'albédo.[23]

Ce qui est vraiment étonnant, c'est la faible variabilité interannuelle de l'albédo global. La variabilité interannuelle du flux réfléchi est de 0,2 W/m^2, ce qui représente seulement 1,4 % du cycle annuel de ce flux et 0,2 % de l'albédo mondial total. La variabilité des nuages détermine en grande partie cette faible variabilité interannuelle, ce qui indique que les changements dans les nuages régulent en grande partie la variabilité de l'albédo. Cependant, les modèles ne reproduisent pas avec précision cette faible variabilité interannuelle de l'albédo.

L'albédo étant un aspect critique du climat et du bilan énergétique de la planète (chap. 6), l'absence d'une théorie complète expliquant sa valeur constante, sa symétrie interhémisphérique (encadré 2) et sa régulation par les nuages, ainsi que la représentation insuffisante de ces propriétés ou de leur cycle annuel dans les modèles, constituent un obstacle majeur à la compréhension du changement climatique. L'albédo et le transport de chaleur sont liés, et l'incapacité des modèles à reproduire correctement l'albédo suggère que le transport de chaleur est également mal représenté (chap. 10).

Encadré 2. La zone de convergence intertropicale et la symétrie interhémisphérique de l'albédo

Une bande de nuages et de tempêtes entoure la Terre près de l'équateur, créant un petit pic d'albédo autour de 6°N (fig. 5). Cette région, connue sous le nom de zone de convergence intertropicale (ZCIT), est le lieu où les alizés chauds et humides des deux hémisphères convergent et se déplacent vers le haut par convection, dans le cadre de la branche ascendante de la circulation de Hadley. La ZCIT est l'équateur climatique de la planète, et sa position change avec les saisons, se déplaçant vers le nord pendant l'été boréal et traversant l'hémisphère sud pendant l'été austral. Cependant, pour des raisons inconnues, les modèles ont tendance à générer une fausse double ZCIT dans le Pacifique tropical.[24]

La répartition de la surface continentale de la Terre et de la couverture de glace entre les hémisphères est très asymétrique. Pendant l'été austral (dans l'hémisphère

---

[23] Stephens, G.L., et al. 2015. Rev. Geophys. 53 (1), pp.141-163.
doi.org/10.1002/2014RG000449.

[24] Si, W., et al, 2021. Geophys. Res. Lett. 48 (23), p.e2021GL094779.
doi.org/10.1029/2021GL094779

sud), la Terre est plus proche du Soleil et reçoit 6,9 % de lumière solaire en plus que pendant l'été boréal (dans l'hémisphère nord). Malgré ces différences, les deux hémisphères réfléchissent la même quantité de lumière solaire avec une marge d'environ 0,2 W/m^2 (0,2 %). Ce résultat est obtenu grâce à une modification de la nébulosité dans l'hémisphère sud qui compense exactement la réflexion plus importante causée par les plus grandes masses terrestres de l'hémisphère nord. Cependant, les modèles ne reproduisent pas non plus cette symétrie interhémisphérique de l'albédo.

La symétrie interhémisphérique de l'albédo contribue à réduire les différences de quantité d'énergie solaire absorbée par les deux hémisphères. Bien qu'il reçoive plus d'énergie du soleil, l'hémisphère sud est plus froid d'environ 2 °C que l'hémisphère nord. Plusieurs facteurs contribuent à ce que l'hémisphère sud soit plus froid malgré la plus grande quantité d'énergie reçue : les différences hémisphériques dans la répartition des continents et des océans, la froideur de l'Antarctique, les changements saisonniers de l'albédo, la symétrie interhémisphérique de l'albédo et le transport de chaleur vers le nord à travers l'équateur (fig. 25, chap. 17). Les océans, en particulier l'Atlantique, dominent ce transport de chaleur, transportant 0,45 PW (petawatts, mille billions de watts) de chaleur vers le nord à travers l'équateur. Parallèlement, en raison de la position moyenne de la ZCIT dans l'hémisphère nord, l'atmosphère transporte environ 0,27 PW de chaleur vers le sud à travers l'équateur. Le transport net de chaleur vers l'hémisphère nord est d'environ 0,18 PW, soit environ 3 % des 6 PW d'énergie transportés vers le pôle à 35°N.[25]

En bref

L'albédo désigne la réflexion d'environ 29 % de l'énergie solaire par la Terre, principalement par les nuages, la glace et la neige. L'atmosphère réfléchit sept fois plus d'énergie que la surface. L'albédo est plus élevé aux latitudes élevées, ce qui accroît son déficit énergétique. L'albédo varie très peu d'une année sur l'autre (seulement 0,2 %) et semble être contrôlé par les variations de la nébulosité. Nous ne comprenons pas pourquoi l'albédo a sa valeur spécifique, ses variations minimales et pourquoi les deux hémisphères de la Terre ont la même valeur malgré des surfaces si différentes.

---

[25] Stephens, G.L., et al, 2016. Curr. Clim. Change Rep. 2, pp.135-147.
   doi.org/10.1007/s40641-016-0043-9.

CHAPITRE 4
DISTRIBUTION DE L'ÉNERGIE SOLAIRE

La moitié de l'énergie solaire absorbée par le système climatique aboutit dans les océans, un tiers dans l'atmosphère et 17 % à la surface des continents. La stratosphère reçoit 1,2 % de l'énergie, presque entièrement dans la partie ultraviolette du spectre.

Absorption d'énergie par la stratosphère

La couche d'ozone stratosphérique absorbe l'énergie solaire dans la partie 200-315 nm du spectre. Cette énergie a un effet significatif sur la température et la circulation stratosphérique. Bien que cette gamme de longueurs d'onde représente un peu plus de 1 % de l'énergie totale (fig. 6), elle varie trente fois plus avec l'activité solaire que la gamme >320 nm (fig. E1, chap. 2). Cette bande de longueur d'onde est responsable des changements radiatifs et dynamiques dans la stratosphère au cours du cycle solaire. L'absorption moyenne de l'énergie UV dans la stratosphère est de 3,85 W/m^2,[26] ce qui n'est pas négligeable. Elle représente 5 % de l'énergie solaire absorbée par l'atmosphère. Par rapport à la troposphère, la stratosphère est environ cinq fois plus grande, mais contient environ cinq fois moins de masse. En raison de sa densité beaucoup plus faible, l'effet de l'énergie solaire absorbée sur la température stratosphérique est très important.

Absorption d'énergie par la troposphère

Dans des conditions de tous les types de ciel, l'absorption des ondes courtes dans l'atmosphère est estimée à 80 W/m^2, dont 76 W/m^2 dans la troposphère.[27] La majeure partie de cette absorption est due à l'eau. Toutefois, en raison de l'albédo accru, les nuages réduisent légèrement l'absorption des ondes courtes atmosphériques par rapport à un ciel clair.

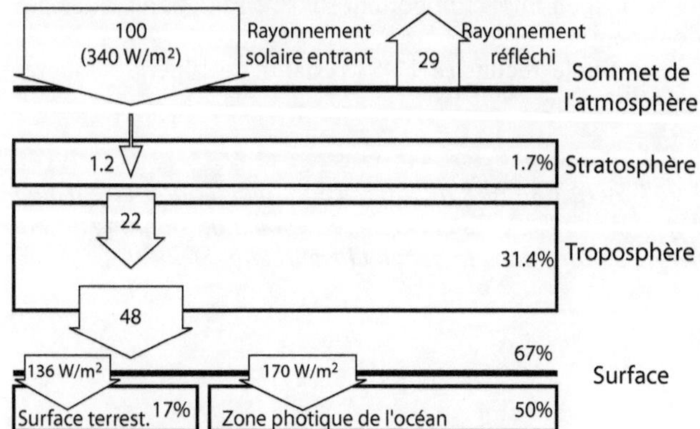

Figure 6. Représentation schématique de la distribution de l'énergie solaire dans le système climatique. Le sommet de l'atmosphère reçoit une irradiation solaire moyenne de 340 W/m^2, et distribue 29 % sous forme d'énergie réfléchie, 23 % sous forme

[26] Eddy, J.A., 2003. NASA LWS Sun-Climate Task Group Report of 11/3/2003.
[27] Wild, M., et al, 2019. Clim. Dynam. 52, pp.4787-4812.
doi.org/10.1007/s00382-018-4413-y

d'énergie absorbée par l'atmosphère et 48 % sous forme d'énergie déposée à la surface. L'énergie solaire absorbée par le système climatique l'est à 50 % par l'océan, à 33 % par l'atmosphère et à 17 % par la surface continentale.

Absorption de l'énergie de surface

La surface totale de la Terre est d'environ 510 millions de km^2, dont la surface continentale représente environ 149 millions de km^2 (29 %). La surface continentale a un albédo plus élevé que l'océan et réfléchit donc davantage la lumière du soleil. Par conséquent, le flux de rayonnement solaire à ondes courtes absorbé par la surface continentale n'est que de 136 W/m^2, alors que l'absorption moyenne de la surface est de 162 W/m^2.

D'autre part, la surface des océans du monde est de près de 361 millions de km^2, soit environ 71 % de la surface de la Terre. En raison de son albédo plus faible, l'océan reçoit un flux plus élevé de rayonnement à ondes courtes du soleil, 170 W/m^2.

Distribution de l'énergie solaire

La quantité d'énergie solaire reçue par les différentes parties du système climatique a des implications importantes pour le climat de la planète et le changement climatique. La cryosphère, qui couvre 7,4 % de la Terre, reçoit très peu d'énergie solaire en raison de sa forte réflectivité (jusqu'à 80 %). Cependant, les changements dans la quantité d'énergie solaire reçue par la cryosphère à certaines latitudes peuvent fortement influencer le changement climatique.

L'océan absorbe la moitié de l'énergie solaire qui n'est pas réfléchie vers l'espace (fig. 6). Cette énergie représente 75 % de l'énergie solaire absorbée à la surface. Elle pénètre dans la zone photique, qui s'étend jusqu'à environ 200 m de profondeur en haute mer. La zone photique est la couche la plus chaude de l'océan et abrite 90 % de la vie marine, qui se nourrit de cette énergie.

Environ un tiers de l'énergie solaire non réfléchie vers l'espace est absorbée par l'atmosphère, principalement dans la troposphère (31,4 %). Cependant, la stratosphère joue également un rôle dans l'absorption de l'énergie ultraviolette, qui représente 1,7 % de l'énergie non réfléchie. Comme nous le verrons dans les prochains chapitres, cela a un impact important sur la circulation atmosphérique et le transport de l'énergie.

Enfin, la surface continentale reçoit les 17 % restants de l'énergie solaire absorbée par le système climatique.

En bref

La majeure partie de l'énergie solaire atteint l'océan, où elle doit être transférée dans l'atmosphère. En outre, la stratosphère reçoit une quantité faible mais importante d'énergie solaire dans la partie ultraviolette du spectre.

SECTION 1 QUESTIONS CLÉS

Le système climatique reçoit 99,9 % de son énergie du rayonnement solaire, qui est remarquablement constant, ne variant que de 0,1 % au cours du cycle solaire de 11 ans. Bien qu'il s'agisse d'une petite fraction du rayonnement total, les variations du rayonnement UV au cours du cycle solaire ont un impact significatif sur la stratosphère. Les climats régionaux et locaux dépendent fortement des différences d'insolation de surface entre les latitudes et les saisons, tandis que le gradient latitudinal d'insolation joue un rôle clé dans la formation du climat mondial.

La Terre réfléchit 29 % du rayonnement solaire qu'elle reçoit, principalement à travers l'atmosphère. Cette réflexion, appelée albédo, est plus prononcée aux hautes latitudes, contribuant à son important déficit énergétique. Les modèles reproduisent mal l'albédo, qui reste un phénomène complexe et mal compris. Il varie considérablement au cours de l'année, mais reste remarquablement stable d'une année à l'autre, présentant une symétrie inattendue entre les hémisphères.

La moitié de l'énergie solaire absorbée par le système climatique se retrouve dans les océans, un tiers dans l'atmosphère et un sixième à la surface de la terre. Toute cette énergie doit retourner dans le sommet de l'atmosphère pour que la planète conserve sa température.

Section 2 : L'Énergie Sortante du Système Climatique

CHAPITRE 5
L'ÉNERGIE SORTANTE

La température de la Terre est maintenue par le rayonnement dans l'espace de l'énergie qu'elle reçoit du Soleil sous forme de chaleur dans la partie infrarouge du spectre. Ce processus provient principalement de l'atmosphère en raison de la présence de gaz à effet de serre (GES), qui rendent difficile l'évacuation du rayonnement infrarouge. Les régions tropicales et subtropicales reçoivent plus d'énergie qu'elles n'en émettent, tandis que les latitudes moyennes et élevées connaissent un déficit énergétique, qui est particulièrement marqué pendant la saison froide aux hautes latitudes. Le transport de la chaleur des régions excédentaires en énergie vers les régions déficitaires en énergie est une caractéristique fondamentale du climat. Cependant, la température de la Terre et les flux radiatifs tout au long de l'année montrent que la notion d'équilibre énergétique au sommet de l'atmosphère est une simplification excessive.

Rayonnement thermique

Le rayonnement thermique est un type de rayonnement électromagnétique résultant du mouvement thermique des particules de matière. Toute matière dont la température est supérieure au zéro absolu émet un rayonnement thermique qui se compose d'une large gamme de fréquences. Les fréquences dominantes dépendent de la température du corps. Par exemple, le Soleil étant extrêmement chaud, son rayonnement thermique se situe principalement dans la partie visible du spectre. En revanche, la Terre, dont la température est plus basse, émet principalement dans le domaine infrarouge.

Si un corps qui ne produit pas de chaleur reçoit une quantité de rayonnement thermique différente de celle qu'il émet, il ajustera sa température jusqu'à ce qu'il émette la même quantité. En d'autres termes, la matière tend naturellement à équilibrer l'énergie qu'elle reçoit avec l'énergie qu'elle émet en modifiant sa température. Le facteur critique de ce changement de température radiative est la différence entre le rayonnement thermique reçu et émis, appelé flux net. Un corps qui reçoit 1000 W/m^2 d'énergie et émet 900 W/m^2 se réchauffera à la même vitesse qu'un corps identique qui reçoit 250 W/m^2 et émet 150 W/m^2 car, dans les deux cas, le flux net est le même, +100 W/m^2. Les scientifiques étudient cette propriété de la matière pour comprendre pourquoi la température de la planète change au fil du temps.

Au cours des 10 000 dernières années, la température moyenne à la surface de la Terre est restée relativement stable, variant seulement dans une fourchette d'environ ±0,7 °C, bien que certaines régions aient connu des changements plus importants.[28] Cela suggère que la Terre est proche de sa température d'équilibre, mais il est important de noter qu'elle n'est jamais vraiment en équilibre ou en équilibre énergétique. Des facteurs tels que la distance et l'orientation de la Terre par rapport au Soleil, les conditions atmosphériques, la cryos-

28 Baggenstos, D., et al, 2019. Proc. Natl. Acad. Sci. U.S.A. 116 (30), pp.14881-14886. doi.org/10.1073/pnas.1905447116

phère et le transport de chaleur changent constamment, ce qui fait fluctuer la température de la Terre (encadré 3) et sa température d'équilibre. Cela revient à dire qu'une personne qui marche est en équilibre alors qu'elle ne l'est pas, mais qu'une série de déséquilibres partiellement compensés lui permettent de marcher.

D'un point de vue thermodynamique, l'énergie reçue du Soleil a un degré plus élevé (longueur d'onde plus courte) que l'énergie que la Terre émet en retour dans l'espace (longueur d'onde plus grande). Cette dégradation énergétique permet à la Terre d'extraire du travail pour alimenter son système climatique et maintenir la vie sur Terre. L'entropie du système climatique, qui comprend la biosphère, peut diminuer à mesure que l'entropie de l'univers augmente.

Distribution du rayonnement de grande longueur d'onde sortant

La Terre émet un rayonnement infrarouge dans l'espace dans toutes les directions, et la quantité de rayonnement émise est proportionnelle à la température de la Terre sur l'échelle de Kelvin. Même la surface de l'Antarctique, qui est l'endroit le plus froid de la planète, émet une grande quantité de rayonnement infrarouge parce qu'elle est encore beaucoup plus chaude que le zéro absolu, qui est de –273,15 °C sur l'échelle de Kelvin.

La température de la surface terrestre varie en fonction des saisons, chaque hémisphère émettant plus de rayonnement en été et moins en hiver. Au fur et à mesure que la latitude augmente, la variation de l'émission en fonction des saisons devient plus prononcée. Comme nous l'avons appris au chapitre 2, le principal facteur déterminant la température de surface est la quantité d'insolation reçue. Par conséquent, les régions qui reçoivent plus d'énergie du Soleil émettent également plus d'énergie dans l'espace.

La variabilité de l'énergie solaire reçue à la surface est beaucoup plus grande que la variabilité de son émission thermique. À tout moment, la moitié de la planète est dans l'obscurité, ne recevant pas d'énergie du Soleil et émettant presque autant d'énergie de grande longueur d'onde que pendant la journée. La température de la planète étant plus homogène que la distribution de l'énergie solaire, les régions tropicales de la planète reçoivent plus d'énergie qu'elles n'en émettent, d'où un surplus énergétique net, tandis que les moyennes et hautes latitudes reçoivent en moyenne moins d'énergie qu'elles n'en émettent, d'où un déficit énergétique net (fig. 7a).

Même pendant la longue nuit polaire, lorsque le soleil ne brille pas pendant des mois et que les températures atteignent –50 °C, le pôle émet encore une quantité considérable de rayonnement à ondes longues vers l'espace alors qu'il n'en reçoit pas. Les régions polaires présentent donc le déficit énergétique net le plus important de la planète. Comme la Terre ne perd de l'énergie que vers l'espace, on peut dire que les pôles sont les plus grands puits d'énergie de la planète pendant l'hiver en termes de flux énergétique net. Parallèlement, les zones proches de l'équateur (notamment les océans équatoriaux) constituent la plus grande source d'énergie de la planète (fig. 7b).

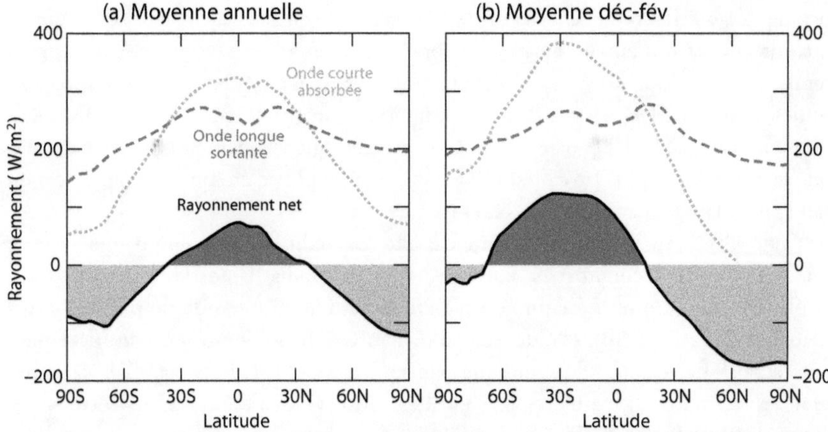

Figure 7. Distribution latitudinale de l'énergie. Tracés (a) de la moyenne annuelle et (b) de la moyenne de décembre à février, du rayonnement solaire absorbé (ligne pointillée gris clair), du rayonnement de grande longueur d'onde sortant (ligne en tirets gris foncé) et de sa différence nette (ligne solide noire) autour des cercles de latitude.[29] Les zones gris foncé indiquent un gain net d'énergie, tandis que les zones gris clair indiquent une perte nette. En raison de la géométrie sphérique de la Terre, les surfaces des graphiques ne sont pas proportionnelles.

Selon le principe de l'équilibre de l'énergie thermique, la matière tend à équilibrer sa température en émettant autant d'énergie qu'elle en reçoit. Par conséquent, les tropiques devraient se réchauffer pour émettre la même quantité d'énergie que celle qu'ils reçoivent, tandis que les latitudes moyennes et élevées devraient se refroidir pour atteindre le même équilibre. Cependant, cet équilibre ne se produit pas car la chaleur est constamment transportée au sein du système climatique pour compenser les différences d'insolation. Le transport de chaleur est l'aspect le plus fondamental du système climatique et un thème central de ce livre, car il constitue la base de l'hypothèse présentée. Sans transport de chaleur, comme sur la lune, il n'y aurait pas de climat.

Encadré 3. Changements saisonniers de la température terrestre

La température à la surface de la Terre varie fortement tout au long de l'année, avec une température moyenne d'environ 14,5 °C. Cette variation est due au fait que la majeure partie de l'hémisphère nord est continentale, tandis que la majeure partie de l'hémisphère sud est océanique. L'hémisphère nord est donc plus froid en hiver et plus chaud en été. La température moyenne du globe varie de 3,8 °C au cours d'une année, avec des températures allant de 12,6 °C en janvier à 16,4 °C en juillet (fig. E3).

Il est intéressant de noter que la Terre est la plus chaude juste après le solstice de juin, lorsqu'elle est la plus éloignée du Soleil, et la plus froide juste après le sols-

---

[29] Données du système CERES (Clouds and the Earth's Radiant Energy System) de la NASA.

tice de décembre, lorsqu'elle reçoit 6,9 % d'énergie en plus du Soleil. Alors que la quantité de rayonnement de grande longueur d'onde émis suit généralement la température, la quantité totale d'énergie rayonnée par la planète (y compris les ondes courtes réfléchies par l'albédo) augmente lorsque la Terre est plus froide et diminue lorsqu'elle est plus chaude. Cela signifie que pendant l'hiver boréal, lorsque la Terre est la plus proche du Soleil et reçoit le plus d'énergie, la planète est en fait la plus froide mais émet le plus d'énergie.

Cette observation est surprenante car elle contredit l'idée qu'une planète atteint une température d'équilibre en équilibrant ses flux radiatifs entrants et sortants. Si la planète présente un déséquilibre radiatif positif (comme indiqué par les barres blanches de la fig. E3b), elle devrait se réchauffer, et si elle présente un déséquilibre radiatif négatif (comme indiqué par les barres grises de la fig. E3b), elle devrait se refroidir. Or, ce n'est pas ce qui est observé. Au contraire, la Terre se refroidit lorsque le déséquilibre radiatif passe de négatif à positif et vice versa. Bien que la Terre présente une faible variabilité interannuelle de température, nous ne comprenons pas entièrement les mécanismes qui régulent son homéostasie thermique.

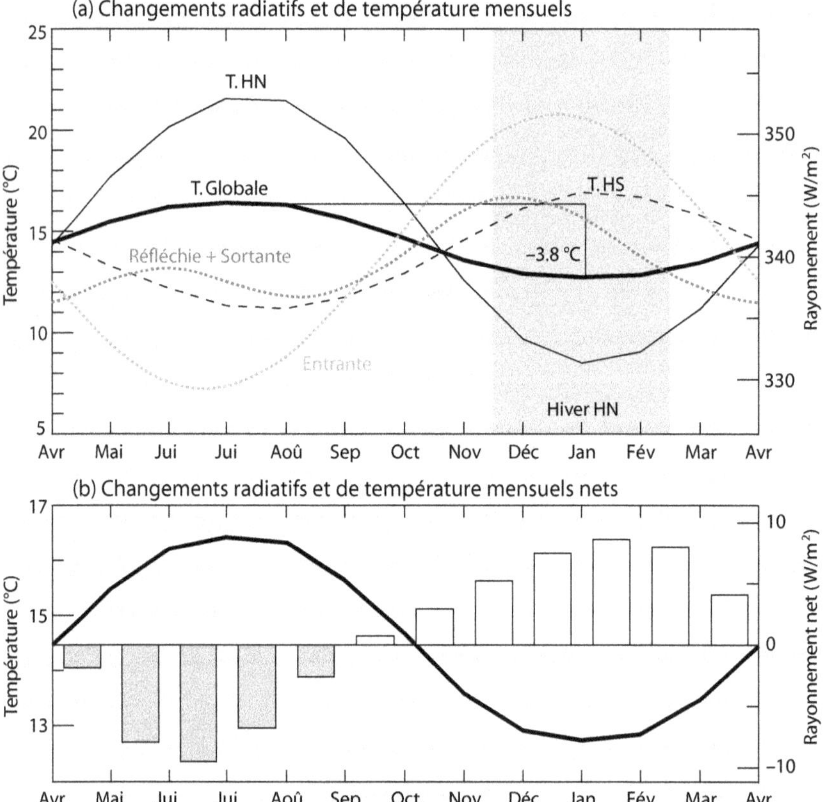

Figure E3. Variations annuelles de la température et du rayonnement. (a) La température moyenne à la surface de la planète (ligne épaisse) varie de 3,8 °C tout au long de l'année, principalement en raison des variations de température dans l'hémisphère nord (T. HN, ligne fine), qui varie de 12 °C. La planète est plus froide en janvier, bien qu'elle reçoive 6,9 % d'ir-radiation solaire totale en plus (ligne pointillé gris clair) en raison de son périhélie au début du mois de janvier. À mesure que chaque hémisphère se refroidit, la planète connaît deux pics de perte d'énergie (rayonnement à ondes courtes réfléchi plus rayonnement à ondes longues sortant, ligne pointillé gris foncé), le plus important se produisant lors du refroidissement de l'hémisphère nord. La planète émet plus d'énergie entre novembre et janvier qu'à n'importe quel autre moment. La température de l'hémisphère sud (T. HS), représentée par la ligne en tirets noires, connaît des variations saisonnières plus douces que l'hémisphère nord. La zone gris clair du graphique correspond à l'hiver dans l'hémisphère nord.[30] (b) Température moyenne mensuelle globale (ligne) comparée au changement radiatif net moyen mensuel au sommet de l'atmosphère (barres).

Comment l'énergie quitte le système climatique

Une explication thermodynamique de base du système climatique de la Terre est que l'énergie entre dans le système principalement à la surface, dans la basse atmosphère et dans les couches supérieures des océans, et sort du système par le sommet de l'atmosphère à une latitude plus élevée qu'elle n'y est entrée. Au fur et à mesure que l'énergie se déplace dans le système, il se produit un travail qui se manifeste par les conditions météorologiques et le cycle de l'eau. En raison de la variabilité du temps nécessaire à l'énergie pour quitter le système climatique, il y a une accumulation d'énergie dans le système, en particulier dans l'océan (chap. 6).

L'énergie doit être transportée à travers l'atmosphère pour s'échapper de la planète sous forme de rayonnement infrarouge. En effet, l'atmosphère terrestre est très opaque au rayonnement infrarouge en raison des gaz à effet de serre (GES). Les GES sont des molécules gazeuses qui absorbent l'énergie dans la partie infrarouge du spectre électromagnétique. La vapeur d'eau et le dioxyde de carbone sont les GES les plus abondants dans l'atmosphère terrestre et, ensemble, ils absorbent la plupart des fréquences infrarouges qui devraient être émises par la surface de la Terre en raison de sa température. Toutefois, une fenêtre atmosphérique dans la gamme de fréquences infrarouges de 8,5 à 13,5 μm laisse passer environ 17 % du rayonnement de grande longueur d'onde émis par la surface.

Les molécules de GES interceptent le reste de l'énergie dans l'atmosphère. Les molécules de la basse troposphère absorbent le rayonnement infrarouge et sont plus susceptibles de partager cette énergie en entrant en collision avec des molécules d'azote ou d'oxygène qu'en l'émettant sous forme de rayonnement. Il en résulte une température plus uniforme localement, et les GES réchauffent la basse troposphère. À mesure que l'altitude augmente, la densité diminue rapidement et, dans la haute troposphère et la stratosphère, les molécules de GES sont plus susceptibles d'émettre l'énergie qu'elles reçoivent plutôt que de la partager. Il en résulte une augmentation du rayonnement sortant. Lorsque la molécule de GES entre finalement en collision, elle est plus froide que les autres molécules et reçoit de l'énergie au lieu d'en donner. Les GES refroidissent la haute troposphère et la stratosphère.

---

[30] Données de Jones, P.D., et al, 1999. Rev. Geophys. 37 (2), pp.173-199. doi.org/10.1029/1999RG900002 et de Carlson, B., et al. 2019. Geophys. Res. Lett. 46 (17-18), pp.10679-10686. doi.org/10.1029/2019GL083736.

Les émissions infrarouges de la Terre peuvent provenir de n'importe quelle hauteur, de la surface au sommet de l'atmosphère. Cependant, il est utile de considérer la hauteur moyenne d'émission, également connue sous le nom de hauteur effective d'émission. Cette hauteur imaginaire a une valeur d'environ 6 km et reflète l'opacité de l'atmosphère aux émissions infrarouges. Sa valeur dépend de la teneur en GES de l'atmosphère et de son gradient thermique vertical, car la température d'une molécule détermine sa capacité à émettre du rayonnement. La température à la hauteur d'émission effective est la température moyenne de la Terre vue de l'espace. Mesurée depuis l'espace, la température d'émission de la Terre est de 250 K (−23 °C), légèrement inférieure aux 255 K calculés à partir de la théorie du corps noir.

Il est important de comprendre comment la présence de GES dans l'atmosphère affecte le niveau et la température des émissions de rayonnement de grande longueur d'onde, car c'est la base de l'effet de serre dont il est question au chapitre 7.

En bref

Le principal moteur du changement climatique sera probablement l'évolution de la quantité d'énergie thermique rayonnée par la Terre, l'énergie solaire et l'albédo restant relativement constants. L'atmosphère joue un rôle important dans ce processus en renvoyant la majeure partie de l'énergie reçue par la surface en raison de son opacité au rayonnement infrarouge. Aux latitudes moyennes et élevées, en particulier pendant la saison hivernale, la quantité d'énergie perdue dans l'espace est supérieure à celle reçue du soleil. Cela crée un déficit énergétique considérable qui doit être compensé. La Terre subit plus de changements de température d'un mois à l'autre qu'en dix ans. Ainsi, tout comme une personne qui marche n'est jamais en équilibre, la Terre n'est jamais en équilibre radiatif.

Chapitre 6
Le Budget Énergétique

Pour qu'une planète ait une température constante, il faut qu'il y ait un équilibre entre l'énergie provenant du Soleil et l'énergie quittant la planète. C'est ce qu'on appelle l'équilibre radiatif. Or, la température de la Terre varie chaque mois et l'énergie sortante n'est jamais exactement la même que l'énergie entrante. Le bilan énergétique n'est donc qu'un concept théorique qui simplifie le calcul du budget énergétique de la Terre. Il permet de suivre l'évolution de l'énergie au sein du système climatique, ce qui est essentiel pour comprendre le changement climatique. Le réchauffement de l'océan, de l'atmosphère et de la surface de la Terre indique un déséquilibre énergétique au sommet de l'atmosphère. Des recherches récentes suggèrent que ce déséquilibre pourrait être en train de diminuer, ce qui aurait des conséquences importantes sur notre compréhension du changement climatique.

Le bilan radiatif de la Terre

La matière tend naturellement vers l'équilibre thermique en ajustant sa température, ce qui entraîne le refroidissement des éléments chauds et le réchauffement des éléments froids à la température de leur environnement. Le même principe s'applique à une planète comme la Terre, qui reçoit presque toute son énergie de son étoile sous forme de rayonnement électromagnétique. La planète ajustera naturellement sa température pour que l'énergie qu'elle émet soit égale à l'énergie qu'elle reçoit, ce que l'on appelle l'équilibre énergétique. Ce concept est basé sur un équilibre théorique du flux d'énergie provenant du Soleil et quittant la Terre par le haut de l'atmosphère. Selon les climatologues, tout processus physique qui modifie cet équilibre des flux et provoque un déséquilibre est appelé forçage radiatif ou climatique.

Formuler ainsi l'énergie du système climatique simplifie le problème, d'autant plus que la quantité d'énergie provenant du Soleil est quasiment constante en moyenne annuelle (elle ne varie que de 0,1 % avec le cycle solaire ; chap. 2). Pour que la Terre se réchauffe, il faut que la quantité d'énergie quittant la planète (rayonnement total sortant) diminue, et pour qu'elle se refroidisse, il faut que la quantité d'énergie quittant la planète augmente. Chaque changement doit être le résultat de la variation d'un ou plusieurs forçages radiatifs. Une fois qu'un nouvel équilibre est atteint, la surface de la planète aura une température différente.

Le rayonnement total sortant a deux composantes : le rayonnement réfléchi à ondes courtes, également appelé albédo, et le rayonnement sortant à ondes longues. Les changements interannuels de l'albédo sont minimes (chap. 3), ce qui suggère que la cause initiale du réchauffement est une réduction du rayonnement sortant de grande longueur d'onde, comme le propose la théorie de l'effet de serre (chap. 7). Cette théorie suggère que le changement climatique est causé par des changements dans la quantité d'énergie allant de la surface au sommet de l'atmosphère. Dans ce cas, la planète se réchauffe parce que moins d'énergie atteint le sommet de l'atmosphère sous la forme de rayonnement de grande longueur d'onde sortant.

Selon ce paradigme largement accepté, les changements climatiques se produisent en raison des variations de la quantité de gaz radiativement actifs et de particules d'aérosols dans l'atmosphère. Toutefois, cette vision simplifiée de la complexité du climat ne tient pas compte du fait que le système climatique n'est pas si simple. En ne considérant que les moyennes annuelles, on oublie que la température de la planète varie considérablement de 3,8 °C au cours d'une année (encadré 3 ; chap. 5). De plus, la Terre est plus chaude lorsqu'elle reçoit moins d'énergie du Soleil à l'aphélie, et plus froide lorsqu'elle reçoit plus d'énergie du Soleil au périhélie, ce qui signifie que l'équilibre supposé n'existe pas et n'a jamais existé. De plus, les variations de l'albédo et du rayonnement de grande longueur d'onde sortant au cours de l'année font que la Terre renvoie plus d'énergie lorsqu'elle est plus froide et moins lorsqu'elle est plus chaude (fig. E3 ; chap. 5).

Nous avons encore beaucoup à apprendre sur la manière dont la Terre parvient à maintenir une température aussi constante au fil des ans malgré des variations mensuelles importantes. En outre, nous ne comprenons pas entièrement comment la Terre maintient la symétrie de l'albédo interhémisphérique malgré l'asymétrie des hémisphères et la réduction substantielle de l'albédo de la neige et de la glace dans l'hémisphère nord au cours des dernières décennies. Néanmoins, la base du modèle radiatif doit être correcte. Nos mesures des températures de surface, de l'atmosphère et des océans indiquent que le système climatique augmente l'énergie qu'il contient, ce qui implique que la quantité d'énergie émise par la planète au sommet de l'atmosphère devrait diminuer. Or, ce n'est pas ce que nous observons. En fait, le rayonnement de grande longueur d'onde sortant a augmenté au cours des 40 dernières années,[31] suggérant que, si la planète s'est réchauffée, c'est en raison d'une augmentation du rayonnement de petite longueur d'onde absorbé, probablement causée par une légère diminution de l'albédo. Ce résultat n'est pas conforme aux prévisions de la théorie de l'effet de serre en cas d'augmentation des GES.

Le budget énergétique

Le budget énergétique de la Terre fait référence aux flux d'énergie entrant et sortant du système climatique de la Terre. Il tente de prendre en compte les flux d'énergie verticaux qui ne sont pas encore connus avec suffisamment de précision, ce qui explique que les auteurs fournissent des estimations différentes. Notre connaissance du budget énergétique de la Terre repose en grande partie sur les observations par satellite de la lumière solaire réfléchie et de l'énergie thermique infrarouge émise par l'atmosphère et la surface.

Pour calculer le budget énergétique de la Terre, nous partons de la quantité d'énergie solaire qui atteint la Terre à une distance moyenne du Soleil (une unité astronomique), uniformément répartie sur toute la surface de la planète. Ce flux d'énergie de courte longueur d'onde entrant a une valeur de 340 W/m^2 et représente la quantité d'énergie que la Terre doit restituer pour être en équilibre radiatif. Cette énergie entrante est divisée en plusieurs composantes, telles que le rayonnement d'ondes courtes réfléchi par l'albédo (98 W/m^2, 29 %), l'énergie absorbée par l'atmosphère (80 W/m^2, 23 %) et l'énergie absorbée par la surface

---

[31] Dewitte, S. & Clerbaux, N., 2018. Remote Sens. 10 (10), p.1539.
   doi.org/10.3390/rs10101539

(162 W/m^2, 48 % ; fig. 8). Ces valeurs sont calculées et non mesurées et peuvent varier d'une étude à l'autre. Pour nos besoins, nous nous basons sur les valeurs fournies par la NASA.[32]

Toute l'énergie solaire qui atteint la surface (48 %) doit être restituée pour atteindre l'équilibre. Le rayonnement direct de la surface vers l'espace à travers la fenêtre atmosphérique (12 %) ne représente qu'une petite fraction du rayonnement thermique total émis par la surface. Le rayonnement thermique est échangé entre la surface et l'atmosphère, mais c'est le flux net qui détermine le changement de température. L'atmosphère étant très opaque au rayonnement infrarouge, la majeure partie de celui-ci est renvoyée vers la surface. Cependant, comme la surface est généralement plus chaude que l'atmosphère, le flux net de rayonnement thermique transporte 5 % de l'énergie solaire de la surface vers l'atmosphère. La surface doit cependant restituer l'énergie qu'elle reçoit du Soleil et se refroidit principalement par évaporation (86 W/m^2, 25 %) et par réchauffement de l'air qui s'élève (convection, 18 W/m^2, 5 %).

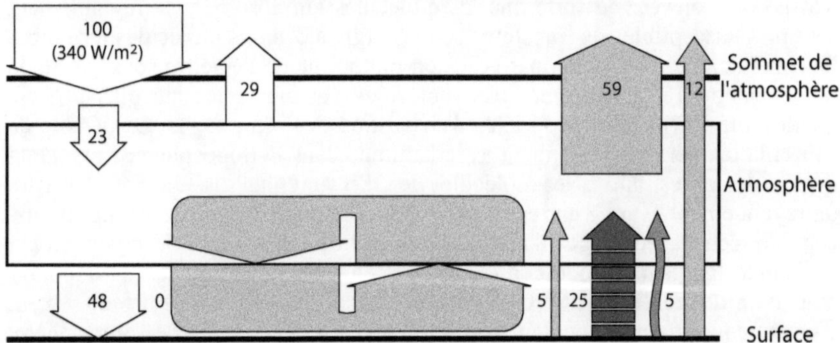

Figure 8. Représentation schématique du budget énergétique de la Terre. La Terre reçoit un rayonnement solaire moyen de 340 W/m^2 au sommet de l'atmosphère. Les flux d'ondes courtes sont représentés en blanc, les flux nets d'ondes longues en gris clair, la convection en gris moyen et l'évaporation en gris foncé. Bien qu'il y ait un important échange de rayonnement infrarouge entre la surface et l'atmosphère, le transfert net vers le haut est relativement faible. Le principal mécanisme par lequel la surface réchauffe l'atmosphère est l'évaporation (chaleur latente).

Le budget énergétique de la Terre montre que le soleil est responsable du réchauffement de la surface et que la moitié de cette énergie est utilisée pour chauffer l'atmosphère par évaporation, ce qui entraîne le cycle de l'eau. Un quart de l'énergie atteint l'espace par rayonnement direct, et le quart restant est utilisé pour chauffer l'atmosphère par convection et rayonnement thermique (fig. 8).

Il est clair que la surface transfère de la chaleur nette à l'atmosphère, ce qui détermine le gradient thermique vertical, c'est-à-dire la diminution de la température avec l'altitude dans la troposphère. Cependant, l'atmosphère ne transfère pas de chaleur nette à la surface. Dans le prochain chapitre, nous examinerons comment l'atmosphère peut modifier les flux de chaleur, ce qui peut entraîner un réchauffement de la surface.

---

[32] earthobservatory.nasa.gov/features/EnergyBalance

Dans le cas de l'océan, c'est encore plus évident. La surface de l'océan étant généralement plus chaude que l'atmosphère, elle perd 16 W/m² de chaleur dans l'atmosphère par conduction et convection (chaleur sensible). En outre, l'océan est la plus grande source d'évaporation de la planète, perdant 100 W/m² de chaleur latente, tandis que la perte nette de rayonnement à ondes longues est de 53 W/m².[33] Ainsi, l'océan transfère presque toute l'énergie qu'il reçoit du soleil à l'atmosphère pour maintenir l'équilibre. Il n'y a pas de flux thermique net de l'atmosphère vers l'océan, et l'atmosphère n'a pas d'effet de réchauffement net sur l'océan. En d'autres termes, le soleil réchauffe l'océan et l'océan réchauffe l'atmosphère.

Pour boucler le budget, l'atmosphère doit perdre dans l'espace l'énergie qu'elle a reçue du soleil, de la surface de la Terre et de la surface des océans. L'énergie latente gagnée par l'évaporation est libérée par la condensation lorsque les nuages et les précipitations se forment, ce qui réchauffe l'atmosphère. Comme nous l'avons vu dans le chapitre précédent, la basse troposphère a une densité plus élevée, de sorte que les molécules qui absorbent le rayonnement sont plus susceptibles de transférer cette énergie à d'autres molécules, principalement l'azote et l'oxygène, par collision plutôt que de l'émettre sous forme de rayonnement. La température des molécules voisines est donc plus proche, quelles que soient leurs propriétés d'absorption des infrarouges. La densité de l'air et la température diminuent avec l'altitude dans la troposphère. Lorsque la densité de l'air est faible, les molécules de GES sont plus susceptibles d'émettre un rayonnement avant d'entrer en collision, et leur rayonnement est moins susceptible d'être absorbé par d'autres molécules de GES. Ainsi, le rayonnement de grande longueur d'onde commence à s'échapper dans l'espace, et une augmentation des molécules de GES à cette altitude provoque un refroidissement en augmentant le rayonnement sortant. À des niveaux élevés de l'atmosphère, les molécules émettent autant d'énergie qu'elles peuvent en recevoir d'en bas. Par conséquent, toute l'énergie que la Terre reçoit du Soleil est renvoyée dans l'espace, à moins que la Terre ne change de température, ce qui crée un déséquilibre.

Le déséquilibre énergétique de la Terre

Lorsqu'il existe un déséquilibre annuel moyen entre les flux radiatifs entrants et sortants au sommet de l'atmosphère, la Terre connaît un déséquilibre énergétique. De nombreux scientifiques considèrent ce déséquilibre comme l'indicateur le plus important du changement climatique, puisqu'un excès d'énergie qui n'est pas restitué doit entraîner un réchauffement, et qu'un déséquilibre plus important entraîne un réchauffement plus important. Inversement, pour que la Terre se refroidisse, elle doit renvoyer plus d'énergie qu'elle n'en reçoit.

Le déséquilibre énergétique de la Terre est estimé à 0,75 W/m², et la majeure partie de la chaleur supplémentaire générée par ce déséquilibre, soit environ 93 %, aboutit dans l'océan. Environ 3 % de la chaleur excédentaire est utilisée pour faire fondre la glace, tandis que 4 % contribuent à l'augmentation des températures terrestres et au dégel du pergélisol. Seule une fraction de cet ex-

---

[33] Schmitt, R.W., 2018. Oceanography, 31 (2), pp.32-40.
    doi.org/10.5670/oceanog.2018.225.

cès de chaleur, moins de 1 %, reste dans l'atmosphère.[34] Le problème, cependant, est que ce déséquilibre estimé est un résidu minuscule de deux flux d'énergie importants, et qu'il est trop petit pour être mesuré avec précision, puisqu'il ne représente qu'environ 0,15 %. De plus, l'incertitude liée à la mesure des flux d'énergie au sommet de l'atmosphère est beaucoup plus importante que le déséquilibre lui-même.[35] Néanmoins, les changements dans le contenu thermique des océans ont conduit à des estimations d'un déséquilibre énergétique d'environ 0,6 W/m^2.

Les mesures satellitaires effectuées entre 2000 et 2018 montrent une légère diminution de l'énergie réfléchie et une légère augmentation du rayonnement de grande longueur d'onde sortant. Bien que ces deux mesures ne devraient pas affecter le déséquilibre énergétique si elles coïncident, l'augmentation du rayonnement de grande longueur d'onde sortant est plus importante que la diminution de la réflexion des ondes courtes. Par conséquent, il semble y avoir une tendance apparente à la baisse du déséquilibre énergétique.[36] Cela signifie que la Terre devrait se réchauffer moins vite au fil du temps, ce qui est corroboré par une réduction du taux d'augmentation de la teneur en chaleur des océans. Cette possibilité d'un réchauffement plus lent constitue un défi majeur pour notre compréhension du changement climatique, et nous l'explorerons dans les prochains chapitres.

En bref

Nous savons que la Terre se réchauffe, ce qui indique un déséquilibre énergétique au sommet de l'atmosphère. Si l'albédo reste constant, la seule façon pour la Terre de se réchauffer est de réduire son rayonnement thermique sortant, ce qui indique qu'une augmentation des gaz à effet de serre en est la cause probable. Cependant, les observations montrent que le déséquilibre énergétique est principalement dû à une augmentation de l'énergie absorbée par les ondes courtes, ce qui suggère plutôt que la cause probable est une diminution de l'albédo. Au 21e siècle, le déséquilibre énergétique semble diminuer, ce qui suggère que la Terre pourrait se réchauffer plus lentement.

---

[34] Trenberth, K.E. & Cheng, L., 2022. Environ. Res : Climate, 1 (1), p.013001. doi.org/10.1088/2752-5295/ac6f74.

[35] Loeb, N.G., et al, 2018. J. Clim. 31 (2), pp.895-918. doi.org/10.1175/JCLI-D-17-0208.1

[36] Dewitte, S., et al, 2019. Remote Sens. 11 (6), p.663. doi.org/10.3390/rs11060663

CHAPITRE 7
L'EFFET DE SERRE

L'effet de serre réchauffe la Terre en raison d'une combinaison de gaz à effet de serre et d'un gradient thermique vertical positif dans la troposphère. La vapeur d'eau est le principal gaz à effet de serre, mais sa concentration dépend de la température. Le dioxyde de carbone est un gaz à l'état de trace bien mélangé qui contribue de manière substantielle à l'effet de serre. Cet effet est dû à l'opacité accrue de l'atmosphère au rayonnement infrarouge, qui fait que le rayonnement vers l'espace provient de plus hautes altitudes. La troposphère se refroidit avec l'altitude et les molécules froides rayonnent moins. L'effet de serre augmente l'altitude des émissions, qui diminuent donc. Par conséquent, la surface et la basse troposphère doivent se réchauffer jusqu'à ce que l'énergie rayonnée soit égale à l'énergie reçue du soleil. Cependant, l'effet de serre n'est pas uniforme sur toute la planète en raison des différences de teneur en vapeur d'eau, de sorte qu'il est beaucoup plus faible au-dessus des pôles en hiver qu'au-dessus des tropiques.

Gaz à effet de serre

La température de la Terre est régulée par l'équilibre entre l'énergie qu'elle reçoit du Soleil et l'énergie qu'elle émet dans l'espace sous forme de rayonnement infrarouge. Cependant, une petite fraction (environ 1 %) de l'atmosphère terrestre est constituée de molécules de gaz qui absorbent le rayonnement infrarouge parce qu'elles ont deux atomes différents ou plus de deux atomes. Cela rend l'atmosphère assez opaque au rayonnement infrarouge, ce qui provoque son réchauffement car ces gaz absorbent plus d'énergie et la partagent en entrant en collision avec d'autres molécules. Ces gaz sont connus sous le nom de gaz à effet de serre (GES) et sont responsables de l'effet de serre.

Le GES le plus important est la vapeur d'eau. Sa concentration dans l'atmosphère varie considérablement (encadré 4), mais se situe en moyenne autour de 1 %. La vapeur d'eau est plus de dix fois plus abondante que tous les autres GES réunis et est responsable d'environ 75 % de l'effet de serre de la Terre si l'on inclut l'effet des nuages.[37] La vapeur d'eau est plus abondante dans la basse troposphère et diminue rapidement avec l'altitude. En fait, elle est 1000 fois moins abondante dans la stratosphère (fig. 9, ligne gris clair en pointillés). La diminution de l'abondance de la vapeur d'eau et de la densité atmosphérique avec l'altitude provoque un gradient thermique vertical positif (la température diminue avec l'altitude) dans la troposphère (fig. 9, ligne noire épaisse). La vapeur d'eau présente deux autres particularités. Tout d'abord, son abondance dépend de la température. D'autre part, elle a la propriété de changer de phase entre solide, liquide et gaz, ce qui nécessite ou libère beaucoup d'énergie sans changer de température. Cette énergie, appelée chaleur latente, est l'un des principaux mécanismes de transport de chaleur dans le système climatique.

---

[37] Schmidt, G.A., et al, 2010. J. Geophys. Res. Atmos. 115 (D20). doi.org/10.1029/2010JD014287

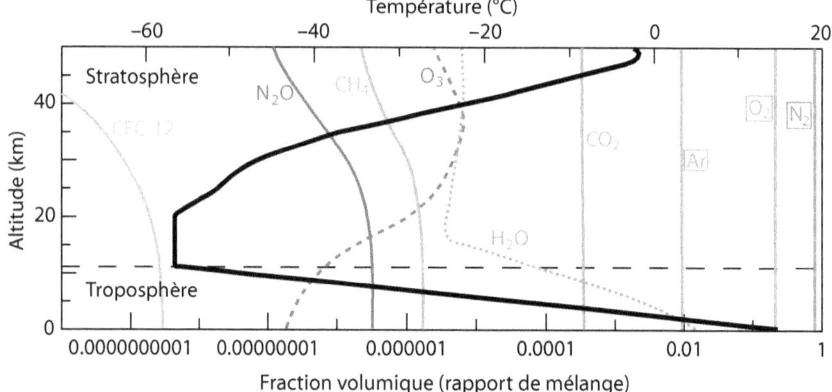

Figure 9. Profils de température et de composition des gaz dans l'atmosphère. La ligne épaisse (échelle supérieure) représente le profil vertical de la température de l'atmosphère, tandis que les lignes fines (échelle inférieure) représentent le profil vertical et l'abondance des gaz atmosphériques. Les symboles encadrés correspondent à des gaz à absorption infrarouge négligeable. La ligne en pointillé représente la vapeur d'eau et la ligne en tirets l'ozone. Ces deux gaz ont des profils verticaux très variables qui contribuent fortement au profil de température.

Le dioxyde de carbone (CO_2) est un gaz à l'état de trace qui ne représente qu'environ 0,04 % de l'atmosphère. Il est bien mélangé dans la basse et la moyenne atmosphère et constitue le deuxième gaz à effet de serre le plus important. Le CO_2 est responsable d'environ 19 % de l'effet de serre de la Terre.

L'ozone (O_3) est le troisième GES le plus important, et son abondance varie également fortement avec l'altitude (fig. 9). En effet, il est 100 fois plus abondant dans la stratosphère (la couche d'ozone) que dans la troposphère. Bien qu'il ne représente que six parties par million, il est responsable de 4 % de l'effet de serre. Outre son rôle de gaz à effet de serre, l'ozone joue également un rôle clé dans l'absorption du rayonnement ultraviolet. Il est responsable du gradient thermique vertical inversé (négatif) dans la stratosphère et de l'existence même de la stratosphère.

Les autres GES indiqués dans la figure 9 et le tableau 1 sont l'oxyde nitreux (N_2O), le méthane (CH_4) et les chlorofluorocarbones (CFC), un groupe de gaz produits par l'homme. Ensemble, ils ne représentent qu'une petite partie de l'effet de serre.

Tableau 1. Principaux gaz à effet de serre.[38]

Nom du gaz	Formule	Abondance (%)	Attribution de l'effet de serre
Vapeur d'eau (comp. les nuages)	H_2O	0–3%	75%
Dioxyde de carbone	CO_2	0.04%	19%
Ozone	O_3	0.00006%	4%
Oxyde nitreux	N_2O	0.00005%	1%
Méthane	CH_4	0.0002%	1%

[38] Ibid.

Comment fonctionne l'effet de serre

L'effet de serre est parfois interprété à tort comme un « piégeage » de la chaleur. S'il est vrai que la présence de GES se traduit par une augmentation de l'énergie dans le système climatique, cette énergie supplémentaire est principalement stockée dans l'océan. De plus, la planète continue à restituer toute l'énergie qu'elle reçoit du soleil après ajustement.

Les GES augmentent l'opacité de l'atmosphère au rayonnement infrarouge. Ils absorbent les émissions thermiques de la surface, ce qui provoque un réchauffement dans la basse troposphère. Cependant, ils provoquent un refroidissement dans la haute troposphère en augmentant les émissions thermiques vers l'espace. En raison de leur présence, l'émission infrarouge de la surface vers l'espace (comme c'est le cas sur la Lune) est déplacée vers l'atmosphère. Nous pouvons déterminer la hauteur d'émission effective théorique (Z_e sur la figure 10) comme étant la hauteur moyenne à laquelle le rayonnement thermique de la Terre est émis. La température à laquelle la Terre émet le rayonnement est la température moyenne de l'atmosphère à cette hauteur. Cette température, calculée à 255 K pour une Terre à corps noir, est de 250 K (–23 °C) lorsqu'elle est mesurée depuis l'espace.[39] Cela correspond à une altitude d'émission d'environ 6 km.

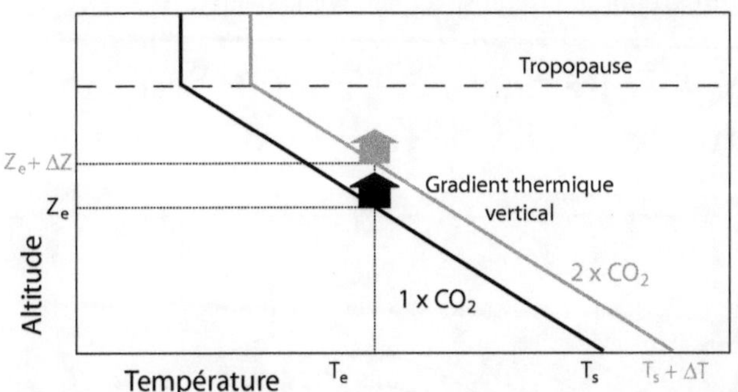

Figure 10. Schéma de l'effet de serre. La variation du niveau d'émission (Z_e) due à un doublement du CO_2 (gris) est associée à une augmentation de la température de surface (T_s), en supposant un gradient thermique vertical constant. La température d'émission effective (T_e) et les émissions de grandes longueurs d'onde sortantes restent inchangées.[40]

Le gradient thermique vertical doit être positif pour que l'effet de serre provoque un réchauffement, c'est-à-dire que la température doit diminuer avec l'altitude. Les GES font que la planète émet en altitude, ce qui rend l'atmosphère plus opaque au rayonnement infrarouge et, par conséquent, cette altitude est plus froide en raison du gradient thermique vertical. Cependant, la Terre doit toujours renvoyer toute l'énergie qu'elle reçoit du Soleil, mais les molécules plus froides émettent moins d'énergie. Par conséquent, la planète traverse une période où elle émet moins d'énergie qu'elle ne le devrait, ce qui

---

[39] Peyrou-Lauga, R., 2017. 47th Int. Conf. Environ. Syst. ICES-2017-142
hdl.handle.net/2346/72957

[40] Held, I.M. & Soden, B.J., 2000. Annu. Rev. Energy Environ. 25 (1), pp.441-475.
doi.org/10.1146/annurev.energy.25.1.441

entraîne un réchauffement de la surface et de la basse troposphère jusqu'à ce que la nouvelle altitude d'émission atteigne la température nécessaire pour restituer toute l'énergie ; à ce stade, la planète cesse de se réchauffer. Si le réchauffement induit par les GES se produit, il devrait y avoir une diminution du rayonnement infrarouge sortant au fur et à mesure que la surface se réchauffe. Or, ce phénomène n'est pas observé. Comme indiqué au chapitre 6 sur le déséquilibre énergétique, on observe une augmentation du rayonnement infrarouge sortant, qui devrait entraîner un refroidissement, compensée par une nouvelle augmentation du rayonnement solaire absorbé, qui est à l'origine du réchauffement observé.

L'effet de serre réchauffe la planète lorsqu'une augmentation des GES dans l'atmosphère entraîne une augmentation de la hauteur d'émission. Comme la température d'émission doit rester constante, la température entre la surface et la nouvelle hauteur d'émission doit augmenter, même si ce n'est que légèrement. Par exemple, un doublement des niveaux de CO_2 entraîne une augmentation de la hauteur d'émission de 150 mètres. Avec un gradient thermique vertical standard de –6,5 °C par km, la nouvelle hauteur d'émission est 1 °C plus froide qu'elle ne devrait l'être. Par conséquent, si le gradient thermique vertical reste constant, la température de surface doit augmenter de 1 °C pour atteindre la température d'émission requise à la nouvelle hauteur.[41]

Encadré 4. Différences de l'effet de serre en fonction de la latitude

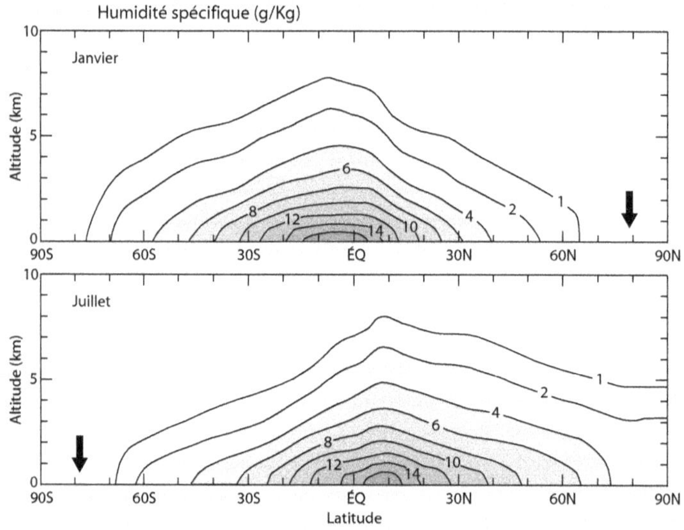

Figure E4. Profils d'humidité spécifique en fonction de la latitude et de l'altitude. En haut en janvier et en bas en juillet.[42] Les flèches noires indiquent les zones les plus sèches de la planète, qui se situent aux hautes latitudes pendant l'hiver, là où l'effet de serre est le plus faible.

---

[41] Ibid.

[42] Figure tirée de Randall, D. A., 2015. Une introduction à la circulation globale de l'atmosphère. Princeton Univ. Press.

La vapeur d'eau est le principal GES, mais sa répartition dans l'atmosphère terrestre est très inégale. Ce qui compte pour l'effet de serre, c'est la quantité de vapeur d'eau par kilogramme d'air (humidité spécifique), et non l'humidité relative à saturation pour une température donnée (humidité relative). Par exemple, l'air des déserts semble très sec parce qu'il est chaud, mais il contient beaucoup plus de vapeur d'eau que l'air de l'Antarctique.

L'atmosphère la plus sèche de la planète se trouve dans les régions polaires en hiver (fig. E4). Des taux d'humidité spécifique aussi bas que 0,1 g/kg ont été enregistrés, et mille fois moins à quelques kilomètres de la surface. Etant donné que 75 % de l'effet de serre est dû à la vapeur d'eau et aux nuages, et que les nuages sont également fortement réduits dans les conditions hivernales polaires, l'effet de serre est plusieurs fois plus faible au-dessus des hautes latitudes en hiver qu'au-dessus des tropiques. Le contraste important dans l'intensité de l'effet de serre entre les régions polaires en hiver et les tropiques est un point crucial pour l'hypothèse du changement climatique explorée dans ce livre.

En bref

L'effet de serre est dû à l'opacité accrue de l'atmosphère au rayonnement infrarouge en présence de gaz à effet de serre. La vapeur d'eau et les nuages sont les principaux responsables de l'effet de serre. Comme ils sont rares dans l'atmosphère polaire en hiver, l'effet de serre est fortement réduit dans ces régions à cette période de l'année.

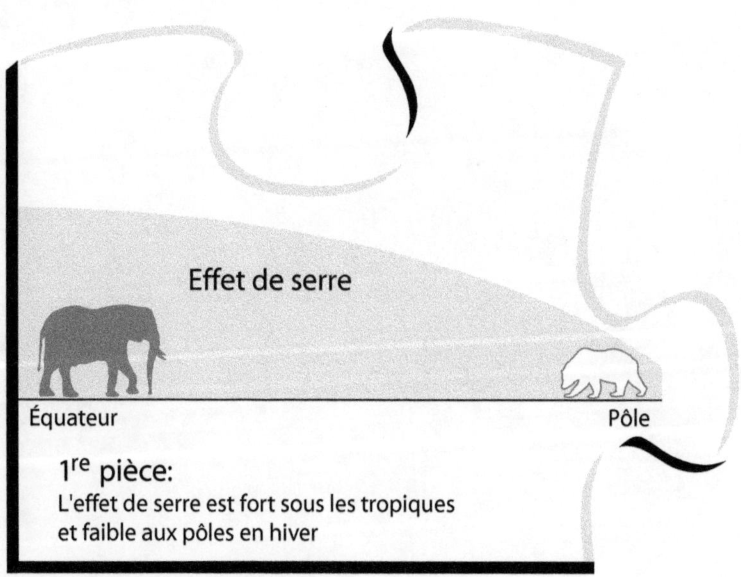

CHAPITRE 8
L'HYPOTHÈSE DE L'EFFET RENFORCÉ DU CO_2

L'« hypothèse de l'effet renforcé du CO_2 » est basée sur l'effet de serre et propose que le réchauffement climatique récent soit principalement dû à des mécanismes de rétroaction qui amplifient l'effet de réchauffement direct du CO_2. Ces rétroactions ne peuvent être mesurées directement, mais sont estimées par des modèles informatiques. Le réchauffement qui résulterait d'un doublement des niveaux de CO_2 est connu sous le nom de sensibilité climatique, qui est actuellement estimée à 3 °C, mais avec une grande incertitude. Malgré le manque de preuves scientifiques, l'hypothèse de l'effet renforcé du CO_2 est largement soutenue par les climatologues et est considérée comme l'hypothèse de consensus. Les partisans de cette hypothèse soutiennent que le changement climatique naturel est négligeable.

L'hypothèse de l'effet renforcé du CO_2

Comme nous l'avons vu dans le chapitre précédent, la vapeur d'eau est le principal GES présent dans l'atmosphère. Cependant, elle possède une propriété intéressante qui la différencie des autres GES : sa présence et son effet dépendent de la température. Lorsque la température baisse de manière significative, la vapeur d'eau se condense et quitte l'atmosphère, ce qui rend les changements de température moins dépendants des changements de vapeur d'eau.

Svante Arrhenius a proposé au 19e siècle que l'augmentation du CO_2 dans l'atmosphère pouvait provoquer un réchauffement climatique important en recrutant l'effet d'un changement de la vapeur d'eau résultant de l'augmentation des températures. En 1939, Guy Callendar a défendu cette hypothèse, suggérant que le réchauffement du début du 20e siècle était dû à l'augmentation des niveaux atmosphériques de CO_2. Bien que le réchauffement du début du 20e siècle semble avoir été en grande partie naturel, l'hypothèse d'Arrhenius a permis d'expliquer le réchauffement de la fin du 20e siècle, car elle correspond mieux aux observations que les autres hypothèses.

Il est important de noter que l'hypothèse de l'effet renforcé du CO_2 diffère de la théorie de l'effet de serre. Cette dernière affirme qu'une augmentation des GES entraînera inévitablement un certain réchauffement. Par exemple, le doublement de la quantité de CO_2 dans l'atmosphère devrait entraîner une augmentation de la température d'environ 1 °C. L'hypothèse de l'effet renforcé du CO_2 propose que la quasi-totalité du réchauffement observé entre 1951 et aujourd'hui soit due à l'augmentation significative des niveaux de CO_2 dans l'atmosphère causée par les activités humaines.[43] Cependant, le réchauffement observé est beaucoup plus important que ce que la théorie de l'effet de serre prévoirait en se basant uniquement sur l'augmentation des concentrations de CO_2. Par

---

[43] GIEC, 2014 : Changements climatiques 2014 : Rapport de synthèse. p.5 & fig. SPM.3.

conséquent, l'hypothèse de l'effet renforcé du CO_2 propose que les mécanismes de rétroaction amplifient l'effet direct du CO_2 sur le réchauffement.

Quels sont ces mécanismes de rétroaction ?

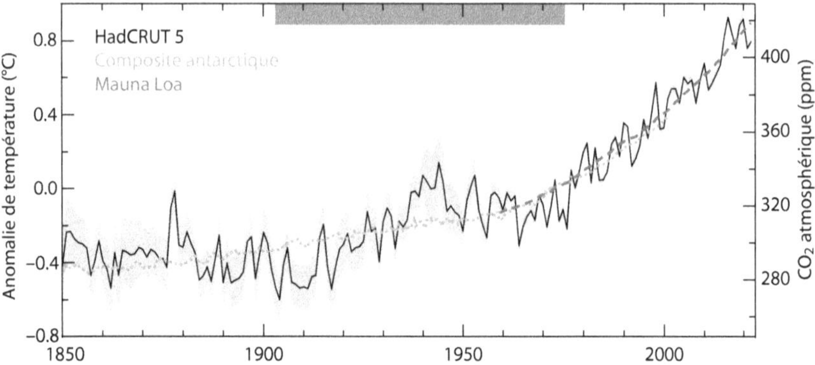

Figure 11. Augmentation du CO_2 et de la température entre 1850 et 2022. L'anomalie de température est relative à la ligne de base 1961-90 de l'ensemble de données HadCRUT 5 (courbe continue noire avec incertitude grise). Indicateur proxy du CO_2 atmosphérique$_2$ entre 1850 et 2001 à partir des carottes de glace de l'Antarctique (ligne gris clair en pointillés).[44] Enregistrement du CO_2 atmosphérique entre 1959 et 2022 à Mauna Loa (ligne en tirets gris foncé). La corrélation température-CO_2 est généralement bonne, mais plus faible pour la période 1905-1975, indiquée par la barre gris foncé.

La grande incertitude entre l'hypothèse et la réalité

Si nous doublons la quantité de CO_2 dans l'atmosphère et que nous nous attendons à une augmentation de la température de 1 °C, tous les éléments du système climatique devraient rester constants, y compris le gradient thermique vertical. Or, nous savons que ce n'est pas possible, car tout changement dans le système climatique déclenche une réaction. Par exemple, une augmentation de la température entraîne une augmentation de l'évaporation de l'eau, ce qui augmente la quantité de vapeur d'eau dans l'atmosphère. La vapeur d'eau est également un GES et son augmentation affecte la formation des nuages, les précipitations et l'albédo. Une modification de l'effet de serre entraîne de nombreux changements dans l'ensemble du système climatique, et nous ne savons pas exactement dans quelle mesure et de quelle manière ces changements se produiront. Par conséquent, il existe une incertitude considérable quant à l'ampleur du réchauffement qui pourrait résulter d'une augmentation de l'effet de serre. Cette incertitude se traduit par un large éventail de prévisions issues de différentes études.

Lorsque l'effet de serre se modifie, il y a un changement temporaire du flux radiatif au sommet de l'atmosphère. Les scientifiques appellent cela le « forçage » climatique. Toute réponse du système climatique à ce forçage, qui entraîne d'autres changements dans le flux radiatif au sommet de l'atmosphère, est appelée « rétroaction ». La rétroaction est le retour de la sortie du système vers son entrée, ce qui modifie encore la sortie. Si la rétroaction provoque un change-

[44] Bereiter, B., et al, 2015. Geophys. Res. Lett. 42 (2), pp.542-549.
doi.org/10.1002/2014GL061957.

ment dans la même direction que le forçage, il s'agit d'une rétroaction positive. Inversement, si elle provoque un changement dans la direction opposée, il s'agit d'une rétroaction négative. Dans un système stable tel que le climat, la rétroaction négative doit dominer, car la rétroaction positive peut provoquer des conditions instables conduisant à des effets d'emballement.

Les rétroactions climatiques dues à l'augmentation du CO_2

Les rétroactions climatiques sont impossibles à mesurer car, par définition, elles résultent de l'effet d'une variable sur une autre. Un changement du flux net au sommet de l'atmosphère (un forçage) causé par un changement de l'effet de serre se situe déjà dans la plage d'incertitude de nos mesures des flux entrants et sortants (chap. 6). Il est impossible de distinguer la rétroaction du signal produit par le forçage, de sorte que les rétroactions ne peuvent pas être observées. En revanche, ils ne peuvent être déduits que de manière probabiliste ou estimés à l'aide de modèles. Cette estimation basée sur des modèles comporte une grande incertitude, parfois même quant à son signe positif ou négatif.

Les deux rétroactions négatives sont la rétroaction de Planck, selon laquelle un corps plus chaud émet plus de rayonnement, et la rétroaction du gradient thermique vertical, selon laquelle l'atmosphère devrait se réchauffer davantage que la surface, ce qui diminue le gradient thermique vertical et réduit le réchauffement de la surface.

En revanche, la rétroaction des nuages est incertaine. Bien qu'une augmentation des nuages puisse accroître l'opacité de l'atmosphère pour le rayonnement infrarouge, elle peut également augmenter la réflexion du rayonnement solaire (albédo). On pense que l'effet global est positif, mais l'incertitude est grande.

Parmi les rétroactions positives figure celle de la vapeur d'eau, où le réchauffement augmente la teneur en eau de l'atmosphère, ce qui entraîne une forte augmentation de l'effet de serre. Cependant, malgré son importance, les mesures de la vapeur d'eau n'ont pas confirmé qu'elle se comportait comme une rétroaction positive.[45] Une autre rétroaction positive est la rétroaction glace-albédo, qui crée une boucle dans laquelle la fonte de la glace entraîne un réchauffement supplémentaire de la surface, ce qui provoque à son tour la fonte d'une plus grande quantité de glace. On pense que cette rétroaction est importante pour l'amplification de l'Arctique, mais son importance globale est relativement faible car 90 % de l'albédo mondial se trouve dans l'atmosphère (chap. 3).

Sensibilité climatique

Le forçage estimé des rétroactions basées sur les modèles est de +1,5-2 W/m^2, mais l'incertitude autour de cette valeur est plus grande que ce qui est généralement admis. Il est possible que certaines rétroactions nous soient inconnues ou que leurs valeurs estimées soient inexactes. Si cette estimation est correcte, elle suggère que la majeure partie du réchauffement causé par les changements de l'effet de serre est due à des rétroactions qui ne peuvent pas être mesurées directement.

Le concept de sensibilité climatique tente de quantifier l'ampleur du réchauffement que provoquerait un doublement du CO_2 atmosphérique, mais la réponse n'est pas simple et dépend de l'échelle de temps considérée. En particu-

---

[45] Paltridge, G., et al, 2009. Theor. Appl. Climatol. 98, pp.351-359.
   doi.org/10.1007/s00704-009-0117-x

lier, nous utilisons le terme de réponse climatique transitoire pour désigner le réchauffement qui se produit au cours des 20 années suivant un doublement instantané du CO_2 En revanche, la sensibilité climatique à l'équilibre décrit le réchauffement qui se produit une fois que l'océan a eu le temps de s'adapter et que le système climatique a atteint un nouvel état d'équilibre, ce qui peut prendre des siècles.

L'une des premières estimations de la sensibilité du climat figure dans le rapport Charney, préparé pour l'Académie nationale des sciences des États-Unis en 1979. Le rapport estimait une valeur de 1,5 à 4,5 °C/doublement.[46] Plus récemment, le 6e rapport d'évaluation du Groupe d'experts intergouvernemental sur l'évolution du climat (GIEC) a donné une estimation de 2,5 à 4 °C/doublement.[47] Bien que les deux rapports s'accordent sur une meilleure estimation de 3 °C, il est important de noter qu'après 45 ans, peu de progrès ont été réalisés pour répondre à la question de savoir quel réchauffement d'un doublement du CO_2 devrait se produire.

Bien qu'après 45 ans de recherche, nous ne sachions toujours pas quel réchauffement un doublement du CO_2 devrait se produire, on nous présente souvent des estimations concrètes de l'ampleur du réchauffement que nos émissions de GES provoqueront et de la mesure dans laquelle nous devons les réduire pour rester dans certaines limites définies politiquement. Initialement fixée à +2,0 °C, cette limite a été abaissée à +1,5 °C en 2018, limite à partir de laquelle le réchauffement est supposé passer d'une situation légèrement peu sûre à une situation dangereuse.[48] Il est important de reconnaître l'incertitude considérable de l'estimation du réchauffement dû aux GES et de ne pas cacher ce fait au public.

Une sensibilité climatique de 3 °C implique que les deux tiers du réchauffement sont dus à des rétroactions mal comprises, tandis qu'un tiers seulement est directement causé par l'effet de serre du CO_2. Toutefois, cette valeur de sensibilité semble trop élevée si l'on considère l'ère préindustrielle dans les études climatiques, vers 1750, lorsque les niveaux de CO_2 n'étaient que de 277 ppm (fig. 12). Bien qu'il s'agisse d'une période relativement froide, rien n'indique qu'elle ait été beaucoup plus froide qu'en 1850 (fig. 11), car les glaciers du monde entier étaient de taille similaire au cours des deux périodes.[49] D'après les relevés de température, les années 1850 étaient plus froides d'un degré que les années 2010. Il est difficile d'accepter l'idée qu'il y a 270 ans, la température était inférieure de près de deux degrés à celle d'aujourd'hui, comme l'exige une sensibilité de 3 °C.

---

[46] Charney, J.G., et al, 1979. Nat. Acad. Sci. pp.2030-2050.

[47] Forster, P., et al, 2021. Climate Change 2021 : The Physical Science Basis. Cambridge Univ. Press, pp. 923-1054.

[48] Masson-Delmotte, V., et al, 2018. Global Warming of 1.5°C. Cambridge Univ. Press, pp. 3-24.

[49] Oerlemans, J., 2005. Science, 308 (5722), pp.675-677.
doi.org/10.1126/science.1107046

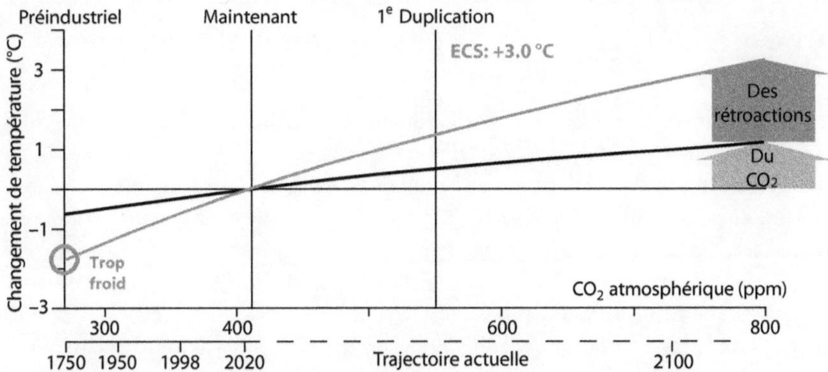

Figure 12. Effet d'une sensibilité de 3 °C sur les températures. Relation entre le CO_2 atmosphérique$_2$ et l'anomalie de température, en supposant une sensibilité climatique à l'équilibre de 3 °C par doublement du CO_2. La courbe noire représente l'effet de réchauffement direct du CO_2, tandis que la courbe gris montre l'effet de réchauffement total, y compris les rétroactions. L'échelle inférieure montre l'augmentation historique du CO_2, avec le taux d'augmentation actuel extrapolé jusqu'en 2100. L'extrapolation à rebours de cette sensibilité climatique prévoit une température trop froide pour 1750, lorsque les niveaux de CO_2 étaient de 277 ppm (cercle gris).

Consensus

L'hypothèse selon laquelle l'effet renforcé du CO_2 est la principale cause du réchauffement climatique récent est largement acceptée, bien qu'elle soit principalement basée sur des modèles climatiques et des rétroactions non mesurées. Cependant, les modèles climatiques sont des abstractions et non des preuves scientifiques. Il est surprenant de constater que cette hypothèse, qui n'est pas étayée par des preuves scientifiques, est appelée « consensus sur le changement climatique ». Elle est souvent accompagnée du chiffre du pourcentage élevé de scientifiques qui l'acceptent, une tactique de marketing courante. Le progrès scientifique exige la confrontation d'hypothèses concurrentes, mais aucune autre hypothèse n'a été suffisamment acceptée par les climatologues pour remettre en cause le consensus. Cependant, nous n'en savons pas encore assez sur l'évolution du climat pour exclure toute autre possibilité.

À mon avis, il y a trois raisons principales pour lesquelles l'hypothèse de l'effet renforcé du CO_2 est largement acceptée par les climatologues. Premièrement, il existe une correspondance raisonnable entre les augmentations récentes du CO_2 et les augmentations de température (fig. 11). Les scientifiques ont tendance à préférer les explications simples (rasoir d'Occam), et l'effet de serre est une théorie bien établie qui identifie l'augmentation du CO_2 comme l'une des causes du réchauffement. Ensuite, la très bonne corrélation entre les niveaux de CO_2 et les températures au cours du Pléistocène trouvée dans les carottes de glace confirme l'existence d'une relation étroite. Enfin, l'hypothèse de l'effet renforcé du CO_2 offre une explication plausible des changements nécessaires dans les flux d'énergie au sommet de l'atmosphère pour modifier le climat. Toute hypothèse n'offrant pas cette explication a peu de chances d'être prise en considération.

Encadré 5. L'absence de changement climatique naturel

L'hypothèse basée sur des modèles de l'effet renforcé du CO_2 présente plusieurs problèmes qui sont rarement discutés publiquement. L'un d'eux est qu'il ne tient pas compte des changements climatiques naturels. Cette hypothèse repose sur une forte sensibilité aux aérosols pour expliquer le refroidissement observé au milieu du 20e siècle, compensée par une plus grande sensibilité au CO_2 pour expliquer le réchauffement observé à la fin du 20e siècle. Par conséquent, ces deux facteurs expliquent la quasi-totalité du changement climatique observé depuis 1750. Les calculs du forçage radiatif depuis cette date jusqu'à aujourd'hui annulent en grande partie le rôle des changements de l'activité solaire et des éruptions volcaniques dans le changement climatique qui s'est produit (fig. E5).

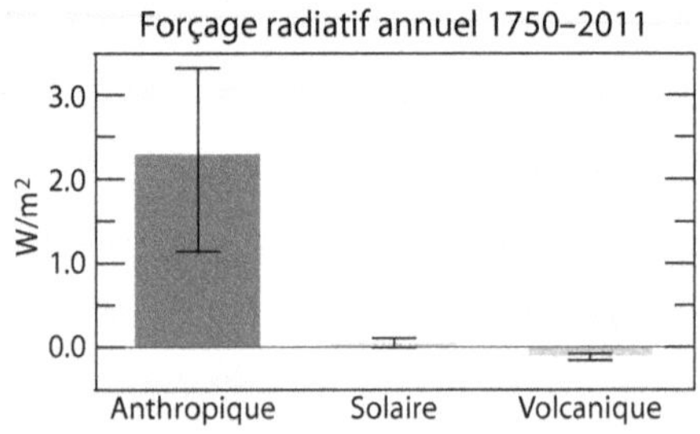

Figure E5. Le scénario consensuel ne laisse aucune place au changement climatique naturel. Évolution du forçage radiatif annuel moyen global entre 1750 et 2011 due aux activités humaines, aux changements de l'irradiation solaire totale et aux émissions volcaniques.[50]

Si de nombreux climatologues reconnaissent la contribution dominante de l'augmentation anthropique de CO_2 au changement climatique récent, ils reconnaissent également l'importance du changement climatique naturel au cours des 270 dernières années. Toutefois, la formulation et la modélisation actuelles de l'hypothèse de l'effet renforcé du CO_2 n'expliquent pas correctement la période froide du 14e au 18e siècle, qui représente le dernier grand changement climatique mondial, ni le réchauffement observé au début du 20e siècle. Cela soulève des doutes quant à la capacité de l'hypothèse à expliquer le changement climatique naturel en même temps que le changement climatique anthropique.

En bref

L'hypothèse de l'effet renforcé du CO_2 ne repose pas uniquement sur l'effet de réchauffement direct de l'augmentation du CO_2. Elle est principalement basée sur l'effet de réchauffement secondaire causé par les réactions en retour au réchauffement direct du CO_2. Ce réchauffement secondaire n'est pas propre au CO_2 et devrait se produire en réponse à toute source de réchauffement. Malheureusement, les observations ne peuvent pas confirmer cette hypothèse car le réchauffement mesuré n'en révèle pas la cause. L'hypothèse repose sur des modèles informatiques, qui ne sont pas des preuves scientifiques, et explique bien le changement climatique récent, mais rend inexplicable le changement climatique des derniers siècles jusqu'à 1950.

---

[50] Figure tirée de Wuebbles, D.J., et al, 2017 Climate Science Special Report : Fourth National Climate Assessment, Vol I p.14. doi.org/10.7930/J0J964J6

SECTION 2 QUESTIONS CLÉS

Pour que la planète conserve sa température, toute l'énergie qu'elle reçoit du Soleil doit être renvoyée vers l'espace sous forme de rayonnement infrarouge. Le soleil chauffe la surface et cette énergie est transférée à l'atmosphère principalement par évaporation et convection. Toutefois, en raison des gaz à effet de serre, les émissions vers l'espace proviennent de plus hautes altitudes. Comme la température de la troposphère diminue avec l'altitude et que la température d'émission doit rester constante pour équilibrer l'énergie, la surface doit se réchauffer. La vapeur d'eau et les nuages sont les principaux responsables de l'effet de serre, représentant 75 % du total, tandis que le CO_2 est responsable de 19 %. En hiver, dans les régions polaires, où la vapeur d'eau et les nuages sont rares, l'effet de serre est beaucoup plus faible.

L'« hypothèse de l'effet renforcé du CO_2 » suggère que les mécanismes de rétroaction qui amplifient le réchauffement causé par l'augmentation des niveaux de CO_2 dans l'atmosphère sont les principaux responsables du récent réchauffement planétaire. Ces rétroactions, qui ne peuvent être mesurées directement, réagissent au réchauffement initial en amplifiant ses effets. Les observations ne peuvent pas confirmer cette hypothèse car elles n'indiquent pas la cause du réchauffement. Malgré l'absence de preuves tangibles et l'ignorance de la variabilité naturelle du climat, l'hypothèse est étayée par des modèles informatiques et largement acceptée par les scientifiques.

Le réchauffement de la surface de la Terre indique un déséquilibre énergétique au sommet de l'atmosphère. Au 21e siècle, ce déséquilibre énergétique semble diminuer, ce qui suggère que la Terre pourrait se réchauffer plus lentement.

SECTION 3 : TRANSPORT DE L'ÉNERGIE DANS LE SYSTÈME CLIMATIQUE

Chapitre 9
Ce que Nous Appelons « Climat » Est le Transport de la Chaleur

La différence d'absorption du rayonnement solaire entre l'équateur et les pôles entraîne un gradient latitudinal de température. Ce gradient détermine l'état climatique et la température moyenne de la planète et a énormément changé au fil du temps. Aujourd'hui, la Terre est dans un état de « réfrigérateur ». Le gradient latitudinal crée un transport de chaleur vers les pôles (méridien) qui rend les hautes latitudes plus chaudes que ne le laisserait supposer leur insolation. Le transport méridien redistribue la chaleur, l'humidité, les nuages et le moment angulaire vers les pôles. Par essence, le temps et le climat sont le résultat des variations du transport méridien.

Le gradient latitudinal de température

Dans les deux sections précédentes, nous avons examiné comment l'énergie se déplace verticalement entre le sommet de l'atmosphère et la surface. Mais l'énergie se déplace également horizontalement dans le système climatique, principalement sous la forme d'un transport de chaleur. Ce processus n'a pas reçu autant d'attention de la part des climatologues et est généralement considéré comme moins important, comme en témoignent la plupart des manuels de climatologie. Toutefois, le transport de chaleur est essentiel à la compréhension du climat et fait l'objet du présent ouvrage. Le climat est essentiellement une manifestation du transport de chaleur. Les variations du transport de chaleur peuvent être la clé pour comprendre le changement climatique.

Le chapitre 2 a expliqué que les tropiques absorbent plus de rayonnement de courte durée que les pôles. Cela crée un gradient de température de l'équateur aux pôles, appelé gradient de température latitudinal. Ce gradient résulte principalement du gradient d'insolation latitudinal, l'insolation étant le principal déterminant de la température de surface.

Toutefois, le gradient de température latitudinal est également influencé par des facteurs climatiques. Il est plus marqué vers le pôle Sud parce que le courant circumpolaire antarctique et le mode annulaire sud isolent l'Antarctique. Ces courants et vents océaniques entourent l'Antarctique et le rendent beaucoup plus froid en bloquant la chaleur des régions plus chaudes. La pente du gradient n'est donc pas le seul facteur influençant la quantité de chaleur transportée.

Le gradient latitudinal de température est le facteur le plus important pour définir le climat de la Terre (fig. 13). L'analyse des indicateurs climatiques géologiques, paléontologiques et isotopiques permet d'estimer l'évolution du gradient latitudinal de température au cours des 540 derniers millions d'années.[51]

---

[51] Scotese, C.R., et al, 2021. Earth-Sci. Rev. 215, p.103503.
doi.org/10.1016/j.earscirev.2021.103503

Ce gradient fournit une estimation de la température moyenne de la planète et permet de reconstruire son évolution climatique.

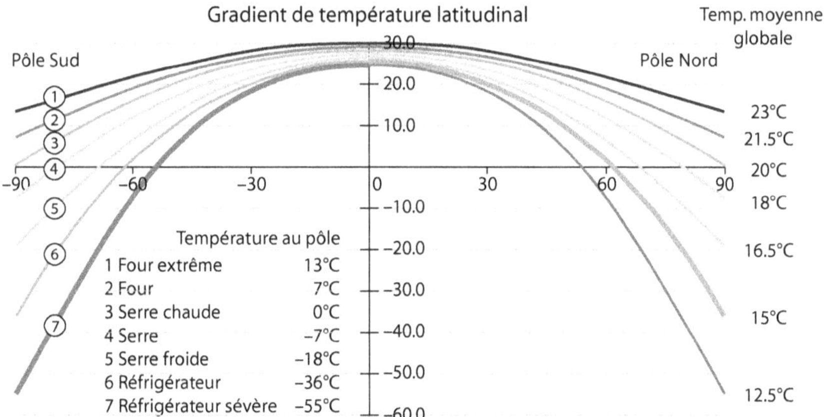

Figure 13. Le gradient latitudinal de température. Les courbes de température d'un pôle à l'autre en fonction de la latitude représentent des conditions climatiques allant de l'extrême four au réfrigérateur sévère et indiquent la température moyenne mondiale dérivée.[52] Le climat actuel est décrit par la courbe 7 pour l'hémisphère sud et la courbe 6 pour l'hémisphère nord (courbes épaisses).

Le climat actuel de la Terre au 21e siècle est qualifié de « réfrigérateur » (icehouse) et fait partie des 10 % de climats les plus froids des 540 derniers millions d'années. Par conséquent, le gradient de température latitudinal est très prononcé, ce qui entraîne une grande quantité de chaleur vers les pôles.

Transport de chaleur le long du gradient

Le gradient de température latitudinal crée une accumulation d'énergie potentielle dans l'atmosphère, la rendant instable et provoquant un flux de chaleur vers les pôles. Ce processus est appelé transport méridien car il se produit principalement dans la même direction que les méridiens. Les océans contribuent également au transport méridien de chaleur, sous l'effet des variations de l'apport de chaleur et des vents atmosphériques.

Le transport de chaleur réduit le contraste de température entre les pôles et l'équateur, libérant ainsi l'énergie potentielle créée par le gradient de température latitudinal.

La région tropicale située entre 30° de latitude nord et 30° de latitude sud couvre la moitié de la surface de la terre, mais reçoit environ deux tiers du rayonnement absorbé, ce qui équivaut à environ 80 PW (petawatts, mille billions de watts). En revanche, l'autre moitié de la surface terrestre, entre 30° de latitude et les pôles, reçoit environ 40 PW. L'apport total de chaleur est donc d'environ 120 PW. La région tropicale rayonne environ 69 PW, et environ 11 PW sont transportés vers les régions extratropicales. Malgré la température plus froide de l'Antarctique, seuls 5 PW environ sont transportés vers la région extratropicale australe, tandis que 6 PW environ sont transportés vers la région

---

[52] Figure tirée de Scotese, C.R., 2016. Projet PALEOMAP, www.researchgate.net/publication/275277369

extratropicale boréale. Comme nous l'avons déjà mentionné, la circulation atmosphérique et les courants océaniques transportent la chaleur et jouent également un rôle crucial dans la régulation de la quantité de chaleur transportée.

Le transport de chaleur méridien est responsable du fait que les pôles sont plus chauds qu'ils ne devraient l'être, et la réduction du transport de chaleur dans l'hémisphère sud contribue à ce que l'hémisphère sud soit en moyenne plus froid d'environ 2 °C que l'hémisphère nord. Sans ce transport de chaleur, les pôles seraient en moyenne 100 °C plus froids que l'équateur, au lieu des 40 °C actuels.[53] Le transport de chaleur rend également les conditions hivernales plus supportables aux hautes latitudes, en particulier à proximité des grands bassins océaniques, où se produit la majeure partie du transport. Un petit transport net d'environ 0,2 PW à travers l'équateur vers l'hémisphère nord (encadré 2, chap. 3) contribue également à la répartition inégale de la chaleur entre les hémisphères.

Le climat est une manifestation du transport méridien.

Comme le dit le vieil aphorisme, *« le climat est ce à quoi nous nous attendons, le temps est ce que nous obtenons »*, le climat est défini comme la moyenne des variables météorologiques sur une période suffisamment longue pour déterminer leur variabilité. Les variables météorologiques que nous appelons temps ou climat dépendent principalement de l'insolation et du transport méridien de chaleur et d'humidité.

La chaleur est transportée sous trois formes : la chaleur sensible, la chaleur potentielle et la chaleur latente. La chaleur sensible est l'énergie thermique stockée dans les molécules et peut être mesurée à l'aide d'un thermomètre. Elle peut être transférée par rayonnement ou par collision entre molécules. Lorsque l'air chaud du désert se déplace au-dessus d'un endroit plus frais, il le réchauffe en transportant de la chaleur sensible. La chaleur potentielle est la chaleur stockée sous forme d'énergie potentielle dans les molécules. Lorsqu'un bloc d'air s'élève, il se refroidit et se dilate, ayant une température différente mais la même température potentielle. Lorsqu'il se déplace vers un autre endroit et descend, il se contracte et se réchauffe, transportant la chaleur potentielle d'un endroit à l'autre. La chaleur latente est l'énergie nécessaire pour rompre les liens faibles entre les molécules d'eau liquide lorsqu'elles s'évaporent. Cette énergie ne peut être mesurée à l'aide d'un thermomètre avant que les molécules de vapeur d'eau ne se condensent, formant à nouveau ces liaisons et libérant l'énergie à l'endroit où elles se condensent.

Outre la chaleur, le transport méridien est responsable du transport de l'eau, des aérosols, des produits chimiques, des nuages et du moment angulaire.

Le gradient thermique vertical crée une troposphère instable, car l'air chauffé en surface s'élève par convection. L'air humide s'élève plus facilement que l'air sec en raison de sa plus faible densité. Le gradient de température latitudinal amplifie ces processus de manière plus importante à l'équateur qu'aux pôles, créant ainsi un gradient d'énergie potentielle. Ce gradient potentiel contribue à l'inclinaison de la tropopause, qui se produit à une altitude plus élevée de 17 km à l'équateur et de seulement 9 km aux pôles. La rotation de la planète,

---

[53] Lindzen, R.S., 1994. Annu. Rev. Fluid Mech. 26 (1), pp.353-378.
   doi.org/10.1146/annurev.fl.26.010194.002033

combinée à ce gradient de potentiel, produit des turbulences dans l'atmosphère et entraîne un transport méridien de chaleur.

Les variables météorologiques et climatiques telles que la pression, le vent, les nuages, la température et les précipitations sont affectées par le transport de chaleur sensible, potentielle et latente. La distribution de l'énergie solaire à la surface, déterminée par le profil d'insolation, est le contexte dans lequel ces processus opèrent. Par conséquent, les changements dans le transport méridien de chaleur sont largement responsables de la plupart des changements météorologiques. La question est de savoir s'ils jouent également un rôle dans le changement climatique mondial.

Encadré 6. Le transport méridien du moment angulaire

Le moment angulaire est une propriété conservée dans tout objet en rotation et est fonction de son inertie de rotation et de la vitesse de rotation autour de son axe. Par exemple, un patineur sur glace qui rapproche ses bras de son corps pendant qu'il tourne réduit son inertie de rotation en rapprochant une partie de sa masse de l'axe et augmente sa vitesse de rotation pour conserver son élan. Le transport de la chaleur et de l'humidité de l'équateur et des tropiques vers les latitudes moyennes et élevées est couplé au transport du moment angulaire entre la Terre solide et l'atmosphère. Aux basses latitudes, les vents de surface soufflent de l'est contre la rotation de la Terre. L'atmosphère prend alors du moment en raison du frottement avec la Terre, ce qui réduit sa vitesse de rotation. Aux latitudes moyennes, les vents de surface soufflent de l'ouest et l'atmosphère transfère le moment à la Terre, ce qui augmente sa vitesse de rotation. Par conséquent, un flux atmosphérique de moment angulaire vers le pôle est nécessaire pour conserver ce moment et maintenir la vitesse de rotation de la Terre.

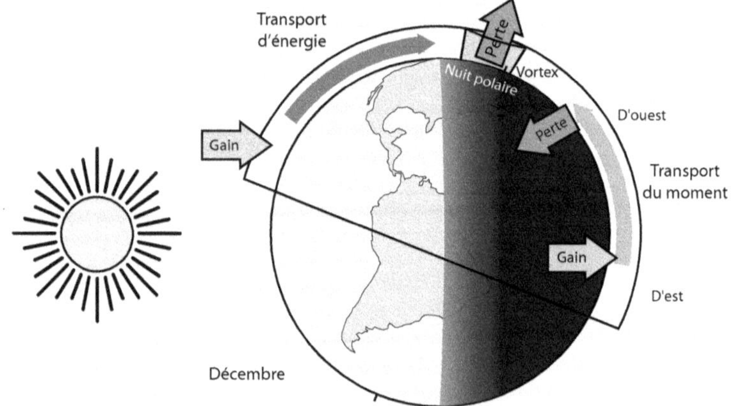

Figure E6. Transport méridien. L'énergie (à gauche) et le moment angulaire (à droite) sont transportés grâce au gradient de température latitudinal et à la rotation de la planète.[54]

---

[54] Figure tirée de Marshall, J. & Plumb, R.A., 2008. Atmosphere, Ocean and Climate Dynamics : An Introductory Tex. Academic Press.

Pour maintenir le momentum, toute variation du moment angulaire de l'atmosphère doit être compensée par des variations correspondantes de la vitesse de rotation de la Terre. La variation saisonnière de la circulation du vent zonal est le principal facteur à l'origine des variations du moment cinétique de l'atmosphère. Cette circulation est la plus forte en hiver, lorsqu'un gradient de température latitudinal plus important entraîne une plus grande présence de moment angulaire dans l'atmosphère. Par conséquent, la Terre tourne légèrement plus vite en janvier et en juillet et plus lentement en avril et en octobre, lorsque la circulation zonale est plus faible. Ces variations de la vitesse de rotation de la Terre sont infimes et se traduisent par des variations mesurables de la durée du jour en microsecondes.

En bref

Outre l'insolation, le transport de chaleur et d'humidité vers les pôles (méridien) joue un rôle crucial dans la détermination du climat. Ce transport est principalement dû aux différences de température entre l'équateur et le pôle, ainsi qu'aux circulations atmosphériques et océaniques. Le transport méridien ne déplace pas seulement la chaleur et l'humidité, mais aussi le moment angulaire, qui influe sur la vitesse de rotation de la Terre.

CHAPITRE 10
COMMENT LA CHALEUR EST TRANSPORTÉE

Le transport de chaleur est fondamental pour la redistribution de l'énergie sur la planète. Malgré son importance, il reste mal compris en raison des difficultés à effectuer des mesures précises et de l'inadéquation des modèles théoriques. L'atmosphère est le principal vecteur du transport de chaleur, et son importance augmente avec la latitude. Le transport océanique contribue à environ un tiers de la chaleur totale transportée, mais son importance diminue avec la latitude. Dans les courants de frontière ouest, les océans transfèrent une grande partie de leur chaleur à l'atmosphère, qui est ensuite transportée vers les pôles par les tempêtes des latitudes moyennes.

Transport de chaleur atmosphérique ou océanique

La présence de deux masses fluides, l'océan et l'atmosphère, au-dessus de la surface de la Terre transforme l'énergétique de la planète en introduisant un aspect dynamique à ses propriétés radiatives. Ces fluides jouent un rôle essentiel dans le transport de l'énergie au sein du système climatique. La chaleur est principalement transportée des régions tropicales, où il y a un surplus net d'énergie, vers les latitudes moyennes et les régions polaires, où il y a un déficit net d'énergie. Ce transport de chaleur à travers l'océan et l'atmosphère modère le climat et produit tous les phénomènes atmosphériques que nous appelons « météo ».

Il est difficile de mesurer directement le transport de chaleur en raison du manque de données sur la température et la dynamique de l'atmosphère et des océans. Le transport de chaleur total est calculé à partir de la différence entre les flux de rayonnement à ondes courtes absorbés et de rayonnement à ondes longues émis au sommet de l'atmosphère. Le transport de chaleur océanique est généralement calculé à partir du flux net de chaleur provenant de la surface de la mer, et le transport de chaleur atmosphérique est obtenu en soustrayant le transport océanique du total. Cette approche suppose toutefois que le changement dans le stockage de la chaleur océanique soit négligeable, ce qui n'est pas forcément le cas, et ne permet pas d'étudier la relation entre le transport atmosphérique et le transport océanique, car ils ne sont pas obtenus indépendamment l'un de l'autre.

L'océan a une capacité thermique beaucoup plus importante que l'atmosphère et contient environ 96 % de l'énergie du système climatique. En revanche, la terre, l'atmosphère et la cryosphère ne contiennent respectivement que 2 %, 1 % et 1 % de l'énergie du système climatique.[55] Malgré la grande différence de contenu énergétique, l'atmosphère transporte la majeure partie de l'énergie du système climatique. Dans l'hémisphère nord, l'océan est responsa-

[55] Cuesta-Valero, F.J., et al, 2016. Geophys. Res. Lett. 43 (10), pp.5326-5335.
doi.org/10.1002/2016GL068496

ble d'environ 30 % du transport d'énergie, mais seulement 18 % dans l'hémisphère sud, ce qui fait que l'atmosphère est responsable de 75 % du transport de chaleur mondial. La vapeur d'eau est la clé qui permet de comprendre comment l'atmosphère peut transporter autant de chaleur malgré sa capacité thermique plus faible. En effet, la vapeur d'eau est 100 fois plus efficace pour transporter la chaleur que l'air sec. En transportant la chaleur latente, l'atmosphère double effectivement sa capacité de transport de chaleur.

La distribution latitudinale du transport de chaleur est fortement asymétrique. Le transport océanique est plus important aux basses latitudes, tandis que le transport atmosphérique domine aux hautes latitudes (fig. 14).

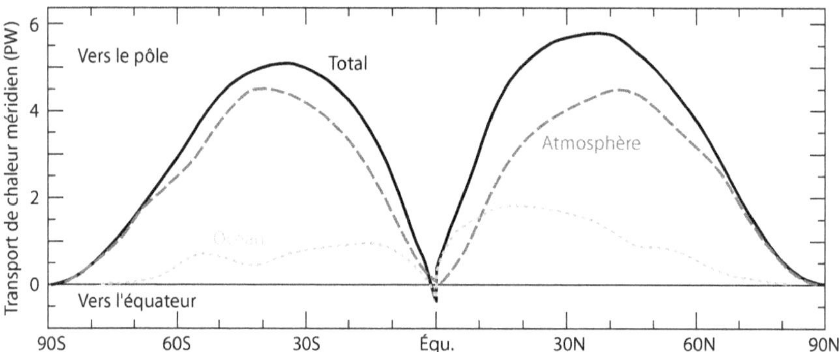

Figure 14. Décomposition du transport méridien. Les valeurs positives représentent le transport vers les pôles en pétawatts, et le transport vers l'équateur est représenté par des valeurs négatives. Le transport total est représenté par une ligne continue noire, le transport atmosphérique par une ligne en tirets gris foncé et le transport océanique par une ligne pointillée gris clair.[56] La géométrie de la Terre et le minimum de transport équatorial influencent la forme de la courbe.

Certaines figures de ce livre qui décomposent le transport méridien, y compris la figure 14, définissent le transport vers les pôles comme positif et le transport vers l'équateur comme négatif. Pour ce faire, on place une ligne zéro artificielle à l'équateur au lieu d'utiliser la définition habituelle du transport vers le nord comme positif et du transport vers le sud comme négatif. Cette représentation n'a qu'un but illustratif et permet de mieux visualiser les différences hémisphériques importantes en matière de transport.

Est-ce la différence de température entre les latitudes qui détermine le transport de chaleur, ou est-ce le transport de chaleur qui détermine la différence de température ? La réponse semble être les deux, mais nous ne pouvons pas déterminer avec précision l'influence de l'un sur l'autre. Les modèles climatiques ne sont pas fiables pour représenter le transport méridien de chaleur, les résultats pouvant différer de 20 % d'un modèle à l'autre. De plus, au sein de chaque modèle, le transport méridien reste presque constant malgré les changements dans la circulation océanique, la variabilité interannuelle et les conditions

---

[56] Figure tirée de Yang, H., et al. 2015. Clim. Dynam. 44, pp.2751-2768. doi.org/10.1007/s00382-014-2380-5.

paléoclimatiques.[57] Compte tenu de la grande différence de gradient de température latitudinal entre le dernier maximum glaciaire et le présent, nous devons conclure que les modèles actuels ne reproduisent pas de manière adéquate le transport méridien de chaleur.

Transport atmosphérique

Dans cette section, nous nous concentrerons uniquement sur le transport de chaleur atmosphérique dans la troposphère, car le transport stratosphérique, bien que faible en termes énergétiques, est important pour d'autres raisons que nous aborderons au chapitre 14. L'atmosphère agit comme un moteur thermique, un concept thermodynamique qui fait référence à un système capable de convertir l'énergie thermique en énergie cinétique. Pour ce faire, elle transfère la chaleur d'une source chaude (la surface) vers un puits froid (la haute troposphère). Au cours de ce processus, l'atmosphère utilise l'énergie sous forme de travail pour redistribuer l'eau et déplacer l'air tout en transportant la chaleur. Il convient de noter qu'environ un tiers du budget énergétique de l'atmosphère est utilisé pour alimenter le cycle de l'eau.[58]

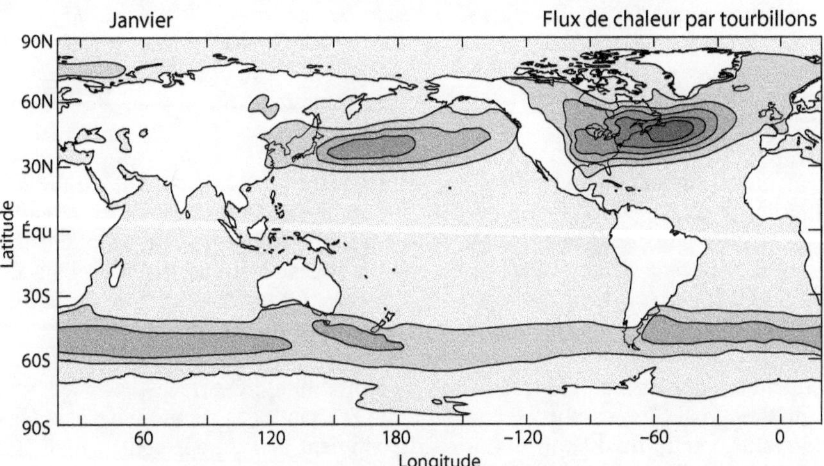

Figure 15. Flux de chaleur induit par les tourbillons (eddies) vers le nord en janvier. Chaque contour représente 5 °C m/s. Les ombres dans l'hémisphère sud indiquent un flux vers le sud.[59] Les maxima de vitesse du vent (ombres plus foncées) donnent lieu à de fortes tempêtes aux latitudes moyennes.

Le transport de chaleur dans la troposphère implique deux processus : la circulation méridienne moyenne et les processus de flux turbulents connus sous le nom de tourbillons (eddies). Dans les zones extratropicales, la majeure partie de la chaleur est transportée par des tourbillons transitoires, qui sont des tempêtes transportant de grandes quantités de chaleur, d'humidité et de moment (en-

---

[57] Donohoe, A., et al, 2020. J. Clim. 33 (10), pp.4141-4165.
  doi.org/10.1175/JCLI-D-19-0797.1
[58] Laliberté, F., et al. 2015. Science, 347 (6221), pp.540-543.
  doi.org/10.1126/science.12571
[59] Figure tirée de Hartmann, D.L., 2016. Global physical climatology. 2nd ed. Elsevier.

cadré 6, chap. 9). Ces tempêtes naissent principalement au-dessus des bassins océaniques et suivent une trajectoire qui les rapproche des pôles. Les tourbillons transitoires de l'hémisphère Nord sont organisés en trajectoires de tempêtes zonalement contraintes, qui existent en raison des asymétries zonales créées par les continents. Les versants orientaux des chaînes de l'Himalaya-Tibet et des Rocheuses créent des tourbillons stationnaires en raison des perturbations orographiques du flux atmosphérique. Ces tourbillons stationnaires jouent un rôle crucial dans la formation et l'intensification des trajectoires des tempêtes et dans la détermination de l'endroit où elles se terminent.[60] Les tourbillons stationnaires sont importants pour le changement climatique car ils contribuent de manière significative à la différence de transport de chaleur atmosphérique entre l'été et l'hiver. En hiver, lorsque le transport vers le pôle sombre augmente considérablement, ces tourbillons stationnaires accroissent fortement la quantité de chaleur transportée.[61] La figure 15 montre le flux de chaleur vers le nord à travers les tourbillons pendant l'hiver boréal, en suivant les trajectoires des tempêtes qui définissent les principales voies d'accès à l'Arctique.

Comme l'indiquent Leon Barry et ses collègues : *« Le transport de la chaleur atmosphérique sur Terre de l'équateur vers les pôles est en grande partie assuré par les tempêtes des latitudes moyennes. Cependant, aucune théorie satisfaisante ne décrit cette caractéristique fondamentale du climat de la Terre ».*[62] Le transport de chaleur est fondamental, mais peu connu.

Transport maritime

Contrairement à l'atmosphère, l'océan n'est pas considéré comme un moteur thermique parce qu'il gagne et perd de la chaleur par sa surface, de sorte que la source et le puits de chaleur ne sont pas séparés comme dans l'atmosphère. Au lieu de cela, l'océan est mû par une énergie mécanique externe provenant du vent et des marées, bien que cette énergie soit 1000 fois inférieure au flux de chaleur.[63] Le stress éolien (la force par unité de surface que le vent exerce sur l'océan) contrôle directement les flux de masse dans les centaines de mètres supérieurs de l'océan. Les conditions de flottabilité en surface jouent un rôle important dans le transport de chaleur et de sel, tant dans les modèles que dans la réalité, car le fluide doit devenir suffisamment dense pour couler, mais ces conditions ne sont pas à l'origine de la circulation.[64]

Au chapitre 4, nous avons appris que 75 % de l'énergie solaire absorbée à la surface finit dans l'océan. Aux basses latitudes, le rayonnement solaire absorbé par l'océan dépasse le flux de chaleur de l'océan vers l'atmosphère, ce qui entraîne un excès de chaleur qui est transporté vers les pôles et libéré aux latitudes plus élevées. En fait, l'océan agit comme un système de stockage et de redistribution de la chaleur. Le transport méridien de chaleur à travers l'océan peut être divisé en deux composantes principales : la circulation méridienne de

---

[60] Kaspi, Y. & Schneider, T., 2013. J. Atmos. Sci. 70 (8), pp.2596-2613. doi.org/10.1175/JAS-D-12-082.1

[61] Peixoto, J.P. & Oort, A.H., 1992. Physics of climate. New York : American Institute of Physics. pp.330-336.

[62] Barry, L., et al, 2002. Nature, 415 (6873), pp.774-777. doi.org/10.1038/415774a

[63] Huang, R.X., 2004. Ocean, energy flows in. Encycl. Energy, 4, pp.497-509.

[64] Wunsch, C., 2002. Science, 298 (5596), pp.1179-1181. doi.org/10.1126/science.1079329

retournement et le flux associé aux gyres océaniques. La littérature scientifique a débattu de la possibilité d'un ralentissement de la circulation méridienne de retournement. de l'Atlantique en raison du récent changement climatique, ce qui pourrait réduire le transport de chaleur. Toutefois, les données disponibles confirment que la variabilité naturelle a dominé la circulation méridienne de retournement de l'Atlantique au cours du siècle dernier.[65]

Notre compréhension de l'énergétique de la circulation océanique est incomplète et désalignée, et de nombreuses questions fondamentales restent sans réponse. Il est donc difficile de croire que les modèles peuvent reproduire avec précision le transport de la chaleur dans les océans.

Flux de chaleur océan-atmosphère

Au chapitre 6, nous avons examiné le bilan énergétique de la surface de l'océan. L'océan reçoit 170 W/m^2 du soleil et transfère 16 W/m^2 de chaleur sensible, 53 W/m^2 d'énergie radiative à ondes longues et 100 W/m^2 de chaleur latente à l'atmosphère.[66] Si l'on considère uniquement les flux de chaleur latente et sensible, et non les flux radiatifs, il n'est pas surprenant que l'atmosphère ne transfère de la chaleur à l'océan que pendant l'été aux hautes latitudes (fig. 16) et nulle part dans la moyenne annuelle. Le rôle de l'océan est de réchauffer l'atmosphère avec l'énergie solaire qu'il reçoit, apportant ainsi une inertie thermique au système.

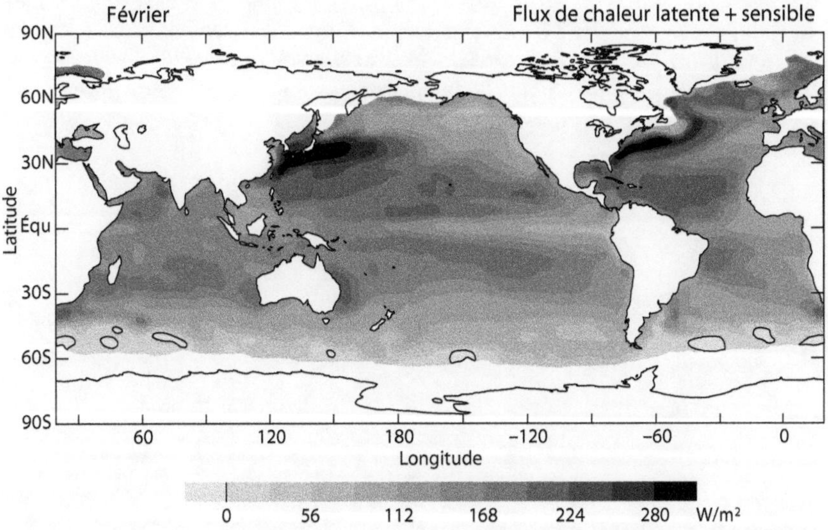

Figure 16. Flux de chaleur océan-atmosphère pour le mois de février. La moyenne 1981-2005 de la somme des flux de chaleur latente et sensible dans l'océan libre de glace est représentée. Le flux n'est à la baisse (négatif) que dans de petites zones de l'océan Austral.

[65] Latif, M., et al, 2022. Nat. Clim. Change, 12 (5), pp.455-460.
   doi.org/10.1038/s41558-022-01342-4
[66] Schmitt, R.W., 2018. Oceanography, 31 (2), pp.32-40.
   doi.org/10.5670/oceanog.2018.225

La contribution la plus importante au flux de chaleur océan-atmosphère provient des gyres entraînés par le vent, en particulier des eaux chaudes des composantes de sa frontière occidentale pendant l'hiver de l'hémisphère nord : le Gulf Stream, le courant de Kuroshio et le nord de l'Atlantique Nord (fig. 16). Pendant la saison hivernale, lorsque le transport de chaleur est le plus intense, la majeure partie de la chaleur gagnée par l'océan dans les tropiques est transférée dans l'atmosphère entre 25° et 50° de latitude pour être finalement transportée vers les pôles. La comparaison des figures 15 et 16 permet de comprendre d'où vient la chaleur qui alimente le flux tourbillonnaire.

L'analyse des variations interannuelles du flux de chaleur latente entre 1981 et 2005 montre une augmentation significative de 10 W/m^2 au cours de cette période. [67] Cette valeur est dix fois plus élevée que celle produite par les modèles climatiques, ce qui indique une fois de plus que le transport méridien n'est pas représenté de manière adéquate dans les modèles.

En bref

Le transport de chaleur vers les pôles est un facteur essentiel du climat, mais nous le comprenons encore mal. Environ un tiers de la chaleur transportée sur la planète l'est par l'océan, et son importance diminue vers les pôles. Une grande partie de cette chaleur est transférée vers l'atmosphère par les courants de la frontière occidentale aux latitudes moyennes. Les deux tiers restants de la chaleur sont transportés par l'atmosphère, et leur importance augmente à mesure que l'on se rapproche des pôles. Les tempêtes des latitudes moyennes jouent un rôle majeur dans le transport de la chaleur vers les pôles. Cependant, les modèles climatiques ne sont pas encore cohérents dans leur représentation de ce transport méridien.

---

[67] Yu, L. et Weller, R.A., 2007. B. Am. Meteorol. Soc. 88 (4), pp.527-540. Source de la figure 16. doi.org/10.1175/BAMS-88-4-527

CHAPITRE 11
LA BASCULE DU TRANSPORT DE CHALEUR

Aux latitudes élevées, la quantité de rayonnement solaire à ondes courtes varie beaucoup plus tout au long de l'année que la quantité de rayonnement à ondes longues sortant, ce qui entraîne de grandes différences saisonnières dans le flux radiatif net régional. Par conséquent, ces régions connaissent des hivers très froids et il faut y transporter plus de chaleur pendant cette période de l'année. Cette oscillation saisonnière du transport est particulièrement prononcée dans l'hémisphère nord, où le transport de chaleur est très faible en été et très élevé en hiver. L'Arctique a un budget thermique différent de celui de l'Antarctique, ce qui en fait le plus grand puits de chaleur vers l'espace en hiver. Toutefois, cette perte de chaleur est limitée par la formation des vortex polaires, des murs de vents forts qui entourent les régions polaires et limitent le transport de chaleur. Pendant la saison froide, ces vortex sont frappés par les ondes atmosphériques.

Différences saisonnières dans le transport

Dans le chapitre 5 (fig. 7), nous avons examiné le flux moyen du rayonnement sortant de grande longueur d'onde qui se produit tout au long de l'année à partir de toute la surface de la planète. En revanche, pendant la saison froide aux hautes latitudes, le rayonnement de courte longueur d'onde absorbé est très faible, atteignant zéro au-dessus de 75° de latitude pendant la nuit polaire d'hiver. Cette période d'obscurité permanente peut durer des mois, selon l'endroit. En conséquence, les régions polaires en hiver sont définies comme le plus grand puits de chaleur de la planète, où l'énergie reçue des basses latitudes est efficacement perdue dans l'espace par refroidissement radiatif.

Les variations saisonnières de l'insolation de surface ont un effet important sur les températures de surface. Lorsque le déficit net de rayonnement augmente avec la latitude, les températures deviennent plus froides. L'effet est le plus prononcé en hiver, lorsque la différence de température entre les tropiques et les pôles est la plus importante. La figure 17a montre le déficit de rayonnement au sommet de l'atmosphère dans les deux hémisphères au cours de chaque hiver. Il convient de noter que les saisons climatiques diffèrent des saisons astronomiques car elles comprennent trois mois complets.

Au cours des hivers correspondants, le déficit énergétique au-dessus du pôle Nord (-170 W/m^2) est plus important qu'au-dessus du pôle Sud (-110 W/m^2), car le pôle Nord est beaucoup plus chaud et produit donc plus de rayonnement thermique sortant. Ce fait définit l'Arctique comme le plus grand puits de chaleur vers l'espace de la planète en hiver, une asymétrie climatique importante qui est souvent négligée.

Les variations saisonnières du rayonnement et de la température influencent fortement le transport de chaleur, qui varie fortement tout au long de l'année. L'énergie solaire captée sur une grande partie de la planète doit être transportée vers le pôle d'hiver plutôt que vers le pôle d'été. Ainsi, la bande de nuages et d'orages qui marque la branche ascendante de la circulation de Hadley, appelée zone de convergence intertropicale (encadré 2), suit le mouvement saisonnier du Soleil vers l'hémisphère d'été. La localisation de cet équateur climatique divise en deux la circulation atmosphérique et le transport de chaleur vers les pôles. Étant donné que la majeure partie du transport océanique est due au vent, le déplacement de cette zone de convergence détermine en grande partie l'ampleur du transport global vers les pôles. L'inclinaison axiale et la précession de la planète sont les principaux déterminants de la position latitudinale moyenne de ce point zéro du transport méridien de chaleur.[68]

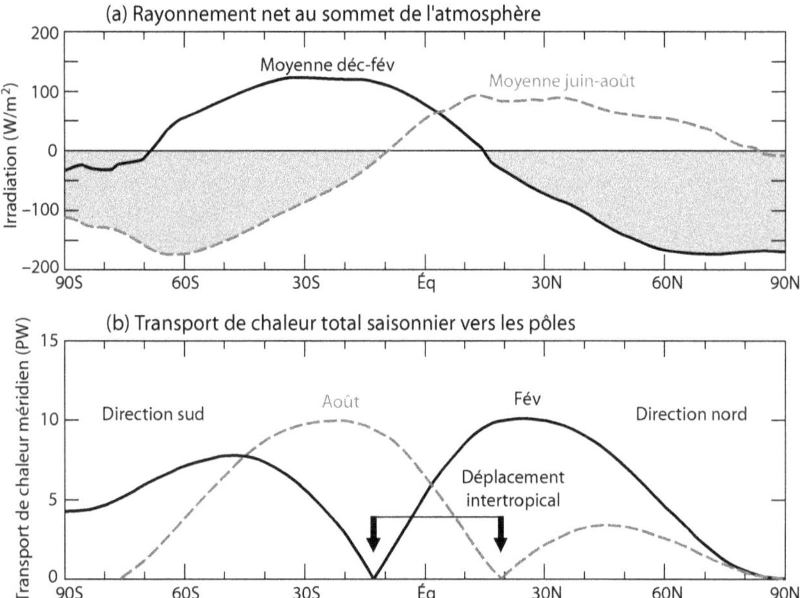

Figure 17. Demande et transport d'énergie saisonniers. (a) Différences de rayonnement net au sommet de l'atmosphère entre l'hiver boréal (ligne noire) et l'hiver austral (ligne grise en tirets), les zones gris indiquant les déficits énergétiques.[69] (b) Transport de chaleur méridien en février (ligne noire) et en août (ligne grise en tirets) vers le pôle correspondant, en pétawatts. Les flèches indiquent la zone de convergence intertropicale, où le transport est divisé entre les hémisphères, et son changement de position saisonnier.

Comme nous l'avons vu dans le chapitre précédent, il est difficile de mesurer avec précision l'ampleur du transport de chaleur, et l'hypothèse selon laquelle les changements dans le stockage de la chaleur sont négligeables est douteuse en moyenne annuelle et n'est pas valable tout au long de l'année. L'atmosphère a une faible capacité de stockage de la chaleur, et les variations du rayonnement net de la Terre au cours de l'année montrent qu'une grande quantité d'énergie doit entrer dans l'océan à certains moments et en sortir à d'autres (fig. E3b, chap. 5). Bien que les modèles ne puissent pas pallier le

---

[68] Liu, Y., et al, 2015. Nat. Commun. 6 (1), p.10018. doi.org/10.1038/ncomms10018
[69] Figure tirée de Randall, D. A., 2015. An introduction to the global circulation of the atmosphere. Princeton Univ. Press.

manque de connaissances sur le transport de la chaleur, une approche pour estimer les changements saisonniers consiste à supposer que le stockage variable de la chaleur de l'océan est proche de zéro lorsque les températures de l'océan atteignent leur maximum ou leur minimum vers la fin du mois d'août et du mois de février.[70] La figure 17b montre que le transport de chaleur saisonnier est fortement asymétrique, comme l'exigent les asymétries de rayonnement et de température. Le transport saisonnier maximal de 10 PW (pétawatts) est presque le double du transport annuel moyen maximal, la principale différence entre les hémisphères étant l'ampleur du transport estival respectif. Cette différence peut s'expliquer par les hautes latitudes boréales, qui sont beaucoup plus chaudes en été (encadré 3). L'hémisphère nord présente une oscillation plus importante de la température et du transport saisonnier, plus faible en été et plus importante en hiver, car le transport de chaleur hémisphérique moyen annuel est légèrement plus important dans l'hémisphère nord, comme le montre le chapitre précédent (fig. 14).

Le budget thermique des régions polaires

Le budget thermique des régions polaires nous intéresse particulièrement car ce sont des lieux très particuliers du point de vue de l'effet de serre (encadré 4, chap. 7). Les asymétries observées dans le transport de chaleur hémisphérique saisonnier reflètent en partie l'énergétique des régions situées à 70-90° de latitude. Pendant l'été arctique, le déficit radiatif net est très faible (fig. 17a et les flèches gris foncé de la fig. 18). La majeure partie de la chaleur transportée à travers la bande de latitude 70° (F_{WALL}, flux à travers le mur à 70°) est renvoyée à la surface sous forme de flux descendant dans la basse atmosphère (F_{BA}) et stockée sous forme de chaleur sensible dans l'océan (S_O) ou sous forme de chaleur latente provenant de la fonte de la glace et de la neige (S_{LHI}).[71] La région antarctique se comporte très différemment pendant l'été austral. En raison de l'isolement climatique de l'Antarctique (chap. 9), moins d'énergie parvient à la région polaire sud. La moitié de cette chaleur est perdue au sommet de l'atmosphère en raison d'un déficit net plus important, et l'autre moitié va principalement à la fonte de la glace et de la neige, car l'océan en reçoit très peu en raison de l'étendue du continent antarctique.

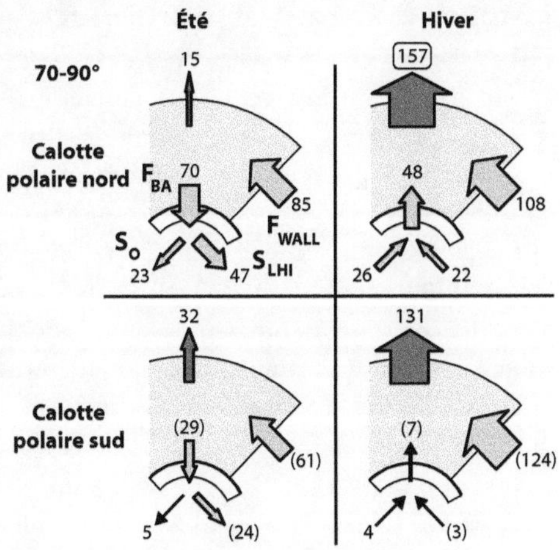

Figure 18. Budget thermique polaire observé en été et en hiver. Valeurs en W/m². Les chiffres entre parenthèses sont des estimations indirectes. Voir les abréviations dans le texte principal.

---

[70] Stephens, G.L. & L'Ecuyer, T., 2015. Atmos. Res. 166, pp.195-203. Source de la figure 17b. doi.org/10.1016/j.atmosres.2015.06.024

[71] Peixoto, J.P. & Oort, A.H., 1992. Physics of climate. New York : American Institute of Physics. pp.353-364.

Pendant l'hiver boréal, l'Arctique reçoit 20 % de plus de chaleur transportée depuis les basses latitudes en raison de l'augmentation des tourbillons atmosphériques (chap. 10). En outre, la surface restitue 70 % de la chaleur stockée grâce au refroidissement des océans et à la chaleur latente libérée par la congélation de l'eau. La chaleur de l'atmosphère de l'hiver arctique est perdue dans l'espace par refroidissement radiatif, ce qui crée le déficit énergétique le plus important de la planète. D'autre part, la région antarctique reçoit davantage de chaleur des latitudes inférieures, mais pas autant qu'elle le devrait, compte tenu de sa température plus basse. Toutefois, la contribution en surface du grand continent gelé en permanence est plus faible.

Plusieurs caractéristiques de l'Arctique en font une région particulièrement intéressante pour le changement climatique. Ces caractéristiques sont les suivantes :

- L'Arctique présente le déficit net de rayonnement le plus important de toutes les régions du globe.
- La différence entre les conditions estivales et hivernales dans l'Arctique est plus importante que dans toute autre région de la planète.
- L'Arctique est la région de la planète la plus sensible au changement climatique.
- Le vortex polaire autour de l'Arctique est plus faible et moins stable que celui de l'Antarctique (encadré 7).

En raison de ces facteurs et d'autres qui seront discutés plus loin, notre intérêt principal pour le transport de chaleur se concentrera sur le transport méridien de chaleur vers l'Arctique pendant l'hiver et sur les changements dans ce transport.

Encadré 7. Le vortex polaire

Les vortex circumpolaires sont des flux de vent d'ouest en est à grande échelle autour des pôles. Les vents très rapides près des pôles créent le vortex dans la stratosphère, qui apparaît en automne et persiste jusqu'au printemps. Le vortex troposphérique, plus important, est présent tout au long de l'année, mais s'affaiblit considérablement du printemps à l'automne. La ligne épaisse de la figure E7 indique la latitude à laquelle le vent d'ouest atteint son maximum dans l'hémisphère et forme la limite du vortex polaire. Dans le cas du vortex troposphérique, les vents d'ouest rapides qui définissent sa limite sont appelés le courant-jet. Dans la stratosphère, il s'agit du courant-jet polaire nocturne.

Avec l'arrivée de l'automne, les hautes latitudes connaissent une diminution rapide de l'insolation. Ce refroidissement de l'atmosphère entraîne la formation d'un centre dépressionnaire au-dessus du pôle, entouré de vents forts. Ces vents entravent le transport de la chaleur vers l'intérieur très froid du vortex, le renforçant et augmentant la vitesse du vent. Un vortex robuste agit comme un bouclier contre les masses d'air froid à l'intérieur, et limite également la quantité de chaleur perdue de l'intérieur par refroidissement radiatif, car l'air et les surfaces très froids émettent moins d'énergie.

Le vortex polaire peut être affaibli par un type d'ondes atmosphériques connues sous le nom d'ondes de Rossby, qui sont similaires aux vagues océaniques dans l'atmosphère. Ces ondes peuvent parcourir rapidement de longues distances sans avoir besoin de déplacer de l'air et libérer de l'énergie et de moment contre le vortex, le ralentissant et l'affaiblissant. Les vents de la haute troposphère agissent comme une barrière, déviant les petites ondes et ne permettant qu'aux grandes ondes planétaires d'atteindre la stratosphère. Tout affaiblissement ou perturbation du vortex est transmis vers le bas, ce qui peut perturber les conditions météorologiques hivernales normales. L'activité des grandes ondes ralentit et fait serpenter le vortex troposphérique et, si elle est suffisamment intense, peut provoquer un blocage hivernal, entraînant des phénomènes météorologiques extrêmes qui peuvent durer plusieurs jours. L'intensité et la fréquence des vagues de froid au cours d'un hiver dans l'hémisphère nord sont déterminées par la grande quantité d'énergie que les ondes projettent contre le vortex. En revanche, le vortex de l'hémisphère sud est plus fort et l'activité des ondes est plus faible, ce qui se traduit par un vortex plus stable.

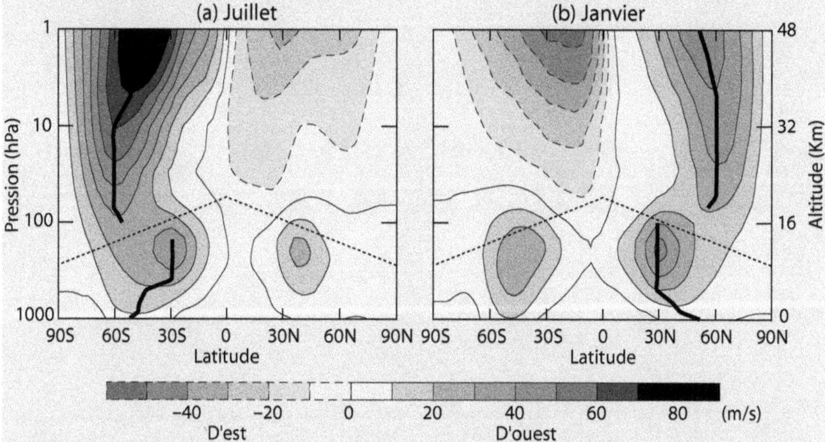

Figure E7. Vitesse moyenne du vent zonal en juillet et janvier. Les vents d'est sont représentés par des lignes en tirets avec une vitesse négative, soufflant vers le plan du graphique. Les vents d'ouest sont représentés par des lignes continues et des vitesses positives, soufflant hors du plan du graphique. Une ligne épaisse relie les points où la vitesse du vent d'ouest est la plus élevée à chaque niveau de pression, indiquant la limite du vortex polaire. Dans la troposphère, il s'agit du courant-jet. La ligne en pointillé représente la tropopause, qui sépare la troposphère de la stratosphère.[72]

En bref

La circulation atmosphérique et le transport de chaleur vers les pôles sont beaucoup plus importants dans l'hémisphère hivernal, ce qui se traduit par une oscillation semestrielle entre les deux hémisphères. Dans l'hémisphère nord, l'oscillation des températures saisonnières et du transport de chaleur est plus importante, et l'Arctique constitue donc le plus grand puits de chaleur vers l'espace de la planète en hiver. Toutefois, le vortex polaire limite fortement le transport de chaleur vers les régions polaires pendant cette saison. Le vortex

[72] Figure tirée de Waugh, D.W., et al. 2017. Bull. Am. Meteorol. Soc. 98 (1), pp.37-44. doi.org/10.1175/BAMS-D-15-00212.1

polaire boréal est plus faible et plus variable en raison de l'attaque continue des ondes atmosphériques provenant des reliefs orographiques continentaux.

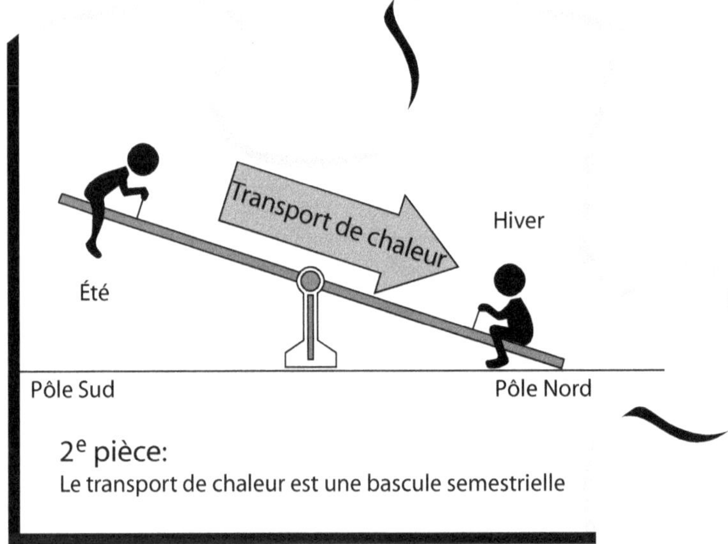

Chapitre 12
Transport de Chaleur et Changement Climatique

Le transport méridien joue un rôle clé dans la création des nombreux climats de la Terre, mais les changements dans le transport de chaleur ne sont généralement pas considérés comme une cause du changement climatique. En effet, la somme totale du transport horizontal est nulle dans la moyenne mondiale, car la chaleur est retirée d'un endroit (négatif) et ajoutée à un autre (positif). Cependant, nous ne comprenons pas bien le transport de chaleur et il n'existe donc pas de théorie générale pour l'expliquer. Il a été proposé que l'ampleur du transport soit ajustée à la différence de température entre l'équateur et le pôle par la production maximale d'entropie, un rôle passif qui justifierait qu'il soit négligé. Selon les modèles, les changements dans la composante océanique ou atmosphérique du transport méridien devraient être compensés par des changements opposés de même ampleur dans l'autre composante. Notre compréhension du rôle du transport méridien dans le changement climatique laisse à désirer.

Pourquoi les changements dans le transport de la chaleur ne sont pas considérés comme une cause du changement climatique récent

L'énergétique du système climatique que nous avons passée en revue dans les chapitres 2 à 11 est peut-être un sujet ennuyeux, mais son importance ne saurait être surestimée. J'espère qu'il n'a pas découragé de nombreux lecteurs. Nous devons nous rappeler que sans énergie, la matière est inerte. Tout ce qui se produit dans le climat est dû à l'énergie qui le rend possible. Le changement climatique est donc fondamentalement une question de changement énergétique.

Pour comprendre le climat et ses changements, nous devons suivre le parcours de l'énergie dans le système climatique. Dans les dix chapitres précédents de ce livre, nous avons passé en revue les quatre principales étapes de ce processus. Il s'agit de l'arrivée de l'énergie solaire, de la réflexion de l'énergie par l'albédo, de l'absorption et du transport de l'énergie dans le système climatique et de sa sortie sous forme de rayonnement au sommet de l'atmosphère. Parmi ces quatre étapes, les deux premières et la dernière sont importantes pour le changement climatique (en tant que forçage ou rétroaction), tandis que la troisième n'est pas considérée comme telle.

Il a été démontré que les variations de la manière dont l'énergie pénètre dans le système climatique sont à l'origine des changements climatiques. Le meilleur exemple en est la théorie orbitale de Milankovitch, qui explique le cycle glaciaire. Dans les années 1920, l'ingénieur et mathématicien serbe Milutin Milanković a émis l'hypothèse que les changements de l'orbite de la Terre, qui ont entraîné des modifications de l'inclinaison et de l'oscillation de son axe ainsi que de sa distance par rapport au Soleil sur des milliers d'années, ont modifié la distribution saisonnière et latitudinale de l'insolation. Cela a entraîné une alternance de périodes glaciaires et interglaciaires dans le climat de la Terre. L'hypothèse a été confirmée en 1976 lorsqu'il a été démontré, sur la base de l'analyse de carottes prélevées au fond des océans, que les principales oscillations climatiques de la Terre au cours du dernier demi-million d'années ont suivi les fréquences orbitales de Milankovitch.[73]

En termes de réflexion de l'énergie, l'albédo est l'un des facteurs de rétroaction les plus critiques du système climatique. On estime qu'une diminution de 1 % de l'albédo (de 0,29 à 0,28) aurait le même effet radiatif qu'une augmentation de 100 % du CO_2 ($\approx$ 3,4 W/m^2). Cependant, nous ne pouvons pas déterminer les changements d'albédo avec suffisamment de précision pour évaluer leur rôle dans le changement climatique récent. Les modèles indiquent qu'une grande partie du réchauffement induit par le CO_2 est due à des changements dans les nuages, qui entraînent une augmentation de l'absorption du rayonnement de courte longueur d'onde par le système climatique.[74] En outre, une hypothèse controversée propose que les variations des rayons cosmiques jouent un rôle important dans la nucléation des nuages et les changements d'albédo.[75]

En ce qui concerne la sortie d'énergie en tant que cause du changement climatique, la principale théorie du changement climatique de ces 50 dernières années a été l'effet des changements dans le rayonnement sortant de grande longueur d'onde dus aux changements dans les GES, sur la base de l'effet de serre. L'hypothèse de l'effet renforcé du CO_2 propose que le changement climatique récent soit principalement dû à des rétroactions agissant sur le réchauffement initial causé par des changements dans le CO_2.

Le transport de chaleur méridien est souvent négligé en tant que processus énergétique climatique, à tel point que la plupart des manuels de climatologie générale ne le mentionnent pas ou seulement brièvement. Bien qu'il soit considéré comme une cause importante du changement climatique dans le passé, il n'est généralement pas considéré comme une cause du changement climatique récent. Cependant, les changements possibles dans le transport méridien de chaleur sont souvent utilisés pour mettre en garde la société contre un arrêt fictif de la circulation méridienne de retournement de l'Atlantique et du Gulf Stream, qui pourrait avoir des conséquences climatiques désastreuses pour l'Europe.[76] Il est intéressant de noter que les changements climatiques les plus abrupts et les plus importants de la dernière période glaciaire, connus sous le nom d'événements Dansgaard-Oeschger, seraient dus à des changements dans le transport de chaleur océanique qui ont conduit à l'accumulation et à la libération soudaines d'une grande quantité de chaleur stockée sous la glace de mer.[77]

En général, le transport de chaleur n'est pas considéré comme une cause du changement climatique récent parce que le contenu énergétique du système

---

[73] Hays, J.D., et al, 1976. Science, 194 (4270), pp.1121-1132.
doi.org/10.1126/science.194.4270.1121
[74] Donohoe, A., et al, 2014. Proc. Nat. Acad. Sci. 111 (47), pp.16700-16705.
doi.org/10.1073/pnas.1412190111
[75] Svensmark, H., 1998. Phys. Rev. Lett. 81 (22), 5027.
doi.org/10.1103/PhysRevLett.81.5027
[76] Alley, R.B., 2007. Annu. Rev. Earth Planet. Sci., 35, pp.241-272.
doi.org/10.1146/annurev.earth.35.081006.131524
[77] Dokken, T.M., et al. 2013. Paleoceanography, 28 (3), pp.491-502.
doi.org/10.1002/palo.20042

climatique ne peut changer que par des modifications des flux radiatifs au sommet de l'atmosphère. On sait que les trois autres étapes du circuit énergétique, à savoir le rayonnement à ondes courtes entrant, le rayonnement à ondes courtes réfléchi et le rayonnement à ondes longues sortant, sont capables de produire ces changements. Bien que le transport de chaleur puisse avoir un effet régional sur le climat, lorsqu'un endroit perd de la chaleur par le transport, un autre en gagne, et la quantité totale d'énergie reste inchangée. Ceci est généralement exprimé par le fait que l'intégrale (la somme) de tous les transports de chaleur horizontaux est nulle. La composante horizontale du transport d'énergie disparaît dans la moyenne globale, un autre exemple de calcul de moyenne qui masque la complexité sous-jacente.

Existe-t-il une théorie valable du transport de la chaleur ?

Il n'existe actuellement aucune théorie adéquate pour expliquer la valeur observée du transport de chaleur ou la manière dont il pourrait évoluer, en dehors des changements de la différence de température entre les tropiques et les pôles. En général, le transport est considéré comme un processus passif complexe régi par les différences de température sur la planète et les conditions changeantes du flux de chaleur.

Une hypothèse largement soutenue est que le transport de chaleur est réglé de manière à maximiser l'entropie. L'entropie mesure l'indisponibilité de l'énergie d'un système pour effectuer un travail et exprime l'irréversibilité d'un processus en raison de la dispersion de la matière ou de l'énergie. Mélanger du lait avec du café augmente l'entropie en raison du mélange irréversible de leur matière et de leur température. De même, le travail effectué par l'atmosphère pour transporter la chaleur donne lieu à de multiples processus irréversibles qui augmentent l'entropie, dont l'importance dépend de la différence de température.

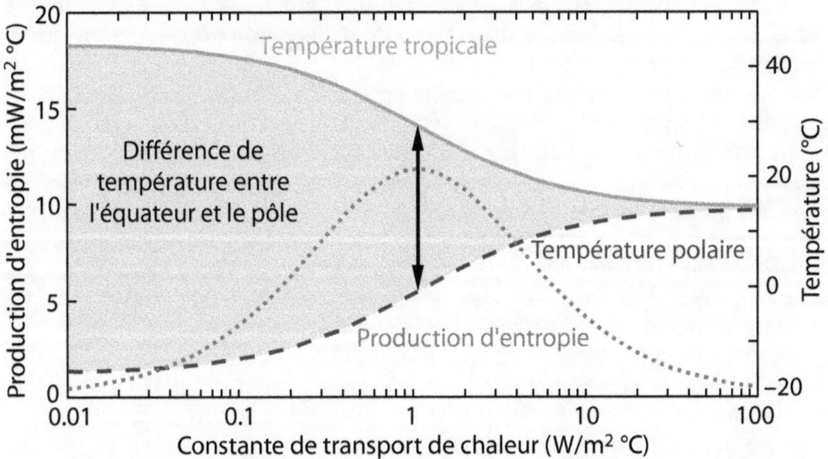

Figure 19. Hypothèse de production maximale d'entropie du transport de chaleur. La zone grise représente la différence de température entre les tropiques (trait plein gris foncé) et les pôles (trait en tirets). La production d'entropie (ligne pointillée) est minimale lorsqu'il n'y a pas de transport d'énergie (côté gauche de l'abscisse) ou lorsque le transport est si efficace qu'il n'y a pas de différence de température (côté droit de l'abscisse), et maximale entre les deux. Ce point détermine la différence de température (flèche) et l'ampleur du transport de chaleur.

En réduisant la différence de température, le transport de chaleur affecte sa propre efficacité. Lorsque le transport de chaleur atteint une efficacité qui réduit suffisamment la différence de température, il commence à produire moins d'entropie. Le scénario de production maximale d'entropie par le transport de chaleur est illustré à la figure 19.[78]

Les modèles soutiennent l'hypothèse d'une production maximale d'entropie pour le transport de chaleur. Cependant, ces modèles ne représentent pas correctement le transport de chaleur, comme nous l'avons vu au chapitre 10. Par conséquent, il est douteux que le soutien des modèles indique que le transport de chaleur soit déterminé par la production d'entropie maximale dans le monde réel. L'adaptation du transport de chaleur à la production maximale d'entropie nécessite un grand nombre de résultats possibles ou de degrés de liberté. Toutefois, il semble que le transport méridien soit modulé par plusieurs facteurs qui ne sont pas représentés avec précision dans les modèles informatiques. Cette modulation réduit considérablement les degrés de liberté, ce qui rend l'hypothèse peu probable, même si l'entropie contribue à déterminer le transport de chaleur.

Dans ce livre, nous explorerons les facteurs qui régulent le transport de la chaleur et la façon dont ils peuvent affecter la validité de l'hypothèse de la production maximale d'entropie.

Les changements climatiques récents n'ont pas été attribués à des changements dans le transport de chaleur, mais des changements dans le transport de chaleur océanique ont été utilisés pour expliquer certains paléoclimats. Le défi consiste à expliquer les paléoclimats des pôles chauds, qui nécessitent un transport de chaleur accru (voir chap. 20). Cependant, leur explication se heurte à un problème dans le paradigme actuel de la théorie du climat, où la différence de température détermine l'ampleur du transport de chaleur. Plus la quantité de chaleur à transporter pour atteindre un faible différentiel de température est importante, plus le différentiel de température nécessaire à ce transport est faible, ce qui se traduit par une diminution de la chaleur transportée, et non par une augmentation. Par conséquent, les paléoclimats connus des pôles chauds sont notoirement difficiles à reproduire à l'aide de modèles climatiques.

Le transport méridien déplace la chaleur en laissant une trace dans le rayonnement émis au sommet de l'atmosphère qui est utilisé pour le calculer. Cependant, supposons que l'on introduise un changement dans l'une des composantes (atmosphère ou océan) du transport de chaleur vers les pôles, en gardant le Soleil constant, l'albédo identique et la différence de température entre l'équateur et le pôle identique. Dans ce cas, elle devrait être compensée par une variation opposée de l'autre composante, puisque le transport total devrait théoriquement être le même.

Cela signifie que les variations du réchauffement radiatif net dues à des changements solaires, orbitaux ou de composition dans l'atmosphère terrestre peuvent donner lieu à des climats différents avec des transports de chaleur vers les pôles différents. Toutefois, une modification d'une composante du transport de chaleur vers les pôles en l'absence de changements dans les forçages externes ne devrait pas, en théorie, conduire à un changement climatique global.

---

[78] Kleidon, A. et Lorenz, R., 2005. Non-equilibrium Thermodynamics and the Production of Entropy pp.1-20. Springer. Source de la figure 19.

Une étude de modélisation des 22 000 dernières années, depuis le dernier maximum glaciaire jusqu'à aujourd'hui, a conclu que, malgré des changements majeurs dans le climat de la Terre, le transport de chaleur méridien total est resté stable, ce qui est difficile à accepter.[79] En expliquant les changements climatiques récents, la théorie climatique acceptée rend inexplicables les changements climatiques passés.

Le dilemme du transport de chaleur - une simple rétroaction ou un forçage ?

Après l'insolation, le transport méridien est sans doute le facteur le plus important pour déterminer le temps qu'il fait partout dans le monde. Tout changement dans le transport de chaleur peut avoir un effet majeur sur les régimes de vent locaux et mondiaux, la nébulosité, la température, les précipitations et la fréquence des phénomènes météorologiques extrêmes.

Les changements dans le transport méridien ne sont pas considérés comme une cause directe du changement climatique dans la théorie climatique acceptée, bien qu'ils soient un facteur critique dans la détermination du climat que nous connaissons. Le transport méridien a pu varier en même temps que la température au cours des 300 dernières années, mais ses changements ne sont pas considérés comme un forçage dans le paradigme actuel de la théorie du climat. Ses effets sont plutôt considérés comme faisant partie des mécanismes de rétroaction qui entrent en jeu en réponse à l'augmentation du réchauffement induit par le CO_2.

Une expérience irréaliste a été menée à l'aide d'un modèle dans lequel la quantité de chaleur transportée par les océans a été doublée. Il en a résulté un réchauffement du climat dû à l'augmentation de l'effet de serre de la vapeur d'eau et à la diminution de la nébulosité.[80] Bien que le scénario climatique accepté n'attribue pas de rôle aux changements dans le transport méridien en tant que cause du changement climatique, il est possible qu'il modifie l'effet de serre et l'albédo.

Encadré 8. La compensation de Bjerknes

Dans les années 1960, Jacob Bjerknes a proposé que si les flux au sommet de l'atmosphère et le stockage de la chaleur dans les océans restaient relativement stables, le transport total de chaleur à travers le système climatique resterait également constant. Cette hypothèse repose sur l'idée que, en l'absence de changements dans les flux au sommet de l'atmosphère, l'énergie totale du système climatique reste inchangée. À moins qu'une partie de l'énergie ne soit stockée dans l'océan (l'atmosphère stocke très peu de chaleur), la quantité qui doit être transportée reste également constante. Dans ces conditions, tout changement significatif dans le transport de chaleur océanique et atmosphérique devrait être égal et opposé. Cette hypothèse simple est connue sous le nom de compensation de Bjerknes.

---

[79] Yang, H., et al. 2015. Sci. Rep. 5 (1), p.16661. doi.org/10.1038/srep16661

[80] Herweijer, C., et al, 2005. Tellus A : Dyn. Meteorol. Oceanogr. 57 (4), pp.662-675. doi.org/10.3402/tellusa.v57i4.14708

Cependant, pour prouver l'hypothèse, il est nécessaire de pouvoir calculer le transport de chaleur océanique et atmosphérique de manière indépendante, ce qui n'est actuellement pas possible avec les données d'observation. Malgré l'absence de données d'observation depuis 60 ans, la compensation de Bjerknes a été largement étudié dans des modèles, où il varie considérablement d'un modèle à l'autre.

Un examen de la compensation de Bjerknes dans 15 modèles du Projet d'inter-comparaison des modèles couplés 5 a montré qu'elle était présente dans tous les modèles.[81] Cependant, les modèles ne disent pas comment le mécanisme fonctionne, et les auteurs n'ont d'autre choix que de dire que *« le mécanisme physique sous-jacent à la variabilité multi-décennale associée à la compensation de Bjerknes reste flou »*.

A mon avis, les modèles sont conçus pour suivre une règle précise : maintenir le transport proportionnel aux changements des flux radiatifs au sommet de l'atmosphère et aux changements du stockage océanique en utilisant tous les moyens disponibles. Ainsi, les modèles doivent ajuster les changements de transport océanique et atmosphérique pour obtenir le transport total désiré. Cette approche se heurte toutefois à une objection majeure. Une grande partie du transport océanique est due au vent et devrait varier dans la même direction que le transport atmosphérique. Cependant, les modèles montrent que la partie non entraînée par le vent, essentiellement la circulation méridienne de retournement, compense l'augmentation du transport provenant de l'atmosphère et de la circulation entraînée par le vent. Cela nécessite des changements massifs dans la circulation de retournement simulée par les modèles. Cela soulève une question cruciale : comment l'océan transférera-t-il davantage de chaleur à l'atmosphère pour que le transport atmosphérique puisse augmenter si le transport océanique en provenance des tropiques diminue ?

En bref

Le transport de chaleur vers les pôles est souvent négligé en tant que cause du changement climatique récent, malgré son importance et l'absence d'une théorie largement acceptée du transport de chaleur. En effet, le transport de chaleur au sein du système climatique ne modifie pas son énergie totale. En outre, les modèles climatiques supposent que les changements dans le transport de chaleur atmosphérique et océanique s'équilibrent, mais cette hypothèse n'est pas étayée par des données empiriques. Cependant, les changements dans le transport de chaleur vers les pôles peuvent contribuer au changement climatique s'ils affectent le bilan radiatif au sommet de l'atmosphère en modifiant l'albédo et le rayonnement thermique sortant. C'est ce qui risque de se produire si l'ampleur du transport de chaleur change.

---

[81] Outten, S., et al, 2018. J. Clim. 31 (21), pp.8745-8760.
   doi.org/10.1175/JCLI-D-18-0058.1

SECTION 3 QUESTIONS CLÉS

Les différences d'insolation entre l'équateur et les pôles créent un gradient latitudinal de température. Ce gradient détermine l'état climatique de la planète, qui se trouve actuellement dans un état de « réfrigérateur ». Il établit également un transport de chaleur, d'humidité, de nuages et de moment angulaire de l'équateur vers les pôles le long des méridiens, ou transport méridien.

Le transport méridien de chaleur est fondamental pour la redistribution de l'énergie, mais il manque d'une théorie adéquate, reste mal compris et les modèles ne le reproduisent pas correctement. L'atmosphère est son principal vecteur, tandis que le transport océanique contribue à environ un tiers de la chaleur totale transportée. L'océan transfère la majeure partie de la chaleur transportée vers l'atmosphère dans les courants de la frontière occidentale des latitudes moyennes. Les tempêtes des latitudes moyennes jouent un rôle majeur dans le transport de chaleur vers les pôles.

Les fortes variations saisonnières aux hautes latitudes entraînent une forte oscillation saisonnière du transport et de la circulation atmosphériques, en particulier dans l'hémisphère nord. Le bilan thermique de l'Arctique en fait le plus grand puits de chaleur vers l'espace en hiver. Le vortex polaire limite fortement les pertes de chaleur à cette période, mais il est affaibli par l'action des ondes atmosphériques.

Le transport de chaleur méridien n'est pas considéré comme une cause du changement climatique parce qu'il ne modifie pas le contenu énergétique du système climatique. Les modèles climatiques supposent, sans preuve, que les changements dans le transport de chaleur atmosphérique et océanique s'équilibrent. Cependant, les changements dans le transport de chaleur vers les pôles peuvent contribuer au changement climatique s'ils affectent le bilan radiatif au sommet de l'atmosphère. C'est ce qui risque de se produire si l'ampleur du transport de chaleur change.

Section 4 : Transport de la Chaleur dans l'Atmosphère et l'Océan

Chapitre 13
Transport Troposphérique

La majeure partie de la chaleur transportée par l'atmosphère vers les pôles a lieu dans la troposphère, principalement au-dessus des bassins océaniques. La circulation de Hadley est essentiellement une caractéristique de la saison froide qui déplace principalement la chaleur vers le haut pour qu'elle soit libérée sous forme de rayonnement sortant. Bien qu'elle transporte une partie de la chaleur sensible vers les pôles, son efficacité est fortement réduite par le transport de la chaleur latente vers l'équateur. C'est donc l'océan qui est le principal responsable du transport de chaleur vers les pôles sous les tropiques. En dehors des tropiques, les tourbillons atmosphériques, tels que les tempêtes et les ouragans, constituent le principal mécanisme de transport de chaleur dans la troposphère. Ils transportent des quantités considérables de chaleur latente et sensible en provenance des océans. La vitesse du vent joue un rôle clé dans le transport de la chaleur, non seulement parce qu'elle détermine la quantité de transport, mais aussi parce qu'elle est plus importante que la température pour déterminer la quantité d'évaporation. L'évolution de la vitesse du vent à l'échelle mondiale n'est pas bien comprise.

Circulation méridienne troposphérique

Au chapitre 10, nous avons abordé le transport atmosphérique et la manière dont le transport de chaleur est réparti entre l'atmosphère et l'océan. Nous avons vu qu'environ deux tiers du transport de chaleur méridien total est effectué par l'atmosphère, principalement par le biais des tourbillons résultant de la turbulence atmosphérique. La figure 15 (chap. 10) montre le flux de chaleur tourbillonnaire à son maximum pendant l'hiver boréal. La troposphère constitue 85 % de la masse atmosphérique et est responsable de plus de 90 % du transport de chaleur atmosphérique. La stratosphère, en revanche, est plutôt sèche et transporte donc très peu de chaleur latente. La troposphère et la stratosphère étant des milieux différents, nous nous concentrerons dans ce chapitre sur des aspects spécifiques du transport méridien de chaleur troposphérique.

La circulation troposphérique est généralement divisée en deux parties : la circulation zonale, qui se déplace parallèlement aux latitudes de la Terre, et la circulation méridienne, qui se déplace parallèlement aux longitudes de la Terre. La circulation zonale comprend les vents d'est et d'ouest, tandis que la circulation méridienne comprend les vents du nord et du sud. L'intensité de la circulation troposphérique varie tout au long de l'année. Elle se renforce pendant la saison froide, lorsque davantage de chaleur doit être transportée vers les pôles. À l'inverse, elle s'affaiblit pendant la saison chaude. Cependant, les circulations zonale et méridienne sont anticorrélées au niveau régional, car l'augmentation de la prédominance des vents d'une direction doit se faire au détriment d'autres directions.

La structure méridienne de la circulation de la troposphère moyenne est généralement décrite par trois cellules de gyre (fig. 20). Les cellules de Hadley et polaires sont animées thermiquement par l'air qui monte dans une zone plus chaude et descend dans une zone plus froide. Ce sont des circulations assez fortes qui produisent des vents dominants tels que les alizés. La cellule de Ferrel, en revanche, est animée mécaniquement par de l'air qui monte dans une zone plus froide et descend dans une zone plus chaude. Elle est donc beaucoup plus faible et les vents qu'elle produit sont plus variables.

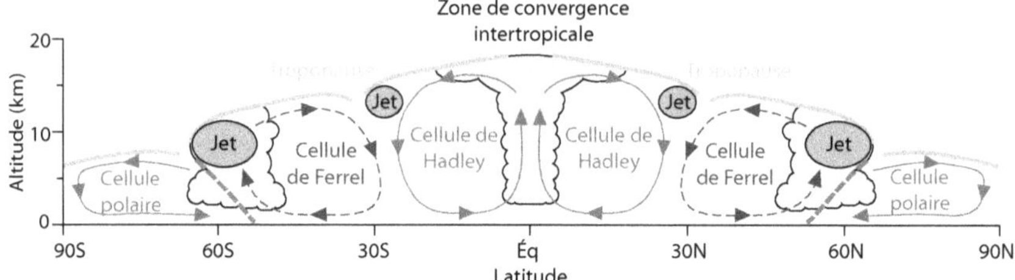

Figure 20. Représentation schématique de la circulation méridienne moyenne troposphérique près d'un équinoxe.

Cependant, cette description symétrique de la circulation troposphérique par rapport à l'équateur n'est vraie que pour les mois proches des équinoxes. Le reste de l'année, il existe une forte cellule de Hadley dans l'hémisphère d'hiver, l'air s'élevant dans l'hémisphère d'été et s'abaissant dans l'hémisphère d'hiver. La cellule de Hadley de l'hémisphère d'été est très faible dans l'hémisphère sud et imperceptible dans l'hémisphère nord. Par conséquent, durant l'hiver boréal (décembre-février), la cellule de Hadley de l'hémisphère nord s'élève en moyenne jusqu'à 12°S et descend jusqu'à 31°N. En revanche, pendant l'été boréal (juin-août), aucune cellule de Hadley n'est perceptible dans l'hémisphère nord.

Les changements de température de l'air influencent l'humidité de l'air, provoquant la formation de nuages là où l'air monte et empêchant la formation de nuages là où l'air descend. Suivons le parcours d'un bloc d'air dans la cellule de Hadley pour comprendre son comportement. Au fur et à mesure que le bloc remonte la branche ascendante, il se refroidit et perd de l'humidité. Une fois que l'air atteint la haute troposphère, il perd de l'énergie par émission thermique au fur et à mesure qu'il se déplace vers les pôles à travers la branche supérieure. Ce phénomène se produit parce que l'opacité infrarouge est beaucoup plus faible à des altitudes plus élevées dans la troposphère. Ce mécanisme, connu sous le nom de rayonnement sortant de grande longueur d'onde, est le principal moyen par lequel les tropiques perdent de l'énergie. Il crée un gradient de température horizontal vers les pôles dans la haute troposphère, provoquant l'inclinaison des surfaces de même pression, qui s'élèvent vers l'équateur et s'enfoncent vers les latitudes plus élevées. Ce phénomène, combiné à l'effet de Coriolis dû à la rotation de la Terre, crée un vent d'ouest dont la vitesse augmente avec l'altitude.[82] Aux latitudes où le gradient de température est le plus important, c'est-à-dire à 30° et 60°, deux forts vents d'ouest se développent dans la haute troposphère : le jet subtropical et le courant-jet. Cependant, la vitesse et la trajectoire de ces vents sont fortement influencées par les ondes atmosphériques, comme expliqué dans l'encadré 7 (chap. 11).

Un bloc d'air provenant de la cellule de Hadley est susceptible de se déplacer vers l'est le long du jet subtropical jusqu'à ce que, suffisamment refroidi, il

---

[82] Cet effet est appelé équilibre thermique du vent.

commence à s'enfoncer sur la branche descendante. Au cours de ce processus, le bloc d'air perd son humidité et est chauffé de manière adiabatique (sans recevoir de chaleur) par compression. C'est le même processus qui réchauffe un pneu de vélo lorsque nous le gonflons. En descendant et en se réchauffant, l'air réduit son humidité relative et supprime les nuages. Cet air très sec et chaud descendant à 30° de latitude est responsable de la création d'une ceinture de déserts sur la planète à cette latitude dans les deux hémisphères. Le bloc d'air finit par rejoindre la branche inférieure de la cellule de Hadley et se déplace vers l'équateur avec les alizés. Comme il se déplace principalement au-dessus des bassins océaniques, il gagne beaucoup d'humidité par évaporation et transporte une quantité importante de chaleur latente vers l'équateur.

La cellule de Hadley devient un mécanisme de transport de chaleur méridien inefficace en transportant la chaleur statique sèche (chaleur potentielle + chaleur sensible) vers le pôle et la chaleur latente vers l'équateur. Sa capacité de transport nette n'est que d'environ 10 % de son transport d'énergie potentielle.[83] Le principal effet de la cellule de Hadley est de transporter l'énergie vers le haut, ce qui lui permet de rayonner sous forme d'énergie thermique sortante depuis la haute troposphère.

Décomposition du transport atmosphérique

La figure 21 montre la séparation du transport de chaleur atmosphérique en deux composantes : l'énergie stockée dans la vapeur d'eau en raison de ses changements d'état, appelée chaleur latente, et l'énergie interne des molécules d'air en raison de leur température et de l'énergie potentielle due à leur position dans le champ gravitationnel, appelée chaleur statique sèche. Cette séparation fournit des informations précieuses sur le climat de la planète.

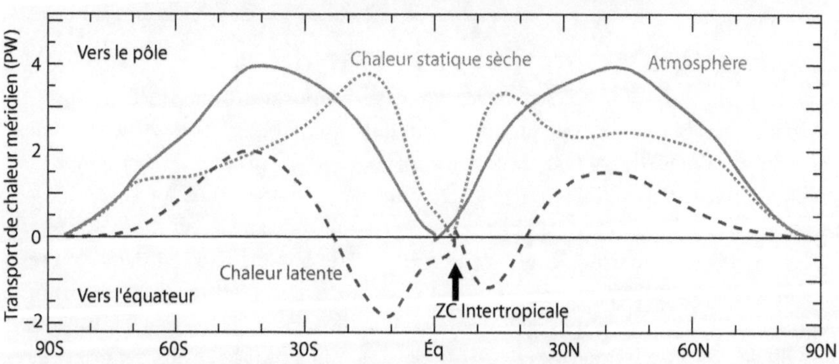

Figure 21 Décomposition du transport de chaleur atmosphérique méridien. Le transport total (courbe continue) est décomposé en transport de chaleur statique sèche (courbe pointillée) et en transport de chaleur latente (courbe en tirets). La direction vers les pôles est considérée à partir de l'équateur pour le transport total et à partir de la zone de convergence intertropicale pour les transports décomposés, où sa valeur est la plus faible.[84]

---

[83] Hartmann, D.L., 2016. Global physical climatology. 2e éd. Elsevier. p.175.
[84] Figure tirée de Yang, H., et al. 2015. Clim. Dynam. 44, pp.2751-2768. doi.org/10.1007/s00382-014-2380-5.

En décomposant le transport atmosphérique en transport de chaleur statique sèche et en transport de chaleur latente, on constate que la cellule de Hadley de l'hémisphère sud est beaucoup plus forte que son homologue du nord, malgré une quantité nette similaire de transport de chaleur vers les pôles. Cette différence est probablement due à la position moyenne dans l'hémisphère nord de la zone de convergence intertropicale, qui divise le transport atmosphérique. On peut également observer que la nature opposée des deux composantes du transport de chaleur réduit fortement le transport de chaleur vers les pôles à travers l'atmosphère dans les tropiques entre 20°S et 20°N, là où l'apport d'énergie solaire est le plus important. Cette limitation intrinsèque de la circulation de Hadley sur toute planète dotée d'océans signifie que l'océan doit transporter la majeure partie de la chaleur vers les pôles dans les tropiques. Les conséquences sont considérables et l'ensemble de El Niño - Oscillation australe répond à la nécessité de transporter la chaleur vers les pôles dans des conditions de faible efficacité de l'atmosphère tropicale. Lorsque trop de chaleur s'accumule dans la subsurface équatoriale de l'océan Pacifique, elle devient le meilleur prédicteur d'El Niño, que nous examinerons plus en détail au chapitre 18.[85]

Le transport de chaleur latente est plus faible dans l'hémisphère nord en raison de la plus petite surface de l'océan. Ce phénomène est toutefois compensé par un transport plus important de chaleur sensible provenant des tourbillons atmosphériques tels que les tempêtes et les ouragans, qui jouent un rôle crucial dans le transport de chaleur vers les pôles. Ces cyclones extraient de grandes quantités de chaleur latente et sensible de l'océan, en particulier le long des courants de frontière ouest (fig. 16, chap. 10), et transportent cette chaleur vers le pôle et vers l'est. En fait, ces cyclones peuvent atteindre l'Arctique dans l'hémisphère nord et sont une cause majeure du réchauffement de l'Arctique pendant l'hiver.

Encadré 9. Évaporation et vitesse du vent

Puisque le transport de chaleur latente est si important pour la distribution de la chaleur sur la planète, examinons comment l'atmosphère obtient cette chaleur par évaporation. L'hypothèse de l'effet renforcé du CO_2 sur le réchauffement climatique concentre toute l'attention sur l'effet de la température sur l'évaporation, mais ce n'est qu'une partie de l'histoire. La relation de Clausius-Clapeyron spécifie la dépendance de la température de la pression de la vapeur d'eau dans la transition biphasique. Elle indique que la capacité de rétention d'eau de l'atmosphère augmente d'environ 7 % pour chaque augmentation de 1 °C, ce qui est important à l'échelle microscopique. Mais à l'échelle macroscopique, l'évaporation sature rapidement et il s'avère que l'évaporation dépend davantage de l'humidité relative de l'air et encore plus de la vitesse du vent qui rapproche l'air non saturé de la surface. Tous ceux qui font sécher du linge dans le vent le savent. Malgré son importance pour l'hypothèse, les observations n'ont pas confirmé que la vapeur d'eau se comporte comme une forte rétroaction positive. La vitesse du vent joue un double rôle dans le transport de la chaleur, en tant que fournisseur d'énergie mécanique qui déplace la chaleur et en tant que cause principale de l'évaporation.

---

[85] Izumo, T., et al, 2019. Clim. Dyn. 52, pp.2923-2942.
    doi.org/10.1007/s00382-018-4313-1

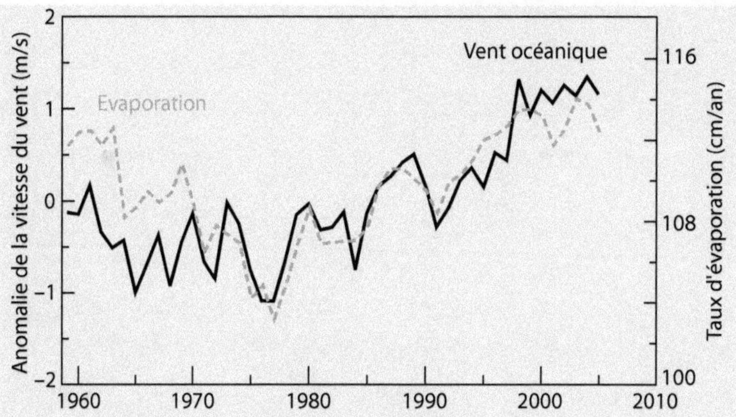

Figure E9. Evaporation et vitesse du vent. Séries temporelles de l'anomalie annuelle moyenne de la vitesse du vent (courbe noire pleine) et du taux d'évaporation moyen dans les océans libres de glace.

La corrélation entre l'évaporation, principale source de chaleur latente, et la vitesse du vent sur les océans est cohérente avec le rôle important du vent dans l'évaporation.[86] La figure E9 montre une augmentation de la vitesse du vent océanique et de l'évaporation qui est frappante pour plusieurs raisons. Tout d'abord, cela implique que l'ampleur ou la répartition des composantes du transport de chaleur change avec le temps. Deuxièmement, un changement de la vitesse du vent et de l'évaporation s'est produit après 1976. Troisièmement, les tendances de la vitesse du vent et de l'évaporation sur les terres sont opposées à celles sur l'océan.[87] Comme prévu, les modèles ne peuvent pas expliquer, ni même reproduire, les tendances et les changements observés dans la vitesse du vent et l'évaporation, et encore moins mettre en lumière leur effet sur le transport de chaleur méridien.

En bref

La majeure partie du transport de chaleur vers les pôles s'effectue par le biais du transport troposphérique au-dessus des bassins océaniques. Cependant, la circulation de Hadley est moins efficace dans le transport de chaleur vers les pôles car elle transporte une quantité considérable de chaleur latente vers l'équateur. Dans l'hémisphère nord, le transport de chaleur par les tempêtes et les ouragans est essentiel, car la taille réduite des océans diminue le transport de chaleur latente. La vitesse du vent joue un double rôle dans le transport de la chaleur : elle fournit l'énergie mécanique qui déplace la chaleur et constitue une cause importante d'évaporation. Bien que la vitesse du vent océanique et l'évaporation soient corrélées, les modèles climatiques ne sont pas en mesure d'expliquer les tendances multidécennales observées en matière de vitesse du vent.

---

[86] Yu, L., 2007. J. Clim. 20 (21), pp.5376-5390. Source de la figure E9.
   doi.org/10.1175/2007JCLI1714.1
[87] Zeng, Z., et al, 2019. Nat. Clim. Change, 9 (12), pp.979-985.
   doi.org/10.1038/s41558-019-0622-6

CHAPITRE 14
TRANSPORT STRATOSPHÉRIQUE

La stratosphère est l'une des parties la moins connue du système climatique. L'air de la troposphère monte dans la stratosphère sous les tropiques, où il se refroidit et s'assèche. Dans la basse stratosphère, il se dirige vers les deux pôles, mais dans la haute stratosphère, il va du pôle d'été au pôle d'hiver. Là, la présence du vortex polaire et un fort refroidissement radiatif en l'absence de rayonnement solaire conduisent à des températures de –80 °C.

Les ondes atmosphériques d'échelle planétaire prennent naissance dans la troposphère, principalement entre 30 et 60°N. Elles se déplacent verticalement lorsque les vents stratosphériques se déplacent vers l'est, fournissant de l'énergie et du moment angulaire dans la stratosphère. Elles induisent une traînée qui entraîne le transport méridien de chaleur, d'air et de substances, connu sous le nom de circulation de Brewer-Dobson.

Les vents forts tournent autour de la Terre au-dessus de l'équateur. Ils se forment dans la stratosphère moyenne et descendent lentement vers la tropopause. Environ deux ans plus tard, une nouvelle ceinture de vents soufflant dans la direction opposée se développe au-dessus de la précédente dans une oscillation quasi-biennale. Bien qu'il s'agisse d'un phénomène tropical, cette oscillation quasi-biennale influence le vortex polaire, la circulation stratosphérique et les conditions météorologiques dans la troposphère. La phase de vent d'est de l'oscillation augmente l'effet des ondes atmosphériques sur le vortex polaire, l'affaiblissant et provoquant des hivers froids en Europe du Nord et dans l'est des États-Unis.

La stratosphère

La stratosphère est un endroit particulier qui a toujours surpris les spécialistes de l'atmosphère et qui reste mal connu. Son importance pour les prévisions météorologiques est un sujet d'intérêt, et sa modélisation est inadéquate. La stratosphère existe grâce à l'ozone, qui se forme à partir de l'oxygène sous l'effet du rayonnement ultraviolet du soleil. Aucune autre planète connue ne possède de stratosphère, car son atmosphère ne contient pas d'oxygène libre.

L'ozone absorbe l'énergie solaire dans les parties UV et infrarouge du spectre, chauffant ainsi la stratosphère par le haut, contrairement à la troposphère, qui est chauffée par le bas. Par conséquent, la stratosphère présente un gradient thermique vertical négatif et la température augmente avec l'altitude. La stratosphère est donc stratifiée de manière stable, comme l'océan. L'air froid en bas ne monte pas et l'air chaud en haut ne descend pas. En raison du gradient thermique vertical négatif, le transport vertical dans la stratosphère est très inefficace et il faut des mois pour qu'un bloc d'air s'élève de quelques kilomètres. La tropopause marque la limite où le gradient thermique vertical devient nul.

L'air pénètre dans la stratosphère par la tropopause tropicale, où il est aspiré par une pompe extratropicale responsable du transport méridien dans la stratosphère (voir ci-dessous). L'air quitte la stratosphère au niveau de la tropopause extratropicale en s'enfonçant. En remontant à travers la tropopause tropicale, l'air se dilate et se refroidit à mesure que la pression diminue. La tropopause tropicale est donc la partie la plus froide de la tropopause (fig. 22). Dans le reste de la tropopause, l'air plus chaud descend dans la troposphère. Le point froid de la tropopause tropicale a deux effets importants. Premièrement, il provoque un transport vers les pôles dans la basse stratosphère contre le gradient de température jusqu'à ce que les latitudes moyennes soient atteintes. Deuxièmement, il refroidit l'air ascendant au point de le rendre lyophilisé, de sorte que la majeure partie de la vapeur d'eau précipite sous forme de glace, ce qui donne de l'air extrêmement sec dans la stratosphère.

Une grande partie de la vapeur d'eau dans la stratosphère provient de l'oxydation du méthane dans la haute stratosphère, et la quantité de vapeur d'eau dans la stratosphère augmente avec l'altitude (chap. 7, fig. 9). Les scientifiques ne comprennent pas entièrement les changements de la quantité de vapeur d'eau dans la stratosphère et son effet sur le taux de réchauffement de la planète. La vapeur d'eau stratosphérique a augmenté de 1980 à 2000 et a diminué de 2000 à 2022, lorsque l'éruption du Hunga Tonga a fortement augmenté les niveaux de vapeur d'eau stratosphérique (chap. 24). Les modèles climatiques simulent mal les tendances de la température dans la basse stratosphère et ne reproduisent pas de manière cohérente les températures de la tropopause tropicale et les changements de la vapeur d'eau.[88]

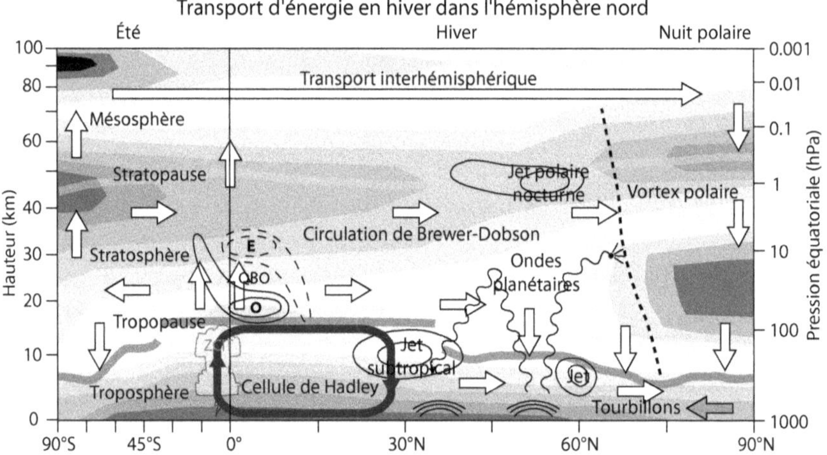

Figure 22. Circulation atmosphérique autour du solstice de décembre. La température est codée en tons par incréments de 10 °C, avec une échelle verticale logarithmique et une échelle de latitude comprimée pour l'hémisphère sud. L'oscillation quasi-biennale (QBO) est représentée avec ses composantes est (E) et ouest (O) près de l'équateur. La zone de convergence intertropicale (ZCIT) est représentée par un nuage élevé et orageux. Les flèches blanches indiquent le transport de chaleur par la circulation atmosphérique.[89]

La circulation atmosphérique méridienne a une structure différente en fonction de l'altitude. L'air s'élève de la troposphère à la basse stratosphère et se dé-

---

[88] Solomon, S.et al, 2010. Science, 327 (5970), pp.1219-1223.
    doi.org/10.1126/science.1182488
[89] Figure tirée de Vinós, J., 2022. Le climat du passé, du présent et du futur : un débat scientifique. 2nd ed. Critical Science Press.

place vers les deux pôles dans une structure à deux cellules. La descente se produit aux latitudes moyennes et élevées. Dans la haute stratosphère, la circulation suit un schéma monocellulaire, se déplaçant des tropiques vers le pôle en hiver. Plus haut, dans la mésosphère, l'air circule du pôle en été vers le pôle en hiver.

Normalement, l'air qui monte au pôle en été devrait se refroidir, mais dans la stratosphère, il est exposé à l'absorption des UV par l'ozone, ce qui le réchauffe fortement. Inversement, l'air qui s'enfonce dans le vortex polaire au pôle en hiver devrait se réchauffer, mais dans la stratosphère moyenne, un fort refroidissement radiatif entraîne des températures aussi basses que −80 °C en raison de l'absence de rayonnement solaire.

Horizontalement, la stratosphère est divisée en trois zones : une zone tropicale d'air ascendant, une zone de déferlement des ondes atmosphériques aux latitudes moyennes, appelée zone de surf, et le vortex polaire.

Encadré 10. Les ondes atmosphériques

L'atmosphère présente une variété de mouvements ondulatoires à différentes échelles spatiales et temporelles. Ces ondes peuvent transporter de grandes quantités d'énergie et de moment angulaire vers des lieux éloignés en beaucoup moins de temps qu'il n'en faudrait à l'air pour se déplacer. Un tsunami, par exemple, peut transporter une grande quantité d'énergie à travers l'océan en quelques heures seulement. Les ondes atmosphériques dans la stratosphère sont responsables du transport méridien, de la circulation de Brewer-Dobson, de l'oscillation quasi-biennale, du transport de l'ozone, des asymétries du vortex polaire, des températures polaires et des réchauffements soudains de la stratosphère.

Les ondes sont produites par l'interaction entre une force et un mécanisme de rappel, et en fonction de ceux-ci et de leur échelle de taille (longueur d'onde), elles sont classées en différents types. Le type qui nous intéresse pour le transport de chaleur stratosphérique et la nouvelle hypothèse de changement climatique présentée dans ce livre est une onde de Rossby appelée onde planétaire.

La température potentielle est la température que l'air aurait s'il était ramené à la surface, c'est-à-dire si les changements dus au mouvement vertical n'étaient pas pris en compte. À l'approche des pôles, il existe un gradient horizontal négatif de la température potentielle et un gradient positif de la rotation des masses d'air (vorticité) en raison de l'augmentation de l'effet de Coriolis à mesure que l'on s'éloigne de l'équateur. Ces deux propriétés forment ensemble la vorticité potentielle, qui est une propriété conservée. Les ondes de Rossby ont le gradient latitudinal de vorticité potentielle comme mécanisme de restauration, de sorte que lorsque les masses d'air sont forcées de se déplacer, leur besoin de conserver la vorticité potentielle les oblige à modifier leur vorticité et à entrer dans un mouvement ondulatoire.

Notamment, les caractéristiques orographiques à grande échelle, les grands tourbillons et les contrastes terre-océan produisent des modèles d'ondes de Rossby ondulées autour du globe dans l'hémisphère nord dans la bande de 30° à 60°N. En revanche, la rareté des orographies importantes dans l'hémisphère sud se traduit par un flux plus zonal avec moins d'ondes de Rossby.

Les ondes planétaires sont un type d'ondes de Rossby de très grande longueur d'onde qui peuvent se propager verticalement jusqu'à la stratosphère et plus haut si elles sont suffisamment grandes. Ces ondes ne peuvent se propager vers le haut que lorsque des vents zonaux d'ouest modérés ou faibles soufflent, ce qui est généralement le cas en hiver. Les vents forts d'est ou d'ouest suppriment leur propagation. Le nombre d'onde d'une onde planétaire exprime le nombre de longueurs d'onde qui s'inscrivent dans un cercle complet autour du globe à une latitude donnée. Par exemple, à 60°N, une onde planétaire de nombre d'onde 2 présente deux crêtes et deux creux sur 360 degrés, avec une longueur d'onde de 10 000 km. Seules les ondes planétaires de nombre d'onde 1 et 2 peuvent atteindre la stratosphère.

Une fois que les ondes planétaires atteignent la stratosphère, elles déposent leur moment vers l'est dans le flux zonal d'ouest, le ralentissant. Cette réduction du flux zonal stratosphérique affaiblit le courant-jet polaire nocturne entourant le vortex polaire stratosphérique et entraîne le flux méridien qui transporte la chaleur et l'ozone vers les pôles à l'intérieur du vortex. Outre le transport de chaleur dans la stratosphère, les ondes planétaires jouent également un rôle important en maintenant l'Arctique plus chaud que l'Antarctique et en empêchant la formation d'un trou d'ozone dans l'hémisphère nord.

Un flux d'ondes plus fort dans l'hémisphère nord alimente une circulation de Brewer-Dobson plus forte, qui affaiblit le vortex polaire et provoque des températures polaires plus chaudes. En outre, la circulation plus forte transporte davantage d'ozone vers la stratosphère polaire inférieure dans le nord, ce qui entraîne des niveaux d'ozone plus élevés dans cette région. L'asymétrie hémisphérique de l'activité des ondes affecte profondément le climat et la distribution de l'ozone.

La circulation Brewer-Dobson

La circulation de Brewer-Dobson est un schéma de circulation méridienne qui joue un rôle clé dans le transport de masse et de chaleur dans la stratosphère de l'équateur vers chaque pôle. Ce schéma de circulation est constitué de deux cellules en moyenne annuelle, mais lors des solstices, la majeure partie de la circulation dans la stratosphère moyenne et supérieure est dirigée vers le pôle d'hiver, comme le montrent les figures 22 et 23.

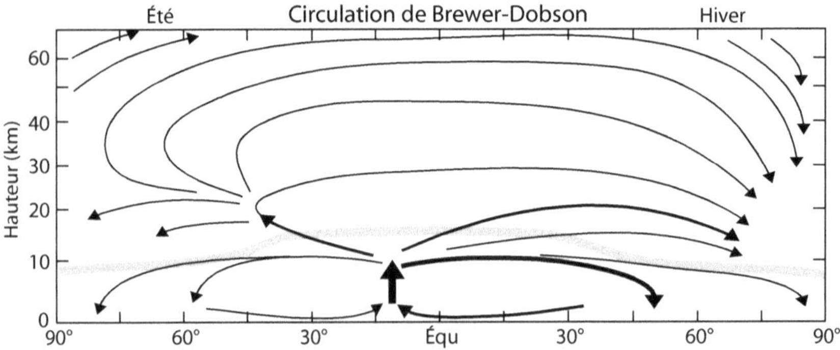

Figure 23. La circulation de Brewer-Dobson. Il s'agit de la circulation atmosphérique méridienne qui se produit dans la stratosphère au-dessus de la tropopause (ligne grise épaisse). La majeure partie de la circulation est orientée vers les pôles en hiver.

Les ondes atmosphériques à l'échelle planétaire sont à l'origine de la circulation de Brewer-Dobson. Ces ondes créent une traînée vers l'ouest en réduisant le flux de vent vers l'est, ce qui provoque une action de pompage vers le pôle pour conserver le moment angulaire.[90] En d'autres termes, chaque onde agit comme le mouvement d'une rame qui propulse un bateau. Comme l'activité des ondes est plus forte dans l'hémisphère nord, la circulation stratosphérique est en moyenne plus forte dans cet hémisphère (encadré 10). Outre le transport de la chaleur vers le pôle d'hiver, la circulation de Brewer-Dobson est responsable de l'échange de l'air stratosphérique avec la troposphère, ainsi que du transport et de la distribution de substances telles que l'ozone, la vapeur d'eau et les halogènes anthropiques.

Les modèles prévoient que la circulation de Brewer-Dobson se renforcera en raison du réchauffement climatique. Une troposphère plus chaude entraîne une élévation de la tropopause et le déferlement de ondes à des altitudes plus élevées, ce qui augmente l'entraînement. Toutefois, les observations ne confirment pas cette prédiction. Jusqu'en 1995 environ, il n'y a pas eu de renforcement statistiquement significatif de la circulation de la basse stratosphère. Puis, depuis 1995, elle s'est renforcée dans l'hémisphère nord, coïncidant avec un fort refroidissement de la tropopause tropicale.[91] Le 6e projet d'intercomparaison des modèles couplés de 2018, qui comprend des outils de diagnostic pour la circulation de Brewer-Dobson, confirme l'écart entre les observations et les modèles dans la moyenne et la haute stratosphère.[92] Cette divergence est un exemple de prédiction de l'hypothèse de l'effet renforcé du CO_2 qui n'est pas confirmée.

L'oscillation quasi-biennale

Une autre surprise a été la découverte, dans les années 1950, de l'oscillation quasi-biennale de forts vents zonaux entourant la Terre dans la stratosphère tropicale. Ces vents présentent un cycle alternatif orienté est-ouest avec une période moyenne de 28 mois. Les régimes de vent prennent naissance dans la stratosphère moyenne et descendent à une vitesse d'environ 1 km par mois jusqu'à ce qu'ils se dissipent à la tropopause tropicale (fig. 22). Environ deux ans après qu'un régime de vent se soit formé et ait commencé à descendre, un régime de vent opposé se développe au-dessus de lui.

L'oscillation quasi-biennale est un phénomène tropical affectant la stratosphère mondiale, généré par des ondes atmosphériques provenant de la convection tropicale. Elle affecte les vents, la température, les ondes extratropicales, la circulation méridienne des vents, le transport de composants chimiques et la distribution de l'ozone. Pendant les phases est, le courant-jet s'affaiblit, ce qui se traduit par des hivers froids dans le nord de l'Europe et l'est des États-Unis. Les hivers El Niño ont également tendance à coïncider avec la phase est. En revanche, les phases d'ouest renforcent le courant-jet, ce qui se traduit par des hivers doux et humides dans le nord de l'Europe et l'est des États-Unis. L'oscillation influe également sur la fréquence des ouragans dans l'Atlantique.

---

[90] Butchart, N., 2014. Rev. Geophys. 52 (2), pp.157-184. Egalement la source de la figure 23. doi.org/10.1002/2013RG000448

[91] Young, P.J., et al, 2012. J. Clim. 25 (5), pp.1759-1772. doi.org/10.1175/2011JCLI4048.1

[92] Abalos, M., et al, 2021. Atmospheric Chem. Phys. 21 (17), pp.13571-13591. doi.org/10.5194/acp-21-13571-2021

Malgré ses nombreux effets, son influence sur la météorologie troposphérique n'est pas entièrement comprise.

L'oscillation quasi-biennale module le vortex polaire de l'hémisphère nord (chap. 11, encadré 7), qui est une zone de basse pression persistante et à grande échelle allant de la troposphère moyenne à la stratosphère pendant l'hiver. Lorsque le vortex polaire est fort, il contient une grande masse d'air arctique très froid et dense ; lorsqu'il est faible et désorganisé, il permet aux masses d'air arctique froid de se déplacer vers le sud, provoquant d'importantes baisses de température sur une grande partie de l'hémisphère nord. Cette modulation du vortex polaire est connue sous le nom d'effet Holton-Tan et constitue l'un des aspects les plus déroutants de l'oscillation quasi-biennale.

Encadré 11. L'effet Holton-Tan

Une autre découverte inattendue en 1980 a été la synchronisation de l'oscillation quasi-biennale équatoriale avec la force du vortex polaire hivernal de la stratosphère boréal. Pendant la phase est de l'oscillation, les vents du courant-jet polaire nocturne entourant le vortex polaire s'affaiblissent, ce qui se traduit par des températures de la calotte glaciaire arctique nettement plus chaudes et des hauteurs géopotentielles de la stratosphère polaire plus élevées que pendant la phase ouest. Holton et Tan ont proposé que cet effet soit dû à un déplacement latitudinal de 10° vers l'hémisphère d'hiver de la surface limite séparant les vents zonaux d'ouest et d'est pendant la phase est de l'oscillation. Ce déplacement rétrécit le canal de propagation des ondes planétaires et redirige leur flux vers le pôle d'hiver, car ces ondes ne peuvent voyager qu'à travers le vent d'ouest. En substance, la force du vortex polaire est la plus faible pendant la phase est et la plus forte pendant la phase ouest de l'oscillation.

À la fin des années 1990, les chercheurs ont découvert que l'oscillation quasi-biennale induit une circulation méridienne dans les zones extratropicales de la basse stratosphère dans l'hémisphère hivernal, sous l'effet d'un entraînement d'ondes planétaires similaire à la circulation de Brewer-Dobson. Dans la phase est de l'oscillation, l'intrusion de vents d'est provenant des tropiques crée une barrière pour les ondes planétaires, ce qui les fait converger plus fortement vers le vortex polaire. La modulation de la propagation des ondes planétaires par l'oscillation quasi-biennale et l'effet de la circulation extratropicale induite par l'oscillation sur la convergence des ondes sont deux mécanismes complémentaires qui expliquent le couplage tropical-polaire conduisant à un affaiblissement du vortex dans l'hiver de l'hémisphère nord pendant la phase est de l'oscillation.[93]

Les scientifiques sont conscients de ce phénomène depuis plus de 40 ans, mais cette relation à longue portée est complexe. Bien que les modèles climatiques se soient lentement améliorés dans leur représentation de l'oscillation quasi-biennale, le récent 6e projet d'intercomparaison des modèles couplés montre que les modèles sous-estiment toujours l'effet Holton-Tan, et que chaque modèle représente

---

[93] Ruzmaikin, A., et al. 2005. J. Geophys. Res. Atmos. 110, D11111.
doi.org/10.1029/2004JD005382

différemment la relation entre l'oscillation et le vortex polaire.[94] Dans les prochains chapitres, nous verrons pourquoi l'incapacité des modèles climatiques à reproduire avec précision les propriétés dynamiques de la stratosphère en hiver entrave leur capacité à résoudre l'énigme climatique ou à reconstruire les climats passés de la Terre.

En bref

La majeure partie de la chaleur transportée dans la stratosphère s'écoule vers les pôles en hiver. Ce transport est facilité par un système de circulation alimenté par l'élan des ondes atmosphériques, qui agissent comme une pompe. Les vents équatoriaux de la stratosphère changent de direction environ tous les deux ans, créant un régime de circulation différent qui affecte considérablement la troposphère. Pendant la phase est de cette oscillation, l'activité des ondes atmosphériques est dirigée vers le vortex polaire, ce qui l'affaiblit. Cet effet est plus prononcé dans l'hémisphère nord, où l'activité des ondes est généralement plus importante. En conséquence, le vortex polaire boréal s'affaiblit et l'Arctique connaît des températures plus chaudes pendant l'hiver. Un Arctique plus chaud signifie que davantage de chaleur est perdue par refroidissement radiatif.

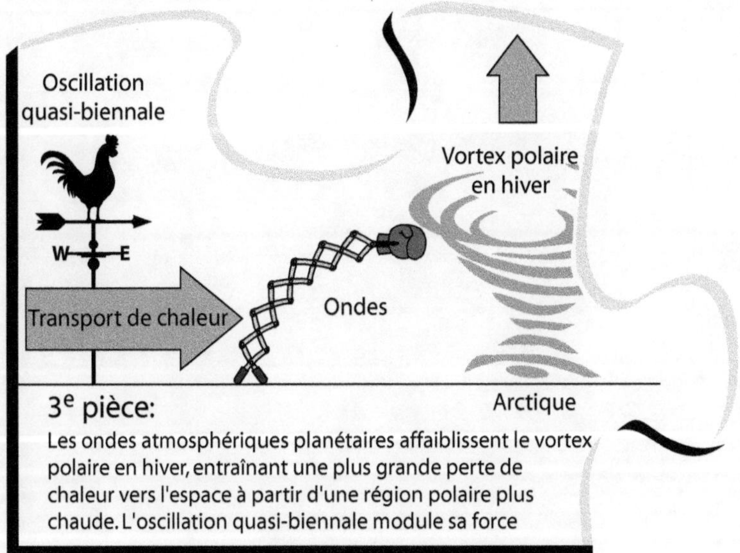

[94] Elsbury, D., et al, 2021. Geophys. Res. Lett. 48 (24), p.e2021GL094083. doi.org/10.1029/2021GL094083.

CHAPITRE 15
INTERACTIONS STRATOSPHÈRE-TROPOSPHÈRE

En 1999, des chercheurs ont fait la découverte surprenante que des anomalies dans la stratosphère peuvent se propager jusqu'à la surface de la Terre. Cette découverte a marqué le début des études sur ce que l'on appelle aujourd'hui le couplage stratosphère-troposphère. Ces études ont montré que les changements dans la stratosphère affectent de manière significative la position des courant-jets troposphériques et les trajectoires des tempêtes, qui influencent fortement la pression au niveau de la mer et la météorologie de surface pendant la saison froide. Ces effets sont obtenus par des changements dans les modes annulaires, les principaux modes de variabilité climatique dans la troposphère des moyennes et hautes latitudes. Cependant, malgré toutes ces recherches, les tendances multidécennales observées dans les modes annulaires n'ont pas encore été expliquées de manière adéquate. Il est intéressant de noter que le couplage stratosphère-troposphère réagit non seulement à la variabilité climatique à basse fréquence, mais aussi au cycle solaire. Au cours des deux dernières décennies, les chercheurs ont beaucoup progressé dans la compréhension de la réaction de la stratosphère aux changements de l'activité solaire et de la façon dont ces réactions peuvent se propager à la surface de la Terre.

Couplage stratosphère-troposphère

Lorsque l'hypothèse de l'effet renforcé du CO_2, basée sur des modèles, a été développée dans les années 1960, et pendant plusieurs décennies par la suite, il n'a même pas été envisagé que les changements dans la stratosphère puissent affecter de manière significative le climat à la surface de la Terre. En 1998, cependant, des scientifiques ont défini l'oscillation arctique (également connue sous le nom de mode annulaire nord, encadré 12) comme un schéma circulaire d'anomalies de pression au niveau de la mer centrées autour du pôle Nord. Ils ont également découvert que l'oscillation arctique est fortement liée à la stratosphère et que les anomalies provenant de la stratosphère peuvent se propager jusqu'à la surface. Il s'agit d'une découverte surprenante, car des recherches antérieures n'avaient pas montré de réponse significative dans la basse troposphère aux changements dans la stratosphère.[95]

Au cours des deux décennies qui ont suivi cette découverte, les chercheurs ont constaté que les changements dans la stratosphère affectent l'oscillation arctique, provoquant des changements dans les courant-jets de l'Atlantique et du Pacifique et dans les trajectoires des tempêtes, ainsi que des changements dans la pression au niveau de la mer. Ces effets dans la basse troposphère suivent les changements dans la stratosphère, ce qui indique une propagation vers le bas. La compréhension de la météorologie stratosphérique est donc devenue

---

[95] Baldwin, M.P. et Dunkerton, T.J., 1999. J. Geophys. Res. Atmos. 104 (D24), pp.30937-30946. doi.org/10.1029/1999JD900445

un facteur essentiel dans la prévision du temps de surface à moyen terme et saisonnier. Il est prouvé que l'emplacement des courants-jets troposphériques hivernaux, des trajectoires des tempêtes et des centres de pression dans l'hémisphère nord dépend de la vitesse du courant-jet stratosphérique, qui est à son tour déterminée par les propriétés de propagation stratosphérique des ondes planétaires.[96]

La plupart des études sur le couplage stratosphère-troposphère se concentrent sur les changements à court terme, mais une question plus intéressante dans le contexte du changement climatique est de savoir si ce couplage répond à la variabilité naturelle ou anthropique à plus long terme. De récentes études de modélisation suggèrent qu'il réagit à la variabilité multidécennale des océans.[97] Cependant, les meilleures preuves proviennent des changements multidécennaux observés dans l'oscillation arctique (encadré 12).

Au fil du temps, l'hémisphère nord a connu plusieurs tendances climatiques hivernales multidécennales cohérentes dans la stratosphère, la troposphère, l'océan et la cryosphère. Ces tendances sont généralement attribuées au changement climatique anthropique, car il y a peu d'intérêt à essayer de réfuter l'hypothèse de l'effet renforcé du CO_2, comme l'exigerait la méthode scientifique.[98] Toutefois, une autre explication a été proposée, selon laquelle une oscillation à basse fréquence couplée stratosphère/troposphère/océan serait à l'origine des tendances observées.[99] Dans cette oscillation, un mode annulaire nord positif et un refroidissement stratosphérique associé déclenchent un renforcement thermohalin différé de la circulation de retournement de l'Atlantique et des gyres extratropicaux de l'Atlantique, augmentant ainsi le transport de chaleur océanique vers les pôles, Ce dernier déclenche à son tour le mode annulaire nord négatif induit par les ondes et le réchauffement de la stratosphère, inversant ainsi la phase de l'oscillation.

Cette interprétation des changements oscillatoires à basse fréquence dans le couplage stratosphère-troposphère est cohérente avec l'hypothèse principale présentée dans ce livre et rapportée précédemment par moi.[100]

Encadré 12. Oscillation nord-atlantique ou mode annulaire nord ?

Pour simplifier la complexité dynamique de l'atmosphère, les scientifiques ont identifié des modèles de variabilité qui se répètent dans le temps. Les modes annulaires sont les schémas de variabilité climatique les plus importants aux latitudes moyennes et élevées des hémisphères nord et sud. Ils font référence au déplace-

---

[96] Kidston, J., et al. 2015. Nature Geosci. 8 (6), pp.433-440.
    doi.org/10.1038/NGEO2424.

[97] Elsbury, D., et al, 2019. J. Clim. 32 (14), pp.4193-4213.
    doi.org/10.1175/JCLI-D-18-0422.1

[98] Popper, K.R., 1962. Conjectures and Refutations. The growth of scientific knowledge. Basic Books, New York.

[99] Omrani, N.E., et al, 2022. NPJ Clim. Atmos. Sci. 5 (1), p.59.
    doi.org/10.1038/s41612-022-00275-1

[100] Vinós, J., 2022. Le climat du passé, du présent et du futur : un débat scientifique. 2nd ed. Critical Science Press.

ment nord-sud d'une ceinture de forts vents d'ouest qui représente 20 à 30 % de la variance hémisphérique des champs de pression et de vent. Ces modes jouent un rôle clé dans le transport méridien de chaleur, régulant l'échange de masse atmosphérique entre les régions polaires et les latitudes moyennes. Les changements dans les modes annulaires affectent de manière significative le climat, en particulier pendant la saison hivernale dans l'hémisphère nord et la saison printanière dans l'hémisphère sud, lorsqu'ils sont combinés à la variabilité annulaire stratosphérique.

Le mode annulaire sud est reconnu comme un mode annulaire depuis 1999 parce que ses trois centres d'action, un polaire et deux périphériques, agissent comme une balançoire entre le pôle et les latitudes moyennes. Dans l'hémisphère nord, le mode annulaire nord a été décrit pour la première fois dans les années 1920 comme l'oscillation nord-atlantique entre les centres de pression au-dessus de l'Islande et des Açores. En 1998, il a été élargi pour inclure l'Arctique et le centre de pression du pôle Nord et a été rebaptisé oscillation arctique. Toutefois, la question de savoir si l'oscillation nord-atlantique ou le mode annulaire nord décrit mieux le modèle de variabilité de la pression fait l'objet d'un débat. Le problème est que les centres de l'Atlantique et du Pacifique ont manqué de la coordination nécessaire pendant plusieurs décennies, même s'ils l'ont montrée dans les décennies suivantes ou précédentes (fig. E12). Ainsi, à partir du début des années 1970, la configuration de la pression correspond le mieux à la définition de l'oscillation nord-atlantique sur une période d'environ 25 ans, alors qu'au cours des quarts de siècle précédents et suivants, elle présentait une configuration annulaire nord.

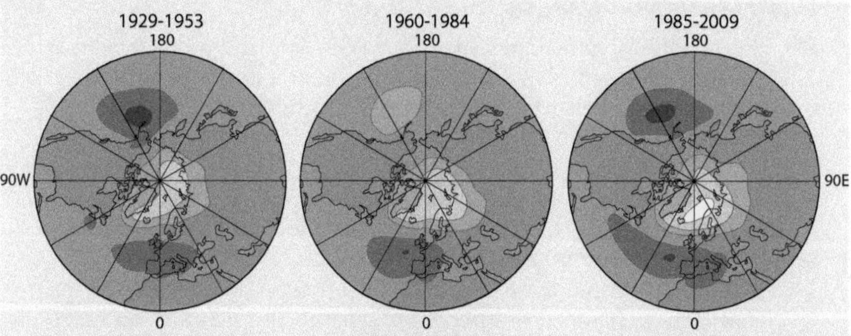

Figure E12. Anomalies de pression au niveau de la mer en hiver pour trois périodes de 25 ans. Les années sont indiquées sur les cartes. L'échelle de tons est de 1,5 hPa (positif en gris foncé). NAO : Oscillation nord-atlantique.[101]

Pendant les périodes pluridécennales où le vortex polaire est plus fort que la moyenne, les secteurs de l'Arctique, de l'Atlantique et du Pacifique présentent un véritable comportement de mode annulaire nord. Ce comportement se caractérise par une relation de bascule entre les dépressions des Aléoutiennes et de l'Islande, qui limite le transport de chaleur et d'humidité dans l'Arctique. En revanche, pen-

---

[101] Figure tirée de Shi, N. & Nakamura, H., 2014. Tellus A : 66 (1), p.22660. doi.org/10.3402/tellusa.v66.22660.

dant les périodes multidécennales où le vortex polaire est plus faible que la moyenne, la situation est mieux décrite par l'oscillation nord-atlantique. Cela s'explique par la faible variabilité interannuelle de la dépression des Aléoutiennes et par le fait que le transport vers l'Arctique est moins contraint. Malgré les preuves à l'appui de ces conclusions, la plupart des scientifiques qui tentent d'expliquer la tendance récente comme une réponse à l'augmentation du forçage anthropique n'ont pas encore reconnu la nature changeante du mode annulaire nord/oscillation nord-atlantique.

Cependant, certains scientifiques reconnaissent que le climat connaît des schémas persistants, connus sous le nom de régimes climatiques, qui passent de l'un à l'autre par le biais de décalages climatiques. Ce point de vue, examiné plus en détail dans la partie III, section 9, est plus cohérent avec les données disponibles. Cependant, elle n'est pas compatible avec l'hypothèse de l'effet renforcé du CO_2.

Le cycle solaire et le couplage dynamique stratosphère-troposphère

Pendant plus de 150 ans, les tentatives visant à établir un lien entre le cycle solaire et les changements météorologiques et climatiques se sont principalement basées sur des observations à la surface ou dans la troposphère. Toutefois, ce n'est qu'en 1987 que Karin Labitzke a découvert un lien entre le cycle solaire, les températures du pôle Nord et la phase de l'oscillation quasi-biennale dans la stratosphère. Cette découverte est discutée plus en détail au chapitre 29 (encadré 23). Depuis 1987, des avancées dans quatre domaines ont fourni des preuves de l'influence solaire sur l'atmosphère :[102]

* De fortes relations statistiques sont observées dans les données, non seulement dans la stratosphère, mais aussi dans la basse troposphère et dans les températures de surface et de l'océan supérieur.
* À partir d'un modèle de transport radiatif-chimique, un mécanisme solaire-ozone a été développé pour expliquer les changements dans l'activité des ondes planétaires. Cela a montré que les idées simplistes sur le bilan énergétique du forçage solaire, telles qu'elles sont considérées par le GIEC, peuvent être trompeuses.
* Les simulations de modèles ont reproduit un signal solaire annuel moyen global dans la haute stratosphère qui correspond bien aux observations, mais ne parviennent pas à simuler de manière adéquate les schémas saisonniers et la réponse observée dans la basse stratosphère. De meilleurs résultats sont obtenus avec les produits de réanalyse.
* Des progrès considérables ont été réalisés dans la compréhension du mécanisme dynamique responsable de l'amplification de l'effet solaire. Les anomalies de la circulation stratosphérique associées au cycle solaire se déplacent vers le pôle et vers le bas pendant la saison hivernale, en association avec des anomalies dans le transport du moment angulaire induit par les ondes.

---

[102] Baldwin, M.P. & Dunkerton, T.J., 2005. J. Atmos. Sol. Terr. Phys. 67(1-2), pp.71-82. doi.org/10.1016/j.jastp.2004.07.018

Le cycle solaire affecte non seulement la stratosphère mais aussi la surface par le biais du couplage stratosphère-troposphère. Ce phénomène est médié par la réponse de l'ozone aux changements du rayonnement UV. Pour bien comprendre l'effet du soleil sur le climat, il est essentiel de comprendre le transport de chaleur méridien et le flux d'ondes planétaires dans la stratosphère de l'hémisphère nord en hiver.

En bref

Des études récentes ont montré que la stratosphère joue un rôle important dans la détermination de la température de surface et des schémas de pression aux latitudes moyennes et élevées pendant l'hiver, ainsi que dans la localisation des courant-jets troposphériques et des trajectoires des tempêtes. La variabilité stratosphérique et la force du vortex polaire sont associées à des modes annulaires, à une configuration de vent d'ouest en forme d'anneau et à des différences de pression nord-sud autour des pôles qui régulent le transport de chaleur et l'échange de masse vers les pôles. Toutefois, ces modes présentent des tendances pluridécennales que les modèles ne peuvent pas entièrement reproduire. Pendant l'hiver, des changements dynamiques se produisent dans la stratosphère arctique et sont fortement influencés par le cycle solaire malgré l'absence d'irradiation solaire. Cela indique qu'un effet solaire sur le climat doit agir par le biais de changements dans la circulation atmosphérique.

Chapitre 16
Transport Hivernal vers l'Arctique

La circulation atmosphérique et le transport de chaleur sont plus importants dans l'hémisphère nord pendant la saison froide, même si l'Arctique est plus chaud que l'Antarctique. Ce phénomène est dû à l'augmentation de l'activité des ondes atmosphériques en raison des différences géographiques. L'activité des ondes augmente le transport stratosphérique et affaiblit le vortex polaire boréal. Le transport hivernal a plusieurs conséquences, notamment le fait que la Terre tourne plus vite en hiver et que sa période de rotation est légèrement raccourcie. En outre, le vortex polaire boréal s'affaiblit et devient plus variable, de sorte que le transport de chaleur en hiver est influencé par plusieurs facteurs, tels que l'oscillation quasi-biennale, El Niño - Oscillation australe et le cycle solaire, dans la mesure où ils influencent la force du vortex. Généralement, la majeure partie de la chaleur transportée vers l'Arctique en hiver est due à quelques événements extrêmes par saison, dont la fréquence dépend du blocage de la circulation causé par l'activité des ondes. Bien que la contribution de la stratosphère au transport de chaleur soit faible pendant la majeure partie de l'année, elle contribue en hiver à 20 % de la chaleur transportée vers l'Arctique, ce qui en fait le plus grand puits de chaleur de la planète, la chaleur quittant le système climatique sous la forme de rayonnement thermique sortant.

Transport de chaleur saisonnier

Les chapitres précédents ont montré que la vision conventionnelle du climat mondial en tant que moyenne du bilan radiatif annuel au sommet de l'atmosphère, dans laquelle le transport de chaleur ne réagit qu'aux changements de ce bilan, est une simplification excessive. Cette vision masque d'importantes asymétries interhémisphériques et des changements saisonniers. Des quatre éléments de l'énergétique climatique (apport d'énergie du soleil, absorption par le système climatique, transport au sein du système et retour vers l'espace), le transport est le plus variable sur une échelle de temps saisonnière. Cependant, les climatologues qui ont contribué aux rapports d'évaluation du GIEC ne le considèrent pas comme un facteur clé du changement climatique récent. Ce livre soutient au contraire que les changements forcés dans le transport de chaleur sont une cause importante, et peut-être la plus importante, du changement climatique. Si tel est le cas, la contribution des changements anthropiques dans les gaz à effet de serre au changement climatique récent doit être plus faible qu'on ne le croit généralement.

Dans l'hémisphère hivernal, la circulation atmosphérique et le transport de chaleur sont plus intenses et, étonnamment, malgré la différence de température, plus de chaleur atteint l'Arctique que l'Antarctique (fig. 18, chap. 11). Le changement climatique récent a été le plus intense aux latitudes moyennes et élevées de l'hémisphère nord, où le climat est plus variable. L'hypothèse de l'effet renforcé par le CO_2 attribue cette situation à la plus grande proportion de terres émergées et à l'amplification de l'Arctique (l'Antarctique ne présente pas d'amplification polaire). Toutefois, les changements dans le transport de la chaleur pourraient constituer une explication tout aussi valable, car ils devraient être plus perceptibles aux latitudes moyennes et élevées de l'hémisphère Nord pendant l'hiver, lorsque le transport est plus important et plus variable.

Pour simplifier l'analyse du changement climatique dans cet ouvrage, nous nous concentrerons presque exclusivement sur le transport de chaleur pendant la saison froide de l'hémisphère nord, étant entendu que les changements dans le transport de chaleur pendant les autres saisons et dans l'hémisphère sud devraient montrer des tendances similaires mais plus faibles.

Nous avons examiné pourquoi l'hémisphère nord connaît une telle augmentation du transport de chaleur en hiver et pourquoi l'Arctique est le plus grand puits de chaleur de la planète vers l'espace. La géographie de l'hémisphère nord joue un rôle important, car ses grands continents et ses chaînes de montagnes entraînent une plus grande activité du flux d'ondes atmosphériques, un mode annulaire nord plus variable et un vortex polaire arctique plus faible et plus variable. En outre, l'océan Atlantique est relié à l'Arctique par le détroit de Fram, plus large, qui permet à des eaux plus chaudes de pénétrer dans l'Arctique, ce qui augmente encore la quantité de chaleur transportée.

Changements saisonniers de la vitesse de rotation de la Terre

Les variations saisonnières du transport de chaleur sont dues à d'importantes variations de la circulation atmosphérique, car l'atmosphère est le principal moyen de transport de la chaleur. L'atmosphère est également responsable du transport du moment angulaire vers les pôles (encadré 6, chap. 9). Ces changements saisonniers de la circulation atmosphérique affectent l'échange de moment angulaire entre l'atmosphère et la Terre solide, ce qui entraîne des changements dans la vitesse de rotation de la Terre. Les scientifiques mesurent ces changements dans la rotation de la Terre comme de petites différences dans la durée du jour, définie comme la différence entre la durée mesurée d'une révolution et 86 400 secondes internationales standard. Depuis 1962, des horloges atomiques d'une précision de l'ordre de la microseconde sont utilisées pour mesurer ces changements.

L'échange de moment angulaire entre l'atmosphère et la Terre solide est étroitement lié aux changements de la circulation atmosphérique et provoque une oscillation semestrielle de la longueur du jour. De novembre à janvier, la Terre accélère d'environ 0,2 ms/jour (ce qui se traduit par des jours plus courts de 0,2 ms). En avril, la Terre ralentit d'une vitesse similaire, avant d'accélérer en juillet pour atteindre environ 1 ms/jour de plus que la moyenne. Cette accélération est suivie d'une décélération qui ramène la Terre à sa vitesse initiale en novembre. La composante semi-annuelle a une amplitude moyenne d'environ 0,35 ms, mais la Terre tourne plus lentement pendant l'hiver boréal que pendant l'hiver austral (fig. 24).

La répartition inégale des terres entre les hémisphères et la température hivernale plus froide dans l'hémisphère nord (fig. E3a, chap. 5) créent une variation annuelle qui s'ajoute à l'oscillation semestrielle, ce qui se traduit par un moment angulaire plus important dans l'atmosphère pendant l'hiver boréal. Ce qu'il faut retenir, c'est que le transport de chaleur en hiver entraîne une rotation plus rapide de la Terre et des jours légèrement plus courts. Dans les prochains chapitres, nous analyserons l'évolution de la durée du jour en tant qu'indicateur du transport de chaleur hivernal, et plus particulièrement de la composante semi-annuelle de l'hiver boréal, car cela correspond à l'attention que nous portons aux changements de transport durant cette saison.

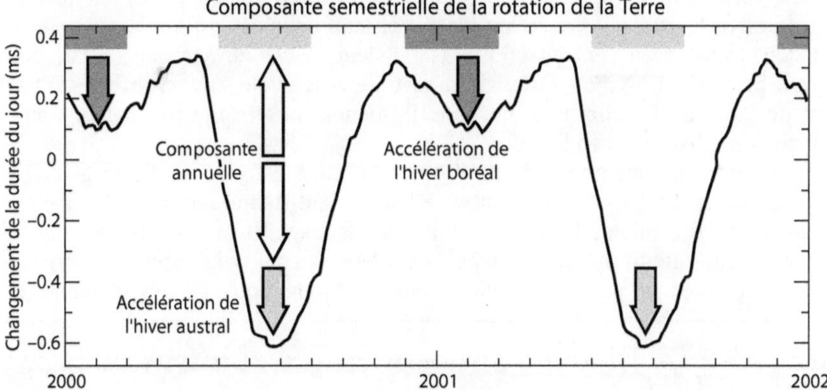

Figure 24 Variations saisonnières de la rotation de la Terre. La composante semestrielle (saisonnière) de la vitesse de rotation de la Terre est mesurée par les variations de la durée du jour en millisecondes. En gris foncé, l'hiver boréal (HN) et en gris clair, l'hiver austral (HS).[103]

Le vortex polaire boréal et l'activité des ondes

L'une des raisons pour lesquelles le transport de chaleur hivernal vers l'Arctique est plus important que vers l'Antarctique, malgré un gradient de température plus faible, est que le vortex polaire boréal est plus faible que le vortex polaire austral. La région polaire est entourée de forts vents d'ouest qui forment le vortex et agissent comme une barrière au transport de chaleur méridien (fig. 59, chap. 39). En conséquence du vortex, la température intérieure de la région polaire est plus froide qu'elle ne le serait sans le vortex ou si les vents d'ouest étaient plus faibles. La force des vents d'ouest qui forment le vortex dépend de la force du flux d'ondes planétaires qui dépose son moment angulaire vers l'est dans la stratosphère. L'affaiblissement du vortex causé par l'action des ondes se propage dans la basse stratosphère.

Le flux d'ondes résultant des contrastes de température entre la terre et l'océan et des grands complexes montagneux est beaucoup plus important dans l'hémisphère nord. Par conséquent, le vortex polaire boréal est beaucoup plus faible, ce qui augmente la probabilité d'événements de réchauffement stratosphérique. Lors de ces événements, les vents du vortex prennent une direction opposée et le vortex se brise. L'air est alors poussé vers le bas, se réchauffe et la température de la stratosphère polaire peut augmenter de 40 °C en quelques jours.

Ces phénomènes induisent une phase négative de l'oscillation nord-atlantique dans la troposphère, ce qui entraîne des changements dans la trajectoire des tempêtes et des températures plus froides dans le nord de l'Eurasie et l'est des États-Unis. Pendant ce temps, le Groenland connaît des températures plus chaudes.[104]

---

[103] Gipson, J., 2016. IVS 2016 General Meeting Proceedings : New Horizons with VGOS. p.336.

[104] Baldwin, M.P., et al, 2021. Rev. Geophys. 59 (1), p.e2020RG000708. doi.org/10.1029/2020RG000708

Ces phénomènes se produisent un hiver sur deux dans l'hémisphère nord, mais seulement une fois tous les 20 ans dans l'hémisphère sud.

Le vortex polaire boréal est plus faible et plus variable que le vortex austral. La force du vortex polaire est un facteur crucial pour déterminer la quantité de chaleur transportée vers l'Arctique, et plusieurs facteurs, tels que l'oscillation quasi-biennale, El Niño - Oscillation australe et le cycle solaire, influencent sa variabilité. Ces facteurs peuvent donc influencer la quantité de chaleur transportée vers l'Arctique en hiver.

En outre, la majeure partie de l'océan Arctique est recouverte de glace de mer en hiver, ce qui constitue un excellent isolant thermique. D'une épaisseur d'un mètre seulement, la glace réduit d'un facteur 10 le flux de chaleur de l'océan vers l'atmosphère. En hiver, la chaleur et l'humidité atteignent l'Arctique principalement par l'atmosphère, l'océan ne jouant qu'un rôle secondaire.

Encadré 13. Blocage atmosphérique et intrusions extrêmes dans l'Arctique

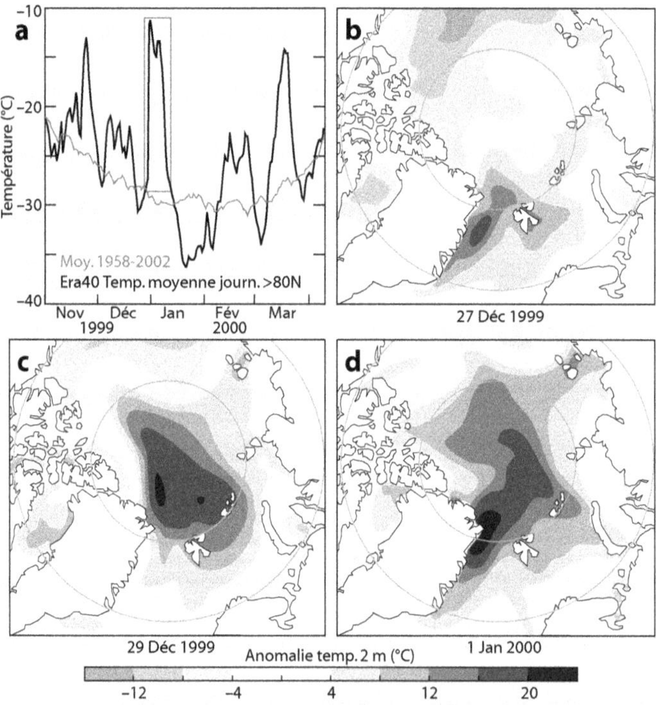

Figure E13. Intrusion extrême d'air arctique chaud et humide en hiver. a) Température moyenne journalière au nord de 80°N entre novembre 1999 et mars 2000 (ligne noire) d'après la réanalyse ERA40, et la moyenne de 1958-2002 (ligne grise). Un rectangle marque l'événement. b-d) Anomalie de température de l'air arctique en surface à différents moments de l'événement d'intrusion.[105]

---

[105] Figure tirée de Woods, C. et Caballero, R., 2016. J. Clim. 29 (12), pp.4473-4485. doi.org/10.1175/JCLI-D-15-0773.1 Données de l'Institut météorologique danois.

En hiver, quelques extrêmes saisonniers associés à des systèmes météorologiques individuels sont responsables d'une grande partie de la chaleur et de l'humidité transportées vers l'Arctique. Des études ont montré que le transport de chaleur et d'humidité est étroitement lié au blocage atmosphérique à grande échelle qui redirige les trajectoires des cyclones vers les pôles.[106] Le blocage se produit lorsque la capacité du courant-jet pour le flux d'activité ondulatoire (une mesure des méandres) est dépassée et la circulation s'arrête.

En hiver, le blocage au-dessus de l'Atlantique est fortement corrélé négativement avec l'oscillation nord-atlantique. Lorsqu'un de ces événements d'intrusion extrême se produit, il peut avoir un impact important sur les températures de l'Arctique. La figure E13 montre l'effet d'un tel événement sur les températures arctiques.

Il existe trois routes principales pour le transport de chaleur et d'humidité vers l'Arctique : l'Atlantique Nord (300-60°E), le Pacifique Nord (150-230°E) et la route sibérienne (60-130°E). En hiver, les routes au-dessus des deux bassins océaniques sont les plus importantes pour le transport méridien de chaleur, la route de l'Atlantique Nord étant la plus importante. Ces routes de transport vers l'Arctique sont dues au fait que des conditions de blocage à grande échelle se développent à l'est de chaque bassin, redirigeant les cyclones des latitudes moyennes vers les pôles.

Le budget énergétique hivernal de l'Arctique et son principal puits de chaleur

La première partie de l'ouvrage est consacrée au climat et à l'énergie, et examine comment la chaleur se déplace dans le système climatique. L'une des principales conclusions est que l'Arctique en hiver est un élément unique du système climatique. En raison de sa sécheresse et de sa faible couverture nuageuse, l'effet de serre y est beaucoup plus faible que dans les tropiques et les latitudes moyennes (fig. E4, chap. 7). En outre, le bilan radiatif net au sommet de l'atmosphère pendant l'hiver arctique est le plus négatif de la planète (fig. 18, chap. 11). Par conséquent, l'Arctique est le plus grand puits de chaleur de la planète.

La géographie de la planète entraîne une plus grande activité des ondes pendant l'hiver boréal, ce qui entraîne un transport plus important de la chaleur stratosphérique vers l'Arctique, et un vortex polaire boréal plus faible permet de transporter plus de chaleur vers l'Arctique à travers la troposphère. En outre, l'océan Atlantique transporte efficacement la chaleur vers l'Arctique. Tous ces facteurs contribuent à rendre l'Arctique plus chaud qu'il ne le serait autrement, ce qui entraîne une plus grande perte d'énergie de la planète en hiver par le biais du rayonnement thermique sortant.

La quantité de chaleur perdue par l'Arctique en hiver n'est pas constante. Elle varie en fonction de facteurs affectant la circulation atmosphérique zonale, la propagation des ondes planétaires et la force du vortex polaire. Ces facteurs comprennent l'oscillation quasi-biennale, El Niño - Oscillation australe et l'activité solaire. Récemment, la contribution du transport de chaleur stratosphérique au transport de chaleur total dans cette région a été étudiée à l'aide de la réanalyse. Cet outil de recherche combine des modèles avec une énorme quan-

---

[106] Papritz, L. & Dunn-Sigouin, E., 2020. Geophys. Res. Lett. 47 (17), p.e2020GL089769. doi.org/10.1029/2020GL089769

tité de données sur de nombreuses variables météorologiques provenant de sources multiples.[107]

Les résultats de cette étude sont pertinents pour notre argument selon lequel les changements dans la quantité de chaleur transportée vers l'Arctique en hiver sont à l'origine du changement climatique mondial. L'étude confirme que le transport de chaleur atmosphérique est le facteur dominant du réchauffement de l'Arctique, comme présenté ci-dessus (fig. 14, chap. 10), tandis que le transport de chaleur océanique est relativement faible. Bien que le transport de chaleur stratosphérique ne représente qu'une petite fraction du transport de chaleur atmosphérique total en raison de la faible masse et de la sécheresse de la stratosphère, il est responsable de 20 % du transport de chaleur vers le pôle à 70°N en hiver, contre seulement 7 % en été. Il est important de noter que la quasi-totalité de cette chaleur est perdue sous forme de rayonnement de grande longueur d'onde sortant du sommet de l'atmosphère, car il y a peu d'échanges d'énergie sensible et latente entre la stratosphère et la troposphère. Cela souligne le caractère unique de l'Arctique en hiver et l'importance de la stratosphère arctique pour la compréhension du changement climatique.

En bref

En hiver, dans l'hémisphère nord, l'activité des ondes atmosphériques augmente, ce qui affaiblit le vortex polaire et entraîne une augmentation du transport de chaleur vers l'Arctique dans la stratosphère. Cela peut également créer des schémas de blocage dans le courant-jet, redirigeant les tempêtes vers l'Arctique. Lorsque la circulation atmosphérique devient plus active, le transport du moment angulaire augmente, ce qui accélère la rotation de la Terre et raccourcit légèrement la durée du jour. En hiver, la stratosphère contribue à hauteur de 20 % à la chaleur transportée vers l'Arctique, réchauffant la région et entraînant une perte d'énergie accrue par refroidissement radiatif.

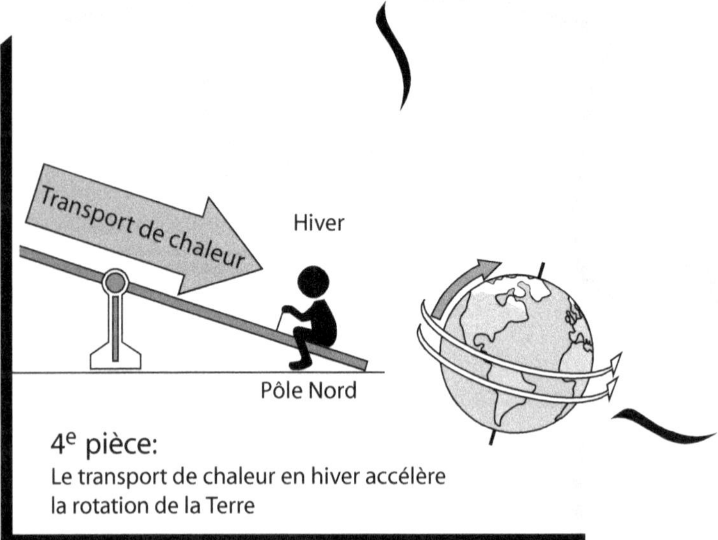

---

[107] Cardinale, C.J., et al, 2021. J. Clim. 34 (11), pp.4261-4278.
   doi.org/10.1175/JCLI-D-20-0722.1

CHAPITRE 17
LE TRANSPORT DE CHALEUR DANS L'OCÉAN EST EN GRANDE PARTIE DÛ AU VENT

L'océan est principalement responsable du transport de chaleur vers les pôles dans les tropiques, le Pacifique tropical étant l'océan dominant en raison de sa taille. Il exporte de la chaleur vers l'océan Atlantique et l'océan Indien, qui sont les seuls océans à transporter de la chaleur à travers l'équateur. Toutefois, les échanges entre bassins sont relativement faibles, ce qui indique que les voies maritimes mondiales jouent un rôle mineur dans le transport de la chaleur. L'Atlantique est exceptionnel en ce sens que le transport net de chaleur se fait exclusivement vers le nord, en raison de la circulation méridienne de retournement, qui représente environ 60 % de la chaleur transportée dans l'Atlantique Nord. Le transport de chaleur océanique de l'Atlantique Nord vers les mers nordiques et l'Arctique a augmenté de manière significative entre 1998 et 2002, au cours d'une période de décalage du climat arctique et mondial.

La majeure partie de la chaleur transportée par l'océan mondial l'est par les eaux de plus de 10 °C situées entre 40°N et 40°S à des profondeurs inférieures à 500 m. Ce transport est principalement dû à la circulation éolienne. Même la circulation méridienne de retournement de l'Atlantique dépend autant du vent que de la formation d'eaux profondes aux hautes latitudes.

L'analyse du budget thermique de la couche supérieure tropicale critique a révélé une variabilité remarquable de 11 ans associée au cycle solaire, qui est dix fois plus importante que ce qui peut être expliqué par les changements du rayonnement solaire. En outre, les études de modèles de la circulation méridienne de l'Atlantique montrent que le forçage solaire est son déterminant naturel le plus important. Ces études soulignent le rôle fondamental du soleil dans la modulation du transport de chaleur océanique en induisant des changements dans la circulation atmosphérique.

Transport de chaleur par l'océan

L'océan joue un rôle clé dans le système climatique de la Terre, en assurant la stabilité thermique et en stockant une grande partie de l'énergie du système. Avec une masse totale 265 fois supérieure à celle de l'atmosphère et une capacité thermique 1000 fois supérieure, l'océan stocke 96 % de l'énergie du système climatique et reçoit 75 % de l'énergie fournie par le soleil à la surface de la planète. Cette caractéristique essentielle de l'océan a permis l'existence d'une vie complexe. Cependant, comme la Terre se trouve actuellement dans une ère glaciaire qui a commencé il y a 34 millions d'années (l'ère glaciaire du Cénozoïque supérieur), l'océan a atteint un état froid avec une température moyenne d'environ 4 °C, et seule la couche supérieure mélangée est sensiblement plus chaude en raison du réchauffement solaire et de la turbulence induite par le vent. La température de surface de la haute mer est limitée à 30 °C parce qu'une convection profonde se produit au-dessus de 27 °C, ce qui augmente l'évaporation et forme des nuages qui refroidissent efficacement la surface. Bien que les 2,5 m supérieurs de l'océan contiennent autant de chaleur que l'atmosphère tout entière, leur rôle principal dans le changement climatique est d'absorber la chaleur lorsque la planète se réchauffe et de la libérer lorsqu'elle se refroidit, en fournissant une inertie thermique.

L'océan contribue à hauteur de 25 % au transport global de chaleur vers les pôles (chap. 10). Sous les tropiques, l'océan est le principal transporteur de chaleur. Sa contribution est encore plus importante dans l'hémisphère nord, où il représente environ 30 % du transport de chaleur. Cependant, l'océan Atlantique présente un schéma de transport de chaleur unique. L'Atlantique Sud présente un transport net de chaleur vers l'équateur (fig. 25).

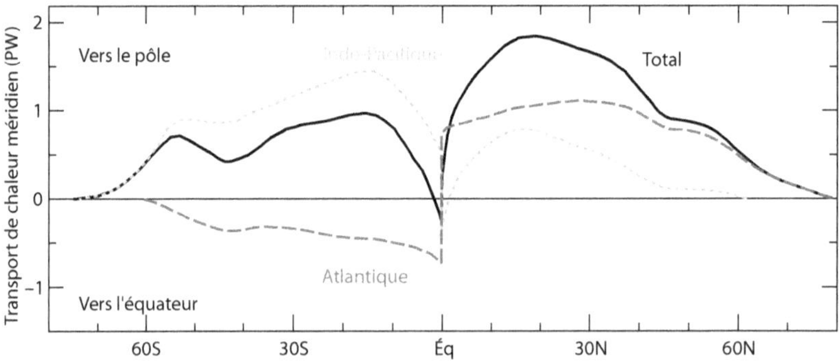

Figure 25. Transport de chaleur océanique. Transport de chaleur océanique méridien moyen (en pétawatts) pour l'océan mondial (noir plein), l'Atlantique (gris foncé en tirets) et l'Indo-Pacifique (gris clair pointillé).[108]

La majeure partie de la chaleur océanique est transportée par de l'eau dont la température est supérieure à 10 °C, principalement dans la bande océanique située entre 40°S et 40°N et à une profondeur supérieure à 500 m. C'est la principale raison pour laquelle le transport méridien de la chaleur océanique est le plus important à ces latitudes, où la cellule de Hadley n'est pas très efficace pour transporter la chaleur vers les pôles (chap. 13).

Le transport de chaleur océanique global est dominé par l'exportation de chaleur du Pacifique tropical, qui a la plus grande surface tropicale et reçoit la plus grande quantité d'énergie solaire. Cependant, il est frappant de constater à quel point le Pacifique tropical domine l'exportation de chaleur vers les autres océans, exportant quatre fois plus de chaleur qu'il n'en importe dans les océans Atlantique et Arctique. Les océans Atlantique et Indien transportent la chaleur vers le nord et vers le sud à travers l'équateur, respectivement, mais c'est le Pacifique qui fournit cette chaleur par le biais du passage de Drake et du flux du passage de l'Indonésie. Bien qu'il y ait des échanges entre les bassins, ils sont relativement faibles, ce qui suggère que les voies maritimes mondiales jouent un rôle mineur dans le budget thermique de la Terre.[109]

[108] Yang, H., et al, 2015. Clim. Dyn. 44, pp.2751-2768. doi.org/10.1007/s00382-014-2380-5.
[109] Forget, G. & Ferreira, D., 2019. Nat. Geosci. 12 (5), pp.351-354. doi.org/10.1038/s41561-019-0333-7

Transport de chaleur vers l'Arctique

L'océan Atlantique présente un transport de chaleur vers le nord dans les deux hémisphères et à travers l'équateur en raison de la circulation méridienne de retournement de l'Atlantique. Cette circulation fait partie de la circulation thermohaline, qui implique l'écoulement vers le nord d'eaux plus chaudes et moins denses dans les couches supérieures de l'Atlantique et l'écoulement vers le sud d'eaux plus froides et plus denses en profondeur. Bien que les deux branches soient mécaniques, elles sont liées par la transformation des masses d'eau chaude en masse d'eau froide aux hautes latitudes (chap. 10).

Le caractère unique du transport de chaleur dans l'Atlantique est mis en évidence dans la figure 25 et est lié à l'asymétrie du gradient de température latitudinal entre les deux hémisphères. Chaque année, l'hémisphère sud reçoit plus d'énergie solaire que l'hémisphère nord. Cela est dû à la précession axiale actuelle de la Terre, qui fait que l'hémisphère sud fait face au Soleil lorsque la Terre en est plus proche. L'albédo ne corrige pas cette différence en raison de sa symétrie interhémisphérique (encadré 2, chap. 3). Bien qu'il reçoive un flux annuel d'énergie solaire plus important, l'hémisphère sud est plus froid d'environ 2 °C que l'hémisphère nord, et la Terre maintient un gradient de température plus marqué vers l'Antarctique, plus froid, que vers l'Arctique, plus chaud (fig. 13, chap. 9). Selon la théorie du transport, la chaleur devrait s'écouler davantage vers le pôle le plus froid, car les différences de température sont à l'origine du transport. Cependant, l'Atlantique transporte plus de chaleur de l'hémisphère sud vers l'hémisphère nord, ce qui suggère que le transport d'énergie n'est pas déterminé uniquement par la production d'entropie. Au contraire, il est fortement influencé par des facteurs géographiques et climatiques et peut donc constituer un mécanisme de forçage du changement climatique.

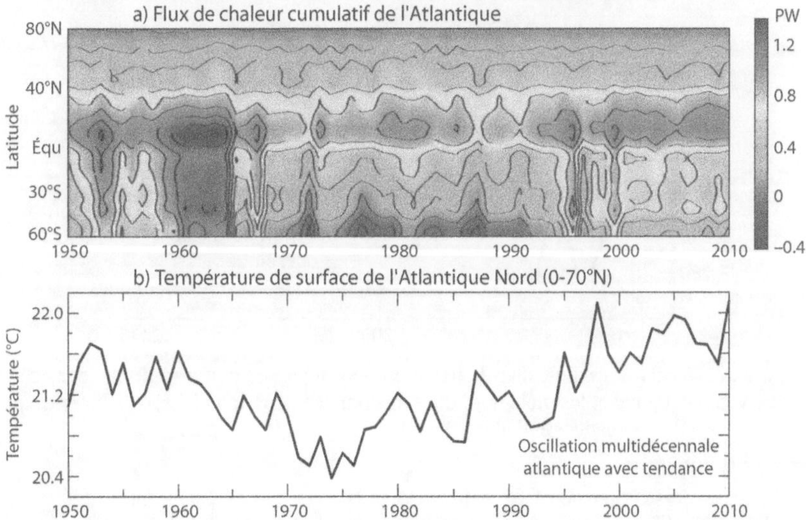

Figure 26. Transport de chaleur dans l'Atlantique et température de surface de la mer dans l'Atlantique Nord. a) Transport de chaleur méridien intégré dans l'Atlantique au fil

du temps, en pétawatts, d'après les réanalyses. b) Température de surface de la mer dans l'Atlantique Nord enregistrée au cours de la même période.[110]

La nature exceptionnelle du transport de chaleur dans l'océan Atlantique a des implications importantes pour le climat des régions environnantes de l'Atlantique Nord, de l'Arctique et du climat mondial. La température de surface de la mer dans l'Atlantique Nord présente une oscillation multidécennale qui est en corrélation avec la température mondiale (chap. 19).[111] L'analyse du flux thermique atlantique au fil du temps montre une relation claire entre le transport de chaleur océanique et les températures de surface de la mer dans l'Atlantique Nord (fig. 26). Ces données confirment que l'oscillation de la température de surface de la mer dans l'Atlantique Nord est le résultat de changements dans le transport de chaleur méridien. Il est surprenant de constater que, malgré ces preuves, les oscillations océaniques sont rarement considérées en termes de transport de chaleur.

Le transport des eaux atlantiques vers l'Arctique se fait par les mers nordiques, et le volume et la température de l'eau transportée influencent fortement le climat de l'Europe du Nord et de l'Arctique. La transformation des masses d'eau chaude en masses d'eau froide, nécessaire à la circulation méridienne de retournement de l'Atlantique, se produit dans les mers nordiques et dans l'océan Arctique. Bien que le transport de chaleur océanique ne représente qu'une petite partie du budget thermique de l'Arctique (chap. 11 et 16), son analyse peut être très instructive. Une étude récente du transport de chaleur océanique dans les mers nordiques et l'océan Arctique a révélé une augmentation soudaine du transport. De la moyenne 1993-98 à la moyenne 2002-2016, le transport de chaleur océanique dans cette région climatique importante, le « baromètre » du changement climatique, a augmenté de 25 térawatts (9 %) entre 1998 et 2002 (fig. 27).[112]

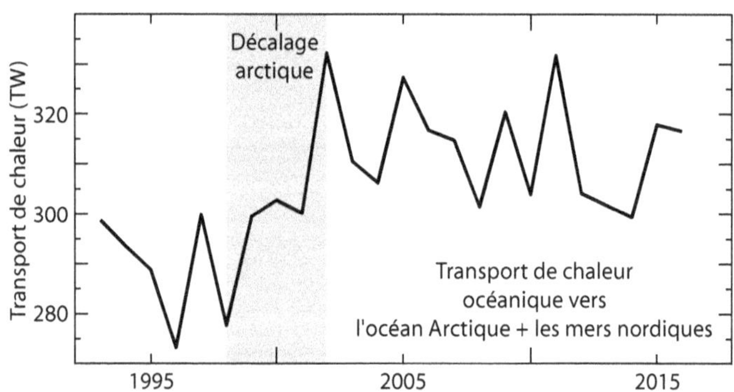

Figure 27. Décalage arctique dans le transport océanique. Le transport de chaleur océanique vers l'Arctique et les mers nordiques au cours de la période 1993-2017 montre un changement abrupt pendant le décalage arctique.

---

[110] Image ci-dessus tirée de Macdonald, A.M. & Baringer, M.O., 2013. Internat. Geophys. Vol. 103, pp. 759-785. doi.org/10.1016/B978-0-12-391851-2.00029-5. Graphique ci-dessous, données NOAA.

[111] Chylek, P., et al. 2014. Geophys. Res. Lett. 41 (5), pp.1689-1697. doi.org/10.1002/2014GL059274.

[112] Tsubouchi, T., et al, 2021. Nat. Clim. Change, 11 (1), pp.21-26. doi.org/10.1038/s41558-020-00941-3. Source des données pour la fig. 27.

Je qualifie la période de changement climatique rapide dans l'Arctique qui a coïncidé avec la modification du transport océanique de « décalage arctique ». Comme nous le verrons, le transport de chaleur à travers l'atmosphère vers l'Arctique a également augmenté au cours de cette période, ce qui ne correspond pas au compensation entre le transport de chaleur atmosphérique et le transport de chaleur océanique prévu par les modèles (encadré 8, chap. 12). Il en a résulté une accélération du changement climatique dans l'Arctique, ce qui démontre clairement comment les changements dans le transport conduisent à des changements climatiques profonds qui sont attribués à tort au forçage anthropique. Le décalage arctique n'est que l'un des éléments les plus frappants du changement climatique mondial majeur de ces 40 dernières années. Cette question est examinée en détail au chapitre 33.

Circulation due aux vents et thermohaline

La circulation océanique peut être divisée en deux types : une circulation rapide, mue par la force du vent et organisée en gyres océaniques, et une circulation plus lente, liée aux changements de densité de l'eau provoqués par les changements de température et de salinité (thermohaline). Ces deux types de circulation ne sont pas indépendants, car le vent affecte également la circulation thermohaline. Il est important de noter que le terme de circulation thermohaline, qui fait référence à la circulation de masse, de chaleur et de sel, peut être trompeur car les circulations de chaleur et de sel sont différentes.[113] Dans l'Atlantique, le vent et la circulation thermohaline contribuent au transport vers les pôles, alors que dans les autres océans, ce sont les gyres océaniques poussés par le vent qui transportent la plus grande partie de la chaleur.

Malgré son importance pour la compréhension du système climatique, notre connaissance de la structure verticale du transport de chaleur océanique est limitée. Cette question est au cœur du débat visant à déterminer si le mélange abyssal, la formation des eaux profondes des hautes latitudes ou les vents contrôlent le transport de chaleur océanique. Ce débat a suscité des inquiétudes injustifiées quant à la possibilité d'une perturbation de la circulation de retournement de l'Atlantique, ce qui entraînerait un refroidissement important en Europe. Des recherches antérieures sur la structure verticale du transport de chaleur océanique, prenant en compte la différence de température à l'interface océan-atmosphère, ont révélé notre manque de compréhension de ce processus crucial.[114] Ces analyses montrent que la circulation de surface, très sensible au stress éolien, domine le transport total de chaleur à travers l'océan, tandis que le mélange abyssal n'a pratiquement aucun effet. La formation d'eau profonde aux hautes latitudes contribue à 60 % du transport de chaleur dans l'Atlantique Nord, mais le transport par la circulation méridienne est également proportionnel au stress éolien, étant aussi sensible au vent qu'à la convection aux hautes latitudes.

Les résultats de ces études remettent en question la conception commune du transport de chaleur océanique présentée dans les livres et illustrée par des diagrammes en ruban colorés. Il est clair que les vents jouent un rôle clé dans le

---

[113] Wunsch, C., 2002. Science, 298 (5596), pp.1179-1181.
 doi.org/10.1126/science.1079329
[114] Boccaletti, G., et al. 2005. Geophys. Res. Lett. 32 (10) L10603.
 doi.org/10.1029/2005GL022474 Ferrari, R. & Ferreira, D., 2011. Ocean Model. 38
 (3-4), pp.171-186. doi.org/10.1016/j.ocemod.2011.02.013

transport de chaleur océanique et que la quantité de chaleur transportée par les océans est linéairement proportionnelle à l'ampleur du stress éolien. Ces résultats conduisent à trois conclusions controversées et d'une grande portée sur le changement climatique :

- La circulation atmosphérique est la principale responsable du transport de chaleur à l'échelle mondiale, soit directement, soit par son influence sur le transport océanique.
- Les transports de chaleur atmosphérique et océanique ne peuvent pas se compenser. Étant fondamentalement liés par l'action du vent, tout changement de l'un doit s'accompagner d'un changement de l'autre dans la même direction. Par conséquent, les changements dans la quantité de chaleur transportée vers les pôles sont non seulement possibles, mais inévitables.
- La variabilité du transport de chaleur à l'échelle mondiale doit se produire sur des échelles de temps décennales, typiques de la variabilité de l'atmosphère et des océans de surface, plutôt que sur des échelles de temps centennales ou plus longues, caractéristiques du retournement méridien profond.

Encadré 14. Réponse du transport de chaleur océanique à la variabilité solaire

Le transport de chaleur océanique se produit principalement dans les eaux tropicales peu profondes, de sorte que le budget thermique de la couche supérieure est essentiel pour le transport océanique global. Les études de la variabilité de la température et de la pression à la surface de la mer ont permis d'identifier des fréquences typiques quasi-biennales et El Niño-Southern Oscillation, ainsi qu'une fréquence de 11 ans. Bien que cette variabilité de 11 ans soit synchronisée avec le cycle solaire, son ampleur ne peut être expliquée par un forçage radiatif direct du soleil à la surface.[115] Dans l'océan tropical mondial, la température de la couche supérieure varie de $\pm 0{,}1$ °C en phase avec le cycle solaire, ce qui nécessite un changement de $\pm 0{,}9$ W/m^2, alors que le changement du forçage radiatif de surface dû au cycle solaire est d'un ordre de grandeur trop faible, $\pm 0{,}1$ W/m^2. Par conséquent, la variabilité doit être attribuée à des mécanismes océaniques-atmosphériques malgré sa synchronisation avec le soleil.

L'effet El Niño sur le transport de chaleur océanique se caractérise par un réchauffement de la couche supérieure de l'océan tropical mondial, qui réchauffe à son tour l'atmosphère située au-dessus. En revanche, la variabilité associée au cycle solaire entraîne un réchauffement de l'atmosphère tropicale mondiale, qui réchauffe à son tour l'océan situé en dessous. Ce processus est principalement réalisé en réduisant le flux net de chaleur sensible + latente de l'océan vers l'atmosphère, car l'augmentation du rayonnement solaire dans l'océan est insuffisante. Il est prouvé que l'effet du cycle solaire sur l'océan est indirect et se produit par l'intermédiaire de l'atmosphère. Les affirmations selon lesquelles le soleil ne peut être responsable du changement climatique en raison de la faible variation de l'irradia-

---

[115] White, W.B., et al, 2003. J. Geophys. Res. Oceans, 108 (C8) 3248.
doi.org/10.1029/2002JC001396

tion solaire totale qui résulte de sa variabilité ignorent les nombreuses preuves que les variations solaires agissent indirectement en affectant la circulation atmosphérique.

Les modèles s'accordent sur le fait que la variabilité solaire a un impact significatif sur le transport de la chaleur dans les océans. Le modèle de circulation générale atmosphère-océan entièrement couplé du Centre Hadley du Met Office britannique montre que le forçage solaire est le facteur naturel le plus important qui détermine la réponse multidécennale de la circulation méridienne de l'Atlantique.[116] Le forçage solaire est associé à des anomalies de longue durée dans la circulation atmosphérique au-dessus de l'Atlantique Nord, causées par des changements dans la stratosphère dus à une irradiation solaire plus faible à la fin du 19e et au début du 20e siècle. Le modèle ne capture pas complètement la réponse atmosphérique à la variabilité solaire, mais montre des changements notables dans la localisation de la zone de convergence intertropicale, les précipitations en Amazonie et les températures en Europe.

En bref

L'océan joue un rôle clé dans le transport de la chaleur des tropiques vers les pôles. La circulation due aux vents dans les gyres océaniques est responsable de la majeure partie du transport de chaleur, et la contribution d'un tapis roulant mondial est limitée. Toutefois, l'océan Atlantique est une exception, car il présente un transport net de chaleur vers le nord avec un transport transéquatorial important, principalement dû à la circulation méridienne de retournement de l'Atlantique, qui est sensible à la fois au stress éolien et à la formation d'eaux profondes aux hautes latitudes.

L'atmosphère, directement par sa circulation et indirectement par l'effet du stress éolien sur le transport océanique, est principalement responsable de la majeure partie du transport de chaleur vers les pôles. L'oscillation multidécennale de la température de surface de l'Atlantique Nord est le résultat de changements dans le transport de chaleur vers le pôle. En outre, la couche supérieure de l'océan tropical présente des changements de température en phase avec le cycle solaire, causés par des changements dans la circulation atmosphérique qui affectent le flux de chaleur de l'océan vers l'atmosphère.

[116] Menary, M.B. & Scaife, A.A., 2014. Clim. Dyn. 42, pp.1347-1362. doi.org/10.1007/s00382-013-2028-x.

SECTION 4 QUESTIONS CLÉS

La troposphère transporte la majeure partie de la chaleur vers les pôles, au-dessus des bassins océaniques. La cellule de Hadley est inefficace car elle transporte la chaleur latente vers l'équateur. Les tempêtes et les ouragans constituent le principal mécanisme de transport de la chaleur hors des tropiques. La vitesse du vent est essentielle car elle fournit de l'énergie mécanique et influe sur les taux d'évaporation. Les modèles climatiques n'ont pas été en mesure d'expliquer pourquoi la vitesse du vent présente des tendances multidécennales.

Le transport de chaleur vers les pôles à travers la stratosphère est régulé par la force du vortex polaire et entraîné par l'élan des ondes atmosphériques, qui agissent comme une pompe. Les vents équatoriaux dans la stratosphère changent de direction environ tous les deux ans, créant un régime de circulation différent qui affecte la stratosphère et la troposphère. La phase de l'est de cette oscillation quasi-biennale provoque un affaiblissement du vortex polaire par les ondes atmosphériques. En conséquence, l'Arctique est plus chaud et davantage de chaleur est perdue par refroidissement radiatif.

Les anomalies dans la stratosphère se propagent à la surface de la Terre, affectant les schémas hivernales de la température et de la pression de surface, l'emplacement des courant-jets troposphériques et les trajectoires des tempêtes. L'effet est transmis par le vortex polaire aux modes annulaires, une configuration de vent polaire qui régule le transport de chaleur. Ces modes présentent des tendances multidécennales que les modèles ne peuvent expliquer. Le cycle solaire influence fortement les changements dynamiques stratosphériques qui sous-tendent ces effets.

La circulation atmosphérique hivernale et le transport de chaleur sont plus importants dans l'hémisphère nord en raison d'une plus grande activité des ondes atmosphériques, ce qui se traduit par un vortex plus faible. Des schémas de blocage sont également créés dans le courant-jet qui redirige les tempêtes vers l'Arctique. L'intensification de la circulation atmosphérique hivernale entraîne une rotation plus rapide de la Terre.

L'océan transporte la majeure partie de la chaleur sous les tropiques, principalement par le biais de la circulation due aux vents dans les gyres océaniques, avec une certaine contribution du tapis roulant mondial. Cependant, l'océan Atlantique est une exception, avec un transport net de chaleur vers le nord dû principalement à la circulation méridienne de retournement de l'Atlantique. Les changements dans le transport de chaleur vers les pôles sont à l'origine de l'oscillation pluridécennale de la température de surface de la mer dans l'Atlantique Nord. En outre, l'océan tropical de surface subit des changements de température synchronisés avec le cycle solaire en raison de changements dans la circulation atmosphérique qui affectent le flux de chaleur océan-atmosphère.

PARTIE II. CHANGEMENT CLIMATIQUE NATUREL

Section 5 : L'Océan

CHAPITRE 18
EL NIÑO

El Niño - Oscillation australe est un phénomène d'interaction entre l'océan et l'atmosphère dans l'océan Pacifique qui affecte le climat dans le monde entier. Pendant El Niño, une grande quantité de chaleur est extraite des eaux de surface de l'océan équatorial et transportée vers les pôles à travers l'océan et l'atmosphère, ce qui conduit finalement à un réchauffement de la surface, mais aussi à une réduction de l'énergie dans le système climatique en raison de l'augmentation du rayonnement thermique sortant. Cependant, il n'existe pas de théorie reconnue sur la nature et les causes d'El Niño. En outre, les changements à long terme de la fréquence d'El Niño ne sont pas entièrement compris. Pendant la période chaude de cinq millénaires connue sous le nom d'Optimum climatique de l'Holocène, les conditions La Niña prédominaient et les événements El Niño étaient peu fréquents. La relation entre El Niño et l'activité solaire reste controversée, mais il existe des preuves à l'appui. Une vision plus complète de El Niño - Oscillation australe en tant que phénomène à trois phases pourrait permettre de mieux comprendre son interprétation et sa relation avec l'activité solaire.

El Niño - Oscillation australe

La rotation de la Terre fait que les vents soufflant vers l'équateur par la branche inférieure de la circulation de Hadley tournent vers l'ouest lorsqu'ils s'approchent de l'équateur depuis les deux hémisphères. Ces vents sont connus sous le nom d'alizés et proviennent du nord-est dans l'hémisphère nord et du sud-est dans l'hémisphère sud. Ils ont pour effet de pousser les eaux chaudes équatoriales vers le côté ouest du bassin. Dans le vaste océan Pacifique, les alizés créent la plus grande masse d'eau chaude de la planète, appelée piscine chaude indo-pacifique. L'accumulation d'eau chaude dans le Pacifique occidental fait monter l'air, ce qui entraîne une chute de pression et une circulation de retour avec de l'air qui descend dans le Pacifique oriental, augmentant ainsi la pression de surface dans cette région. Cette circulation des vents équatoriaux dans le Pacifique est appelée circulation de Walker.

L'un des effets de cette circulation intense est la forte remontée d'eaux froides riches en nutriments au large des côtes du Pérou et de l'Équateur, ce qui accroît les stocks de poissons. Cependant, certaines années, les alizés faiblissent et la différence de pression entre les deux rives du Pacifique diminue. Privée de son support, l'eau chaude pousse vers l'est, réduisant la remontée d'eau froide et les stocks de poissons. Les pêcheurs péruviens avaient l'habitude d'appeler cette situation El Niño parce qu'elle les frappait souvent au moment de Noël. D'autres années, c'est le contraire qui se produit, avec des alizés plus forts et une augmentation de la différence de pression entre les deux rives du Pacifique. Les eaux chaudes sont alors poussées plus à l'ouest, ce qui augmente la remontée d'eau et refroidit les eaux de l'est du Pacifique équatorial. Cette situation est connue sous le nom de La Niña. La troisième situation est celle des années neutres, où aucune des deux situations ne se produit.

L'oscillation australe est définie en termes de pression car elle est associée aux anomalies des pluies de mousson. Elle mesure la différence de pression entre l'Indonésie et le Pacifique oriental. Cependant, dans les années 1960, les scientifiques ont réalisé que l'oscillation australe n'était que l'aspect atmosphérique du phénomène océanique El Niño.

El Niño - Oscillation australe est une source majeure de variabilité interannuelle dans le système climatique mondial. Les conditions chaudes d'El Niño, froides de La Niña et neutres qui alternent pendant ce phénomène affectent le climat mondial, les écosystèmes marins et terrestres, la pêche et les activités humaines. Il existe deux types d'événements El Niño, en fonction de la localisation de leurs anomalies maximales de température de surface de la mer : le type Pacifique Est et le type Pacifique Centre. En revanche, les événements La Niña ne présentent aucune variabilité spatiale. En outre, la distribution des événements El Niño et La Niña est irrégulière et peut se produire plus ou moins fréquemment au cours des décennies, ce qui n'est pas encore compris.

La nature d'El Niño reste un sujet de débat, avec des points de vue contradictoires sur son mécanisme sous-jacent. Certains y voient un mode oscillatoire instable et auto-entretenu, tandis que d'autres le considèrent comme un mode stable déclenché par un forçage stochastique. D'autres encore suggèrent qu'il pourrait s'agir d'une série de phénomènes indépendants mais couplés.

El Niño et transport vers les pôles

Pour comprendre le phénomène El Niño, il faut tenir compte de son rôle dans le transport de chaleur vers les pôles. Le principal effet climatique d'El Niño est l'extraction d'une énorme quantité de chaleur des eaux de surface du Pacifique équatorial. Cette chaleur est ensuite transportée par l'océan et libérée dans l'atmosphère sous forme de chaleur sensible et latente. Ce processus réduit le rayonnement des ondes courtes dans la région en augmentant la couverture nuageuse. Par la suite, l'atmosphère transporte la chaleur hors des tropiques et en retire une partie de la planète en augmentant le rayonnement de grande longueur d'onde sortant. En conséquence, la région équatoriale du système climatique, y compris les 500 mètres supérieurs de l'océan, contient moins de chaleur qu'auparavant, tandis que le reste en contient davantage. Bien qu'El Niño réchauffe la surface de la planète, il réduit l'énergie au sein du système climatique car une partie de la chaleur est perdue par l'augmentation du rayonnement thermique sortant. Par conséquent, El Niño doit être considéré comme un phénomène de refroidissement du système climatique, même s'il a l'effet inverse sur la température de surface. L'interprétation du système El Niño comme une pompe à chaleur couplée à un transport de chaleur global vers les pôles n'est pas largement acceptée, mais c'est la conclusion évidente de l'analyse de ses sources et puits de chaleur.[117] La thermodynamique devrait être le principe directeur de l'analyse climatique.

La réinterprétation d'El Niño en termes de transport de chaleur vers les pôles jette un nouvel éclairage sur de nombreuses questions non résolues concernant ce phénomène. El Niño est lié à l'hiver boréal parce que le transport de chaleur est une bascule hivernale et que la circulation atmosphérique hivernale de l'hémi-

---

[117] Sun, D.Z., 2000. J. Clim. 13 (20), pp.3533-3550.
    doi.org/10.1175/1520-0442(2000)013<3533:THSASO>2.0.CO;2

sphère nord est plus forte en raison de bassins océaniques plus petits, d'une plus grande activité des ondes atmosphériques et d'un transport de chaleur plus important vers l'Arctique que vers l'Antarctique (chap. 11). Les événements El Niño sont plus variables dans le temps et l'espace que les événements La Niña parce qu'ils répondent à des conditions de transport de chaleur qui sont également variables dans le temps et l'espace. En effet, il existe de nombreuses façons de transporter la chaleur, mais une seule façon de ne pas la transporter.

Il existe un lien controversé entre El Niño et l'oscillation nord-atlantique (encadré 12, chap. 15), souvent appelé téléconnexion, avec une implication stratosphérique et troposphérique.[118] Il en résulte un vortex polaire plus faible et des hivers plus froids en Amérique du Nord et en Europe du Nord pendant les hivers El Niño. Cependant, plutôt qu'une téléconnexion variable complexe qui résiste à l'interprétation, ce qui se produit est la réponse du système complexe de transport méridien mondial à la chaleur injectée dans l'atmosphère depuis le Pacifique équatorial par El Niño. En fonction de la localisation et de la quantité de chaleur, les différentes composantes du système de transport (circulation stratosphérique de Brewer-Dobson, oscillation nord-atlantique, vortex polaire) sont affectées différemment.

Encadré 15. El Niño au cours de l'Holocène

L'interprétation d'El Niño en termes de transport de chaleur vers les pôles permet d'expliquer pourquoi sa fréquence a tant varié au cours de l'Holocène. Si l'on considère, d'un point de vue thermodynamique, que les phénomènes El Niño représentent des événements de refroidissement dans le système climatique, il s'ensuit que la fréquence des phénomènes El Niño devrait augmenter pendant les périodes de refroidissement de la planète et diminuer pendant les périodes de réchauffement, si les changements dans le stockage de la chaleur océanique sont impliqués dans le changement de température.

L'analyse des sédiments d'une lagune andine nous a permis de reconstruire la fréquence des forts événements El Niño tout au long de l'Holocène (fig. E15).[119] Cette reconstitution confirme notre interprétation. Pendant le réchauffement de l'Holocène inférieur et la majeure partie de l'optimum climatique de l'Holocène, les forts événements El Niño ont été très rares. Toutefois, à partir d'il y a environ 7 000 ans, les phénomènes El Niño sont devenus plus fréquents à mesure que la planète se refroidissait et entrait dans la période néoglaciaire, caractérisée par la croissance des glaciers dans la plupart des régions du monde. Il y a environ 1200 ans, lorsque la planète s'est réchauffée pour entrer dans l'optimum climatique médiéval, les phénomènes El Niño ont nettement diminué. En revanche, il y a environ 800 ans, alors que la planète commençait à se refroidir pour atteindre le petit âge glaciaire, les phénomènes El Niño se sont multipliés.

Actuellement, la planète se réchauffe et la fréquence des événements El Niño diminue considérablement. La fréquence des événements El Niño est désormais

---

[118] Domeisen, D.I., et al, 2019. Rev. Geophys. 57 (1), pp.5-47.
   doi.org/10.1029/2018RG000596

[119] Moy, C.M., et al, 2002. Nature, 420 (6912), pp.162-165.
   doi.org/10.1038/nature01194

très faible par rapport à la moyenne de l'Holocène supérieur, avec un événement fort tous les 20 ans environ.

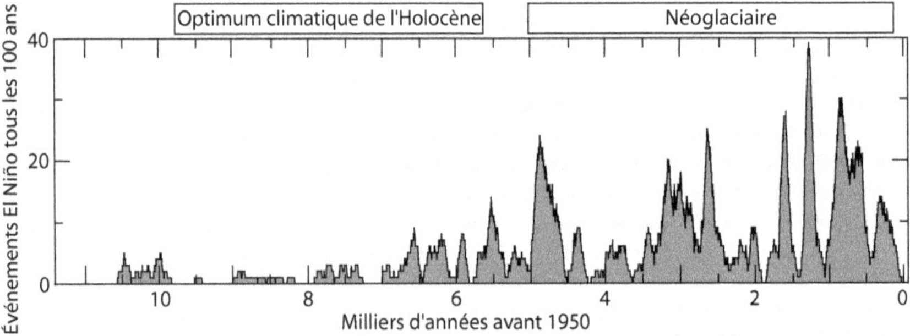

Figure E15. Activité d'El Niño-Oscillation australe pendant l'Holocène. L'activité d'El Niño (nombre d'événements par siècle) présente une distribution bimodale, avec une faible activité pendant l'Optimum climatique de l'Holocène et une forte activité pendant le Néoglaciaire.

La réponse d'El Niño à l'activité solaire

Nous avons déjà discuté de la corrélation entre la température de la couche supérieure de l'océan tropical et le cycle solaire (encadré 14, chap. 17). Cette corrélation devrait affecter El Niño, et plusieurs études ont mis en évidence un lien entre le cycle solaire et El Niño.[120] Il est surprenant de constater que la plupart des experts d'El Niño négligent ce lien, et que même les études complètes sur El Niño - Oscillation australe ne le mentionnent pas.[121]

Pour démontrer la relation entre El Niño et le cycle solaire, une technique de composition statistique appelée « analyse par époques superposées » a été utilisée, qui a révélé une corrélation entre les deux séries. Les données sur l'activité solaire (taches solaires) et El Niño (indice océanique El Niño, anomalie de la température de surface) ont été divisées en 22 intervalles basés sur des fractions du cycle solaire correspondant. Cette méthode facilite la comparaison des données d'une même phase du cycle solaire, même si les cycles sont de longueurs différentes. La figure 28 montre la moyenne et l'écart-type (pour l'indice Niño uniquement) pour six cycles solaires.

En analysant les données de cette manière, il est apparu clairement que les valeurs positives d'El Niño ont tendance à se produire le plus fréquemment à partir du maximum solaire jusqu'à ce que l'activité solaire soit tombée en dessous de la moyenne, et les valeurs négatives à partir de cette période jusqu'au minimum solaire, bien qu'avec un certain retard. Toutefois, les anomalies les plus importantes se produisent pour El Niño au moment du minimum solaire et pour La Niña par la suite, lorsque l'activité solaire augmente.

Pour évaluer la signification statistique des résultats, j'ai effectué une analyse de Monte Carlo sur la période de 12 mois marquée d'un astérisque dans la figure 28, moyennée sur six cycles solaires. La valeur moyenne de l'indice océanique El Niño est de –0,649, ce qui indique des conditions La Niña (c'est-

---

[120] Voir le chapitre 10, section 10.4 de Vinós, J., 2022. Le climat du passé, du présent et du futur : un débat scientifique. 2nd ed. Critical Science Press.

[121] Timmermann, A., et al, 2018. Nature, 559 (7715), pp.535-545. doi.org/10.1038/s41586-018-0252-6

à-dire une anomalie de température froide inférieure à –0,5 °C dans le Pacifique équatorial). J'ai extrait au hasard et calculé la moyenne de 100 000 groupes
de six périodes de 12 mois de la base de données de l'indice El Niño, et je n'ai
obtenu une valeur égale ou inférieure à –0,649 que pour 0,7 % d'entre eux. Par
conséquent, le cas La Niña marqué d'un astérisque dans la figure 28 a une probabilité de 99,3 % de ne pas être dû au hasard, ce qui confirme la relation entre
le cycle solaire et El Niño.

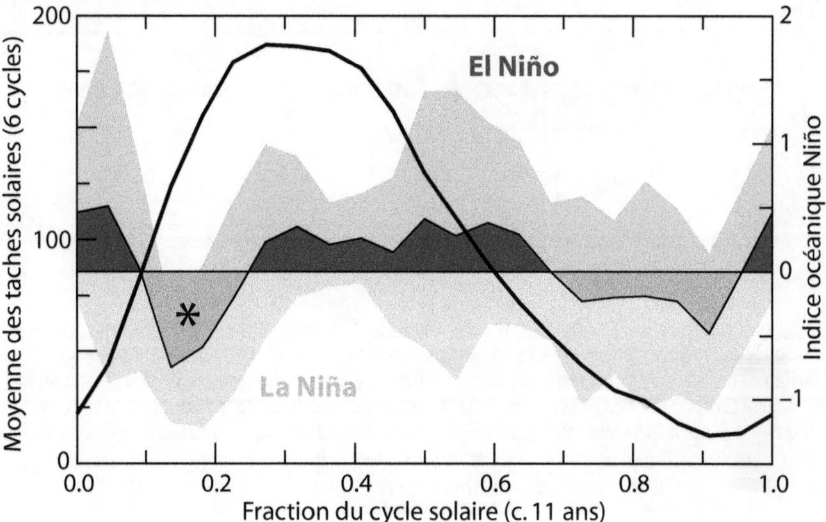

Figure 28. Analyse par époques de la relation entre le cycle solaire et El Niño. Moyenne
mensuelle lissée du nombre de taches solaires (courbe noire épaisse, échelle de gauche)
pour 1950-2018. Indice El Niño océanique moyen pour la même période (zones colorées, valeurs gris foncé positives et gris intermédiaire négatives, échelle de droite) et
écart-type (zones de couleur claire).[122] Échelle de temps relative exprimée en fractions
de cycles solaires complets de différentes longueurs. L'astérisque indique la période
pour laquelle une analyse de Monte Carlo a été effectuée.

El Niño est souvent considéré comme une oscillation entre deux états opposés, mais cette simplification excessive ne tient pas compte de l'état neutre qui
existe entre les deux. Cet état neutre est tout aussi important car El Niño - Oscillation australe fonctionne comme une pompe à chaleur associée à un transport de chaleur vers les pôles, avec trois positions de base : basse, normale et
haute. En analysant leurs fréquences relatives, nous obtenons des informations
précieuses. Il est intéressant de noter que l'opposé de La Niña en termes de
fréquence n'est pas El Niño, mais Neutre. Alors que les événements El Niño se
produisent généralement tous les 2 ou 3 ans (avec un intervalle de 1 à 4 ans), la
fréquence des événements La Niña et des années neutres est plus variable, allant de 0 à 4 sur une période de 5 ans. En particulier, la fréquence des événements El Niño (non représentée sur la figure 29a) n'est pas en corrélation significative avec la fréquence des années La Niña ou neutres, mais ces deux dernières présentent une anti-corrélation évidente, comme le montre la figure 29a.

---

[122]Données du WDC-SILSO, de l'Observatoire royal de Belgique et de la NOAA.

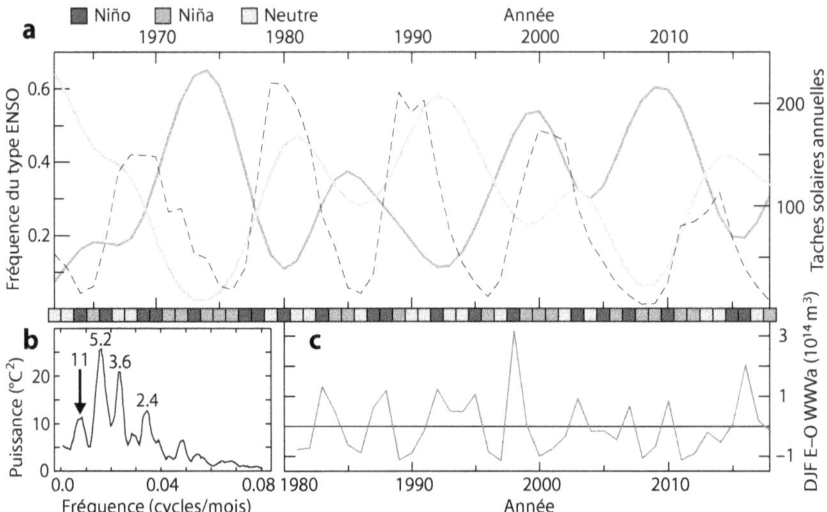

Figure 29. Modes d'El Niño-Oscillation australe et activité solaire. a) Fréquence des années Niña (ligne grise épaisse) et des années neutres (ligne gris clair épaisse), et cycle solaire (taches solaires annuelles, ligne en tirets gris fine). b) Spectre de puissance de la série temporelle des anomalies de température de surface de la mer dans la région Niño-3.4 pour la période 1900-2008.[123] Une flèche indique la fréquence du cycle solaire de 11 ans. c) Différence d'anomalie de volume d'eau chaude (WWVa) au-dessus de l'isotherme 20 °C (moyenne de décembre-février) entre l'est et l'ouest du Pacifique équatorial.[124]

La figure 29a montre une moyenne mobile centrée sur 5 ans (avec filtre gaussien) de la fréquence des années Niña (gris intermédiaire) et des années neutres (gris claire) entre 1962-2018. Comme on peut le voir, il y a une très bonne anti-corrélation pour toute la période. Les petites cases représentent la classification modale de chaque année, correspondant à l'état officiel en janvier.[125] Les années Niña ont tendance à être plus fréquentes lorsque l'activité solaire est faible, généralement avec un décalage, tandis que les années neutres montrent la tendance inverse. La figure 29b montre que ce modèle de fréquence apparaît sous la forme d'un pic de 11 ans dans une analyse de l'ensemble du 20ᵉ siècle.

Cette analyse ne montre pas la fréquence des années El Niño car elles ne suivent pas un schéma évident. Les événements El Niño sont plus réguliers et plus fréquents dans les années 1970 et 1980 que dans les années 1990 et 2000. Le principal facteur prédictif d'un événement El Niño est l'accumulation d'eau chaude dans le Pacifique oriental, ce qui suggère qu'ils sont plus susceptibles de répondre à des besoins de transport de chaleur qu'à des signaux solaires véhiculés par l'atmosphère. La figure 29c montre la différence d'anomalie d'eau

[123] Deser, C., et al, 2010. Ann. Rev. Mar. Sci. 2, pp.115-143. doi.org/10.1146/annurev-marine-120408-151453 La région du Niño 3.4 s'étend de 5°N à 5°S, de 120 à 170°W.
[124] Données du bureau de projet NOAA/PMEL TAO
[125] Domeisen, D.I., et al, 2019. Rev. Geophys. 57 (1), pp.5-47. doi.org/10.1029/2018RG000596

chaude entre l'est et l'ouest du Pacifique équatorial (données sans tendance), ce qui permet d'identifier clairement les épisodes El Niño.

En bref

Les résultats présentés ici mettent en évidence une conception erronée du phénomène El Niño. El Niño est un système de pompe à chaleur qui puise la chaleur dans le Pacifique équatorial. Il connaît des cycles de faible activité (années La Niña) et d'activité normale (années neutres) en réponse à l'état du transport de chaleur méridien, qui est influencé par divers facteurs tels que l'activité solaire. Lorsque trop d'eau chaude s'accumule ou que la planète se refroidit, la pompe s'emballe, ce qui donne lieu à des années El Niño. Toutefois, les périodes de faible activité d'El Niño peuvent durer longtemps, de plusieurs décennies à plusieurs millénaires, car El Niño ne se produit que lorsque le besoin de transporter de la chaleur est important. Au cours d'un épisode El Niño, l'excès de chaleur dans l'atmosphère peut provoquer toute une série d'effets météorologiques, puisque la météo est essentiellement une manifestation du transport de chaleur.

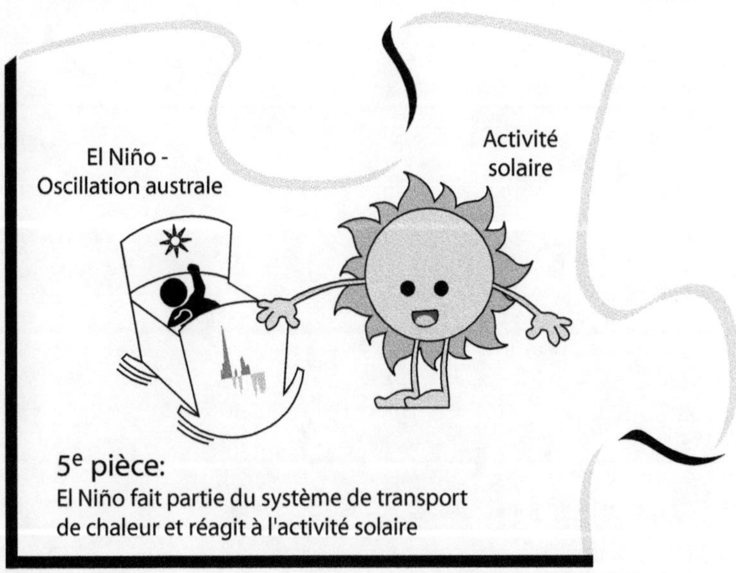

Chapitre 19
Oscillations Océaniques

À la suite du premier rapport d'évaluation du GIEC, les scientifiques ont découvert des oscillations de température multidécennales dans les océans qui ont révélé notre compréhension incomplète du climat. Bien que leur cause reste inconnue, ces oscillations fournissent une explication alternative au passage d'un refroidissement global à un réchauffement en 1975, qui a été expliqué par l'hypothèse de l'effet renforcé du CO_2 par le passage d'un forçage aérosol principalement refroidissant à un forçage CO_2 principalement réchauffant .

Les oscillations océaniques multidécennales sont le résultat de changements dans l'ampleur et la distribution géographique du transport de chaleur vers les pôles, qui se traduisent par des changements correspondants dans les anomalies de vitesse du vent. L'oscillation décennale du Pacifique est liée à la variabilité El Niño-Oscillation australe. La périodicité de l'oscillation atlantique multidécennale suggère que les années 2030 pourraient être plus fraîches que les années 2020.

L'oscillation atlantique multidécennale

Au milieu des années 1980, les scientifiques ont découvert une oscillation pluridécennale de la température de surface de l'océan Atlantique qui avait un effet notable sur les précipitations. Ce n'est qu'en 1994 qu'ils ont réalisé que cette oscillation avait également un effet global important sur la température, ce qui était inattendu car cela ne correspondait pas à la théorie climatique selon laquelle les changements de GES provoquent le changement climatique.[126] À cette date, l'hypothèse de l'effet renforcé du CO_2 avait déjà expliqué le refroidissement de 1945 à 1975 par l'augmentation du refroidissement dû aux aérosols industriels et le réchauffement depuis 1975 par l'augmentation du CO_2. Cependant, les phases de l'oscillation atlantique multidécennale coïncident également, avec une phase froide entre 1945 et 1975 suivie d'une phase chaude depuis 1975, ce qui rend cette hypothèse difficilement conciliable avec la théorie existante.

Pour aggraver les choses, les modèles climatiques ne montrent pas les modes oscillatoires observés et sont incapables de projeter le comportement attendu de l'oscillation. Bien que certains partisans de l'hypothèse de l'effet renforcé du CO_2 considèrent les oscillations océaniques comme une variabilité causée par le bruit climatique, cette perspective nous empêche de comprendre leur nature et leurs causes.

L'oscillation atlantique multidécennale est essentiellement un indice de la température de surface de la mer dans l'Atlantique Nord entre 0° et 70°N sans sa tendance à long terme. La figure 30 montre comment cette oscillation affecte les températures de surface de la mer. Il s'agit d'une régression linéaire sans unité qui montre de combien la température globale de la surface de la mer changerait si l'indice augmentait de 1 °C. Toutefois, comme l'indice ne

---

[126] Schlesinger, M.E. & Ramankutty, N., 1994. Nature, 367 (6465), pp.723-726.
doi.org/10.1038/367723a0

varie que de ±0,2 °C, les changements observés correspondent à environ 1/3 de ce que montre la figure.

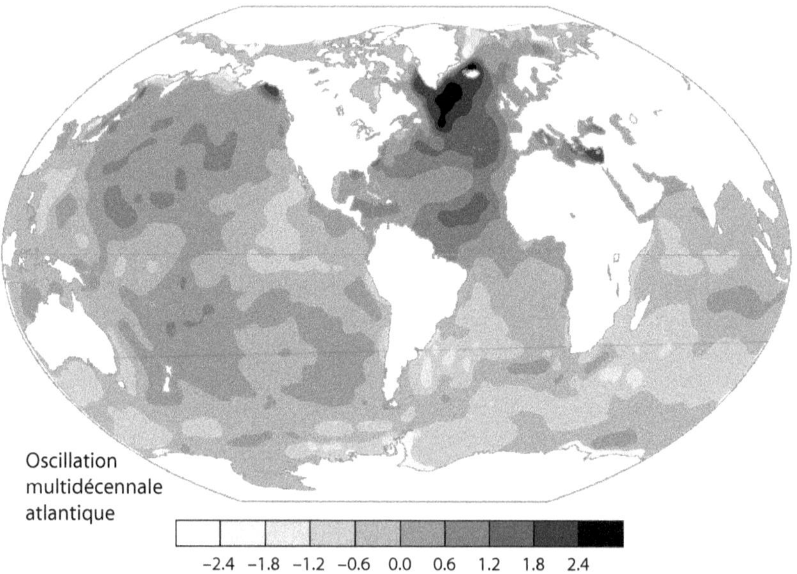

Figure 30. Schéma spatial de l'oscillation atlantique multidécennale. Elle est obtenue à partir des anomalies de température de surface de l'Atlantique Nord entre 1870 et 2008, après soustraction de l'anomalie moyenne globale.[127]

Selon l'hypothèse de l'effet renforcé du CO_2, les activités humaines sont la principale cause du changement climatique depuis 1950, ce qui laisse peu de place aux oscillations océaniques. L'argument est que, en raison de leur nature oscillatoire, les changements dans des directions opposées devraient s'annuler, ce qui se traduirait par un effet net nul à long terme. Toutefois, cette hypothèse n'est valable que si l'amplitude des oscillations est restée invariable au fil du temps, ce qui n'est pas le cas. Les oscillations océaniques ne sont pas cycliques mais quasi-périodiques et non-stationnaires, ce qui signifie que leur période et l'amplitude de leur effet varient avec le temps.

Des données récentes suggèrent que l'oscillation atlantique multidécennale a eu une amplitude plus faible et une période plus courte pendant au moins cinq siècles, jusqu'en 1850 environ, date à laquelle le réchauffement climatique moderne a commencé.[128] C'était environ un siècle avant que nos émissions ne commencent à s'accélérer. Certains scientifiques pensent que la phase positive de l'oscillation atlantique multidécennale est responsable d'un tiers du réchauffement climatique depuis 1975.[129] Si cela est vrai, cela remet en question l'explication selon laquelle la quasi-totalité du changement climatique est due aux

---

[127] Figure tirée de Deser, C., et al, 2010. Ann. Rev. Mar. Sci. 2, pp.115-143. doi.org/10.1146/annurev-marine-120408-151453

[128] Moore, G.W.K., et al, 2017. Sci. Rep. 7 (1), p.40861. doi.org/10.1038/srep40861

[129] Chylek, P., et al. 2014. Geophys. Res. Lett. 41 (5), 1689-1697, doi.org/10.1002/2014GL059274.

émissions humaines d'aérosols et de CO_2, d'autant plus que les phases de l'oscillation coïncident avec le refroidissement observé avant 1975 et le réchauffement observé après 1975.

L'oscillation décennale du Pacifique

En 1997, trois ans seulement après la découverte de l'oscillation atlantique multidécennale, une autre oscillation a été découverte dans le Pacifique.[130] Cette oscillation a une périodicité plus courte de 20 à 30 ans et est associée à des changements coordonnés du climat et de l'écologie de l'océan Pacifique qui se sont produits en 1976 et à deux reprises au cours du 20e siècle. Toutefois, elle présente également une périodicité plus longue, de 50 à 70 ans, similaire à l'oscillation atlantique multidécennale, mais ne coïncidant pas avec elle. L'oscillation décennale du Pacifique peut être définie par les températures de surface de la mer ou la pression au niveau de la mer et son effet est similaire à celui de El Niño - Oscillation australe, mais avec une période beaucoup plus longue. Elle est parfois appelée variabilité climatique El Niño à long terme. Les phases de l'oscillation du Pacifique sont liées aux changements pluridécennaux de la fréquence d'El Niño évoqués dans le chapitre précédent. Les phases chaudes se caractérisent par une fréquence plus élevée des épisodes El Niño, tandis que l'inverse est vrai pour les phases froides.

Les causes des oscillations océaniques sont encore inconnues et leur potentiel pour la prévision du climat reste incertain. Les modèles climatiques ne les reproduisent pas avec précision et, bien que certains modèles produisent des oscillations océaniques similaires, ils le font souvent pour des raisons différentes.

Oscillations océaniques et transport de chaleur vers les pôles

L'énergie fournie par le Soleil dans les tropiques reste relativement constante chaque année, ce qui conduit à l'hypothèse logique que les changements multidécennaux dans le contenu énergétique de grandes régions des bassins océaniques doivent être attribués à des changements dans le transport de chaleur vers les pôles. Cependant, cette perspective est rarement prise en compte dans la littérature scientifique sur la variabilité multidécennale.

Dans le chapitre précédent, nous avons expliqué comment El Niño - Oscillation australe agit comme une pompe à chaleur, prélevant la chaleur des eaux de surface équatoriales et la transportant vers les pôles. Cela nous amène à penser que l'oscillation du Pacifique est liée à l'intensité du transport vers les pôles dans le Pacifique au cours des périodes pluridécennales. La figure 30 montre des oscillations de réchauffement et de refroidissement dans l'Atlantique Nord, mais aussi des réchauffements et des refroidissements coordonnés dans les autres océans en dehors de la zone équatoriale, ce qui suggère que les variations globales du transport de chaleur vers les pôles jouent également un rôle dans cette oscillation.

La comparaison de l'oscillation atlantique avec les anomalies du vent océanique (fig. 31b) renforce l'idée que les oscillations multidécennales sont liées au transport de chaleur vers les pôles. Le vent étant le principal transporteur de chaleur sur la planète, à la fois directement et par le biais de la circulation

---

[130] Mantua, N.J., et al, 1997. Bull. Am. Meteorol. Soc. 78 (6), pp.1069-1080. doi.org/10.1175/1520-0477(1997)078<1069:APICOW>2.0.CO;2 Minobe, S., 1997. Geophys. Res. Lett. 24 (6), pp.683-686. doi.org/10.1029/97GL00504

océanique induite par le vent, la corrélation entre les changements globaux du vent océanique et les changements de l'oscillation atlantique soutient l'argument selon lequel les oscillations océaniques représentent un phénomène de transport. Cependant, l'interprétation des changements de vent en termes de transport est compliquée car les vents zonaux (est-ouest) entravent le transport de chaleur vers les pôles, tandis que les vents méridiens (nord-sud) le facilitent. Il est impossible de déterminer comment les changements observés dans les vents affectent le transport de chaleur vers les pôles sans savoir si les vents zonaux ou méridiens augmentent ou diminuent. Nous reviendrons toutefois sur cette question dans les prochains chapitres.

La figure 31 montre la correspondance entre les oscillations de la température mondiale (fig. 31a) et l'oscillation atlantique (fig. 31b) après élimination de la tendance au réchauffement à long terme. Cela suggère une autre explication naturelle pour la tendance au refroidissement de 1945 à 1976, qui a été attribuée aux aérosols industriels par l'hypothèse de l'effet renforcé du CO_2 et à une éruption volcanique de 1963 dans les modèles climatiques.

Bien qu'elle ne soit pas synchrone avec l'oscillation atlantique, l'oscillation pacifique joue également un rôle dans cette correspondance. Sa valeur cumulée permet de déterminer quand le signe de son état dominant change (fig. 31c), ce qui se produit en anticipation du changement de signe de l'oscillation. En analysant les maxima et minima des trois graphiques, on observe un schéma en « W » au 20e siècle. Ce schéma présente des creux dans les années 1920 et 1970 et des pics autour de 1900, des années 1940 et autour de 2000. La signification de ces changements sera examinée dans la section 9.

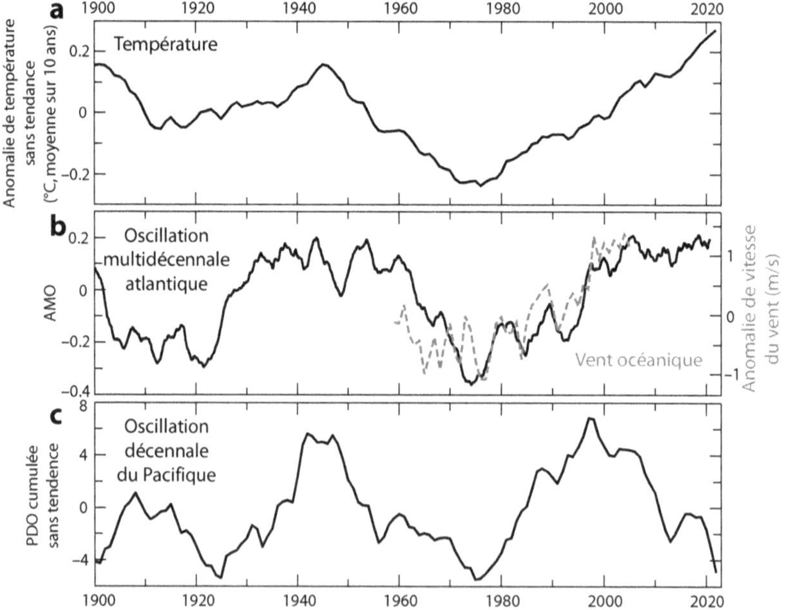

Figure 31. Variabilité climatique multidécennale. a) Moyenne décennale de l'anomalie de la température moyenne annuelle de surface du globe sans tendance. b) La ligne noire est la moyenne sur 4,5 ans de l'indice de l'oscillation atlantique multidécennale (AMO), et la ligne en tirets gris est l'anomalie de la vitesse du vent océanique global.

c) Moyenne annuelle cumulée sans tendance de l'indice de l'oscillation décennale du Pacifique (PDO).[131]

Encadré 16. L'hypothèse de la vague de stade

La correspondance observée dans la figure 31 entre les oscillations de l'Atlantique et du Pacifique suggère qu'elles sont liées d'une manière ou d'une autre. Le transport méridien de chaleur est un phénomène global caractérisé par une grande variabilité géographique. Dans l'hémisphère Nord, nous avons vu qu'il se produit principalement par deux voies : les bassins de l'Atlantique et du Pacifique, avec une voie moins importante au-dessus du continent eurasien (encadré 13, chap. 16). La répartition du transport de chaleur vers les pôles entre ces routes semble varier dans le temps. La variabilité de la position d'El Niño entre le Pacifique central et le Pacifique oriental est un exemple de variabilité longitudinale du transport de chaleur méridien dans le temps.

Nous avons abordé les trois oscillations les plus importantes : El Niño-Oscillation australe et les oscillations multidécennales du Pacifique et de l'Atlantique. Cependant, d'autres oscillations atmosphériques et océaniques de longue durée ont également été décrites. J'ai proposé que toutes ces oscillations soient des manifestations d'une oscillation dans la distribution et l'ampleur du transport de chaleur vers les pôles à l'échelle mondiale.[132] Mais l'idée qu'elles font toutes partie d'un signal sous-jacent transmis par le système climatique a déjà été présentée en 2012 sous la forme de l'hypothèse de la vague de stade.[133] Cette hypothèse propose qu'un signal climatique hémisphérique multidécennal se propage à travers le système climatique, générant une séquence de téléconnexions atmosphériques et océaniques différées de plusieurs années qui donnent lieu aux oscillations climatiques observées. La figure E16 montre le comportement de sept oscillations transformées en indices, mettant en évidence leur coordination.

Figure E16. L'hypothèse de la vague de stade. Comportement normalisé d'un réseau de sept indices : température de l'hémisphère nord (NHT, inversée), oscillation atlantique multidécennale (AMO, inversée), anomalie de transfert de masse atmosphérique (AT),

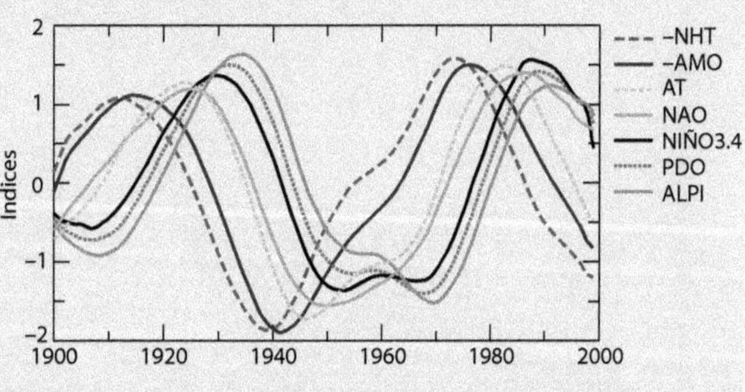

oscillation nord-atlantique (NAO), oscillation El Niño-Oscillation australe (ENSO3.4), oscillation décennale du Pacifique (PDO) et indice de basse pression des Aléoutiennes (ALPI).

---

[131] Données de la figure 31 : (a) de Met Office. (b) de NOAA et Yu, L., 2007. J. Clim. 20 (21), pp.5376-5390. doi.org/10.1175/2007JCLI1714.1 (c) de la NOAA (ERSST).

[132] Vinós, J., 2022. Le climat du passé, du présent et du futur : un débat scientifique. 2nd ed. Critical Science Press.

[133] Wyatt, M.G., et al, 2012. Clim. Dyn. 38, pp.929-949. doi.org/10.1007/s00382-011-1071-8 Source de la figure E16.

L'hypothèse de la vague de stade est remarquable parce qu'elle est la première à proposer que les oscillations multidécennales soient un phénomène coordonné à l'échelle mondiale, un concept qui n'a pas encore été largement accepté. Elle implique l'existence d'un phénomène climatique mondial inconnu qui se produit en arrière-plan, indépendamment des changements dans les GES. Il semble que la cause sous-jacente soit la variabilité du transport méridien de chaleur. Le manque d'intérêt pour cette hypothèse peut être attribué au fait qu'en général, la communauté climatique ne cherche pas d'autres explications aux observations qui ont déjà été attribuées à l'augmentation des aérosols et du CO_2.

Le prochain changement dans l'oscillation atlantique.

Compte tenu de l'inquiétude généralisée concernant l'avenir du climat, il convient d'examiner ce qui pourrait arriver à l'oscillation atlantique, qui a une influence importante sur les températures mondiales. Toutefois, les oscillations océaniques n'étant pas stationnaires, il existe une grande incertitude quant à la prochaine phase de l'oscillation. Si la période de la dernière oscillation se maintient, l'oscillation atlantique multidécennale devrait commencer à décliner vers 2025 ± 1 an. En conséquence, les températures de surface de la mer dans l'Atlantique Nord pourraient diminuer d'environ 0,4 °C sur une à deux décennies, avec un effet mineur sur la température de surface moyenne mondiale. Un refroidissement global de 0,1 à 0,3 °C est possible. Si cette projection se confirme, les années 2030 pourraient être légèrement plus fraîches que les années 2020.

En bref

Les oscillations océan-atmosphère multidécennales révèlent que la variabilité interne du climat est essentiellement une variabilité de l'ampleur et de la distribution géographique du transport de chaleur vers les pôles.

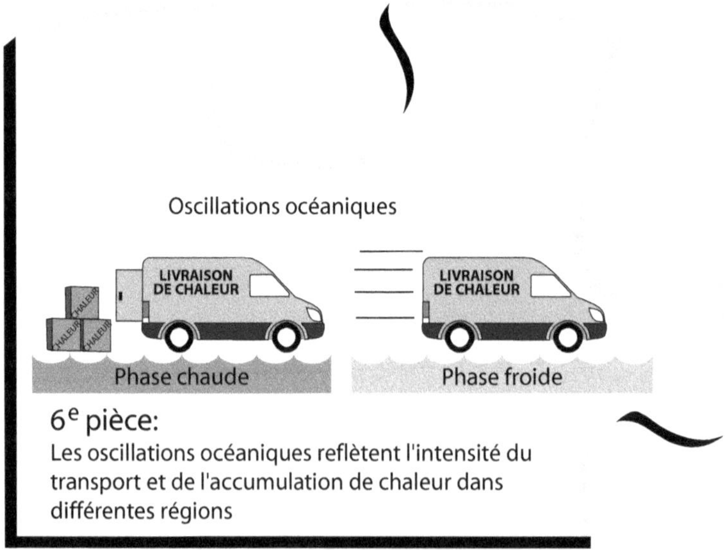

6e pièce:
Les oscillations océaniques reflètent l'intensité du transport et de l'accumulation de chaleur dans différentes régions

SECTION 5 QUESTIONS CLÉS

El Niño-Oscillation australe est une interaction entre l'océan et l'atmosphère qui agit comme un système de pompe à chaleur dans l'océan Pacifique équatorial. Pendant El Niño, la chaleur est extraite de l'océan et transportée vers les pôles, ce qui entraîne un réchauffement de la surface, mais aussi une perte d'énergie pour le système climatique en raison de l'augmentation du rayonnement thermique sortant. La fréquence de La Niña et des conditions neutres est étroitement liée au cycle solaire. À court terme, El Niño réagit à l'accumulation d'eau chaude équatoriale, tandis qu'à long terme, il réagit à la tendance à long terme de la température mondiale.

Les oscillations océaniques multidécennales sont une découverte récente qui met en évidence notre compréhension incomplète du climat. Leur cause est inconnue, mais elles influencent fortement l'évolution de la température mondiale. Elles résultent de changements dans l'ampleur et la distribution géographique du transport de chaleur vers les pôles, qui se traduisent par des variations de la vitesse du vent. L'oscillation décennale du Pacifique est liée à la variabilité El Niño-Oscillation australe.

Section 6 : Changements Climatiques Naturels dans le Passé

Chapitre 20
Le Problème du Climat Equable

La planète traverse actuellement une ère glaciaire et les scientifiques ont élaboré des modèles et des théories climatiques pour expliquer le climat actuel. Cependant, à certaines époques du passé, la planète était extrêmement chaude et humide, avec des palmiers et des crocodiles même dans les régions polaires. Ce type de climat, caractérisé par de faibles variations de température à travers le globe et les saisons, est connu sous le nom de climat equable. La façon dont les climats equables ont été possibles reste un mystère, car le faible gradient de température entre l'équateur et les pôles rendait impossible le transport de la chaleur nécessaire pour maintenir les pôles au chaud. La réponse ne réside pas simplement dans des niveaux élevés de CO_2, mais dans des changements fondamentaux dans la rétention de la chaleur atmosphérique et le transport. Comprendre que les régions polaires agissent comme des radiateurs de refroidissement est essentiel pour résoudre le paradoxe du climat equable. Il est intéressant de noter que plus la chaleur est transportée vers les régions polaires, plus la planète se refroidit. Au cours des 50 derniers millions d'années, une série de bouleversements tectoniques a transformé une planète chaude et conservatrice de chaleur en une planète froide et émettrice de chaleur.

Climats de réfrigérateur et de four

Tout au long de l'histoire de la Terre, son climat n'a cessé de changer. Bien que ce livre s'intéresse principalement aux changements climatiques modernes, il est nécessaire d'examiner les changements climatiques passés pour comprendre pourquoi et comment ils se produisent. Dans cette sixième section, le livre aborde brièvement des climats et des changements spécifiques qui se sont produits dans le passé, ce chapitre se concentrant sur le passé lointain.

Cela peut surprendre, mais nous vivons une ère glaciaire, l'une des plus froides des 500 derniers millions d'années. Les ères glaciaires sont définies comme des périodes au cours desquelles des nappes de glace étendues recouvrent les zones continentales, et nous n'en avons pas une, mais deux : une sur le Groenland et une sur l'Antarctique. Notre climat peut donc être considéré comme une double ère glaciaire. Malgré les origines tropicales de notre espèce, nous nous sommes adaptés à cette réalité, et tout changement entraîne toujours de nouveaux défis.

Le climat global de notre planète se trouve actuellement dans une période de réfrigérateur (icehouse), caractérisée par une température moyenne de surface d'environ 14,5 °C. Toutefois, pendant la majeure partie des 500 derniers millions d'années, la Terre a connu un climat de serre, avec des températures moyennes comprises entre 17 et 21 °C. À l'autre extrême, il y a eu des périodes où la planète a connu un climat de four (hothouse), avec des températures moyennes de 22 à 26 °C. Au cours de ces périodes, les pôles étaient totalement libres de glace, avec des températures moyennes annuelles pouvant descendre jusqu'à 14 °C. En revanche, les tropiques ont conservé des températures similaires au climat actuel des étuves, car le climat est devenu très humide et les températures n'ont guère dépassé 30 °C en raison de l'abondance des précipitations. Nous savons que les mammifères ne peuvent pas survivre à des températures de bulbe humide (à l'humidité de saturation) supérieures à 35 °C. Nous pouvons donc en déduire que les températures n'atteignaient pas ce seuil dans le climat de four.

Le climat des périodes les plus chaudes de la planète est défini comme equable, ce qui signifie que les températures ne variaient pas beaucoup autour du globe ou entre les saisons. La figure E17 montre trois périodes distinctes de climat equable, représentées par des bandes grises verticales : le Trias inférieur (il y a 252 à 238 millions d'années), le Crétacé supérieur (il y a 95 à 80 millions d'années) et l'Éocène inférieur (il y a 60 à 50 millions d'années).

Encadré 17. La température de la Terre dans un passé lointain

Notre connaissance des températures passées de la planète est limitée, mais plusieurs sources de données suggèrent que des périodes chaudes et froides ont alterné environ tous les 75 millions d'années. Ces preuves proviennent de l'étude des roches (géologie), des fossiles (paléontologie) et des isotopes (physicochimie). Trois périodes froides de l'ère phanérozoïque ont donné lieu à des périodes glaciaires, dont la période actuelle (Cénozoïque supérieur) et la période glaciaire du Karoo, qui s'est produite il y a 300 millions d'années.

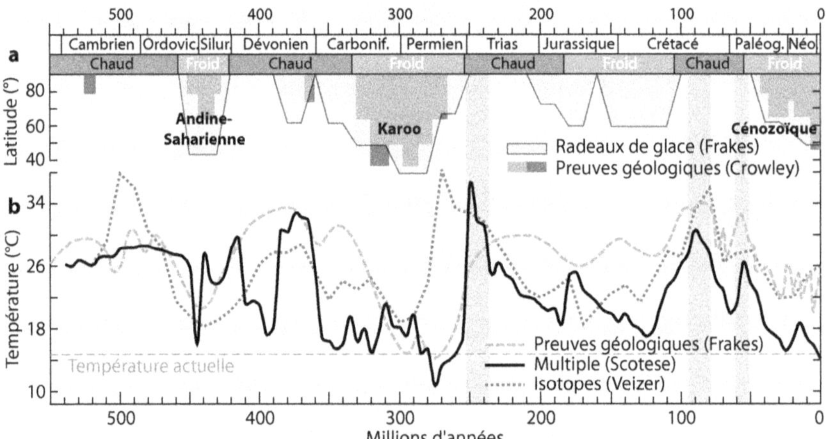

Figure E17. Températures de l'éon phanérozoïque. a) Les preuves de l'existence des calottes glaciaires et d'inlandsis atteignant les basses latitudes depuis les pôles permettent de définir quatre périodes froides, dont trois périodes glaciaires. b) Les différentes reconstructions de température s'accordent largement sur l'alternance de périodes chaudes et de périodes froides. La ligne grise en tirets correspond à la température actuelle et les bandes grises verticales marquent les périodes de climat stable.[134]

---

[134] Les données de la figure proviennent de Crowley, T.J. & Burke, K. 1998. Tectonic boundary conditions for climate reconstructions. Oxford University Press. Frakes, L.A. & Francis, J.E., 1988. Nature, 333 (6173), pp.547-549. doi.org/10.1038/333547a0 Frakes, L.A. et al. 1992. Climate modes of the Phanerozoic. Cambridge University Press. Scotese, C.R. 2018. Températures phanérozoïques. Smithsonian Workshop. Veizer, J., et al. 2000. Nature, 408 (6813), pp.698-701. doi.org/10.1038/35047044.

Il est difficile de comprendre les raisons des changements de température de la Terre dans un passé lointain, et plusieurs hypothèses ont été proposées pour les expliquer. Ces hypothèses peuvent être divisées en deux groupes selon qu'elles attribuent la cause à des facteurs externes ou internes. Par exemple, une théorie de la première catégorie propose que l'orbite du Soleil autour du centre galactique fait passer la Terre par différentes régions de densité qui affectent les niveaux de rayonnement cosmique, conduisant à des changements climatiques.[135] Une autre théorie populaire, qui entre dans la deuxième catégorie, suggère que les fluctuations des niveaux de CO_2 ont été le principal moteur des changements de température dans le passé.[136] L'idée que les mouvements tectoniques et la configuration des continents ont joué un rôle important dans l'évolution des climats passés a également reçu beaucoup d'attention.[137] Le mécanisme de changement climatique présenté dans cet ouvrage souligne l'importance de la configuration continentale de la Terre dans la détermination du climat par son influence sur le transport de la chaleur vers les pôles pendant des millions d'années.

Le paradoxe du climat equable de l'Éocène inférieur

L'Éocène inférieur, qui s'est déroulé entre 56 et 47,8 millions d'années, est la période la plus récente et la mieux étudiée de climat equable. À cette époque, les forêts s'étendaient vers le nord jusqu'à l'île d'Ellesmere (Canada), située à 80°N. L'Arctique abritait des palmiers et des crocodiles, et l'Antarctique était couvert de forêts. Des découvertes récentes, dont le premier fossile de grenouille antarctique, indiquent que même le mois le plus froid de la péninsule antarctique avait une température moyenne de plus de 3 °C à cette époque (fig. 32).[138] La flore et la faune de ces régions étaient spécifiquement adaptées à la nuit polaire, qui durait plusieurs mois et pendant laquelle les températures restaient au-dessus du point de congélation.

Les climats equables du passé posent un défi conceptuel à notre compréhension du climat, connu sous le nom de *paradoxe du petit gradient*. Comme nous l'avons expliqué dans les chapitres précédents, la différence de température entre l'équateur et les pôles entraîne un transport de chaleur vers les pôles, qui les maintenant plus chauds qu'ils ne le seraient sans cela. Cependant, au cours de l'Éocène inférieur, les pôles étaient environ 50 °C plus chauds qu'aujourd'hui (14 °C dans l'Arctique contre −35 °C aujourd'hui). Dans le même temps, les tropiques ont connu peu de changements de température, avec une fourchette d'environ 30-35 °C. Selon la théorie, le transport de chaleur aurait dû être fortement réduit pendant cette période. Comment est-il possible que les pôles aient été beaucoup plus chauds avec un transport de chaleur aussi réduit ?

---

[135] Shaviv, N.J. et Veizer, J., 2003. GSA today, 13 (7), pp.4-10.
doi.org/10.1130/1052-5173(2003)013<0004:CDOPC>2.0.CO;2
[136] Royer, D.L., et al, 2004. GSA today, 14 (3), pp.4-10.
doi.org/10.1130/1052-5173(2004)014<4:CAAPDO>2.0.CO;2
[137] Eyles, N., 2008. Palaeogeogr. Palaeoclimatol. Palaeoecol. 258 (1-2), pp.89-129.
doi.org/10.1016/j.palaeo.2007.09.021
[138] Mörs, T., et al, 2020. Sci. Rep. 10 (1), p.5051. doi.org/10.1038/s41598-020-61973-5

Figure 32. L'Éocène inférieur en Antarctique. Reconstitution d'un étang éocène dans une forêt de la péninsule Antarctique, avec grenouille fossile.[139]

Les modèles climatiques ont été développés pour simuler les conditions actuelles et ont tendance à donner de mauvais résultats lorsqu'ils sont appliqués à des climats très différents, tels que ceux de l'éocène inférieur ou du dernier maximum glaciaire. Cela suggère que notre compréhension du climat n'est peut-être pas aussi complète que nous le pensons. Les modèles climatiques n'ont pas réussi à reproduire l'éocène inférieur, ce qui a amené les chercheurs à conclure que certains processus climatiques importants étaient absents ou mal représentés. Des tentatives ont été faites pour adapter les modèles à l'Éocène inférieur, mais même si elles sont couronnées de succès, nous ne pouvons pas être sûrs que les simulations qui en résultent reflètent les processus climatiques réels.[140]

Deux obstacles s'opposent à l'idée que les niveaux élevés de CO_2 étaient responsables du climat equable de l'Éocène inférieur. Premièrement, des niveaux élevés de CO_2 auraient dû augmenter les températures dans le monde entier, et pas seulement aux hautes latitudes. Deuxièmement, il est prouvé que les niveaux de CO_2 pendant l'Éocène inférieur étaient modérés, de l'ordre de 450-600 ppm, et loin d'être suffisants pour expliquer le climat chaud de cette période.[141]

Pour résoudre le paradoxe du climat equable, il semble qu'il faille tenir compte des différences dans la manière dont la chaleur a été transportée des tropiques vers les pôles, ou dans la capacité de l'atmosphère à absorber la chaleur, ou les deux à la fois. Cependant, les hypothèses de transport requièrent des mécanismes différents qui posent des problèmes théoriques et dont la faisabilité n'est pas démontrée. En revanche, les hypothèses radiatives basées sur les changements dans les nuages sont plus prometteuses car elles ciblent spécifiquement les hautes latitudes et ne nécessitent pas de changements significatifs dans le transport de la chaleur.[142]

---

[139] Crédit : Pollyanna von Knorring, Simon Pierre Barrette, José Grau et Mats Wedin (CC BY-SA 3.0).

[140] Valdes, P. J., 2000. Warm Climates in Earth History. Cambridge University Press, pp.3-20. doi.org/10.1017/CBO9780511564512

[141] Steinthorsdottir, M., et al, 2019. Geology, 47 (10), pp.914-918. doi.org/10.1130/G46274.1

[142] Abbot, D.S. et Tziperman, E., 2008. Q. J. R. Meteorol. Soc. 134 (630), pp.165-185. doi.org/10.1002/qj.211

Une nouvelle solution au paradoxe du climat equable

Le paradoxe du climat equable a marqué un tournant dans ma compréhension du changement climatique. Les paradoxes naissent souvent de fausses hypothèses sur les limites du monde physique. Une fois ces hypothèses abandonnées, nous pouvons résoudre la contradiction. Dans le cas présent, le paradoxe découle de l'hypothèse selon laquelle les pôles ont besoin d'un transport de chaleur pour être chauds, alors que c'est l'inverse qui est vrai. Moins la chaleur est transportée vers les pôles, plus la planète et les pôles se réchauffent. Et inversement, plus la chaleur est transportée, plus la planète et les pôles se refroidissent. Cela s'explique par le fait que les pôles sont des radiateurs de refroidissement très efficaces en hiver, un peu comme le radiateur d'un moteur de voiture. La chaleur doit être transportée par un fluide du moteur au radiateur, et plus la chaleur est transportée, plus le moteur se refroidit. Ainsi, la quantité de chaleur rayonnée aux pôles en hiver détermine la température de la planète.

Au cours de l'Éocène inférieur, les pôles étaient chauds parce que la planète entière était chaude. Lorsque l'hiver atteignait les pôles, le refroidissement radiatif de la surface provoquait une inversion thermique qui refroidissait l'air humide près du sol jusqu'à son point de rosée. L'humidité provenant d'un océan chaud et d'une surface humide s'est évaporée dans l'air, augmentant le point de rosée de la couche stable et accélérant la formation d'un brouillard radiatif. Une brume épaisse permanente et une couche nuageuse dense d'air chaud et humide provenant des latitudes inférieures ont maintenu les régions polaires chaudes en hiver, limitant considérablement le refroidissement radiatif au sommet de la couche nuageuse. L'atmosphère polaire est devenue très opaque au rayonnement infrarouge et l'effet de serre s'est intensifié en raison de la contribution accrue de la vapeur d'eau et de l'effet des nuages. La brume ne s'est dissipée qu'avec l'arrivée du soleil au printemps. L'atmosphère polaire chaude a empêché la formation d'un fort vortex polaire troposphérique, ce qui a rendu le transport de chaleur plus efficace malgré sa moindre intensité.

Ce paradigme « faible transport/monde chaud », « forte transport/monde froid » a un grand pouvoir explicatif et résout de nombreuses questions sur le changement climatique.

La formation d'une ère glaciaire

Nous pouvons désormais expliquer la transition entre le climat stable de l'Éocène inférieur et la glaciation du Quaternaire (Pléistocène) en termes de changements dans le transport méridien de la chaleur. Il n'est plus nécessaire de s'appuyer sur des changements coïncidents dans le CO_2 ou sur des événements galactiques pour trouver une explication. Au début de l'Éocène inférieur, le transport méridien vers l'Arctique était très faible et le transport zonal global dominait en raison de la circulation ouverte à travers les voies maritimes du Panama et de l'Indonésie et la mer de Téthys. La planète est ainsi restée chaude, réchauffant les deux pôles. Cependant, une série de changements tectoniques (fig. 33) a complètement modifié le transport de chaleur vers les pôles à travers l'atmosphère au-dessus des bassins océaniques :[143]

---

[143] Lyle, M., et al, 2008. Rev. Geophys. 46, RG2002, doi.org/10.1029/2005RG000190

1. La voie entre l'Arctique et l'Atlantique a commencé à s'ouvrir il y a environ 55 millions d'années, ce qui a entraîné un refroidissement de la planète en raison de l'augmentation de la chaleur transportée vers l'Arctique.[144]
2. La voie maritime de Tasmanie s'est ouverte il y a 36 à 30 millions d'années, provoquant l'isolement partiel de l'Antarctique et son gel.
3. Le passage de Drake s'est ouvert il y a 30 à 20 millions d'années, achevant l'isolement de l'Antarctique. Cette ouverture a été néfaste pour l'Antarctique, mais bénéfique pour la planète, car moins de chaleur y a été dirigée. La planète s'est réchauffée jusqu'à atteindre l'optimum climatique du Miocène moyen.
4. L'Himalaya a atteint sa hauteur actuelle il y a environ 15 millions d'années, ce qui a favorisé le transport de chaleur vers les pôles en perturbant le flux tourbillonnaire et en augmentant le flux d'ondes planétaires. Le refroidissement a repris.
5. Le flux du passage indonésien est toujours ouvert, mais d'importantes restrictions se sont produites depuis environ 11 millions d'années, favorisant la circulation méridienne.
6. Le détroit de Béring s'est ouvert il y a environ 5,3 millions d'années, offrant une autre porte d'accès à l'Arctique.
7. La voie maritime de Panama a été fermée il y a environ 3 millions d'années, éliminant le dernier passage zonal tropical ouvert entre les bassins.

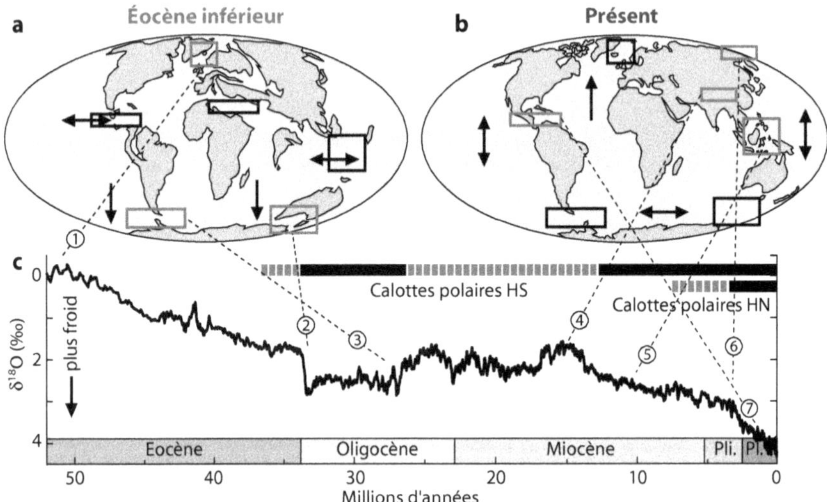

Figure 33. Le transport méridien est le principal déterminant de l'évolution du climat. a) & b) Circulations de l'Éocène inférieur et modernes. Les flèches horizontales indiquent la circulation zonale, tandis que les flèches verticales indiquent la circulation méridienne. Les encadrés indiquent les chaînes de montagnes et les voies océaniques qui influencent le transport de chaleur ; les encadrés gris représentent celles qui sont mentionnées par un numéro (voir le texte principal). c) Données mondiales sur le δ18O benthique en tant qu'indicateur de la température et de la glace continentale. Les barres

[144] Vahlenkamp, M., et al, 2018. Earth Planet. Sci. Lett. 498, pp.185-195. http://doi.org/10.1016/j.epsl.2018.06.031

pleines supérieures représentent un volume de glace >50 % du volume actuel, et les barres segmentées ≤50 %.[145]

La circulation de la planète est passée d'une prédominance zonale à une prédominance méridienne, ce qui a entraîné l'une des périodes glaciaires les plus froides des 540 derniers millions d'années. La chaleur des tropiques se dissipe maintenant aux pôles, ce qui signifie que la prochaine période glaciaire dans quelques milliers d'années est inévitable en raison de la configuration tectonique actuelle, indépendamment des niveaux de CO_2.

En bref

Le Crétacé supérieur et l'Éocène inférieur étaient caractérisés par un climat chaud et equable, avec un transport de chaleur minimal vers les pôles en raison du faible gradient de température entre l'équateur et les pôles. Pendant la nuit polaire, qui durait des mois, l'atmosphère polaire retenait la chaleur en raison d'un fort effet de serre dépendant de la vapeur d'eau. Il en résultait une couverture nuageuse dense et du brouillard, tandis que le reste de la planète chaude fournissait suffisamment de chaleur. Cependant, depuis l'Éocène inférieur, plusieurs changements dans la géographie de la planète ont eu pour effet de diriger davantage de chaleur vers l'Arctique en hiver. Ces changements comprennent l'ouverture de la voie de migration arctique, la fermeture de la voie de migration de Panama et l'élévation de l'Himalaya. En conséquence, la planète a perdu plus de chaleur, ce qui a entraîné un refroidissement progressif. Indépendamment des niveaux de CO_2, la configuration tectonique actuelle de la planète déterminera l'arrivée de la prochaine période glaciaire, qui est inévitable dans quelques milliers d'années.

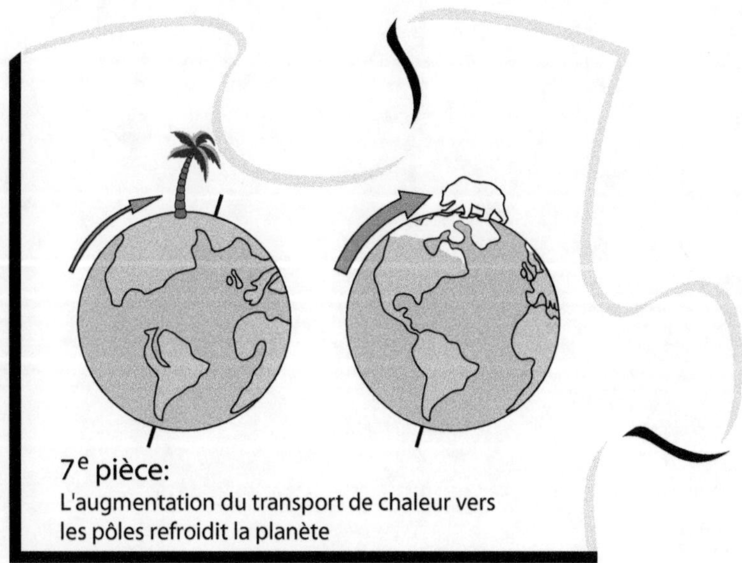

[145] Zachos, J., et al. 2001. Science, 292 (5517), pp.686-693.
doi.org/10.1126/science.1059412

CHAPITRE 21
CHANGEMENTS CLIMATIQUES PASSÉS ET NIVEAUX DE CO$_2$

Il est souvent affirmé que le CO$_2$ est le principal moteur du climat mondial. Cependant, il est difficile d'étayer cette affirmation en se basant sur les changements climatiques passés. En effet, les preuves que nous avons du passé sont limitées et incertaines, ce qui rend difficile la détermination des niveaux précis de CO$_2$. Nous ne disposons de données fiables sur le CO$_2$ que pour les carottes de glace des 800 000 dernières années. Bien qu'il existe généralement une forte corrélation entre les niveaux de CO$_2$ et la température au cours du Pléistocène, il y a des divergences. Au cours de certaines périodes interglaciaires, les températures ont fortement baissé pendant des milliers d'années alors que les niveaux de CO$_2$ sont restés élevés, ce qui est considéré comme impossible dans les conditions climatiques actuelles. En outre, au cours des deux derniers siècles, on a constaté une divergence croissante entre l'augmentation des niveaux de CO$_2$ et l'absence de réchauffement en Antarctique, où l'on trouve les plus longues archives du Pléistocène. Cette divergence suggère que les corrélations passées entre le CO$_2$ et la température ne sont peut-être pas dues aux changements de CO$_2$ qui ont provoqué les changements de température. Une autre explication du cycle glaciaire, étayée par des preuves, repose sur des changements dans le transport estival de chaleur et d'humidité vers les pôles, causés par des changements dans l'inclinaison axiale de la Terre.

Tout au long de l'Holocène, il y a eu un contraste marqué entre les changements des niveaux de CO$_2$ et les changements de température. Cela signifie qu'il est clair que le CO$_2$ n'a pas été la cause principale du changement climatique au cours des 10 000 dernières années. Il est donc possible que le scénario actuel d'augmentation des niveaux de CO$_2$ conduisant au réchauffement de la planète soit une anomalie. Cela peut également indiquer que nous ne comprenons pas parfaitement tous les facteurs contribuant au réchauffement observé.

Absence de preuves pour l'éon phanérozoïque

L'idée que le CO$_2$ atmosphérique est le principal facteur contrôlant la température de la Terre a été proposée et largement acceptée.[146] Si cette hypothèse est vraie, on s'attendrait à ce que les données passées la confirment ou, du moins, ne la contredisent pas. Dans le chapitre précédent (encadré 17), nous avons examiné les preuves des températures passées au cours des 540 derniers millions d'années (l'éon phanérozoïque). Nous avons constaté un schéma général d'alternance de périodes chaudes et froides, avec trois grandes périodes glaciaires. Les températures mondiales ont probablement varié entre 32 °C et 9 °C. Bien que certains suggèrent que les températures aient pu être encore plus élevées au cours du Phanérozoïque inférieur, des températures aussi élevées ne sont pas biologique-

---

[146] Lacis, A.A., et al, 2010. Science, 330 (6002), pp.356-359.
doi.org/10.1126/science.1190653

ment plausibles. Dans un environnement très humide, de telles températures auraient décimé la vie animale terrestre par surchauffe. Nous nous inquiétons déjà de voir les coraux survivre à un réchauffement modeste sur une planète dont la température est d'environ 14,5 °C, alors comment auraient-ils pu survivre sur une planète dont la température était bien supérieure à 32 °C ? Quoi qu'il en soit, les températures passées sont limitées par les gradients de température latitudinaux reconstitués à partir des informations biogéographiques et géologiques.

La détermination des niveaux de CO_2 dans le passé lointain est un défi majeur. Les sols, les fossiles, les isotopes et les débris organiques ne fournissent que peu d'éléments permettant de comprendre la composition de l'atmosphère dans le passé. Depuis les années 1980, les scientifiques s'appuient sur des modèles géochimiques du cycle du carbone pour estimer les concentrations de CO_2 dans le passé. Cependant, le problème de ces modèles est que nous ne pouvons pas être sûrs qu'ils évaluent avec précision tous les processus importants qui ont déterminé les concentrations passées de CO_2. Dans une étude de 159 pages publiée en 2001, les chercheurs ont conclu que ces modèles étaient inadéquats et qu'il y avait *« une disparité considérable ... entre tous les modèles et les preuves géologiques du climat qui indiquent des gradients climatiques changeants tout au long du Phanérozoïque »*.[147] Même dans leurs versions les plus récentes, les deux principaux modèles divergent encore considérablement dans leurs estimations des niveaux de CO_2 au cours des 350 derniers millions d'années.

En examinant les preuves indirectes des niveaux de CO_2 tout au long de l'éon phanérozoïque, la citation de Mark Twain à propos de la science est appropriée : *« La science a quelque chose de fascinant. À partir d'un investissement aussi insignifiant dans les faits, on obtient des retours massifs de conjectures »*.[148] Une étude récente a analysé les niveaux de CO_2 à partir de proxys des 430 derniers millions d'années, et pour 77 % de cette période, il n'y avait en moyenne qu'un enregistrement par million d'années. Pour près de la moitié des périodes de 430 millions d'années, il n'y avait aucun enregistrement.[149] Pour ne rien arranger, seuls 3 % des 430 millions d'années contiennent 42 % des données. On pourrait penser que nous avons une meilleure compréhension des niveaux de CO_2 pendant ces époques, mais ce n'est pas le cas. Par exemple, durant la période 220-201 millions d'années, il y a une moyenne de 15 enregistrements par million d'années, mais les valeurs centrales de CO_2 varient de 600 à 3700 ppm, et la plage d'incertitude se situe entre 300 et 7000 ppm. Les auteurs de l'étude ont tenté de faire la moyenne de ce désordre, mais il reste impossible de savoir avec certitude quels étaient les niveaux de CO_2 dans l'atmosphère dans un passé lointain.

Il est surprenant de constater que l'un des auteurs de cette étude a affirmé, sur la base de données aussi inadéquates, que le CO_2 était le principal moteur du climat phanérozoïque.[150] Si la communauté scientifique du climat accepte cela, c'est probablement parce que cela correspond au paradigme climatique actuel. Cependant,

---

[147] Boucot, A.J. & Gray, J., 2001. Earth Sci. Rev. 56 (1-4), pp.1-159.
  doi.org/10.1016/S0012-8252(01)00066-6
[148] Mark Twain, 1883. La vie sur le Mississippi.
[149] Foster, G.L., et al, 2017. Nat. Commun. 8 (1), p.14845.
  doi.org/10.1038/ncomms14845
[150] Royer, D.L., et al, 2004. GSA today, 14 (3), pp.4-10.
  doi.org/10.1130/1052-5173(2004)014<4:CAAPDO>2.0.CO;2

nous devons nous rappeler que l'acceptation inconditionnelle d'hypothèses scientifiques non fondées est l'une des principales sources d'erreur scientifique.

Lorsqu'il s'agit d'estimer les niveaux de CO_2 au Phanérozoïque, le mieux que l'on puisse dire des modèles ou des données de substitution est qu'ils ne soutiennent ni ne contredisent le rôle majeur du CO_2 dans la détermination du climat. En effet, les données disponibles sont trop rares et incertaines, et les modèles ne sont même pas d'accord. Il n'est donc pas justifié de faire des déclarations définitives sur la base des preuves disponibles.

Encadré 18. Le désaccord sur le Cénozoïque

Les données proxy sur le CO_2 au Phanérozoïque souffrent d'importants problèmes de qualité, un fait qui n'est pas ouvertement reconnu lors de l'étude de la relation entre les changements climatiques passés et la variabilité du CO_2. Toutefois, à mesure que nous nous rapprochons du présent, la qualité des données s'améliore. En particulier, notre compréhension des changements du CO_2 au cours de l'ère cénozoïque, également connue comme l'âge des mammifères, est plus fiable.

Les 50 derniers millions d'années du Cénozoïque revêtent une importance particulière en raison de la transition remarquable entre le climat de four stable de l'Éocène inférieur et le climat de réfrigérateur sévère du Pléistocène. Au cours de cette période, on a assisté à une baisse progressive et parfois abrupte des températures mondiales, accompagnée d'une baisse correspondante des niveaux de CO_2. En conséquence, la température globale et les niveaux de CO_2 sont aujourd'hui bien inférieurs à leurs moyennes phanérozoïques.

La baisse « simultanée » observée du CO_2 et de la température est souvent interprétée comme la preuve que la baisse des niveaux de CO_2 a entraîné une baisse de la température, ce qui confirme l'hypothèse selon laquelle le CO_2 est le principal moteur du changement climatique. Cependant, un examen minutieux des éléments de preuve révèle une autre histoire. Le problème réside dans le désaccord crucial entre les données sur le calendrier des baisses de température et de CO_2 au cours des 50 derniers millions d'années, un point qui est rarement reconnu.

La figure E18 présente des données sur la température et le CO_2 au Cénozoïque, tirées d'une publication récente.[151] Dans la figure E18a, la reconstruction de la température par les auteurs (représentée par la ligne noire épaisse) est basée sur les variations des isotopes de l'oxygène dans les foraminifères benthiques d'eau profonde et s'accorde bien avec d'autres preuves liées au climat. Le graphique illustre une tendance au refroidissement depuis l'optimum climatique de l'Éocène inférieur jusqu'à la transition Éocène-Oligocène, marquée par la congélation de l'Antarctique, qui a entraîné un refroidissement soudain de la planète. Cette période a été suivie d'une longue période de réchauffement, du milieu de l'Oligocène au milieu du Miocène, caractérisée par des fluctuations de la taille de la calotte glaciaire de l'Antarctique. Cette période chaude a été suivie d'une période de refroidissement qui a duré jusqu'au Pléistocène, au cours de laquelle le Groenland a subi une importante glaciation. Cela a contribué aux conditions froides qui persistent aujourd'hui.

---

[151] Westerhold, T., et al, 2020. Science, 369 (6509), pp.1383-1387.
   doi.org/10.1126/science.aba6853

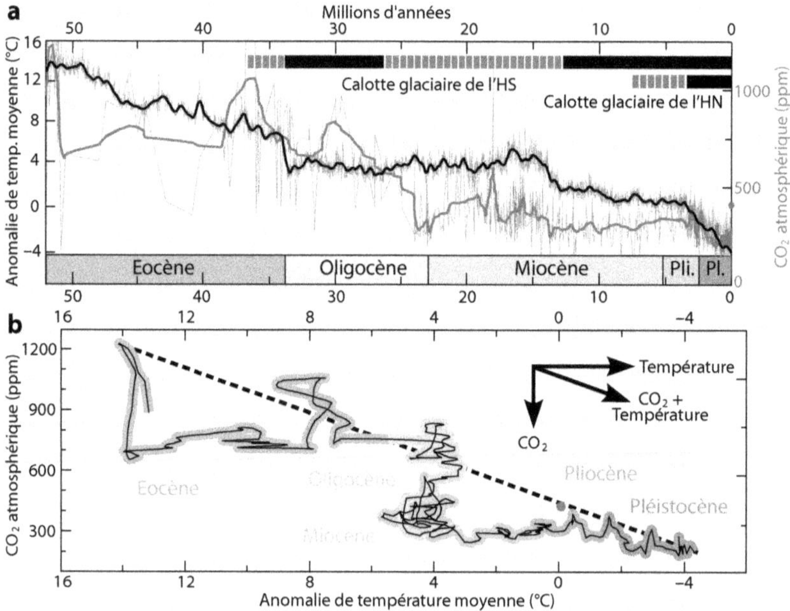

Figure E18. Relation entre la température et le CO_2 au cours des 52 derniers millions d'années. a) Reconstructions de la température (ligne noire) et du CO_2 (ligne grise), les lignes épaisses représentant les données lissées. Les barres noires indiquent les périodes où les calottes glaciaires de l'hémisphère Nord ou de l'hémisphère Sud représentaient plus de 50 % de leur étendue actuelle, et les barres grises segmentées indiquent une étendue inférieure à 50 %. Le point gris indique le niveau actuel de CO_2. b) Diagramme de dispersion des lignes épaisses en a) avec les époques indiquées. Les changements synchrones du CO_2 et de la température devraient suivre une trajectoire diagonale. Le point gris indique le niveau actuel de la température et du CO_2.

La figure E18a montre également la reconstruction par les auteurs des niveaux de CO_2 (ligne grise épaisse) sur la base de données provenant de plusieurs études utilisant différents proxys. Cette reconstruction montre notamment que la baisse de la température n'a pas systématiquement suivi la baisse des niveaux de CO_2. Il est surprenant de constater que la majeure partie de la baisse du CO_2 s'est produite au cours de l'Oligocène.

L'illustration la plus claire de cette divergence se trouve dans la figure E18b, qui correspond à la figure 2D de l'article scientifique. Ce diagramme de dispersion montre la relation entre les changements de température et le CO_2. Si l'on part du principe que le CO_2 et la température évoluent de manière synchrone, les données devraient s'aligner le long d'une ligne diagonale dans le graphique. Or, cette diagonale n'apparaît qu'à partir du milieu du Pliocène. Pendant le reste de la période, soit la température change (ce qui entraîne un déplacement horizontal), soit le CO_2 change (ce qui entraîne un déplacement vertical). Le graphique montre une faible corrélation entre ces deux variables. Il montre également que les changements de CO_2 précèdent les changements de température de plusieurs dizaines de millions d'années, et qu'aucune hypothèse existante ne peut expliquer des décalages aussi longs.

Bien qu'il faille noter que les données proxy du CO_2 souffrent de problèmes de qualité et que les reconstructions futures pourraient apporter des changements, les données existantes fournissent une image claire. Elles montrent que les niveaux de CO$_2$ à la fin de l'Oligocène et à la fin du pliocène, qui s'est produit 20 millions d'années plus tard, n'étaient pas significativement différents. Cette observation est valable malgré le refroidissement important qui s'est produit entre les deux périodes.

La situation actuelle est représentée par un point gris sur la figure, aligné sur la ligne diagonale du diagramme de dispersion. Cela indique que la température actuelle et les niveaux de CO$_2$ correspondent à ce que l'on pourrait attendre d'un point de vue cénozoïque. Curieusement, les auteurs de l'étude affirment que *« si les émissions de CO$_2$ se poursuivent sans atténuation jusqu'en 2100, le système climatique de la Terre passera brusquement de l'état de climat Icehouse [réfrigérateur] à celui de climat Warmhouse [serre], voire de climat Hothouse [four] »*. Cette affirmation n'est pas étayée par leurs propres données.

La croyance dominante, soutenue par la plupart des scientifiques et le GIEC, est que la diminution des niveaux de CO$_2$ au cours de l'ère cénozoïque a été la principale cause du refroidissement de l'ère glaciaire qui en a résulté. Cette croyance soutient également l'hypothèse de l'effet renforcé du CO$_2$. Cependant, il est important de reconnaître que les données disponibles ne soutiennent pas ce point de vue largement accepté.

Concordance entre le CO$_2$ et la température dans le Pléistocène

Des données fiables sur le CO$_2$ ne sont disponibles que dans les carottes de glace de l'Antarctique pour les 800 000 dernières années. Ces données montrent une corrélation cohérente entre les changements de température et de CO$_2$ (fig. 34a). Bien que certains affirment que le décalage entre la température et le CO$_2$ aux déglaciations est significatif, les différences sont trop faibles et variables pour tirer des conclusions définitives. La cause des périodes glaciaires a été débattue depuis leur découverte dans les années 1830. Certains ont attribué leur cause à des facteurs externes, comme les théories orbitales, et d'autres à des facteurs internes, comme l'effet de serre. En 1976, le premier groupe l'a emporté en découvrant que les glaciations correspondent aux fréquences orbitales.

Étant donné que l'échange de CO$_2$ entre l'océan et l'atmosphère est influencé par la température de l'océan, tout changement de la température de l'océan entraînera un changement correspondant des niveaux de CO$_2$. Les changements dans les niveaux de CO$_2$, à leur tour, affectent la température par le biais de l'effet de serre. Cependant, il est important de noter que la réduction de la couverture de glace à las déglaciations entraîne également une augmentation de l'activité volcanique, la croûte s'adaptant à la perte de poids. Ce processus pourrait contribuer jusqu'à la moitié de l'augmentation observée du CO$_2$.[152] Par conséquent, la relation entre le CO$_2$ et la température va dans les deux sens, et la corrélation entre le CO$_2$ et les enregistrements de température au cours du Pléistocène n'est pas changement preuve suffisante pour soutenir ou réfuter l'hypothèse de l'effet renforcé du CO$_2$.

Cependant, les archives montrent également qu'il y a 120 000 ans, à la fin de la période interglaciaire précédente, la température a chuté de 4 °C en 8 000

---

[152] Huybers, P. et Langmuir, C., 2009. Earth Planet. Sci. Lett. 286 (3-4), pp.479-491. doi.org/10.1016/j.epsl.2009.07.014

ans, alors que les niveaux de CO_2 sont restés élevés (fig. 34a flèche ; voir fig. 56, chap. 35, pour une image agrandie). Cela confirme l'idée que la température pendant le cycle glaciaire est sous contrôle orbital plutôt que sous contrôle du CO_2. À tout le moins, cela montre que les températures peuvent diminuer de manière substantielle sur des milliers d'années malgré des niveaux élevés de CO_2. Il s'agit là d'une considération importante pour l'avenir.

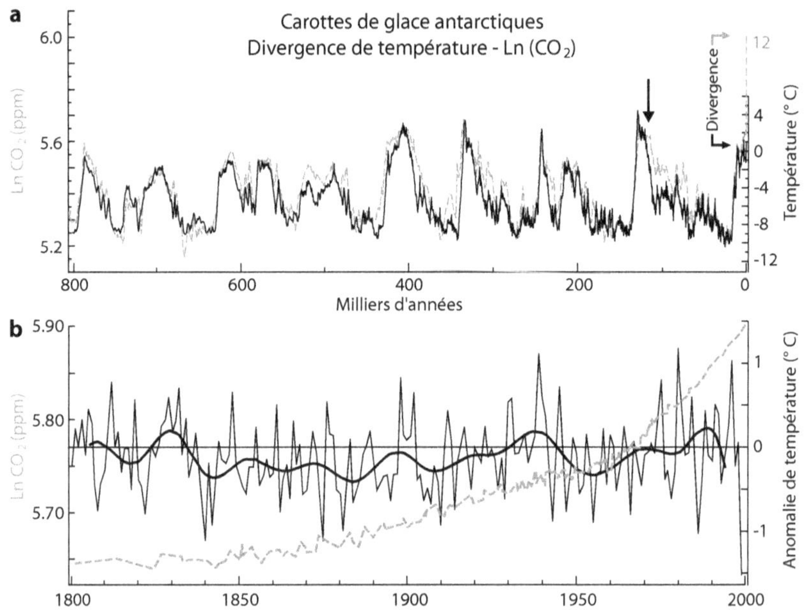

Figure 34. Écart entre la température et le CO_2 en Antarctique. a) Température (courbe noire) et logarithme népérien du CO_2 (courbe grise) pour les 800 000 dernières années à partir des carottes de glace de l'Antarctique, mises à jour avec les données sur le CO_2 atmosphérique après 2001. La flèche verticale indique la divergence il y a 123,5 à 115 000 ans, et les flèches horizontales la divergence actuelle. b) Comme en a) pour les données des 19e et 20e siècles. Aucun changement de température n'est observé en réponse à l'augmentation massive du CO_2.[153]

L'hypothèse de l'effet renforcé du CO_2 est confrontée à un défi majeur en Antarctique. Selon la relation CO_2 - température au Pléistocène (figure 34a), les niveaux actuels de CO_2 devraient correspondre à des températures antarctiques supérieures de 12 °C à ce qu'elles sont. Cependant, comme le montre la figure 34b, l'Antarctique ne s'est pas réchauffé au cours des 200 dernières années malgré l'augmentation des niveaux de CO_2. Cette divergence pose un sérieux problème pour l'hypothèse. Bien que des explications aient été proposées pour expliquer cette anomalie, il n'en reste pas moins que si la relation CO_2 - température ne tient pas aujourd'hui, elle ne peut pas être utilisée pour défendre

---

[153] Données de Jouzel, J., et al. 2007. Science, 317 (5839), pp.793-796. doi.org/10.1126/science.1141038 Bereiter, B., et al. 2015. Geophys. Res. Lett. 42 (2), pp.542-549. doi.org/10.1002/2014GL061957 Données moyennes annuelles sur le CO_2 de la NOAA. Schneider, D.P., et al. 2006. Geophys. Res. Lett. 33 (16), L16707. doi.org/10.1029/2006GL027057

la causalité passée ou pour prédire les résultats climatiques futurs. Par conséquent, les affirmations selon lesquelles notre climat pourrait ressembler à celui du Miocène, la dernière fois que les niveaux de CO$_2$ ont été aussi élevés, ne peuvent être étayées.

Encadré 19. Gradients et transport dans un monde glaciaire

L'inclinaison de l'axe de la planète (appelée obliquité) varie légèrement, de 22,1° à 24,3°, avec un cycle d'environ 40 000 ans. Ce changement a un effet important sur la quantité de rayonnement solaire reçue aux hautes latitudes tout au long de l'année et des saisons, alors qu'il a un effet minime aux basses latitudes. Ces changements dans le rayonnement solaire entraînent une modification de la quantité d'énergie reçue à chaque latitude sur des milliers d'années, ce qui a un impact substantiel sur le climat. Lorsque l'obliquité de la planète devient supérieure à 23° tous les 40, 80 ou 120 000 ans, il est possible de sortir de l'état glaciaire habituel et d'entrer dans un état interglaciaire, ce qui n'est pas possible lorsque l'obliquité est inférieure à 23°. Pendant les périodes de forte obliquité, les étés aux hautes latitudes sont plus chauds et la glace fond plus rapidement. Cependant, la différence d'énergie du rayonnement solaire due aux changements d'obliquité diminue rapidement avec la latitude, et la majeure partie de la planète n'est que très peu affectée. Par conséquent, de nombreux climatologues pensent que les changements dans l'oscillation de l'axe (précession) sont plus importants pour produire une période interglaciaire, même si les preuves démontrent que l'obliquité est le facteur principal.[154]

Bien qu'elle ait peu d'effet sur la quantité de rayonnement solaire reçue dans les tropiques et les latitudes moyennes, l'obliquité a un effet étonnamment remarquable sur de nombreux enregistrements paléoclimatiques tropicaux et subtropicaux. La migration de la zone de convergence intertropicale, l'équateur climatique de la Terre (encadré 2, chap. 3), est également fortement et étonnamment influencée par l'obliquité.[155] En outre, l'analyse de l'origine de l'humidité dans les calottes glaciaires du Groenland et de l'Antarctique pendant les périodes glaciaires indique que l'obliquité a un effet important associé aux changements du gradient de température latitudinal.[156]

Cette preuve inattendue montre que l'obliquité a une influence surprenante sur la circulation atmosphérique, le cycle de l'eau et le transport de l'humidité. Cette observation peut être expliquée par deux thèmes fondamentaux de ce livre : le contrôle du gradient latitudinal de température et le transport de chaleur et d'humidité vers les pôles qui en résulte. Les changements du climat tropical provoqués par l'obliquité sont dus à des modifications du gradient d'insolation estival.[157] Cette explication répond à l'un des principaux mystères des périodes glaciaires. Les saisons étant inversées entre les hémisphères, les variations de l'insolation estivale sont de signes opposés aux deux

---

[154] Tzedakis, P.C., et al, 2017. Nature, 542 (7642), pp.427-432. doi.org/10.1038/nature21364

[155] Liu, Y., et al, 2015. Nat. Commun. 6 (1), p.10018. doi.org/10.1038/ncomms10018

[156] Masson-Delmotte, V., et al. 2005. Science, 309 (5731), pp.118-121. doi.org/10.1126/science.1108575

[157] Bosmans, J.H.C., et al, 2015. Clim. Past, 11 (10), pp.1335-1346. doi.org/10.5194/cp-11-1335-2015.

pôles (fig. E19a). Or, les glaciations et les interglaciaires sont des phénomènes symétriques, l'ensemble de la planète entrant ou sortant d'une glaciation. L'insolation saisonnière à une latitude donnée dépend principalement de la précession. Cependant, le pôle d'été est orienté vers le Soleil, et la quantité de rayonnement solaire aux hautes latitudes pendant l'été varie considérablement en fonction de l'obliquité. Lorsque l'obliquité est élevée, le gradient latitudinal d'insolation estivale s'aplatit ; lorsqu'elle est faible, il s'accentue (fig. E19b). Les changements du gradient d'insolation estivale suivent presque exactement les changements d'obliquité dans les deux hémisphères, et ce sont les conditions estivales qui sont critiques pour le début et la fin d'une glaciation.

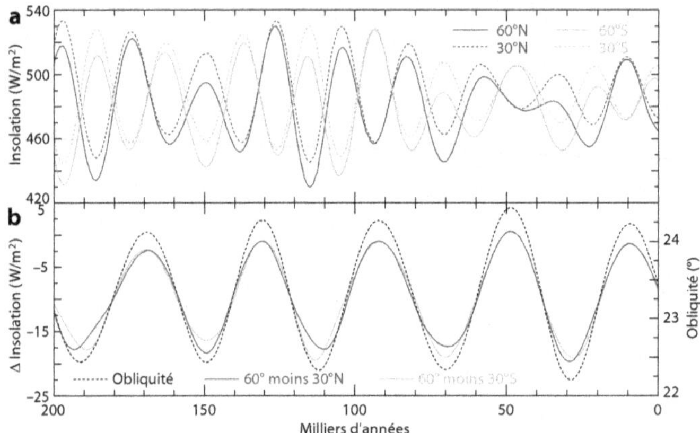

Figure E19. Evolution du gradient latitudinal d'insolation estivale en fonction de l'obliquité. a) L'insolation estivale moyenne dépend principalement de la précession. Insolation de juillet dans les hémisphères nord (gris foncé) et sud (gris clair) à 60° (courbes pleines) et 30° (courbes en pointillés). b) Le gradient d'insolation estivale, représenté par la différence d'insolation entre 60° et 30°, dépend de l'obliquité (courbe noire en pointillés).[158]

Une obliquité élevée se traduit par un gradient d'insolation estivale plus plat, ce qui favorise la conservation de l'énergie par la planète. Inversement, une faible obliquité rend le gradient plus raide, comme l'indiquent les valeurs plus négatives de la figure E19b. Un gradient plus raide entraîne un flux d'énergie et d'humidité plus important vers les pôles, ce qui conduit au refroidissement de la planète, à la formation de glace et, finalement, à la transition entre les périodes interglaciaires et les périodes glaciaires. Comme nous l'avons expliqué dans le chapitre précédent, l'augmentation du transport de chaleur vers les pôles entraîne un refroidissement de la planète.

Les données disponibles confirment que le cycle glaciaire-interglaciaire est le résultat de changements dans le gradient latitudinal de l'insolation estivale, qui entraînent par la suite des changements dans le gradient de température. Ces variations entraînent à leur tour des changements dans le transport vers les pôles de la chaleur et de l'humidité nécessaires à la formation et à la fonte des nappes glaciaires. Cette interprétation du cycle glaciaire souligne l'importance du transport estival de chaleur et d'humidité des tropiques vers les pôles, un facteur influencé par l'obliquité. Selon cette hypothèse, les tropiques, qui ont une grande capacité de

---

[158] Données de Laskar, J., et al, 2004. Astron. Astrophys. 428 (1), pp.261-285. doi.org/10.1051/0004-6361:20041335

chaleur et d'humidité, jouent un rôle majeur dans la croissance et le rétrécissement des calottes glaciaires, orchestrés par les changements d'obliquité. D'autres facteurs, dont le CO$_2$, jouent un rôle secondaire. Ainsi, les changements dans le transport de chaleur et d'humidité vers les pôles en réponse aux changements dans les gradients de température dus aux variations orbitales sont des candidats sérieux pour être la cause fondamentale du cycle glaciaire.

L'énigme de la température et du CO$_2$ à l'Holocène

Les enregistrements de la température du Pléistocène et du CO$_2$ concordent assez bien, mais ne concordent pas du tout au cours de l'Holocène. Cela a donné lieu à de nombreux débats entre climatologues sur les différentes reconstructions de la température de l'Holocène. Les données biologiques et glaciologiques montrent des changements de température importants au cours des 10 000 dernières années, tandis que les changements de CO$_2$ ont été relativement faibles et dans la direction opposée.

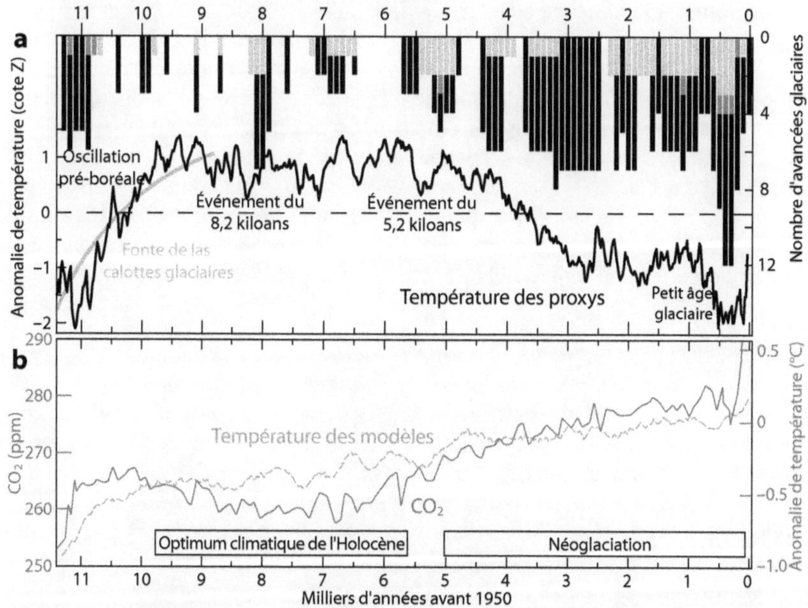

Figure 35. Évolution de la température de l'Holocène et du CO$_2$. a) En haut, l'avancée des glaciers dans l'hémisphère nord (barres noires), l'hémisphère sud (barres gris clair) et les basses latitudes (barres grises) pour chaque siècle de l'Holocène. En dessous se trouve la reconstruction de la température globale de l'Holocène à partir de 73 proxies, exprimée en cote Z ou distance à la moyenne en unités d'écart-type. b) Niveaux de CO$_2$ (courbe grise) mesurés dans une carotte de glace de l'Antarctique et température globale simulée à partir d'un ensemble de trois modèles (courbe en tirets).

La figure 35a montre une reconstruction bien connue de la température de l'Holocène à partir de 73 données indirectes.[159] Contrairement à la version pu-

---

[159] Marcott, S.A., et al, 2013. Science, 339 (6124), pp.1198-1201.
   doi.org/10.1126/science.1228026

bliée, je n'ai pas modifié la datation originale des données indirectes, et elles sont exprimées en tant qu'anomalie par rapport à leur moyenne avant le calcul de la moyenne. La reconstruction est exprimée sous la forme d'une cote Z, c'est-à-dire la distance des données par rapport à la moyenne en écart-type, ce qui permet d'éviter les attributions incertaines de température. La reconstruction présentée ici se termine en 1920, car le nombre de proxies est limité après cette date. Cette reconstruction est cohérente avec un enregistrement indépendant de l'avancée des glaciers au cours des siècles,[160] qui indique que l'Holocène a été divisé en une période chaude d'environ cinq millénaires (connue sous le nom d'Optimum climatique de l'Holocène), suivie d'une période de refroidissement d'environ cinq millénaires (connue sous le nom de Néoglaciation). Ce schéma général est ponctué par plusieurs épisodes de refroidissement bien connus qui ont laissé une forte empreinte sur les deux enregistrements, tels que l'oscillation préboréale, les événements de 8,2 et 5,2 kiloans et le petit âge glaciaire. L'étroite concordance entre les deux relevés mondiaux indépendants nous permet de croire que les caractéristiques générales de l'évolution de la température à l'Holocène se reflètent dans la reconstruction.

Pendant la majeure partie de l'Holocène, les niveaux de CO_2 se situaient généralement entre 260 et 280 ppm. Il est intéressant de noter qu'ils ont diminué pendant l'Optimum climatique de l'Holocène, mais qu'ils ont augmenté pendant la Néoglaciation, contrairement à ce que l'on pourrait attendre si le CO_2 était la force motrice des changements de température.[161] Ce désaccord entre les niveaux de CO_2 et la température est connu sous *le nom d'« énigme de la température de l'Holocène »* parce que de nombreux modèles climatiques sont si sensibles aux changements de CO_2 qu'ils reproduisent une tendance au réchauffement tout au long de l'Holocène que les preuves contredisent.[162]

En bref

Les preuves passées ne confirment pas l'affirmation selon laquelle les variations du CO_2 sont le principal moteur du changement climatique. Bien que l'on puisse s'attendre à des corrélations et que celles-ci ne prouvent pas l'existence d'un lien de causalité, il est difficile de les trouver en dehors du Pléistocène en raison de problèmes de qualité des données. Au cours du Pléistocène, il existe une corrélation pendant les changements prononcés du cycle glaciaire, mais la disparité croissante dans l'Antarctique au cours des deux derniers siècles jette un doute sur son interprétation. Les données disponibles suggèrent que le cycle glaciaire est davantage déterminé par des changements dans l'inclinaison de l'axe de la Terre, qui entraînent des changements dans la quantité de chaleur et d'humidité transportée vers les pôles pendant les étés. Au cours des 10 000 dernières années, le CO_2 et la température ont évolué dans des directions opposées. La situation observée depuis 1975, dans laquelle l'augmentation du CO_2 pourrait être devenue le principal moteur du réchauffement planétaire, serait l'exception et non la règle.

---

[160] Solomina, O.N., et al, 2015. Quat. Sci. Rev. 111, pp.9-34.
    doi.org/10.1016/j.quascirev.2014.11.018
[161] Monnin, E., et al, 2004. Earth Planet. Sci. Lett. 224 (1-2), pp.45-54.
    doi.org/10.1016/j.epsl.2004.05.007
[162] Liu, Z., et al. 2014. PNAS, 111 (34), pp.E3501-E3505.
    doi.org/10.1073/pnas.1407229111

Chapitre 22
Les Événements Climatiques Abrupts de l'Holocène

Le climat de l'Holocène était très instable. Les scientifiques ont identifié, grâce à l'analyse de données proxy, près de deux douzaines d'événements climatiques abrupts, qui se sont produits à un rythme de deux par millénaire. Il s'agit d'un défi car les changements dans les niveaux de CO_2 au cours de l'Holocène ont été minimes jusqu'à récemment, de sorte que la cause de la plupart de ces événements reste un mystère. Certains experts suggèrent que des changements dans l'activité solaire ou volcanique pourraient les avoir déclenchés. Toutefois, les modèles climatiques existants et le GIEC considèrent que ces facteurs naturels sont trop faibles pour expliquer ces événements abrupts.

Quatre événements climatiques abrupts majeurs de l'Holocène se sont produits avec une quasi-périodicité irrégulière de 2500 ans. Ces événements ont marqué les limites de différentes périodes paléoécologiques. Les changements climatiques observés au cours de ces quatre événements indiquent qu'il y a eu un changement dans la circulation atmosphérique qui a affecté le plus fortement l'hémisphère nord. Ce changement a provoqué une contraction des tropiques et une expansion des régions polaires, augmentant ainsi le gradient de température entre l'équateur et les pôles. La réorganisation atmosphérique qui en a résulté a provoqué un flux de chaleur plus important vers les pôles, entraînant un refroidissement de la planète et des changements dans le régime des précipitations.

Le climat instable de l'Holocène

Dans le chapitre précédent, nous avons appris que pendant la majeure partie de l'Holocène, qui s'étend sur plus de 10 000 ans, les niveaux de CO_2 ont fluctué dans une fourchette étroite de 20 ppm. Par rapport à aujourd'hui, où il peut augmenter de 20 ppm en l'espace de huit ans seulement, ce changement minime n'aurait pas pu avoir un impact significatif sur le climat. Cependant, les données recueillies au cours du siècle dernier montrent que le climat a changé de manière substantielle au cours de la même période.

Au début du 20e siècle, les chercheurs ont identifié un modèle général de changement climatique à l'Holocène, caractérisé par trois phases distinctes : une phase de réchauffement, une période chaude (connue sous le nom d'Optimum climatique de l'Holocène) et une phase de refroidissement (connue sous le nom de Néoglaciation). Par la suite, les chercheurs scandinaves ont divisé l'Holocène en cinq phases en se basant sur des études paléoécologiques des changements de végétation provoqués par les changements de température et de précipitations. Ces périodes comprennent la phase de réchauffement préboréale, qui a été plus courte que les quatre périodes suivantes : Boréale, Atlantique, Subboréale et Subatlantique, qui ont chacune duré environ 2 500 ans (fig. 36). Il convient de noter que les changements entre ces périodes étaient relativement abrupts, comme le montre la transition de la période subboréale à la période subatlantique il y a environ 2 800 ans, décrite au chapitre 45.

Pour le climat holocène, nous définissons un changement des paramètres climatiques comme abrupt s'il se produit beaucoup plus rapidement que la tendance à long terme, mais prend encore plusieurs décennies, voire quelques siècles. Selon cette définition, le changement climatique actuel, qui s'est produit au cours des deux derniers siècles, peut être qualifié d'abrupt.

Les événements climatiques abrupts de l'Holocène ont été identifiés à l'aide de divers proxys dans différentes parties du monde, tels que l'activité des icebergs dans l'Atlantique Nord, le méthane piégé dans les carottes de glace du Groenland, les relevés de précipitations du Moyen-Orient et les changements de la mousson asiatique. Au fur et à mesure que la recherche a progressé, le nombre d'événements identifiés a augmenté, les estimations récentes suggérant qu'au moins 23 événements climatiques abrupts ont eu lieu à un rythme d'environ deux événements par millénaire.[163] Le climat de l'Holocène a toujours été instable et l'événement climatique abrupt actuel est le dernier d'une longue série de fluctuations.

Le problème est que nous ne pouvons pas déterminer la cause de tous les événements climatiques abrupts de l'Holocène, à l'exception d'un seul. Le CO_2 n'étant pas considéré comme un facteur important, il ne nous reste qu'une seule hypothèse crédible pour expliquer un seul événement. On pense que la libération soudaine d'un énorme volume d'eau glacée provenant de la fonte d'un immense système de lacs glaciaires nord-américains dans l'Atlantique Nord il y a 8 300 ans a contribué à l'un des événements abrupts les plus importants de l'Holocène, connu sous le nom d'événement de 8,2 kiloans.

Il n'y a pas de consensus parmi les scientifiques sur la cause des nombreux événements climatiques abrupts de l'Holocène, et les modèles climatiques n'ont pas été en mesure de les expliquer car ils ne peuvent pas les reproduire. Certains paléoclimatologues soutiennent qu'ils ont été provoqués par des variations régulières de l'activité solaire et des changements sporadiques de l'activité volcanique, mais les modèles n'attribuent qu'un faible effet à ces forçages naturels.

Refroidissement brutal presque périodique

Pour simplifier la complexité des changements climatiques de l'Holocène, nous nous concentrerons sur quatre événements bien connus et bien étudiés ayant des effets significatifs sur le climat par les proxys. Il s'agit de l'oscillation boréale (il y a 10 300 ans), de l'événement 5,2 kiloans (il y a 5 200 ans), de l'événement 2,8 kiloans et du petit âge glaciaire (1300-1845 ap. J.-C.). Ces périodes sont séparées par des périodes paléoécologiques identifiées dans des études polliniques du milieu du 20e siècle, comme le montre la figure 36. Trois de ces événements sont séparés par 2500 ± 300 ans, et le quatrième par le double, formant un quasi-cycle avec une étape manquante. Ce quasi-cycle peut être prolongé par d'autres événements abrupts identifiables jusqu'à il y a 20 500 ans, pendant le dernier maximum glaciaire, sans qu'il manque une autre étape.

De nombreux climatologues considèrent le climat comme un phénomène météorologique à long terme, un phénomène chaotique généré en interne qui change en fonction des conditions affectant le flux d'énergie au sommet de l'atmosphère. Ils rejettent la possibilité que le climat puisse être cyclique et déterminé de l'exté-

---

[163] Vinós, J., 2022. Le climat du passé, du présent et du futur : un débat scientifique. p.61. Critical Science Press.

rieur sur des échelles plus courtes que les cycles orbitaux de Milankovitch, qui durent des dizaines de milliers d'années. Leur position est compréhensible, étant donné l'incapacité historique à relier les changements climatiques aux changements du Soleil ou de la Lune. Les preuves sont également moins convaincantes parce que les changements du Soleil et du climat ne sont pas strictement cycliques, mais presque périodiques. Par exemple, la durée du cycle solaire de 11 ans varie de 9 à 14 ans, et son amplitude peut varier considérablement. Malgré cette irrégularité, le cycle solaire est bien établi car il s'est répété de nombreuses fois au cours des 200 dernières années. En revanche, un cycle irrégulier qui s'étend sur 2 500 ans et qui est parfois indétectable est plus difficile à accepter, même si c'est ainsi que le Soleil se comporte. Par conséquent, les climatologues peuvent rester sceptiques face aux preuves liant le changement climatique à des variations quasi cycliques de facteurs externes, tels que l'activité solaire.

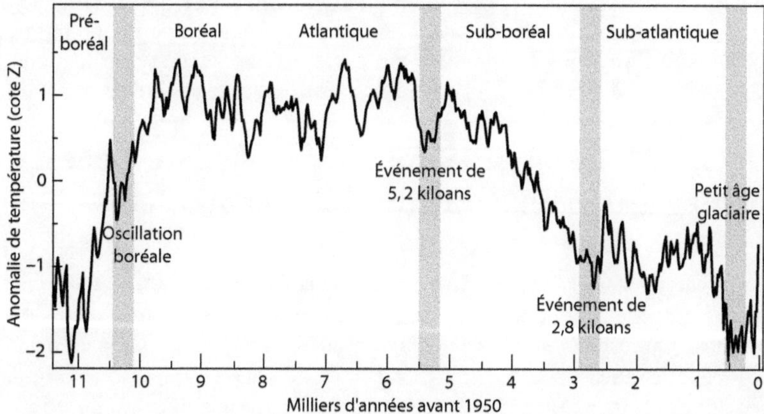

Figure 36. Quatre événements climatiques abrupts majeurs. Ils sont indiqués par des barres verticales dans une reconstruction de la température de l'Holocène (chap. 21). Ils séparent certaines périodes paléoécologiques déjà reconnues et sont indiqués par leur nom en haut.

Les quatre événements abrupts illustrés dans la figure 36 ont eu des impacts différents sur l'évolution du climat de l'Holocène car l'état climatique de fond était différent lors de chaque événement. Cependant, les quatre événements ont eu en commun certains changements qui sont étayés par diverses études scientifiques.[164] Ces changements sont les suivants

* Une augmentation spécifique des précipitations aux latitudes moyennes et élevées
* Diminution des précipitations dans les régions tropicales et subtropicales
* Affaiblissement des moussons tropicales
* Augmentation de la force des vents aux latitudes moyennes et élevées
* Augmentation de la circulation atmosphérique polaire
* Refroidissement hivernal
* Refroidissement de la surface des océans
* Augmentation de la différence de température entre l'équateur et les pôles
* Avancée du glacier
* Augmentation de l'activité des icebergs

---

[164] Vinós, op. cit. p.106, et références au chapitre 6.

Tous ces facteurs indiquent un effet atmosphérique compatible avec une expansion des cellules polaires entraînant un déplacement vers le sud du courant-jet, un déplacement vers l'équateur de la cellule de Ferrel et du jet subtropical, et un déplacement similaire des branches descendantes des cellules de Hadley qui se contractent. Ces changements dans la configuration des vents peuvent être à l'origine de changements dans les précipitations et les températures.

Nous pouvons conclure que ces quatre événements ont provoqué un changement substantiel dans la circulation atmosphérique de la planète, résultant en une circulation hivernale plus forte qui a poussé plus de chaleur vers les pôles à travers un gradient de température de plus en plus abrupt. Comme nous l'avons vu plus haut (chap. 11-16), les effets ont été plus prononcés dans l'hémisphère nord en raison d'une circulation hivernale plus forte et plus variable vers l'Arctique. Ces événements ont duré si longtemps et ont eu un effet si profond que lorsqu'ils se sont terminés et que la circulation atmosphérique est revenue à la normale, le climat de la planète avait déjà changé d'état. Dans le prochain chapitre, nous examinerons les preuves qui étayent l'hypothèse selon laquelle les changements de l'activité solaire sont à l'origine de ces événements.

Encadré 20. Les températures actuelles sont-elles plus élevées qu'au cours des 125 000 dernières années ?

Le réchauffement planétaire actuel s'écarte de la tendance générale au refroidissement de la période néoglaciaire. Il ne fait aucun doute que l'énorme quantité de CO_2 libérée dans l'atmosphère par les activités humaines contribue à ce réchauffement. La plupart des scientifiques s'accordent à dire qu'il s'agit de la principale cause du réchauffement. Cependant, le réchauffement climatique moderne a commencé il y a 180 ans, bien avant l'accélération des émissions qui s'est produite depuis 1960. En outre, l'augmentation de la température ne présente pas l'accélération attendue pour l'augmentation exponentielle du CO_2 atmosphérique qui se produit actuellement.

De nombreuses personnes sont alarmées par le flux constant de nouvelles alarmantes concernant la climatologie, et une question clé est de savoir dans quelle mesure l'événement climatique abrupt actuel est inhabituel. Nous avons atteint des niveaux de CO_2 atmosphérique jamais vus sur Terre au cours des 3 derniers millions d'années, depuis la période chaude du milieu du Pliocène, qui sont 60 % plus élevés que pendant l'optimum climatique de l'holocène. Si le CO_2 est vraiment le principal moteur du climat, comme beaucoup le pensent, la température actuelle, après un tel réchauffement, devrait se situer quelque part entre ces deux périodes chaudes. Certaines reconstitutions des températures de l'Holocène vont dans ce sens, et le 6e rapport d'évaluation du GIEC l'exprime en ces termes : *« les températures de surface au cours de la dernière décennie étaient probablement plus chaudes que lorsque la longue tendance au refroidissement a commencé il y a environ 6 500 ans ».*[165]

L'affirmation selon laquelle les températures de surface actuelles sont plus chaudes que pendant l'optimum climatique de l'Holocène n'est pas fiable. Cette conclu-

---

[165] Gulev, S.K., et al, 2021. Climate change 2021 : The physical science basis. 6th AR IPCC. p.378. doi.org/10.1017/9781009157896.004

sion repose sur une comparaison entre une reconstitution de la température de l'Holocène basée sur des proxys et des données instrumentales. Une telle comparaison mérite plusieurs critiques importantes. Les proxys n'enregistrent pas directement les changements de température, mais sont le résultat de processus biologiques ou géologiques qui réagissent aux changements de température. La conversion des données proxy en changements de température implique de nombreuses incertitudes et des hypothèses non prouvées. La combinaison des données marines et terrestres pour comparer les changements de température est également problématique car elles ne changent pas de la même manière. Les températures proxy et instrumentales sont fondamentalement différentes et ne devraient pas être comparées quantitativement. En outre, la constitution d'une collection de proxys ou d'archives de données de température implique de nombreuses décisions humaines qui sont sujettes à des biais cognitifs involontaires. Existe-t-il d'autres éléments permettant de déterminer si l'optimum climatique de l'Holocène était plus chaud ou plus froid qu'aujourd'hui ? Oui, nous en avons deux : les glaciers et les arbres.

L'Optimum climatique de l'Holocène est la période des 100 000 dernières années au cours de laquelle les glaciers étaient les plus petits, tandis que le Petit âge glaciaire est la période des 7 000 dernières années au cours de laquelle les glaciers étaient les plus étendus. Entre 8 000 et 4 000 ans, les glaciers étaient généralement plus petits qu'aujourd'hui dans la plupart des régions de l'hémisphère nord situées à des latitudes moyennes et élevées. Le 6e rapport d'évaluation du GIEC reconnaît que la plupart des glaciers de l'hémisphère nord sont aujourd'hui plus étendus qu'auparavant, mais note qu'ils ont besoin d'un temps d'adaptation relativement long. Cependant, 80 % des glaciers du monde sont très petits, avec une superficie de 1 km^2 ou moins, et les glaciers sont affectés par la température annuelle moyenne et les précipitations à leur surface plutôt que par le réchauffement climatique.

Les glaciers tropicaux ont connu le plus grand recul depuis 1980, bien que le réchauffement ait été moins intense dans ces régions. Les glaciers des latitudes moyennes à élevées, où le réchauffement a été plus intense, n'ont pas autant reculé.[166] Il est important de noter que le recul des glaciers n'est pas seulement dû à l'augmentation des températures ; l'accumulation anthropique de carbone noir et de détritus y contribue également. Ces facteurs non climatiques sont susceptibles d'exacerber le recul actuel. L'hémisphère nord extratropical a connu le réchauffement le plus important dû au réchauffement planétaire moderne. La présence dans cette région de plusieurs glaciers et de petites nappes glaciaires permanentes qui n'existaient pas pendant l'Optimum climatique holocène est une preuve solide que le passé était plus chaud que le présent.

Un autre moyen de déterminer si l'optimum climatique de l'Holocène était plus chaud qu'aujourd'hui est d'examiner la biologie. Les arbres ne poussent pas au-delà d'une certaine hauteur au-dessus du niveau de la mer, appelée « limite des arbres ». La température est le principal facteur qui détermine la position de la limite des arbres. Par conséquent, la limite des arbres s'est élevée en de nombreux endroits au cours du siècle dernier, en particulier dans l'hémisphère nord extratropical, où le réchauffement hivernal a été particulièrement intense.

---

[166] Li, Y.J., et al, 2019. Adv. Clim. Change Res. 10 (4), pp.203-213. doi.org/10.1016/j.accre.2020.03.003.

De nombreuses études ont montré qu'au cours de l'Optimum climatique holo-cène, la limite des arbres dans les Alpes italiennes, les Alpes centrales suisses (fig. E20), les Pyrénées, la Scandinavie suédoise et la Colombie-Britannique était beau-coup plus élevée qu'aujourd'hui.

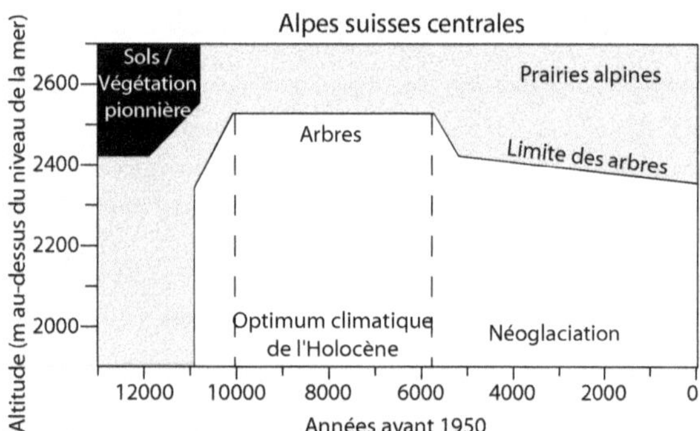

Figure E20. Fluctuations de la limite des arbres dans les Alpes suisses centrales au cours de l'Holocène. Altitude en mètres au-dessus du niveau de la mer. La limite actuelle des arbres dans les Alpes suisses centrales se situe entre 150 et 200 m en dessous de la limite de l'Optimum climatique de l'Holocène.[167]

L'hémisphère nord a connu le réchauffement climatique le plus important au cours des dernières décennies. Des études ont montré que de nombreuses espèces d'arbres à feuilles caduques de cet hémisphère ont atteint l'équilibre thermique, ce qui signifie qu'elles ne peuvent pas pousser à des altitudes plus élevées parce qu'il fait trop froid.[168] Cependant, lors de l'optimum climatique de l'Holocène, ces mêmes espèces d'arbres pouvaient croître bien au-delà de leurs limites actuelles. Il est donc clair que la planète ne peut pas être plus chaude aujourd'hui qu'elle ne l'était à l'épo-que, indépendamment de toute reconstruction de proxies ou de toute homogénéisa-tion des données de température. Si la planète était plus chaude aujourd'hui, soit les espèces d'arbres seraient hors d'équilibre thermique, soit leur altitude d'équilibre serait plus élevée qu'elle ne l'était pendant l'Optimum climatique de l'Holocène.

En bref

Pendant l'Holocène, le climat était instable et il y a eu de nombreux événe-ments climatiques abrupts, environ deux par millénaire, qui n'ont pas pu être causés par des changements dans les niveaux de CO₂. Certains de ces événe-ments avaient une distribution presque périodique et impliquaient une réorga-nisation atmosphérique majeure, entraînant un gradient de température plus marqué, une réduction des zones tropicales et une expansion des régions polai-res. Cela a eu pour effet d'augmenter le transport de chaleur vers les pôles, ce qui a entraîné un refroidissement global et des changements significatifs dans le régime des précipitations. L'événement climatique abrupt actuel n'est que le dernier d'une longue chaîne. Malgré le réchauffement qui s'est produit, les données glaciologiques et biologiques montrent que l'optimum climatique de l'Holocène était plus chaud que l'actuel. Ces données sont plus fiables que les reconstructions incertaines.

[167] Tinner, W. & Theurillat, J.P., 2003. Arct. Antarct. Alp. Res. 35 (2), pp.158-169.
doi.org/10.1657/1523-0430(2003)035[0158:ULEAFO]2.0.CO;2
[168] Randin, C.F., et al, 2013. Glob. Ecol. Biogeogr. 22 (8), pp.913-923.
doi.org/10.1111/geb.12040.

CHAPITRE 23
ACTIVITÉ SOLAIRE PASSÉE ET CLIMAT

Les scientifiques ont utilisé la datation au radiocarbone pour reconstituer l'activité solaire passée et ont trouvé des preuves que certains des événements météorologiques abrupts les plus importants de l'histoire se sont produits pendant des minima solaires importants, longs et profonds, en particulier du type Spörer. Ces minima solaires font partie d'une périodicité solaire-climatique de 2 500 ans connue sous le nom de cycle de Bray, le cycle climatique le plus important pour les fréquences inférieures à 10 000 ans. L'importance de ce cycle solaire dans le changement climatique est corroborée par la preuve que les plus grands déclins de la population humaine se sont produits pendant les périodes de faible activité solaire prolongée.

Il est important de noter que si l'activité solaire a eu un tel effet sur le climat dans le passé, il est probable qu'elle en ait encore un aujourd'hui. Cependant, les modèles climatiques n'intègrent pas actuellement un effet significatif de l'activité solaire sur le climat, et de nombreux scientifiques rejettent cette possibilité.

Datation au radiocarbone et activité solaire dans le passé

La datation au radiocarbone a constitué une avancée scientifique. En plus de permettre la datation archéologique, elle a permis aux scientifiques de déterminer les niveaux passés de l'activité solaire. La méthode repose sur l'arrivée de rayons cosmiques de haute énergie, qui produisent dans l'atmosphère un isotope radioactif appelé ^{14}C. Ce ^{14}C se combine avec l'oxygène pour produire une petite quantité de $^{14}CO_2$ radioactif dans l'atmosphère, tandis que la grande majorité du CO_2 est du $^{12}CO_2$ non radioactif. Les plantes utilisent les deux types de CO_2, et les atomes de carbone de ces molécules se retrouvent dans le corps de tous les organismes vivants. Au fil du temps, ^{14}C se désintègre radioactivement en ^{12}C à un rythme constant. Par conséquent, plus un échantillon organique est ancien, moins il contient de ^{14}C. La datation au radiocarbone est basée sur la détermination du rapport $^{14}C/^{12}C$ des restes organiques anciens.

La datation au radiocarbone n'est pas une méthode parfaite pour mesurer le temps car le rapport $^{14}C/^{12}C$ dans l'atmosphère n'est pas constant. Ce rapport est affecté par les changements de la quantité de CO_2 dans l'atmosphère, ce qui affecte la quantité de ^{12}C. Cependant, au cours des 11 000 dernières années jusqu'à 1850, les changements de CO_2 ont été minimes (chap. 21), de sorte que le grand dénominateur de ^{12}C varie très peu au cours de l'Holocène, ce qui permet de l'ajuster facilement.

D'autre part, la production de ^{14}C est affectée par les changements des champs magnétiques solaire et terrestre, qui influencent le nombre de rayons cosmiques atteignant la Terre. Le champ magnétique terrestre se modifie lentement sur des milliers d'années, alors que celui du Soleil change constamment. Lorsque le Soleil est moins actif, son champ magnétique s'affaiblit, ce qui permet à un plus grand nombre de rayons cosmiques d'atteindre la Terre et à une plus grande quantité de [14]C d'être produite. Cela a pour effet d'augmenter le rapport ^{14}C/^{12}C, ce qui fait que les échantillons plus anciens paraissent plus jeunes parce qu'ils contiennent plus de [14]C.

Inversement, lorsque l'activité solaire est élevée, l'horloge du radiocarbone tourne plus lentement car le rapport ^{14}C/^{12}C diminue. Comme l'horloge du radiocarbone fonctionne de manière irrégulière, les dates du radiocarbone ne correspondent pas linéairement aux dates du calendrier.

Les scientifiques spécialistes du radiocarbone utilisent une courbe d'étalonnage pour convertir les dates de radiocarbone en dates calibrées ou calendaires lorsqu'ils déterminent des dates anciennes. Ce processus a débuté dans les années 1950, et l'année de départ du calendrier calibré est 1950. Par conséquent, de nombreux graphiques font référence à la période antérieure à 1950, qui est considérée comme le présent dans la plupart des études de paléodatation. La courbe d'étalonnage est un résultat scientifique fiable, indépendant des études climatiques, illustré dans la figure 37a.

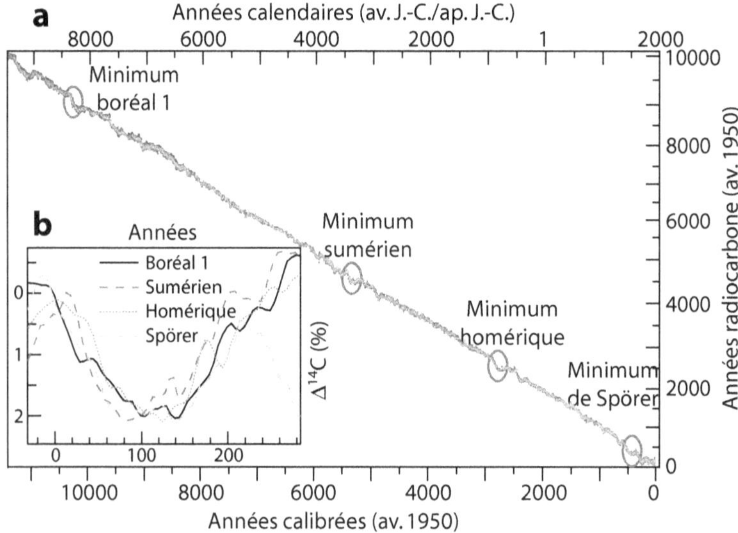

Figure 37. Datation au radiocarbone et activité solaire passée. a) Courbe d'étalonnage du radiocarbone permettant de convertir les dates radiocarbone en dates calibrées ou calendaires.[169] Quatre des plus grands écarts par rapport à la linéarité sont indiqués par des ovales gris avec le nom du grand minimum solaire correspondant. b) Superposition des quatre minima de type Spörer pour comparer leur durée et leur effet sur les niveaux de [14]C.

La courbe de la figure 37a montre de longues périodes de faible activité solaire, appelées grands minima solaires, qui apparaissent comme des encoches. Parmi ceux-ci, il existe un type particulier de grand minimum solaire appelé type Spörer, qui dure 200 ans et présente l'activité solaire la plus faible, provoquant une augmentation de 2 % de [14]C. Il n'y a que quatre minima de type Spörer dans l'Holocène, marqués par des ovales dans la figure 37a et montrés dans la figure 37b. Ces périodes sont précisément datées et correspondent aux quatre périodes

[169] Reimer, P.J., et al. 2013. Radiocarbon, 55 (4), pp.1869-1887.
    doi.org/10.2458/azu_js_rc.55.16947

de deux siècles où l'activité solaire a été la plus faible au cours de l'Holocène. Quelles étaient les conditions climatiques au cours de ces périodes ?

Un cycle solaire et climatique de 2 500 ans

Pour examiner la relation entre l'activité solaire et le climat, nous pouvons combiner les figures 36 (chap. 22) et 37a dans la figure 38. Le résultat est très révélateur. Les quatre périodes d'activité solaire la plus faible au cours de l'Holocène coïncident avec quatre des événements climatiques abrupts les plus importants et les mieux connus de l'Holocène. Cette preuve est indéniable et la direction de la causalité ne peut être mise en doute, puisque les événements sur Terre n'influencent pas l'activité solaire. Il n'est pas surprenant que de nombreux paléoclimatologues soient convaincus que l'activité solaire, malgré ses faibles variations d'énergie, a un effet majeur sur le climat, puisque les preuves le confirment clairement. En effet, les auteurs d'une étude sur les changements climatiques de l'Holocène ont appelé à une évaluation multidisciplinaire approfondie du potentiel de modulation solaire du climat à l'échelle centennale.[170] Cependant, la plupart des climatologues nient ces preuves paléoclimatiques évidentes. Une récente étude de modélisation des effets possibles d'un important minimum solaire survenant au 21e siècle a conclu qu'il n'entraînerait qu'une différence de température de 0,3 °C, de sorte que le réchauffement planétaire se poursuivrait, bien qu'à un rythme plus lent.[171] Cette conclusion contraste fortement avec les données paléoclimatiques.

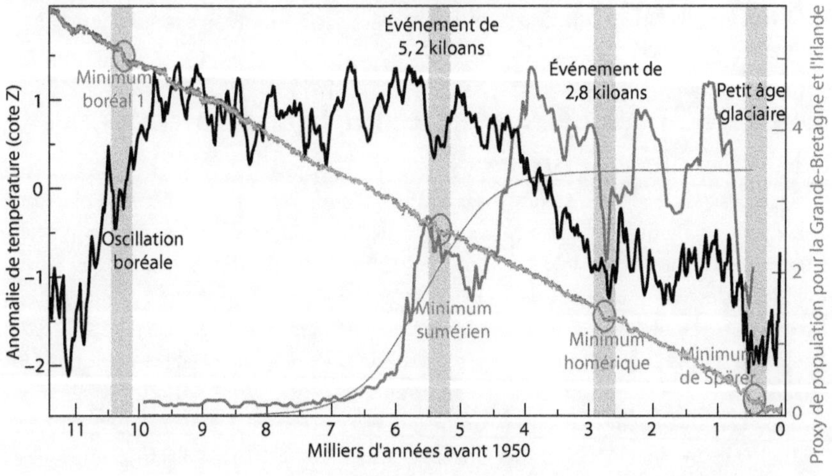

Figure 38. Correspondance soleil-climat. Quatre grands événements climatiques abrupts (barres grises), indiqués par une reconstruction de la température de l'Holocène (courbe noire, chap. 21), coïncident avec les quatre grands minima solaires de type Spörer (ovales gris). Une approximation de la population humaine dans les îles britanniques

---

[170] Rohling, E.J., et al, 2002. Clim. Dyn. 18 (7), pp.587-593.
  doi.org/10.1007/s00382-001-0194-8

[171] Arsenovic, P., et al. 2018. Atmospheric Chem. Phys. 18 (5), pp.3469-3483.
  doi.org/10.5194/acp-18-3469-2018.

(courbe gris) indique un déclin de la population au cours de ces périodes et d'autres périodes de refroidissement.[172]

Dans le chapitre précédent, nous avons abordé les quatre principaux événements climatiques abrupts qui ont pu se produire selon une éventuelle périodicité irrégulière de 2 500 ans. Cette observation a été faite pour la première fois par Roger Bray en 1968, qui a établi un lien entre un cycle de 2 500 ans de l'activité solaire et le climat.[173] Ce cycle a donc récemment reçu le nom de cycle de Bray.[174]

La plupart des climatologues contestent l'idée que l'activité solaire ait un effet substantiel sur le climat. Ils affirment que le cycle solaire de 11 ans n'a qu'un faible effet sur le climat et qu'il n'existe pas de mécanisme accepté pour un effet solaire plus important. En outre, l'existence de cycles solaires plus longs pose problème. Un modèle solaire a été développé pour expliquer le cycle connu de 11 ans, mais les cycles plus longs n'ont pas de cause connue. Certaines hypothèses ont été proposées pour expliquer les cycles plus longs, suggérant que les orbites planétaires peuvent affecter l'activité solaire par divers mécanismes, mais il n'y a pas de preuves à l'appui.

Il semble que les longs minima solaires de type Spörer aient un impact plus important sur le climat que les minima plus courts de type Maunder, qui durent environ 70 ans. Cela signifie que l'effet d'une faible activité solaire sur le climat s'accumule au fil du temps et devient d'autant plus fort que le minimum dure longtemps. Cela pourrait expliquer pourquoi le cycle solaire de 11 ans a un effet relativement modeste, puisque l'activité solaire n'est inférieure à la moyenne que pendant cinq ans environ.

Encadré 21. Le cycle solaire millénaire au cours des 2 000 dernières années

L'analyse de l'activité solaire passée révèle une fréquence millénaire évidente, basée principalement sur la fréquence accrue des grands minima solaires de type Maunder. Le minimum de Maunder, identifié à l'aide de télescopes nouvellement inventés, s'est produit entre 1645 et 1715 et a été le dernier grand minimum solaire. Il a coïncidé avec le petit âge glaciaire, caractérisé par des températures plus basses et les plus grandes avancées glaciaires de l'Holocène. Malgré quelques étés chauds en Europe, en Chine et en Amérique du Nord, cette période a également connu certains des hivers les plus froids jamais enregistrés.

Le cycle solaire de 1 000 ans porte le nom de John Eddy, l'astronome qui a relancé l'intérêt pour le minimum de Maunder dans les années 1970. Ce cycle est très irrégulier ; il est très visible dans l'enregistrement du ^{14}C pendant l'Holocène inférieur et les 2 000 dernières années, mais il l'est moins entre les deux. Les cycles de Bray et d'Eddy sont presque en phase, ce qui signifie que leurs minima sont rapprochés dans le temps tous les 5 000 ans. La dernière fois que cela s'est pro-

---

[172] Bevan, A., et al, 2017. PNAS, 114 (49), pp.E10524-E10531. doi.org/10.1073/pnas.1709190114

[173] Bray, J.R., 1968. Nature, 220, pp.672-674. doi.org/10.1038/220672a0

[174] Vinós, J., 2022. Le climat du passé, du présent et du futur : un débat scientifique. Critical Science Press.

duit, c'était pendant le petit âge glaciaire, qui s'est traduit par une série de trois grands minimums solaires en moins de 500 ans, coïncidant avec la période la plus froide de l'Holocène. Cette coïncidence ne se reproduira pas avant 4 500 ans, et lorsqu'elle se reproduira, elle a de bonnes chances de déclencher la prochaine période glaciaire, si elle n'a pas déjà commencé.

Les preuves liant l'activité solaire à des changements climatiques significatifs suggèrent que le cycle d'Eddy a joué un rôle important au cours des 2 000 dernières années. La figure E21 illustre ce fait en montrant l'enregistrement de ^{14}C en tant qu'indicateur de l'activité solaire, avec une fréquence sinusoïdale sur 1 000 ans obtenue à partir des données par filtrage passe-bande. La figure montre également un proxy du climat, la quantité de décharge d'icebergs dans l'Atlantique Nord, mesurée par le contenu des traceurs pétrologiques dans les carottes benthiques.[175] Ces traceurs sont transportés par les icebergs et libérés lors de leur fonte. Pendant les périodes froides où les chutes de neige hivernales sont plus importantes, les glaciers côtiers avancent davantage et libèrent plus d'icebergs, ce qui augmente la quantité de traceurs. Bien que les deux courbes ne coïncident pas toujours parfaitement, leur corrélation globale est trop étroite pour être considérée comme une coïncidence. Toute augmentation de l'activité des icebergs, qui indique des températures plus fraîches, correspond à une diminution de l'activité solaire. Par conséquent, la relation observée implique que l'activité solaire a été le principal moteur du climat à l'échelle centennale au cours des 2 000 dernières années.

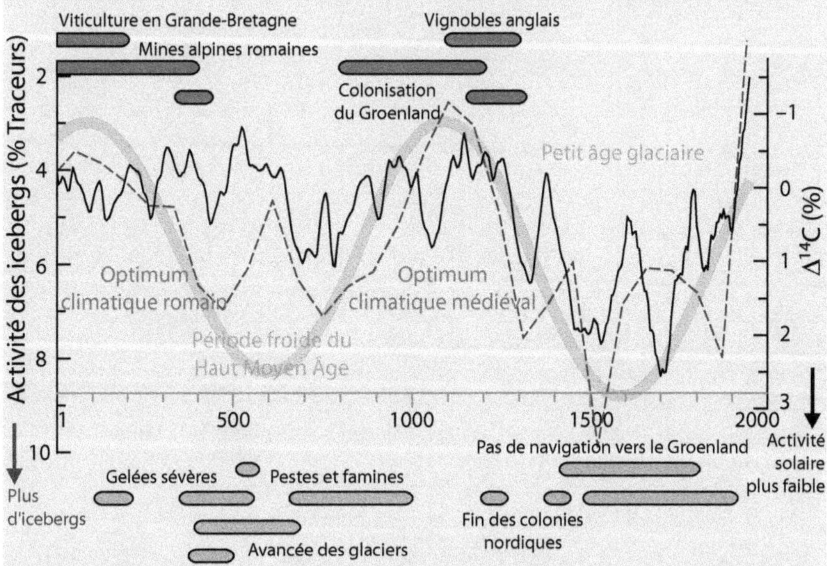

Figure E21. Le cycle solaire-climatique millénaire au cours des 2 000 dernières années. La variation de ^{14}C (courbe noire), proxy de l'activité solaire, est comparée à l'activité des icebergs dans l'Atlantique Nord (courbe grise en tirets), proxy du climat. La courbe sinusoïdale gris clair montre la fréquence millénaire de la variabilité de ^{14}C obtenue en filtrant les données par bandes.

---

[175] Bond, G., et al. 2001. Science, 294 (5549), pp.2130-2136.
    doi.org/10.1126/science.1065680

Elle définit deux périodes chaudes et deux périodes froides, étayées par de nombreuses preuves, dont certaines sont représentées par des barres gris foncé et clair (voir le texte principal).

Le climat des deux derniers millénaires se caractérise par quatre phases : l'optimum climatique romain (qui se termine vers 400), la période froide du Haut Moyen Âge (bipartite, avec une phase précoce vers 500 et une phase tardive vers 700), l'optimum climatique médiéval (centrée autour de 1100) et le petit âge glaciaire (qui commence vers 1300). Ce schéma, avec sa quasi-périodicité millénaire, est étayé par de nombreuses preuves historiques, biologiques, géologiques et climatiques. Une publication récente présente certaines de ces données sous la forme des barres colorées de la figure E21, où le gris foncé indique la chaleur et le gris clair le froid.[176]

Toutefois, ce schéma pose un problème à certains climatologues car la phase actuelle est supposée être chaude, indépendamment des émissions, en raison de l'augmentation de l'activité solaire depuis la fin du petit âge glaciaire. Cela contredit les modèles climatiques et désamorce l'urgence climatique, même si l'augmentation des niveaux de CO_2 contribue au réchauffement observé.

Impact du climat solaire sur les sociétés humaines

Les archéologues utilisent la datation au radiocarbone pour déterminer l'âge du bois et des restes organiques trouvés sur les sites archéologiques. Le nombre de dates radiocarbone recueillies par les chercheurs ayant considérablement augmenté au fil du temps, ils ont utilisé ces informations pour estimer les populations anciennes. La théorie veut que des sites plus vastes et plus abondants, contenant davantage de restes organiques, indiquent une population plus nombreuse, qui fournit à son tour du matériel pour davantage de datations au radiocarbone. Une étude récente a utilisé cette approche pour évaluer les changements démographiques dans les îles britanniques au cours de l'Holocène, révélant un déclin significatif de la population pendant les périodes de faible activité solaire et de changement climatique abrupt (fig. 38, courbe grise). Le résultat confirme qu'il s'agit d'un phénomène réel et que la réduction de l'activité solaire et le changement climatique qui en a résulté ont entraîné des pénuries alimentaires, avec les souffrances et la misère qui s'ensuivent. Les auteurs signalent *« de multiples cas de déclin de la population humaine tout au long de l'Holocène qui coïncident avec des épisodes périodiques de baisse de l'activité solaire et de réorganisation du climat »*.[177]

La figure 38 montre une relation claire entre les courbes de population et de température, confirmant la justesse de cette reconstruction de la température de l'Holocène, qui est également soutenue par les preuves glaciologiques (chap. 21).

L'étude de la population humaine révèle également un cycle démographique millénaire avec des pics tous les mille ans au cours des quatre derniers millénaires, ce qui corrobore une quasi-périodicité climatique en phase avec le cycle millénaire de l'activité solaire. Cependant, la plupart des climatologues rejettent l'idée d'un cycle climatique millénaire parce que des événements historiques tels que les optimums climatiques romaine et médiévale, la période froide

---

[176] Moffa-Sánchez, P. & Hall, I.R., 2017. Nat. Commun. 8 (1), p.1726.
doi.org/10.1038/s41467-017-01884-8

[177] Bevan, A., et al, 2017. PNAS, 114 (49), pp.E10524-E10531.
doi.org/10.1073/pnas.1709190114

du Haut Moyen Âge et le petit âge glaciaire ne peuvent être expliqués de manière adéquate par l'hypothèse climatique de l'effet renforcé du CO_2. Certains scientifiques considèrent ces événements comme des anomalies régionales ayant peu d'impact au niveau mondial. Accepter une périodicité millénaire impliquerait que le réchauffement se produise même sans émissions humaines, ce qui contredit les modèles climatiques. Accepter cette périodicité climatique reviendrait à admettre que les modèles sont fondamentalement défectueux. Il est peu probable que cela soit accepté, quelle que soit la quantité de preuves d'un cycle climatique millénaire, solaire ou autre.

En bref

La variabilité de l'activité solaire et du climat est énorme. Si nous nous concentrons sur le type le plus long de grand minimum solaire, nous constatons que les quatre fois où il s'est produit au cours de l'Holocène ont coïncidé avec quatre des événements climatiques abrupts les plus prononcés. Ces événements suivent un cycle de Bray irrégulier d'environ 2 500 ans. En outre, le cycle d'Eddy, qui se produit en raison de grands minimums solaires moins sévères, suit une fréquence millénaire. Ensemble, ces cycles expliquent une grande partie de la variabilité climatique de l'Holocène. La périodicité causée par ces cycles solaires a considérablement affecté les populations humaines pendant les périodes de faible activité solaire prolongée, comme le démontrent les archives archéologiques et historiques. Tout porte à croire que si l'activité solaire a influé sur le climat dans le passé, elle doit le faire encore aujourd'hui, même si nous ne comprenons pas parfaitement comment. Ces données sont en contradiction avec nos modèles climatiques et jettent le doute sur l'existence d'une crise climatique.

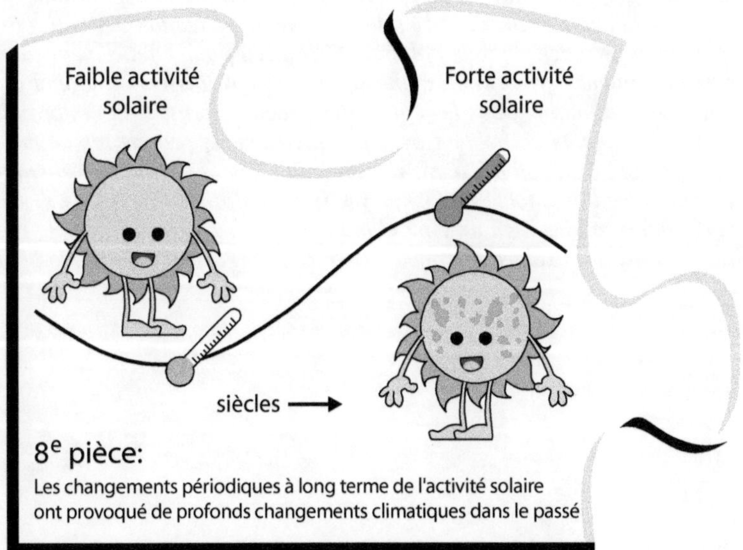

SECTION 6 QUESTIONS CLÉS

À certaines époques, la Terre était extrêmement chaude et humide, avec des palmiers et des crocodiles aux pôles. Nous ne pouvons pas expliquer comment cela a été possible, car les niveaux de CO_2 ne peuvent pas en être la cause, et la faible différence de température entre les pôles et l'équateur a dû entraîner une réduction du transport de la chaleur. La clé pour résoudre ce mystère est de comprendre que les pôles agissent comme des radiateurs de refroidissement et que la planète se refroidit plus la chaleur est transportée vers eux. L'ère glaciaire du Cénozoïque supérieur (actuelle) est le résultat de changements tectoniques, et non de changements de CO_2, et les 50 derniers millions d'années montrent peu de corrélation entre le CO_2 et les changements de température.

Cependant, la concordance dans les archives de l'Antarctique entre le CO_2 et la température au cours du Pléistocène a convaincu la plupart des scientifiques de l'existence d'une relation étroite. Cette relation est en train de disparaître à l'heure actuelle, car les niveaux de CO_2 augmentent énormément alors que l'Antarctique ne se réchauffe pas. Cette relation n'existe pas non plus pour les 11 000 dernières années, au cours desquelles les deux ont évolué dans des directions opposées. L'augmentation des niveaux de CO_2 et le réchauffement simultané depuis 1975 pourraient être l'exception plutôt que la règle. Les preuves glaciologiques et biologiques confirment que l'optimum climatique de l'Holocène était plus chaud que le présent, malgré les affirmations contraires.

En outre, l'Holocène a connu de nombreux événements climatiques abrupts sans rapport avec le CO_2. Quatre des plus importants, d'une périodicité de près de 2 500 ans, ont impliqué une forte réorganisation atmosphérique, qui a entraîné un gradient de température plus marqué, la réduction des zones tropicales et l'expansion des régions polaires. Cela a eu pour effet d'augmenter le transport de chaleur vers les pôles, entraînant un refroidissement global et des changements significatifs dans le régime des précipitations. Fait remarquable, ces quatre événements coïncident avec les quatre seuls grands minimums solaires du type le plus profond, d'une durée de 200 ans. Leur impact climatique s'est accompagné d'une forte incidence sur les populations humaines de l'époque. Si l'activité solaire a eu un effet climatique aussi important dans le passé, nous ne pouvons pas exclure sa contribution au changement climatique actuel.

Section 7 : Volcans

CHAPITRE 24
VOLCANS ET CHANGEMENT CLIMATIQUE

En 1815, le mont Tambora a explosé lors de la plus grande éruption volcanique depuis mille ans. Cette éruption a provoqué une perturbation météorologique majeure dans l'hémisphère nord l'année suivante. Toutefois, les mesures instrumentales et les indicateurs climatiques ont montré que l'impact des grandes éruptions sur la température est relativement modeste et de courte durée. En moyenne, les températures ne baissent que de 0,2 à 0,3 °C sur 3 à 4 ans. Les modèles climatiques surestiment souvent l'impact des éruptions volcaniques et ne tiennent pas compte de la récupération rapide observée dans les années qui suivent une éruption. D'après les données disponibles, l'activité volcanique ne semble pas jouer un rôle significatif en tant que forçage climatique sur des échelles de temps centennales et plus longues.

L'Année sans été

La plus grande éruption volcanique de l'histoire de l'humanité s'est produite en avril 1815 sur l'île indonésienne de Sumbawa. L'éruption du mont Tambora a tué 10 000 personnes, dévasté la végétation de l'île et causé la mort d'au moins 50 000 autres personnes par la maladie et la famine. Le panache volcanique a atteint 43 kilomètres dans la stratosphère.

Dans l'hémisphère nord, l'année de l'éruption volcanique n'a connu aucune particularité météorologique, à l'exception de couchers de soleil spectaculaires. L'année suivante, cependant, les événements ont pris une tournure dramatique. Au début du mois de juin 1816, plus d'un an après l'éruption, des rapports faisant état de phénomènes météorologiques étranges ont commencé à être publiés. La fin du printemps a été soit extrêmement sèche, soit extrêmement humide dans différentes parties de l'hémisphère nord, et les températures ont chuté en raison de vents glacés venant du nord. Chaque mois d'été a apporté de fortes gelées dans des endroits qui n'en avaient jamais vu auparavant, et dans d'autres régions, le ciel était constamment couvert. Cette combinaison de conditions extrêmes a entraîné de mauvaises récoltes dans de nombreux pays, provoquant des pénuries alimentaires et la malnutrition en Irlande, en France, en Angleterre, en Chine et aux États-Unis. L'Année sans été a également entraîné des épidémies de typhoïde dans certaines régions d'Europe et de choléra en Inde, tandis que les pluies de la mousson sont arrivées tardivement et en trombes, provoquant des inondations dévastatrices dans la vallée du Yangtze en Chine.

Les gens ne pouvaient pas faire le lien entre les phénomènes météorologiques étranges et l'éruption volcanique survenue un an plus tôt, d'autant plus que la plupart d'entre eux n'en avaient jamais entendu parler. Ce n'est qu'au 20e siècle que les scientifiques ont fait le lien entre les éruptions volcaniques et les conditions météorologiques de l'hémisphère. L'éruption du mont Tambora a été un événement massif, encore plus important que celle du mont Samalas en 1257. Rien de tel ne s'était produit depuis plus de mille ans.

Les effets météorologiques de l'éruption du mont Tambora ont été considérables, mais de courte durée. Les registres de la Compagnie anglaise des Indes orientales et les proxys montrent que les températures dans l'hémisphère nord ont chuté de 0,5 °C en 1816, mais qu'elles ont retrouvé leur niveau antérieur en six ans seulement. Toutefois, certains modèles climatiques simulent une réponse climatique beaucoup plus importante et plus durable à l'éruption, ce qui indique qu'ils ne reproduisent pas avec précision les effets climatiques réels des éruptions volcaniques.[178]

Effet des éruptions volcaniques sur le climat

Les éruptions volcaniques libèrent des quantités différentes de gaz. Si la vapeur d'eau représente 50 à 90 % des gaz émis, les autres gaz varient d'un volcan à l'autre. Le dioxyde de carbone (CO_2) peut représenter 1 à 40 %, le dioxyde de soufre (SO_2) 1 à 25 %, le sulfure d'hydrogène (H_2S) 1 à 10 %, l'acide chlorhydrique (HCl) 1 à 10 %, ainsi que d'autres gaz mineurs. Le H_2S est rapidement oxydé en SO_2, qui se transforme en sulfate dans la troposphère et s'agglutine en aérosols. Ces aérosols affectent la formation des nuages et sont relativement rapidement éliminés sous forme de pluies acides. Lors des éruptions explosives, qui se produisent environ tous les deux ans, le SO_2 est également transporté dans la stratosphère, où il est en grande partie d'origine volcanique. Pendant plusieurs semaines ou mois, le SO_2 stratosphérique est transformé en sulfate, ce qui entraîne une déshydratation de la stratosphère et une augmentation des aérosols stratosphériques qui atteint son maximum environ trois mois après l'éruption et persiste pendant environ quatre ans.

L'augmentation des aérosols sulfatés stratosphériques a trois effets climatiques importants. Le premier, le plus connu, est qu'ils diffusent le rayonnement solaire entrant, entraînant un refroidissement de la surface. Le deuxième effet est qu'ils absorbent le rayonnement infrarouge proche entrant et le rayonnement infrarouge à ondes longues sortant, ce qui entraîne un réchauffement de la stratosphère. Ce réchauffement affecte la circulation atmosphérique et provoque des hivers chauds dans l'hémisphère nord pendant un à deux ans après une éruption stratosphérique. Le troisième effet est la destruction très efficace de l'ozone causée par l'altération de la chimie et les taux de réchauffement perturbés. La destruction de l'ozone affecte la stratosphère, provoquant des changements atmosphériques étendus et une augmentation du rayonnement solaire UV atteignant la surface.

Les effets climatiques des volcans sont complexes car ils dépendent de la quantité de SO_2 qu'ils injectent dans la stratosphère, de leur latitude et de la période de l'année à laquelle ils se produisent. Ces facteurs affectent la dispersion du nuage stratosphérique, qui à son tour peut avoir un effet global ou hémisphérique, ou n'avoir aucun effet. Par exemple, l'éruption du Mont St. Helens en 1980 était une puissante éruption volcanique sans impact climatique significatif.

À l'heure actuelle, les émissions volcaniques de CO_2 ne représentent qu'environ 1 % des émissions anthropiques. Cependant, dans un passé lointain, des niveaux plus élevés d'activité volcanique, en particulier dans les grandes pro-

---

[178] Brohan, P., et al, 2012. Clim. Past, 8 (5), pp.1551-1563.
   doi.org/10.5194/cp-8-1551-2012

vinces ignées, ont pu produire de grandes quantités de CO_2. La question de savoir si les extinctions massives qui se sont parfois produites au cours de ces époques ont été causées par le SO_2 et le refroidissement ou par le CO_2 et le réchauffement fait l'objet d'un débat permanent, cette dernière hypothèse étant la plus répandue aujourd'hui.

Les données relatives aux éruptions volcaniques récentes suggèrent que leur effet sur la température est généralement de courte durée, quelques années tout au plus. Les relevés de température des éruptions des 19e et 20e siècles montrent une diminution de la température de 0,2 à 0,3 °C en 3 ou 4 ans. Les relevés effectués dans l'hémisphère nord et en Europe le confirment également. La figure 39 montre l'évolution de la température dans l'hémisphère nord pour huit (barres) et 34 (lignes) grandes éruptions au cours des derniers siècles.

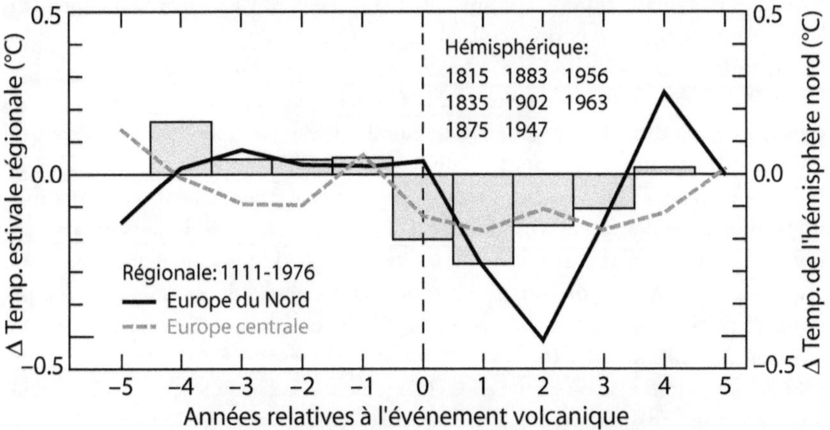

Figure 39. Effets régionaux et hémisphériques des éruptions volcaniques sur la température. Barres grises, échelle de droite, changement de température dans l'hémisphère nord au cours des années entourant huit éruptions majeures. Courbes noire et grise, échelle de gauche, estimation à partir des enregistrements des anneaux de croissance des arbres du changement de température en Europe du Nord (courbe noire) et en Europe centrale (courbe grise) au cours des étés entourant 34 éruptions volcaniques majeures entre 1111 et 1976.[179]

Les données disponibles suggèrent que même les éruptions volcaniques les plus importantes ont un effet négatif relativement modeste et temporaire sur la température. Après environ cinq ans, les aérosols de sulfate disparaissent de la stratosphère et les effets radiatifs et chimiques de l'éruption prennent fin. À ce stade, seuls des effets dynamiques différés sont possibles. Il est difficile d'expliquer pourquoi la récupération après de tels événements est si rapide. Les aérosols de sulfate provoquent un déficit énergétique important à la surface, ce qui entraîne une baisse de la température. Pendant ce temps, la stratosphère, plus chaude, rayonne davantage d'énergie dans l'espace. Lorsque la situation prend fin, la planète se retrouve avec un déficit énergétique résultant de ces

---

[179] Données tirées de : Self, S., et al, 1981. J. Volcanol. Geotherm. Res. 11 (1), pp.41-60, doi.org/10.1016/0377-0273(81)90074-3 et de Esper, J., et al. 2013. Bull Volcanol. 75, pp.1-14. doi.org/10.1007/s00445-013-0736-z.

effets. On ne sait pas exactement d'où vient l'énergie nécessaire au réchauffe-ment rapide qui s'ensuit. Les modèles climatiques ont du mal à expliquer ce phénomène, probablement parce qu'il reste inconnu des scientifiques. Cette incertitude peut expliquer pourquoi la récupération de la température est plus lente dans les modèles où elle est médiée par l'océan.

Encadré 22. Activité volcanique et cycle glaciaire

Dans les années 1970, les scientifiques ont émis l'hypothèse que les éruptions volcaniques pourraient être l'une des causes des périodes glaciaires en raison de leur effet refroidissant. Dans les années 1990, cependant, il est apparu clairement que la relation était à l'opposé de ce que l'on attendait. En fait, il existait une anti-corrélation évidente entre le volcanisme et la glaciation. Cela signifie que pendant la transition entre les périodes glaciaires froides et les périodes interglaciaires chaudes, des impulsions de forte activité volcanique se sont produites.[180]

En 2013, une étude a été menée sur la fréquence de l'activité volcanique dans la ceinture de feu du Pacifique, théâtre de nombreuses éruptions volcaniques parmi les plus importantes de l'histoire. L'étude s'est appuyée sur un vaste ensemble de données de datation de couches volcaniques provenant de plusieurs sites de carot-tage situés dans des zones volcaniques le long de la ceinture de feu, sur une pé-riode d'un million d'années. Les résultats de l'analyse de fréquence ont montré un pic d'activité éruptive volcanique statistiquement significatif uniquement à la pé-riodicité de 41 000 ans associée au cycle d'inclinaison de la Terre, l'une des fré-quences de Milankovitch (fig. E22).[181] Cette fréquence de l'activité volcanique soutient l'hypothèse selon laquelle les changements de l'inclinaison axiale (obliqui-té), plutôt que l'oscillation axiale (précession), sont le principal moteur du cycle glaciaire (encadré 19, chap. 21) parce que les changements de l'activité volcanique sont associés à une augmentation du mouvement de la croûte terrestre due à la fonte rapide des nappes glaciaires à la fin d'une glaciation et au début d'une pé-riode interglaciaire.

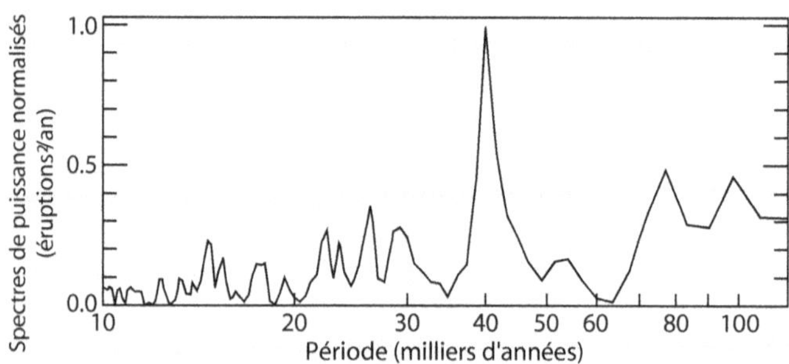

Figure E22. Activité volcanique et cycle glaciaire. Les changements de fréquence des érup-tions volcaniques sont corrélés aux changements périodiques de l'inclinaison de l'axe de la Terre. Un spectre de puissance montre la fraction d'un signal trouvée à chaque fréquence.

[180] Glazner, A.F., et al, 1999. Geophys. Res. Lett. 26 (12), pp.1759-1762. doi.org/10.1029/1999GL900333

[181] Kutterolf, S., et al. 2013. Geology, 41 (2), pp.227-230. doi.org/10.1130/G33419.1

Les carottes de glace et les données volcaniques confirment que l'activité volcanique la plus intense des 100 000 dernières années s'est produite entre 13 000 et 7 000 ans (fig. 42, chap. 26). Au cours de cette période, le taux d'activité volcanique était de 2 à 6 fois supérieur aux niveaux de fond. Toutefois, cette période a également coïncidé avec le réchauffement le plus important des 100 000 dernières années. Ces données remettent donc en question l'idée selon laquelle une forte activité volcanique entraîne un refroidissement à long terme, au-delà des quelques années de baisse de température qui suivent chaque éruption majeure.

Certaines études suggèrent également que jusqu'à 40 ppm, soit environ la moitié de l'augmentation du CO_2 au cours de la déglaciation, pourrait être due à l'augmentation de l'activité volcanique.[182] Cela implique que l'activité volcanique doit être à l'origine d'un certain réchauffement au-delà du refroidissement à court terme.

Dans le chapitre 26, nous examinerons l'hypothèse selon laquelle le petit âge glaciaire est le résultat d'un refroidissement inhabituel provoqué par de puissantes éruptions volcaniques. Le fait que les éruptions volcaniques n'aient qu'un faible effet à court terme sur la température et qu'elles soient davantage une conséquence qu'une cause du changement climatique rend surprenante l'acceptation de cette théorie. La seule explication plausible est que nous avons peu de causes naturelles au changement climatique et ils sont prompts à rejeter l'argument clair, fondé sur des preuves, selon lequel le petit âge glaciaire a été causé par de longues périodes de faible activité solaire.

Éruption du volcan Hunga Tonga en 2022

Le 15 janvier 2022, l'éruption du volcan sous-marin Hunga Tonga a été un événement exceptionnellement inhabituel. Les éruptions sous-marines produisent rarement des panaches qui atteignent la stratosphère, mais la puissante explosion (la plus forte depuis trois décennies) s'est produite dans des eaux peu profondes et a injecté un volume stupéfiant de 146 millions de tonnes d'eau de mer vaporisée dans la stratosphère. Compte tenu de la sécheresse de la stratosphère (fig. 9, chap. 7), cet événement a provoqué une forte augmentation de la vapeur d'eau stratosphérique de 13 %. Cette augmentation s'est principalement concentrée dans l'hémisphère sud, à des altitudes comprises entre 26 et 34 km. Cette vapeur d'eau supplémentaire a rapidement fait le tour du globe en étant lentement transportée vers les pôles et vers le bas par la circulation de Brewer-Dobson. Il est probable que la majeure partie de cette eau restera dans l'hémisphère sud et quittera progressivement la stratosphère dans les années à venir.

Le bilan radiatif de l'atmosphère est particulièrement sensible aux variations des GES dans la haute troposphère et la stratosphère. Même de petites variations de l'ozone stratosphérique ou de la teneur en eau peuvent entraîner un forçage radiatif important. En effet, il est peu probable que la majeure partie du rayonnement de grande longueur d'onde sortant soit interceptée à cette altitude en raison de la très faible teneur en vapeur d'eau. Par conséquent, de petites variations des GES ont un impact plus important à cette altitude que dans la

---

[182] Huybers, P. et Langmuir, C., 2009. Earth Planet. Sci. Lett. 286 (3-4), pp.479-491. doi.org/10.1016/j.epsl.2009.07.014

basse troposphère humide, qui est très opaque au rayonnement infrarouge. L'augmentation de la vapeur d'eau stratosphérique devrait avoir un effet de réchauffement sur la température moyenne à la surface du globe.[183]

À l'instar de l'éruption du mont Tambora en 1815, qui a eu des effets climatiques importants 14 mois plus tard, des changements inhabituels ont été détectés au cours de l'été 2023, 17 mois après l'éruption du Hunga Tonga. En particulier, la glace de mer de l'Antarctique a été fortement réduite en raison de forts vents du nord qui ont poussé la glace vers la côte. En outre, le trou d'ozone de l'Antarctique a commencé à se former beaucoup plus tôt dans l'année. Dans l'hémisphère nord, l'oscillation nord-atlantique (différence de pression entre la dépression d'Islande et l'anticyclone des Açores) a été anormalement négative (faible différence de pression) et la température de surface de l'Atlantique nord a été anormalement élevée. Dans l'ensemble, juillet a été le mois le plus chaud jamais enregistré et septembre a présenté l'anomalie de température la plus importante.

Il reste à déterminer si ces changements sont principalement dus à l'éruption volcanique du Hunga Tonga. Quoi qu'il en soit, ils sont conformes aux prévisions, en particulier en ce qui concerne le réchauffement climatique et l'effet du trou d'ozone, puisque la vapeur d'eau stratosphérique participe à la destruction de l'ozone. Toutefois, les effets de l'éruption devraient être temporaires et disparaître au fur et à mesure que la vapeur d'eau injectée quittera la stratosphère dans les années à venir.

En bref

Bien que les éruptions volcaniques puissent avoir un impact significatif sur les conditions météorologiques, il existe peu de preuves qu'elles soient à l'origine d'un changement climatique important. En fait, les preuves suggèrent le contraire. Les changements climatiques à l'échelle glaciaire affectent profondément la fréquence des éruptions volcaniques. Bien que certains modèles exagèrent l'impact des éruptions volcaniques, il est difficile d'affirmer qu'elles constituent un facteur majeur de changement climatique sur des échelles de temps centennales et plus longues.

---

[183] Jenkins, S., et al, 2023. Nat. Clim. Change, 13 (2), pp.127-129. doi.org/10.1038/s41558-022-01568-2

CHAPITRE 25
VOLCANS ET TRANSPORT MÉRIDIEN DE CHALEUR

L'éruption d'un grand volcan tropical affecte le système couplé atmosphère-océan. L'un des effets est qu'il peut provoquer une réaction de type El Niño dans le Pacifique équatorial. D'autre part, elle peut provoquer un hiver plus chaud dans le nord de l'Europe et de l'Amérique du Nord, ce qui semble contre-intuitif. En effet, l'éruption renforce le vortex polaire, ce qui réduit l'arrivée des masses d'air froid en provenance des pôles. En outre, l'éruption affaiblit la circulation stratosphérique vers les pôles en renforçant les vents contraires.

Tous ces effets dynamiques se combinent pour réduire la quantité de chaleur transportée vers les pôles, contrecarrant les effets de refroidissement du volcan et conduisant à une récupération plus rapide. Cependant, deux à trois décennies après l'éruption, un certain refroidissement peut être observé dans l'hémisphère nord, comme un mystérieux écho de l'explosion du volcan.

Les effets dynamiques des éruptions volcaniques

Lorsqu'un volcan entre en éruption, l'excès de sulfate peut rester dans la stratosphère pendant plusieurs années. Ce sulfate a des effets radiatifs et chimiques qui provoquent des changements dans la stratosphère et à la surface de la Terre, déclenchant une réponse complexe entre l'atmosphère et l'océan. Cette réponse peut durer plus longtemps que la présence de sulfate dans la stratosphère. Les effets dynamiques d'une éruption volcanique sont dus à des changements dans la configuration et les gradients de température de la surface et de la basse stratosphère, qui affectent le transport de chaleur vers les pôles. Pour cette discussion, nous nous concentrerons uniquement sur les fortes éruptions tropicales, car les effets des éruptions extratropicales sont généralement plus faibles et différents.

Lorsqu'un volcan entre en éruption, il provoque un refroidissement plus important aux basses latitudes, ce qui réduit le gradient de température de surface de l'équateur vers les pôles. Dans la stratosphère, c'est l'inverse : le réchauffement est plus important aux basses latitudes, ce qui augmente le gradient de température. Cela renforce les vents zonaux (de l'est ou de l'ouest) et réduit le transport de chaleur vers les pôles par la circulation de Brewer-Dobson.

Ces effets dynamiques des volcans sont médiés par le transport méridien et ont deux conséquences principales. Premièrement, une éruption volcanique déclenche une réaction de type El Niño dans le Pacifique. Deuxièmement, elle renforce le vortex polaire boréal, entraînant une phase positive de l'oscillation nord-atlantique.

Lorsque le transport stratosphérique est réduit, une partie du transport de chaleur vers le pôle doit être redirigée. La circulation de Brewer-Dobson déplace la chaleur de l'équateur vers le pôle d'hiver (fig. 23, chap. 14). Mais lorsque cette circulation est réduite, cela peut affecter la façon dont la chaleur s'accumule et est distribuée dans l'océan équatorial. Cela augmente la probabilité d'un épisode El Niño à la suite d'une éruption volcanique, car El Niño est un moyen efficace d'évacuer la chaleur du Pacifique équatorial (chap. 18).

Lorsque la circulation du vent zonal stratosphérique se renforce, les ondes atmosphériques ne peuvent pas atteindre la stratosphère. Cela entraîne un renforcement du vortex polaire (encadré 7, chap. 11 ; encadré 12, chap. 15). En hiver, un courant-jet fort et fermé retient l'air très froid de l'Arctique. Il en résulte un temps hivernal chaud dans le nord de l'Europe et de l'Amérique du Nord. Par conséquent, un refroidissement important ne se produit généralement qu'après l'hiver, comme ce fut le cas après l'éruption du mont Tambora (chap. 24).

Les éruptions volcaniques ont des effets dynamiques sur le système climatique liés à des changements dans le transport de la chaleur vers les pôles. Ces effets expliquent pourquoi la planète peut se remettre rapidement d'une forte éruption, en l'espace de quelques années. Comme nous l'avons vu dans le chapitre précédent, les effets radiatifs d'une éruption entraînent une perte d'énergie importante pour le système climatique. Si cette perte n'était pas compensée, chaque éruption continuerait à refroidir la planète. Or, nous savons que ce n'est pas le cas, les effets dynamiques à l'œuvre doivent donc compenser la perte d'énergie.

L'une des façons dont la planète conserve l'énergie après une éruption volcanique est de réduire le transport de chaleur vers les pôles. Pour ce faire, on ralentit la circulation stratosphérique et on renforce le vortex polaire. En hiver, les régions polaires agissent comme des radiateurs de refroidissement. Diriger moins de chaleur vers elles est donc un moyen efficace de compenser la perte d'énergie causée par l'éruption.

A noter que l'éruption du Mont Pinatubo en 1991 a été suivie d'une diminution du rayonnement de grande longueur d'onde sortant de l'Arctique d'environ 2 W/m^2 pendant cinq ans (fig. 72, chap. 43), ce qui indique que ce mécanisme est bien à l'œuvre. Toutefois, les modèles climatiques n'intègrent pas actuellement ces effets de transport, de sorte qu'ils ont tendance à surestimer l'effet de refroidissement des éruptions volcaniques et à désigner l'océan comme la source de l'énergie compensatoire.

Les effets différés des éruptions volcaniques

Deux à trois décennies après une éruption volcanique, un écho climatique déconcertant se produit. Pour illustrer ce phénomène, nous pouvons utiliser une reconstitution de la température de l'hémisphère nord sur 1 500 ans, avec une résolution annuelle et calibrée pour éviter la perte de variance à basse fréquence.[184] Les quatre éruptions volcaniques les plus fortes de cette période, qui n'ont pas été suivies d'une autre éruption volcanique très forte au cours des 60 années suivantes, se sont produites en 682, 1258, 1458 et 1815 après J.-C. La figure 40 montre la température reconstruite de −10 à +60 ans pour chaque éruption après soustraction de la tendance et exprimée sous forme d'anomalies par rapport à la moyenne sans tendance. Il est à noter que l'effet de l'éruption est faible et commence plusieurs années avant qu'elle n'ait lieu en raison du lissage décennal appliqué par les auteurs de l'étude, qui est nécessaire pour préserver la variance à basse fréquence.

---

[184] Hegerl, G.C., et al, 2007. J. Clim. 20 (4), pp.650-666. doi.org/10.1175/JCLI4011.1

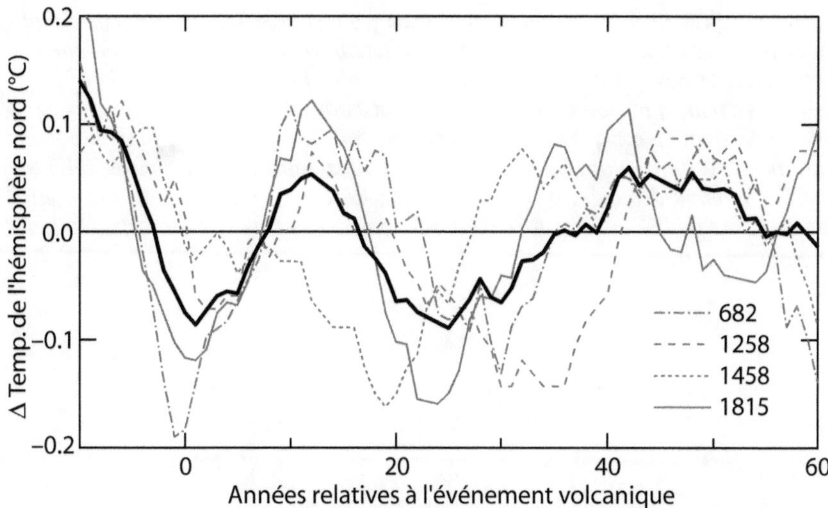

Figure 40. Réponse retardée aux éruptions volcaniques. Reconstruction indirecte de la température annuelle moyenne entre 30 et 90°N, avec un lissage décennal, de 10 ans avant à 60 ans après les éruptions volcaniques indiquées (courbes grises). La courbe noire épaisse est la moyenne des quatre courbes grises.

La réaction tardive aux éruptions volcaniques est un phénomène intéressant qui a été observé. Une deuxième phase de refroidissement se produit avec un retard d'environ 20 ans (pour les éruptions de 1458 et 1815) à 30 ans (pour les éruptions de 682 et 1258). Il existe différentes théories sur cet effet retardé : certains scientifiques pensent qu'il est dû à une mémoire océanique de l'éruption, tandis que d'autres pensent qu'une oscillation biodécennale dans la circulation méridienne de l'Atlantique peut en être la cause.[185]

Cependant, l'idée que l'oscillation bidecadale est responsable est probablement incorrecte, puisque la réduction de la circulation de Brewer-Dobson et le renforcement du vortex polaire causés par l'éruption impliquent une réduction du transport de chaleur. Il en résulterait un réchauffement qui ne compenserait que partiellement le refroidissement accru dû aux effets radiatifs de l'éruption. L'effet de refroidissement après 20-30 ans suggère un effet opposé sur le transport, qui pourrait s'expliquer par les effets dynamiques de l'éruption qui réinitialisent les oscillations océaniques multidécennales de 50-70 ans discutées au chapitre 19. Ainsi, 20-30 ans plus tard, nous pourrions être dans la phase opposée (augmentation du transport et refroidissement) des oscillations océaniques, et l'effet détecté est exactement ce que l'on attendrait de ces oscillations. Cette explication ne nécessite pas de mécanisme particulier ou de mémoire océanique.

En bref

Des effets dynamiques ont été observés à la suite d'une forte éruption volcanique tropicale, comme un épisode El Niño, une diminution du transport stra-

---

[185] Swingedouw, D., et al, 2015. Nat. Commun. 6 (1), p.6545. doi.org/10.1038/ncomms7545

tosphérique et un renforcement du vortex polaire. Ces effets peuvent s'expliquer par une réduction du transport de chaleur vers les pôles, causée par une modification des gradients de température résultant des effets radiatifs des aérosols stratosphériques. Les changements dans le transport peuvent expliquer pourquoi le refroidissement causé par une éruption est moins important que prévu et pourquoi la récupération est plus rapide que prévu. L'écho de refroidissement détecté qui se produit 2 à 3 décennies plus tard peut être attribué à l'effet de l'éruption sur le transport par le biais d'oscillations océaniques multidécennales.

Chapitre 26
Contribution Volcanique au Petit Âge Glaciaire

Le petit âge glaciaire a duré 550 ans, du 14ᵉ au 18ᵉ siècle. Au cours de cette période, les glaciers se sont étendus dans le monde entier, atteignant leur plus grande étendue depuis 7 000 ans. Le refroidissement a été le plus prononcé dans la région de l'Atlantique Nord et n'a pas été continu, avec des périodes occasionnelles de réchauffement qui ont duré des décennies. Le petit âge glaciaire a également été marqué par certaines des pires famines et pandémies de l'histoire. Les scientifiques débattent encore de sa cause, les gaz à effet de serre ayant été exclus. Les données paléoclimatiques suggèrent que le soleil en est la cause principale, tandis que de nombreux scientifiques pensent que les volcans en sont les premiers responsables. Il est probable que les deux facteurs aient contribué au petit âge glaciaire, mais il y a eu des périodes de plusieurs siècles pendant lesquelles l'activité volcanique a été minimale.

Le petit âge glaciaire

Le petit âge glaciaire a été la période la plus froide de l'Holocène. De nombreux documents biologiques, historiques et climatiques attestent de ce refroidissement global, bien qu'il ait été plus prononcé dans l'hémisphère nord, en particulier dans la région atlantique. Malgré leur importance régionale, les glaciers de la plupart des régions du monde ont connu des avancées majeures entre le 14ᵉ et le 18ᵉ siècle (fig. 35a, chap. 21), atteignant leur plus grande taille depuis 7 000 ans. Le petit âge glaciaire n'a pas été continuellement froid ; il y a eu des périodes de plusieurs décennies pendant lesquelles le réchauffement et le rétrécissement des glaciers se sont produits, suivies d'un retour à des périodes plus froides.

La définition du petit âge glaciaire est ambiguë, ce qui entraîne une certaine confusion. Les scientifiques ne s'accordent pas sur la date de son début, ce qui explique que différentes périodes soient étudiées sous le même nom. Les proxys climatiques montrent généralement un pic de température pendant la période de réchauffement médiéval, entre 1100 et 1150, suivi d'un déclin. Le 13ᵉ siècle a connu trois éruptions volcaniques majeures en 56 ans : en 1230, 1257 (la grande éruption du mont Samalas) et 1286. En 1300, les glaciers des Alpes se développent rapidement, et c'est la date la plus ancienne retenue par les scientifiques pour le début du petit âge glaciaire.[186]

La plus grande famine jamais enregistrée en Europe est la Grande Famine, qui a eu lieu entre 1315 et 1317. Elle a été provoquée par des conditions météorologiques défavorables, qui ont entraîné des pertes de récoltes catastrophiques pendant deux années consécutives. Trente ans plus tard, elle a été suivie par la peste noire. La détérioration du climat est souvent suivie de famines, qui

---

[186] Matthews, J.A. & Briffa, K.R., 2005. Geogr. ann. A, 87 (1), pp.17-36.
doi.org/10.1111/j.0435-3676.2005.00242.x

peuvent affaiblir le système immunitaire des populations et contribuer à des pandémies. Parfois, les pénuries alimentaires peuvent entraîner des migrations de population et des guerres, ce qui donne lieu à un scénario connu sous le nom des « quatre cavaliers ». La tapisserie de l'Apocalypse d'Angers (France), tissée sur plusieurs années à partir de 1377, décrit le sentiment des populations face aux conséquences du petit âge glaciaire.

Changement climatique inexpliqué, abrupt et profond

Le petit âge glaciaire est le changement climatique le plus profond survenu dans le passé depuis des milliers d'années, et il est très récent, bien que ses causes restent mal comprises. Le fait que les scientifiques ne s'accordent pas sur ses causes est un problème majeur, en particulier lorsque nous cherchons à comprendre les causes du changement climatique actuel. Si nous ne comprenons pas le petit âge glaciaire, nous ne pourrons pas comprendre pleinement la nature du changement climatique.

Le petit âge glaciaire est le résultat d'une période de refroidissement qui s'est déroulée entre 1100 et 1500, au cours de laquelle les températures de l'hémisphère nord pourraient avoir diminué de 0,8 °C (fig. 41). Il est intéressant de noter que la carotte de glace de Law Dome en Antarctique montre que le niveau de CO_2 dans l'atmosphère était le même en 1100 et en 1500 (282 ppm) et n'a pas varié de plus de 3 ppm entre ces deux dates. Cela suggère qu'une contribution des niveaux de CO_2 au petit âge glaciaire peut être exclue. En fait, cette preuve contredit la relation supposée entre le CO_2 et la température, car elle montre qu'il y a eu un refroidissement profond pendant 400 ans sans effet sur les niveaux de CO_2. De même, au cours de la période interglaciaire précédente, les températures ont baissé pendant 8 000 ans sans que les niveaux de CO_2 ne diminuent (fig. 56, chap. 35). Cela signifie que les températures peuvent changer pendant des centaines, voire des milliers d'années, sans qu'il y ait de changement correspondant dans les niveaux de CO_2. Il n'est donc pas évident qu'un changement de température puisse être attribué à un changement de CO_2 s'ils changent simultanément, ce qui remet en question le rôle du CO_2 en tant que principal moteur du changement climatique.

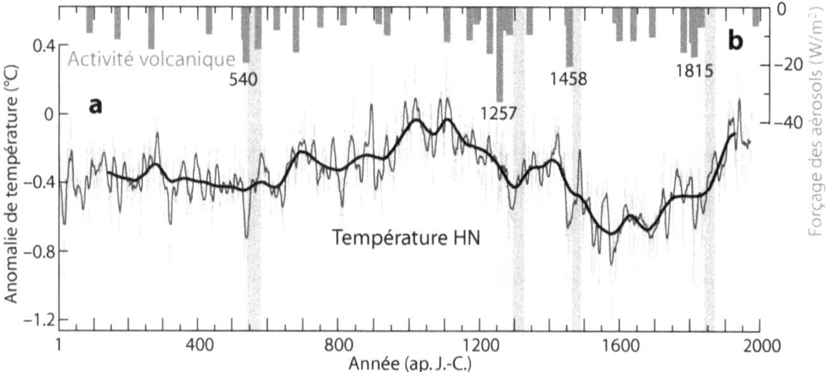

Figure 41. Effet du forçage volcanique sur la température au cours des 2 000 dernières années. a) Reconstruction de la température à partir de proxys entre 1 et 1979 après J.-C. (ligne grise clair) avec une moyenne mobile sur 10 ans et une composante lente (ligne noire épaisse). Les barres gris clair indiquent les baisses de température après les quatre

éruptions volcaniques majeures. Les barres gris intermédiaire indiquent la reprise ultérieure de la température. b) Forçage des éruptions volcaniques majeures par les aérosols à partir des concentrations de sulfate dans les carottes de glace du Groenland et de l'Antarctique.[187]

Entre 1200 et 1850, l'activité volcanique a augmenté par rapport au millénaire précédent, ce qui a conduit certains scientifiques à penser que le petit âge glaciaire était dû à cette activité accrue.[188] Cependant, il n'existe aucune preuve d'un refroidissement significatif à long terme à la suite d'éruptions volcaniques récentes (chap. 24 et 25). La figure 41 montre qu'un refroidissement à court terme s'est produit après les éruptions les plus importantes (barres gris clair), mais qu'il a été immédiatement suivi d'un réchauffement (barres gris intermédiaire), comme nous l'avons vu dans le chapitre précédent. Dans tous les cas, la tendance centennale précédente de la température, qu'elle soit positive ou négative, est restée inchangée après les effets volcaniques de quelques années ou décennies. Par exemple, l'effet de refroidissement des éruptions de 1809, 1815 (Tambora), 1822, 1835 et 1843, l'un des plus grands groupes de fortes éruptions en 2 000 ans, a été suivi d'un réchauffement à partir de la fin des années 1840, seulement quelques années plus tard (fig. 79, chap. 46). Il est difficile de croire que quelques éruptions mineures entre 1460 et 1780 ont été responsables des conditions froides pendant 300 des 550 années du petit âge glaciaire.

Certains scientifiques pensent que l'activité solaire la plus faible depuis des milliers d'années est à l'origine du petit âge glaciaire. Cette hypothèse est étayée par des données paléoclimatiques montrant un refroidissement profond et des changements climatiques au cours de chaque grand minimum solaire de 200 ans de type Spörer à l'Holocène (chap. 23). Le refroidissement s'est également produit à de nombreuses autres reprises lorsqu'il y a eu un grand minimum solaire de 70 ans de type Maunder. Le petit âge glaciaire a coïncidé avec un grand minimum solaire de type Spörer et deux grands minimums solaires de type Maunder. Compte tenu de ces éléments, pourquoi les scientifiques ne croient-ils pas généralement que la faible activité solaire est la principale cause du petit âge glaciaire ?

Le principal problème lié à l'impact de l'activité solaire sur le petit âge glaciaire est que l'on ne sait pas exactement comment elle affecte le climat, car la variation de l'irradiation solaire totale est trop faible pour avoir un effet significatif. Des études utilisant des modèles climatiques pour examiner le forçage solaire pendant le petit âge glaciaire et sa contribution à un signal climatique dérivé de proxys concluent que la réponse du climat au forçage solaire est faible.[189] Toutefois, si le forçage dérivé est incorrect parce que le soleil agit sur le climat par des mécanismes indirects, les conclusions de ces études peuvent être inexactes. Cette possibilité est étayée par les données paléoclimatiques qui montrent que les grands minima solaires de type Spörer ont un effet important sur le climat. Par

---

[187] Les données de la figure proviennent de Moberg, A., et al. 2005. Nature, 433 (7026), pp.613-617. doi.org/10.1038/nature03265 et Sigl, M., et al. 2015. Nature, 523 (7562), pp.543-549. doi.org/10.1038/nature14565
[188] Crowley, T.J., et al, 2008. PAGES news, 16 (2), pp.22-23. doi.org/10.22498/pages.16.2.22
[189] Hegerl, G.C., et al, 2003. Geophys. Res. Lett. 30 (5), 1242. doi.org/10.1029/2002GL016635

conséquent, nous devons être prudents avant d'accepter la conclusion selon laquelle l'activité solaire n'a pas été la cause principale du petit âge glaciaire.

La cause du petit âge glaciaire reste incertaine et demeure un problème non résolu qui fait honte à la science du climat. Sa cause par le CO_2 n'est étayée par aucune preuve ou théorie, les éruptions volcaniques sont faiblement étayées par des preuves et des théories, et la faible activité solaire est étayée par des preuves mais pas par des théories. Il est inquiétant de constater que nous prétendons pouvoir prédire le climat des siècles à venir, alors que nous sommes incapables d'expliquer avec certitude le climat d'il y a 300 ans.

Le petit âge glaciaire a connu une activité volcanique très faible.

La comparaison du niveau d'activité volcanique pendant le petit âge glaciaire avec celui du reste de l'holocène brille par son absence dans toutes les études climatiques qui suggèrent que l'activité volcanique est une cause du petit âge glaciaire. Ces études ne seraient probablement pas convaincantes si une telle comparaison était faite.

L'analyse d'une carotte de glace du Groenland a permis de quantifier les dépôts de sulfate provenant de l'activité volcanique passée.[190] La plus forte concentration de signaux volcaniques significatifs au cours des 110 000 dernières années s'est produite entre 13 000 et 7 000 ans, ce qui est cohérent avec le fait que les périodes d'ajustement de l'écorce terrestre pendant les transitions glaciaires-interglaciaires (caractérisées par un réchauffement intense) ont tendance à être les plus actives sur le plan volcanique (encadré 22, chap. 24).

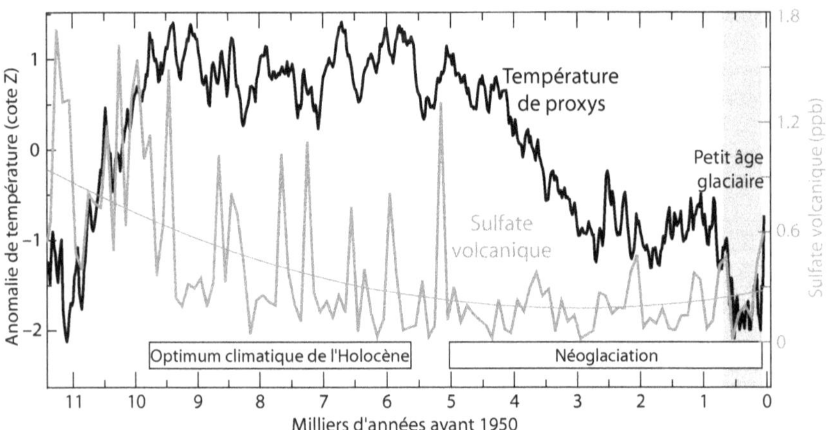

Figure 42. Activité volcanique de l'Holocène. Une reconstitution de la température globale (ligne noire, voir chap. 21, fig. 35) est comparée à l'enregistrement centennal des sulfates volcaniques d'une carotte de glace du Groenland (ligne grise). La barre grise marque le petit âge glaciaire.

La figure 42 montre les données volcaniques recueillies dans le cadre de cette étude, avec les données additionnées sur des périodes de 100 ans (le dernier point correspond à la période 1851-1950). L'analyse montre que le niveau

[190] Zielinski, G.A., et al, 1996. Quat. Res. 45 (2), pp.109-118.
doi.org/10.1006/qres.1996.0013

d'activité volcanique pendant l'Optimum climatique chaud de l'Holocène était 2 à 4 fois plus élevé que pendant le Néoglaciaire plus froid. Il est surprenant de constater que la corrélation à long terme entre l'activité volcanique et la température au cours de l'Holocène est positive, au lieu de la corrélation négative généralement admise. Cela n'est possible que si les effets climatiques à long terme des éruptions volcaniques sont négligeables et que les températures se rétablissent quelques années après l'éruption, comme le montrent les données du chapitre 24. Il n'y a pas non plus de preuve d'un effet de réchauffement, comme le montre la figure 41. On peut donc conclure qu'il est peu probable que l'activité volcanique ait un effet climatique centennal significatif.

L'hypothèse volcanique du petit âge glaciaire est d'autant plus discréditée que l'activité volcanique a été extrêmement faible pendant la majeure partie de cette période. En fait, le niveau d'activité était même inférieur à l'activité volcanique moyenne, déjà faible, de la période néoglaciaire.

L'activité volcanique a été supérieure à la moyenne pendant deux périodes : avant le petit âge glaciaire (1165-1345) et après 1765. Il semble peu plausible d'attribuer le froid prolongé du petit âge glaciaire pendant les 420 ans qui séparent ces périodes à une double éruption puissante en 1452 et 1458. Si tel était le cas, pourquoi le reste de l'Holocène n'a-t-il pas également connu un froid extrême, étant donné le niveau d'activité volcanique beaucoup plus élevé ?

Le manque de preuves liant l'activité volcanique à des effets climatiques à long terme n'a pas empêché certains scientifiques de la considérer comme une cause du petit âge glaciaire. Certains suggèrent que les éruptions volcaniques peuvent provoquer une forte rétroaction centennale de la glace de mer et entraîner des changements majeurs dans la circulation méridienne de retournement de l'Atlantique (bien que les modèles ne s'accordent pas sur la question de savoir si elle augmenterait ou diminuerait), mais uniquement lorsque l'activité solaire est faible.[191]

Il est clair que le petit âge glaciaire a été la conséquence d'une faible activité solaire, même si le mécanisme exact reste inconnu. Ce livre présente une hypothèse qui attribue le refroidissement induit par l'activité solaire à des changements dans le transport de chaleur vers les pôles. L'augmentation de l'activité volcanique entre 1165 et 1345 et entre 1765 et 1845 permet d'expliquer pourquoi le refroidissement a commencé vers 1200, alors que l'activité solaire était encore élevée, et pourquoi le petit âge glaciaire a persisté pendant plusieurs décennies après la fin du minimum de Maunder.

En bref

Le petit âge glaciaire, qui a duré de 1300 à 1845, s'est déroulé à l'échelle mondiale, mais avec des variations régionales notables. Toutefois, les scientifiques ne sont pas parvenus à un consensus sur son étendue mondiale, sa durée et ses causes sous-jacentes. Cette absence d'accord est embarrassante, étant donné qu'il s'agit de la période la plus récente de changement climatique majeur. Les niveaux de CO_2 sont restés inchangés pendant près de 500 ans après 1100, et n'ont donc pas pu être un facteur contributif. En outre, les quatre siècles entre 1350 et 1750 ont connu une activité volcanique parmi les plus fai-

---

[191] Slawinska, J. & Robock, A., 2018. J. Clim. 31 (6), pp.2145-2167. doi.org/10.1175/JCLI-D-16-0498.1.

bles de l'Holocène, ce qui signifie que seuls le refroidissement initial et les 80 dernières années du petit âge glaciaire peuvent être liés à l'activité volcanique. Toutefois, pendant la majeure partie de la période comprise entre 1270 et 1720, l'activité solaire a été très faible, et les données paléoclimatiques montrent que les périodes prolongées d'activité solaire minimale coïncident avec des périodes de refroidissement intense. Mais cela pose un problème, car la plupart des scientifiques ne croient pas que l'activité solaire puisse affecter le climat dans une telle mesure. En outre, la possibilité que l'activité solaire contribue au réchauffement actuel a été écartée sans que l'on ait une compréhension approfondie de la question.

SECTION 7 QUESTIONS CLÉS

Les effets des grandes éruptions sur la température sont relativement modestes et de courte durée. Les modèles climatiques surestiment souvent leur impact et ne reproduisent pas la récupération rapide observée. D'après les données disponibles, l'activité volcanique ne semble pas jouer un rôle majeur dans le forçage du climat sur des échelles de temps centennales et plus longues.

Les fortes éruptions volcaniques tropicales ont des effets dynamiques tels qu'un épisode El Niño, une diminution du transport stratosphérique et un renforcement du vortex polaire. Elles représentent probablement une réduction du transport de chaleur vers les pôles en raison d'une altération du gradient de température due aux aérosols stratosphériques. Cela pourrait expliquer pourquoi le refroidissement est moins important et la récupération plus rapide que prévu. Un mystérieux écho de refroidissement observé 2 à 3 décennies plus tard peut être attribué à l'effet de l'éruption sur le transport par les oscillations océaniques multidécennales.

Les tentatives d'explication du petit âge glaciaire en termes d'activité volcanique ne tiennent pas compte du fait que les quatre siècles entre 1350 et 1750 ont connu une activité volcanique parmi les plus faibles de l'Holocène.

SECTION 8 - LE SOLEIL

CHAPITRE 27
LES EFFETS D'UN GRAND MINIMUM SOLAIRE

Au cours des 6 000 dernières années, les changements climatiques abrupts les plus importants se sont produits au cours de trois périodes spécifiques. Il est intéressant de noter que ces périodes coïncident avec les trois seuls grands minimums solaires de 200 ans qui se sont produits au cours de cette période. Ces données suggèrent que le Soleil est le principal moteur des changements climatiques de l'Holocène, après les lents changements résultant des variations orbitales de la Terre sur des milliers d'années.

Les proxys climatiques fournissent des informations précieuses sur les changements significatifs de la circulation atmosphérique, du transport océanique, des précipitations et de la température qui se produisent au cours de deux siècles de faible activité solaire. Les changements observés indiquent une augmentation du gradient de température entre l'équateur et les pôles, ce qui entraîne une augmentation du transport de chaleur vers les pôles. Ce phénomène entraîne l'expansion des régions polaires et la contraction des régions tropicales. Malheureusement, la plupart des climatologues ignorent ces preuves d'un changement climatique profond causé par une activité solaire réduite. En effet, ils considèrent à tort la variabilité solaire comme un faible forçage climatique, sur la base d'un raisonnement erroné et en raison de l'impact relativement faible du cycle solaire de 11 ans.

Une faible variation de l'irradiation

De nombreux scientifiques rejettent l'idée que l'activité solaire contribue de manière significative au réchauffement de la planète en s'appuyant sur deux arguments principaux. Le premier est que les variations de l'irradiation solaire sont trop faibles pour entraîner une modification substantielle du flux d'énergie nécessaire pour provoquer un changement climatique. Le second argument est que les tendances de la température et de l'activité solaire n'ont pas coïncidé au cours des dernières décennies.

Toutefois, le raisonnement consistant à rejeter la contribution de l'activité solaire au réchauffement climatique est erroné en raison de deux hypothèses implicites dont la véracité n'a pas été démontrée. La première hypothèse est que les changements dans l'irradiation solaire totale sont la seule façon dont l'activité solaire affecte le climat. La seconde est que l'effet de l'activité solaire sur le climat doit se traduire par un changement linéaire direct des températures de surface.

La première hypothèse est probablement incorrecte. Des études ont montré que les changements dans la partie UV du spectre solaire médiatisent l'effet de l'activité solaire sur le climat.[192] Bien que l'énergie solaire UV ne représente qu'une petite fraction de l'énergie totale fournie par le Soleil, elle varie trente

---

[192] Gray, L.J., et al, 2010. Rev. Geophys. 48 (4), RG4001.
   doi.org/10.1029/2009RG000282

fois plus avec le cycle solaire que le reste du spectre solaire. En outre, la majeure partie de cette énergie est transmise à la couche d'ozone stratosphérique, où elle a un impact énorme (encadré 1, chap. 2).

La seconde hypothèse est également susceptible d'être erronée. L'effet de l'activité solaire sur le climat agit de manière non linéaire sur la circulation atmosphérique (comme expliqué ci-dessous). Par conséquent, tout effet sur la température est secondaire et compliqué par les divers facteurs qui influencent la température.

Il est prématuré et injustifié de rejeter l'activité solaire en tant que déterminant du climat sur la base d'un raisonnement erroné. Nous avons la preuve qu'il s'agit du deuxième déterminant climatique le plus important au cours de l'Holocène, après les changements orbitaux à action lente. Ces preuves établissent que les trois grands minimums solaires de type Spörer des 5 500 dernières années ont été à l'origine des trois principaux événements climatiques abrupts de cette période. Ils fournissent également de nombreuses informations sur la manière dont l'activité solaire affecte le climat. Cependant, ces informations ont été ignorées jusqu'à récemment, lorsque pour la première fois les preuves de ce qui est arrivé au climat mondial pendant plusieurs grands minimums solaires de type Spörer ont été rassemblées dans une seule publication.[193] Ces événements se produisent tous les 2 500 ans, lorsque le Soleil entre dans une période très inhabituelle de 200 ans de très faible activité solaire (fig. 37b, chap. 23).

La figure 43a montre une reconstruction de l'activité solaire avec les trois événements climatiques abrupts mis en évidence par des barres gris clair, qui coïncident tous avec des grands minima solaires de type Spörer.[194] Bien que d'autres grands minima solaires se soient produits au cours des 6 000 dernières années, aucun n'a montré les mêmes changements de ^{14}C que ceux montrés dans la figure 37b (chap. 23). A des intervalles de 5 000 ans, les minima du cycle solaire de Bray de 2 500 ans et du cycle solaire d'Eddy de 1 000 ans coïncident (encadré 21, chap. 23), donnant lieu à un groupe de plusieurs grands minima solaires qui induisent un effet climatique important. Un tel événement s'est produit il y a 5 500 ans et à nouveau il y a 500 ans.

Ce chapitre ne présente graphiquement qu'une petite partie des preuves des effets climatiques d'un grand minimum solaire de type Spörer. Il existe un grand nombre de preuves recueillies par les scientifiques, dont certaines seront examinées ci-dessous. Malgré la disponibilité de ces preuves, de nombreux scientifiques ont choisi de les ignorer. La raison en est que le mécanisme détaillé du changement climatique en cas de faible activité solaire est inconnu et ne peut donc pas être programmé dans les modèles climatiques. Il est inquiétant que des preuves que les modèles ne reflètent pas soient ignorées.

Informations provenant de proxys atmosphériques

Le chapitre précédent a montré comment les dépôts de sulfate dans les carottes de glace fournissent des informations sur l'activité volcanique. D'autres ions présents dans les carottes de glace révèlent d'autres aspects climatiques. Par exemple, l'augmentation des dépôts de sels tels que le potassium est désormais associée aux conditions atmosphériques hivernales. Cela se produit

---

[193] Vinós, J., 2022. Le climat du passé, du présent et du futur : un débat scientifique. Critical Science Press. pp.67-88

[194] Wu, C.J., et al, 2018. Astron. Astrophys. 615, p.A93. doi.org/10.1051/0004-6361/201731892.

lorsque le vortex polaire boréal s'étend et que la circulation méridienne augmente, entraînant des conditions plus froides et plus venteuses. Le système de haute pression sibérien se renforce également, provoquant des conditions glaciales dans une grande partie de l'hémisphère nord.[195] Au cours des trois grands événements climatiques d'origine solaire des 6 000 dernières années, les niveaux de ces sels ont augmenté en flèche (fig. 43d), indiquant un renforcement significatif de la circulation atmosphérique polaire, conduisant à des conditions hivernales extrêmement froides et venteuses dans l'hémisphère nord.

D'autres mesures indirectes reflétant la force du vent aux hautes latitudes, comme celles obtenues en Islande, confirment que le front polaire s'est déplacé vers le sud à cette époque, ce qui indique une expansion de la région arctique.[196] L'oscillation nord-atlantique est une mesure de la différence de pression entre l'anticyclone des Açores et la dépression d'Islande. Lorsque cette différence est faible, l'oscillation est en phase négative, ce qui se traduit par un courant-jet plus ondulé, des blocages atmosphériques plus fréquents et plus longs, et un débordement plus important d'air arctique froid sur les latitudes moyennes. Les reconstitutions de l'oscillation nord-atlantique au cours de l'Holocène montrent qu'elle avait des valeurs très négatives pendant le petit âge glaciaire et les deux autres événements climatiques abrupts étudiés.

Pendant les grands minimums solaires, l'oscillation nord-atlantique reste généralement en phase négative tout au long de l'hiver, ce qui peut intensifier les effets météorologiques hivernaux dans la région. La région est donc particulièrement sensible aux effets d'une faible activité solaire.

Informations provenant des proxys océaniques

Le chapitre 17 a traité de l'importance de la circulation méridienne de retournement de l'Atlantique pour le transport de la chaleur vers l'Arctique. Plusieurs études indiquent que la formation d'eau profonde dans l'Atlantique Nord a été considérablement réduite au cours des trois événements climatiques abrupts qui nous intéressent. Cependant, on peut se demander si la circulation de retournement a été réduite de manière significative en conséquence. Il existe des preuves que la salinité (fig. 43c) et la température de l'eau sous la thermocline (la couche de transition entre l'eau chaude au-dessus et l'eau plus froide au-dessous) ont augmenté au sud de l'Islande au cours de ces événements.[197] Cela suggère que la circulation méridienne de retournement de l'Atlantique a été entraînée par un mécanisme compensatoire impliquant un apport plus important d'eaux plus chaudes et plus salées provenant du gyre subtropical au détriment d'eaux plus fraîches et plus froides provenant du gyre subpolaire. Ainsi, la circulation a continué à transporter des eaux chaudes vers l'Arctique et ne s'est pas arrêtée.

[195] Mayewski, P.A., et al, 2004. Quat. Res. 62 (3), pp.243-255.
    doi.org/10.1016/j.yqres.2004.07.001
[196] Jackson, M.G., et al. 2005. Geology, 33 (6), pp.509-512. doi.org/10.1130/G21489.1
[197] Thornalley, D.J., et al, 2009. Nature, 457 (7230), pp.711-714.
    doi.org/10.1038/nature07717

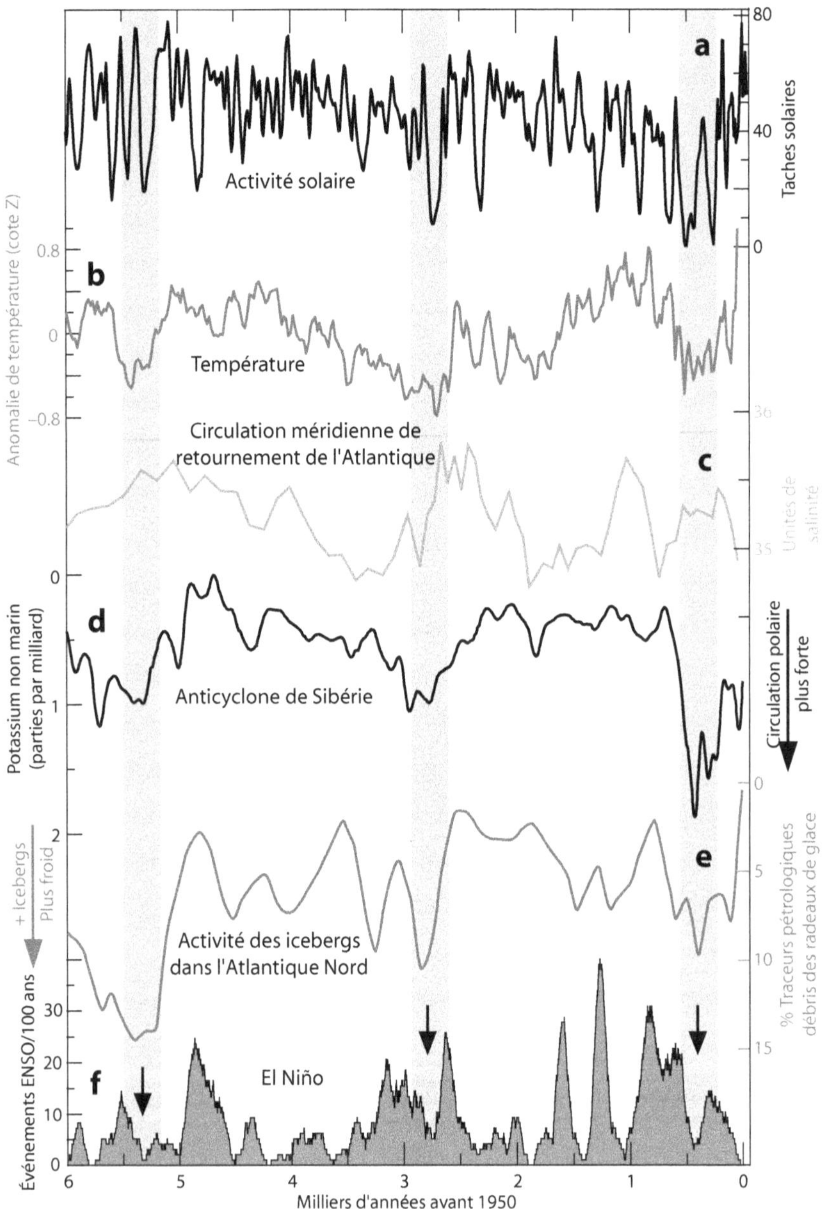

Figure 43. Effets climatiques d'un grand minimum solaire prolongé. a) Reconstruction de l'activité solaire. b) Reconstruction à l'aide de proxys de la température globale non tendancielle. c) Changements de salinité comme indice de la force de la circulation méridienne de retournement de l'Atlantique. d) Teneur en potassium (inversée) d'une carotte de glace du Groenland comme indicateur de la circulation atmosphérique polaire et de la force du système de haute pression sibérien. e) Traceurs pétrologiques (inversés) comme indicateur de l'activité des icebergs dans l'Atlantique Nord. f) Fréquence des forts événements El Niño. Les flèches indiquent la suppression d'El Niño pendant les périodes de très faible activité solaire.

Pendant les périodes de faible activité solaire évoquées dans ce chapitre, les glaciers côtiers norvégiens ont connu une croissance extraordinaire, qui a nécessité une augmentation des précipitations hivernales. Cette augmentation des précipitations a été rendue possible par l'afflux d'eau chaude pendant les conditions hivernales très froides. L'afflux d'eau atlantique dans les mers nordiques a été discuté au chapitre 17 (fig. 27) dans le contexte du transport de chaleur océanique. L'afflux d'eau chaude a été reconstitué au cours de l'Holocène et montre une forte périodicité de 2 500 ans, avec une augmentation significative pendant les périodes de faible activité solaire prolongée, y compris les trois périodes considérées dans ce chapitre.[198]

Dans le chapitre 18, nous avons analysé comment El Niño - Oscillation australe contribue au transport de chaleur vers les pôles et montré sa variabilité au cours de l'Holocène (fig. E15, chap. 18). Nous nous concentrons maintenant sur la fréquence des forts événements El Niño au cours des 6 000 dernières années (fig. 43f).[199] Lorsque la planète s'est refroidie au cours de la néoglaciation, la fréquence des événements El Niño a également augmenté, contribuant ainsi au refroidissement. Conformément à cette interprétation, il y a eu une augmentation de la fréquence des événements El Niño pendant le refroidissement qui a conduit aux trois événements considérés. Cependant, lorsque le grand minimum solaire de type Spörer a atteint des valeurs d'activité solaire très faibles, l'activité El Niño a été supprimée (fig. 43f, flèches) et le Pacifique équatorial est passé à une situation La Niña prédominante. Ce type de conditions La Niña semi-permanentes a été observé à la fois pendant des périodes chaudes, comme l'optimum climatique de l'Holocène, et pendant des périodes froides, comme la partie centrale du petit âge glaciaire. Cela pourrait indiquer que, puisque la température de la planète ne change pas, il n'est pas nécessaire d'ajuster l'intensité du transport de chaleur vers les pôles.

Informations provenant de proxys hydrologiques

Les proxys des précipitations fournissent des informations limitées à des régions spécifiques, car les précipitations peuvent varier considérablement d'un endroit à l'autre. Même des endroits proches peuvent connaître des changements opposés, comme on l'a vu après l'éruption du mont Tambora, lorsque certaines parties de l'Europe sont devenues très humides tandis que d'autres sont devenues très sèches (chap. 24). Toutefois, comme nous l'avons vu plus haut, il semble que les précipitations hivernales en Norvège aient augmenté au cours des trois périodes considérées, ce qui a favorisé la croissance des glaciers.[200] Des pics de précipitations à l'échelle du millénaire ont également été enregistrés à ces périodes dans des régions de latitude moyenne telles que l'Irlande et la Californie.

Des scientifiques ont obtenu un enregistrement à haute résolution de l'intensité des moussons asiatiques en analysant une stalagmite provenant d'une grotte

---

[198] Giraudeau, J., et al, 2010. Quat. Sci. Rev. 29 (9-10), pp.1276-1287. doi.org/10.1016/j.quascirev.2010.02.014

[199] Moy, C.M., et al, 2002. Nature, 420 (6912), pp.162-165. doi.org/10.1038/nature01194

[200] Matthews, J.A., et al, 2005. Quat. Sci. Rev. 24 (1-2), pp.67-90. doi.org/10.1016/j.quascirev.2004.07.003

en Chine.[201] Cet enregistrement révèle des épisodes de faiblesse ou de séche-resse de la mousson au cours des trois principaux minima solaires étudiés. Tra-ditionnellement, de nombreux scientifiques ont lié la majeure partie de la va-riabilité séculaire et millénaire des moussons asiatique et indienne à la variabi-lité solaire.

Informations sur les changements de température

Dans les chapitres précédents (chap. 21-23 et 26), nous avons utilisé une reconstruction de la température de l'Holocène basée sur 73 proxys globaux. Après avoir soustrait la tendance au refroidissement global de la néoglaciation dans la reconstruction des 6 000 dernières années, nous constatons que les trois périodes étudiées présentent le refroidissement le plus important depuis des milliers d'années (fig. 43b). Cette constatation contredit l'idée largement répan-due selon laquelle les variations solaires ont peu d'influence sur la température. En fait, les preuves paléoclimatiques suggèrent que l'activité solaire, et non le CO_2, est le principal déterminant du climat aux échelles de temps centennales et millénaires.

La piscine chaude indo-pacifique est la plus grande étendue d'eau chaude du monde, située dans les océans Indien et Pacifique tropicaux. C'est un excellent endroit pour mesurer la température mondiale au fil du temps. En analysant un indicateur de la température des océans de subsurface dans cette région, les chercheurs produisent une reconstitution de la température des océans tropi-caux au cours de l'Holocène, similaire à la reconstitution globale utilisée dans cet ouvrage.[202] Cette analyse identifie également les trois périodes considérées ici comme étant considérablement plus froides à l'échelle millénaire dans l'océan tropical. En outre, une autre étude portant sur les températures de sur-face de l'océan dans la même région a révélé une nette périodicité de 2 500 ans dans sa température au cours de l'Holocène. Cette périodicité s'est avérée liée à l'activité solaire.[203]

En analysant des carottes benthiques prélevées dans l'Atlantique Nord, les chercheurs ont pu établir un relevé de l'activité des icebergs qui s'accorde re-marquablement avec le relevé de l'activité solaire (encadré 21, chap. 23).[204] Cet enregistrement indirect a été très utile pour relier chaque période froide cente-naire dans l'Atlantique Nord au refroidissement et aux changements climati-ques abrupts à l'extérieur de la région. Ces données sont également cohérentes avec les autres preuves que nous avons présentées. Les trois périodes de chan-gements climatiques abrupts qui coïncident avec les trois principaux minima solaires de type Spörer présentent la plus grande activité millénaire des ice-bergs dans l'Atlantique Nord (fig. 43e).

---

[201] Wang, Y., et al. 2005. Science, 308 (5723), pp.854-857.
doi.org/10.1126/science.1106296
[202] Rosenthal, Y., et al. 2013. Science, 342 (6158), pp.617-621.
doi.org/10.1126/science.1240837
[203] Khider, D., et al. 2014. Paleoceanography, 29 (3), pp.143-159.
doi.org/10.1002/2013PA002534
[204] Bond, G., et al. 2001. Science, 294 (5549), pp.2130-2136.
doi.org/10.1126/science.1065680

Une réorganisation atmosphérique de longue durée

Grâce à de nombreux indicateurs climatiques, nous pouvons reconstituer les changements climatiques qui se produisent lorsque l'activité solaire devient très faible pendant plusieurs décennies. Bien que nous ne comprenions pas encore parfaitement comment cela se produit, nous savons ce qui se passe. Il est surprenant de constater que les changements déduits des proxys ne correspondent pas à l'effet global que devrait avoir une réduction de l'énergie solaire à la surface. Au contraire, ils indiquent une profonde réorganisation de la circulation atmosphérique, affectant principalement l'hémisphère nord. Cette réorganisation est un processus lent qui s'accentue au fur et à mesure que l'activité solaire reste faible. Cependant, elle commence à s'inverser dès que l'activité solaire revient à la normale.

Lorsque l'oscillation nord-atlantique devient négative de manière persistante, elle indique un affaiblissement du vortex polaire arctique. Cela entraîne une augmentation des échanges de masses d'air entre l'Arctique et les latitudes moyennes, ce qui se traduit par des hivers très froids dans les latitudes moyennes de l'hémisphère Nord.

En outre, le transport de chaleur, d'humidité et de sels vers les pôles augmente considérablement. Il en résulte une circulation atmosphérique polaire beaucoup plus forte. Le front polaire se déplace également vers le sud, ce qui entraîne une extension de l'Arctique.

Le gradient latitudinal de température, le déterminant climatique le plus important, est accentué. Le déplacement vers le sud du courant-jet et du courant-jet subtropical entraîne une contraction des cellules de Hadley. En conséquence de cette contraction, la sécheresse produite par la branche descendante des cellules de Hadley se déplace également vers le sud. Il en résulte une augmentation des précipitations dans les latitudes moyennes et un affaiblissement de la mousson.

La chaleur de l'océan et de l'atmosphère étant dirigée vers l'Arctique en raison d'un gradient de température plus important, la planète commence à se refroidir en perdant de l'énergie. Mais le refroidissement est inégal. L'hémisphère sud subit un refroidissement moindre, la teneur en chaleur des océans tropicaux diminue et les hautes latitudes de l'hémisphère nord se refroidissent davantage. La région de l'Atlantique Nord, principale voie de transport de la chaleur vers les pôles, connaît le refroidissement le plus important et enregistre une forte augmentation de l'activité des icebergs. Le déficit énergétique dans l'hémisphère nord entraîne un transport de chaleur plus important à travers l'équateur depuis l'hémisphère sud. Pour ce faire, la zone de convergence intertropicale est déplacée de plusieurs latitudes vers le sud, de sorte que l'atmosphère transporte la chaleur de l'hémisphère sud vers l'hémisphère nord (fig. 82, chap. 47), ce qui est l'inverse de la situation actuelle.[205]

La réorganisation atmosphérique induite par le soleil est un processus graduel qui s'accumule au fil du temps. Plus il se prolonge, plus les changements et leurs effets sont profonds. Lorsque l'activité solaire revient à la normale, il faut autant de temps pour inverser les changements, ce qui explique qu'au milieu du 19e siècle, avec des niveaux d'activité solaire similaires à ceux du 20e siècle, le climat était différent (fig. 79, chap. 46). Il est raisonnable de penser

---

[205] Sachs, J.P., et al, 2009. Nat. Geosci. 2 (7), pp.519-525. doi.org/10.1038/NGEO554

qu'une activité solaire supérieure à la normale devrait avoir l'effet inverse, en provoquant un réchauffement par réorganisation de l'atmosphère. Entre 1935 et 2005, nous avons connu la plus longue période d'activité solaire supérieure à la moyenne des 600 dernières années au moins, qui a coïncidé avec le taux de réchauffement le plus élevé de ces 600 dernières années au moins.

Des études montrent que la circulation de Hadley s'étend vers les pôles à un rythme de 0,5° de latitude/décennie depuis au moins 1979, en grande partie pour des raisons naturelles.[206] Il semble possible que le changement climatique qui s'est produit entre 1850 et le début de nos émissions massives vers 1950 soit dû à la lente récupération du petit âge glaciaire d'origine solaire.

Les données disponibles indiquent que l'effet des changements de l'activité solaire sur le climat n'est ni pris en compte de manière adéquate dans la théorie du climat, ni reproduit de manière adéquate dans les modèles climatiques. Notre compréhension du climat est donc insuffisante pour justifier des changements sociétaux significatifs en réponse aux changements climatiques observés, car leur cause est incertaine.

En bref

Les proxys climatiques montrent que les périodes prolongées de très faible activité solaire peuvent entraîner une réorganisation progressive de l'atmosphère. Cette réorganisation entraîne une contraction des tropiques et une expansion des régions polaires. En conséquence, la différence de température entre l'équateur et les pôles est accentuée, ce qui transporte plus de chaleur vers les pôles. Cette perte de chaleur accrue dans les régions polaires, en particulier dans l'Arctique, entraîne un refroidissement global, qui est le plus prononcé dans les latitudes moyennes septentrionales. Cependant, les modèles climatiques ne peuvent pas reproduire cet effet, car son mécanisme est inconnu, et les preuves instrumentales de l'effet beaucoup plus faible du cycle solaire de 11 ans sont faibles. Par conséquent, la plupart des scientifiques ignorent les preuves que l'activité solaire est le principal moteur du changement climatique de l'Holocène. Cela rend notre compréhension du climat inadéquate et peu fiable.

---

[206] Staten, P.W., et al, 2018. Nat. Clim. Change, 8 (9), pp.768-775. doi.org/10.1038/s41558-018-0246-2.

CHAPITRE 28
EFFETS CONNUS DU CYCLE SOLAIRE

Bien que la variation de l'énergie solaire causée par le cycle solaire soit trop faible pour qu'un effet climatique puisse être détecté au-delà du bruit, nous observons systématiquement un changement de la température de surface globale et du bilan thermique des océans tropicaux quatre fois plus important que prévu. Le schéma des changements de température est très irrégulier, avec un réchauffement plus important aux latitudes moyennes et élevées de l'hémisphère nord. Il est intéressant de noter que ce schéma de température du cycle solaire est similaire au schéma de température observé au cours des dernières décennies en raison du réchauffement climatique.

Le réchauffement causé par l'augmentation de l'activité solaire implique des changements dans le transport de la chaleur vers les pôles par la circulation troposphérique et stratosphérique. L'augmentation de l'activité solaire s'accompagne d'une diminution du transport de chaleur vers les pôles, ce qui entraîne une accumulation de chaleur aux latitudes moyennes et élevées, un refroidissement de l'Arctique et une augmentation de la teneur en chaleur des océans tropicaux. Les changements observés dans le gradient de température latitudinal confirment cette interprétation.

Le cycle solaire ne devrait pas avoir d'effet détectable sur le climat.

Le Soleil fournit 99,9 % de l'énergie au système climatique, et cette énergie, connue sous le nom d'irradiation solaire totale, ne varie que de 0,1 % au cours d'un cycle solaire de 11 ans (chap. 2). Ce changement est si faible que ses effets devraient être indétectables dans le bruit des variables climatiques. Le réchauffement de la surface prévu pour une augmentation de 1,1 W/m^2 n'est que de 0,025 °C, ce qui est inférieur à la limite de détection de 0,1 °C.[207]

Cependant, les données de température montrent régulièrement que le signal solaire sur la température globale est de 0,1 °C, c'est-à-dire quatre fois plus important que ce que l'on pourrait attendre du seul changement d'énergie. Cette observation fournit la première indication que l'effet du soleil sur le climat n'est pas dû aux changements de l'irradiation solaire totale à la surface.

L'effet du cycle solaire sur la température de surface

Lorsqu'il y a une légère augmentation de l'énergie solaire, on s'attend normalement à une variation faible et uniforme de la température de surface en fonction de la quantité d'insolation. Or, ce n'est pas ce qui se produit en réalité. Au contraire, la variation de la température de surface est très inégale, certaines régions se refroidissant malgré l'augmentation de l'énergie solaire. Ces différences ne peuvent s'expliquer que par des changements dynamiques importants dans l'atmosphère et les océans, alors que l'émission solaire ne varie que de 0,1 %.

---

[207] Wigley, T.M.L. & Raper, S.C.B., 1990. Geophys. Res. Lett. 17 (12), pp.2169-2172. doi.org/10.1029/GL017i012p02169

La figure 44a montre une carte des changements de température de surface sur une grille de 5x5° attribués au cycle solaire de 11 ans entre le minimum solaire de 1996 et le maximum solaire de 2002.[208] Bien que la température moyenne à la surface du globe n'augmente que de 0,1 °C au cours de ce cycle, l'augmentation est de 0,4 °C (et de plus de 1 °C dans certaines régions) à 60° de latitude nord. Le schéma de réponse de la figure 44a est déterminé avec un décalage d'un mois. Cela signifie que la réponse du climat aux changements solaires est très rapide et que ce petit décalage est plus probable pour une réponse atmosphérique que pour une réponse océanique.

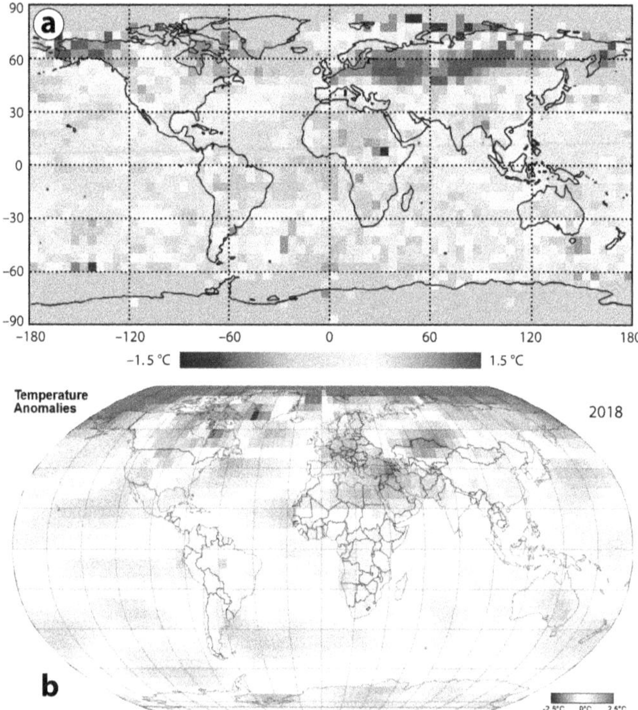

Figure 44. Changements de la température de surface dus au cycle solaire et au réchauffement climatique. a) Changements dus au cycle solaire de 1996 à 2002. b) Anomalie de température globale pour 2018.

Lorsque l'activité solaire est élevée, le schéma d'un réchauffement accru de la surface dans les zones extratropicales de l'hémisphère nord et d'un réchauffement moindre dans les tropiques et l'hémisphère sud est similaire au schéma de réchauffement global récent attribué principalement à l'augmentation des niveaux de CO_2. La figure 44b montre une carte des anomalies de la température de surface mondiale pour 2018 sur une grille de 5x5° basée sur la moyenne 1991-2020.[209]

---

[208] Lean, J.L., 2017. Sun-climate connections. In : Oxford Research Encyclopedia of Climate Science. doi.org/10.1093/acrefore/9780190228620.013.9

[209] La figure 44b est tirée de l'outil de cartographie mondiale de la NOAA. www.ncei.noaa.gov/access/monitoring/climate-at-a-glance/global/mapping/2018

Le réchauffement le plus important s'est produit dans les hautes latitudes de l'hémisphère nord, avec un réchauffement également associé au Gulf Stream et au courant de Kuroshio. Dans l'hémisphère sud (30-60°S), on observe dans l'océan Atlantique, l'océan Indien, l'océan Pacifique et la mer de Tasman un schéma de quatre zones de réchauffement plus marqué, séparées par une distance d'environ 7 000 km. On pense que ce schéma est le résultat d'une onde atmosphérique.[210] Bien que le changement climatique d'origine solaire et le réchauffement planétaire partagent ces caractéristiques, ils n'indiquent pas le résultat de la distribution mondiale d'un effet radiatif produit par un changement de l'activité solaire ou du CO_2. Ils suggèrent plutôt une réponse aux deux forçages médiée par des changements dynamiques similaires dans l'atmosphère et les océans.

Cela devrait être la deuxième indication que l'effet du soleil sur le climat n'est pas le résultat de l'effet des changements de l'irradiation solaire totale sur la surface. Au contraire, il semble être médié par des changements dans le système couplé atmosphère-océan. Par conséquent, pour comprendre l'effet du soleil sur le climat, nous devons nous concentrer sur l'atmosphère plutôt que sur la surface.

Effet du cycle solaire sur le gradient latitudinal de température

La figure 45 montre les changements de température dus au cycle solaire à la surface (comme dans la figure 44a) et dans la basse stratosphère, calculés par cercle de latitude (moyenne zonale). La relation claire entre les deux courbes indique une origine atmosphérique également pour la courbe de surface. Les informations présentées dans la figure 45 sont cruciales pour comprendre l'effet solaire sur le climat. Lorsque l'activité solaire est élevée, le réchauffement de la surface augmente avec la latitude, atteignant un maximum de 0,4 °C à 60°N. En revanche, l'Arctique connaît un refroidissement lorsque l'activité solaire est élevée. La courbe noire de la figure 45 montre une transition abrupte entre un fort réchauffement à 60°N et un refroidissement à 75°N. Entre ces deux latitudes se trouve le vortex polaire qui, lorsqu'il est fort, limite fortement les échanges de chaleur. Avec l'augmentation de l'activité solaire, le gradient de température latitudinal entre l'équateur et 60°N est réduit, ce qui entraîne une réduction du transport de chaleur vers les pôles.

Figure 45. Changements de température en moyenne zonale en raison du cycle solaire. Les changements sont indiqués à la surface (ligne noire) et à 20 km d'altitude (ligne en tirets gris).[211]

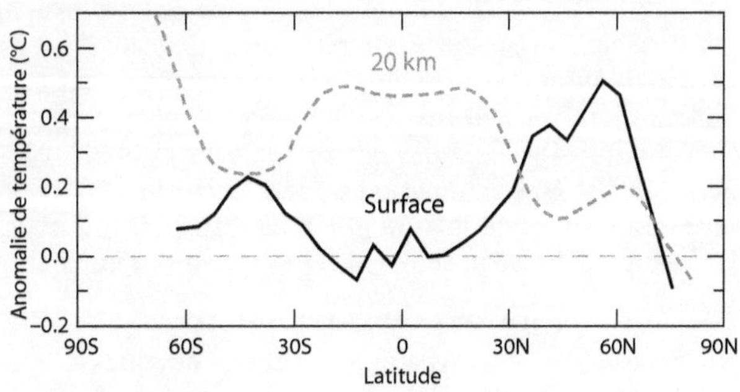

[210] Chiswell, S.M., 2021. Nat. Comm. 12 (1), p.4779.
  doi.org/10.1038/s41467-021-25160-y
[211] Données tirées de Lean, J.L., 2017. Sun-climate connections. In : Oxford Research
  Encyclopedia of Climate Science. doi.org/10.1093/acrefore/9780190228620.013.9

Dans la basse stratosphère, la situation est essentiellement opposée à celle de la surface (fig. 45, ligne en tirets gris). La stratosphère tropicale subit un réchauffement important dû à l'augmentation de l'ozone et du rayonnement UV causée par l'augmentation de l'activité solaire. Toutefois, la majeure partie de l'ozone est transportée vers les hautes latitudes de l'hémisphère nord par la circulation de Brewer-Dobson, ce qui en fait la région où la concentration d'ozone est la plus élevée. On peut donc s'attendre à un réchauffement plus important dans cette région, mais le réchauffement plus faible observé dans les hautes latitudes de la basse stratosphère de l'hémisphère nord laisse perplexe. Ce phénomène ne peut s'expliquer que par une diminution du transport méridien avec l'augmentation de l'activité solaire. La diminution du transport stratosphérique est cohérente avec l'augmentation du gradient latitudinal de température indiqué par la ligne en tirets de la figure 45, ce qui aurait pour effet d'augmenter la vitesse des vents zonaux (est-ouest) qui s'opposent au transport méridien. Les deux profils présentés dans la figure 45 renforcent l'idée que l'augmentation de l'activité solaire diminue le transport vers les pôles à la fois dans la basse stratosphère et dans la troposphère.

Le budget thermique de l'océan tropical

Dans l'encadré 14 (chap. 17), nous avons abordé l'influence du cycle solaire sur le transport de la chaleur dans les océans. Il convient de rappeler les principaux résultats des études scientifiques, qui montrent que les changements dans le budget thermique des océans tropicaux ont une fréquence de 11 ans, synchronisée avec le cycle solaire.[212] Le problème, cependant, est que les changements dans l'énergie solaire sont trop faibles, d'un facteur de cinq à dix, pour être responsables des variations de température observées, comme le sont tous les autres effets solaires.

Si l'augmentation du rayonnement solaire n'est pas la cause du réchauffement des océans, celui-ci doit être dû au réchauffement de l'océan sous-jacent par l'atmosphère tropicale. La seule façon pour l'atmosphère de le faire est de réduire la quantité de chaleur sensible et latente circulant de la surface de l'océan vers l'atmosphère. En effet, hormis l'énergie solaire à ondes courtes, le flux net d'énergie dans les tropiques (et sur la majeure partie de la planète) va de l'océan vers l'atmosphère. Étant donné que l'atmosphère est principalement responsable du transport de chaleur de la planète, il est probable que le cycle de 11 ans du budget thermique de l'océan tropical soit causé par une diminution du transport de chaleur vers les pôles. Lorsque l'activité solaire est élevée, l'océan tropical retient davantage de chaleur solaire, car l'atmosphère en transporte moins. Une diminution de la vitesse du vent pourrait être à l'origine du réchauffement et de la diminution du transport observés, en réduisant à la fois le transfert de chaleur sensible et l'évaporation (transfert de chaleur latente).

Effets dynamiques du cycle solaire

Des changements dynamiques dans la circulation atmosphérique ont été observés avec le cycle solaire.[213] En conséquence de l'augmentation du rayonne-

---

[212] White, W.B., et al, 2003. J. Geophys. Res. Oceans, 108 (C8) 3248. doi.org/10.1029/2002JC001396

[213] Lean, J.L., 2017. Sun-climate connections. In : Oxford Research Encyclopedia of Climate Science. doi.org/10.1093/acrefore/9780190228620.013.9

ment solaire, la circulation troposphérique est modifiée de plusieurs façons. Ces changements comprennent l'expansion de la cellule de Hadley, le déplacement vers les pôles des courant-jets subtropicaux, la stabilisation du vortex polaire, la réduction de l'ondulation du courant-jet, le piégeage de l'air polaire et la réduction de la fréquence des événements de blocage hivernaux. Elle augmente également le gradient de pression entre la dépression d'Islande et l'anticyclone des Açores, ce qui entraîne la phase positive de l'oscillation nord-atlantique. Ces effets sont bien documentés dans la littérature scientifique. Ils peuvent sembler familiers, car ils sont à l'opposé des effets à plus grande échelle montrés dans le chapitre précédent en utilisant divers proxys climatiques pendant les périodes de forte réduction de l'activité solaire due à un grand minimum.

Les effets dynamiques connus ont un point commun : ils modifient le transport de chaleur vers les pôles. Pendant les périodes de forte activité solaire, le transport méridien diminue, ce qui entraîne un réchauffement des latitudes moyennes et un refroidissement de l'Arctique. Inversement, pendant les périodes de faible activité solaire, le transport méridien augmente, entraînant un refroidissement des latitudes moyennes et un réchauffement de l'Arctique. Cependant, le transport méridien n'est pas seulement influencé par l'activité solaire. D'autres facteurs tels que les éruptions volcaniques (chap. 25), l'oscillation quasi-biennale (chap. 14), les oscillations océaniques multidécennales (chap. 19) et El Niño - Oscillation australe (chap. 18) jouent également un rôle important. Par conséquent, on ne peut pas s'attendre à ce que les changements dans le transport et leurs effets climatiques, y compris la température de surface, coïncident avec l'activité solaire à court terme, car ces autres facteurs les influencent également. Ce n'est qu'à l'échelle centennale, lorsque tous les autres facteurs tendent à s'estomper, que les changements dans le transport deviennent principalement dépendants de l'activité solaire, dont les cycles centennaux et millénaires modifient considérablement l'activité solaire sur des décennies, voire des siècles, l'emportant sur tous les autres facteurs et induisant un réchauffement ou un refroidissement à long terme.

Reproduction des effets du cycle solaire dans les modèles climatiques

Jusqu'à récemment, les modèles climatiques n'incluaient pas la stratosphère, ne disposaient pas d'une oscillation quasi-biennale réaliste et ne pouvaient pas tenir compte de la réaction complexe de l'ozone au rayonnement solaire. Par conséquent, ils n'ont pas été en mesure de reproduire les effets du cycle solaire ou de comprendre l'impact d'un grand minimum solaire. Les modèles climatiques montrent souvent des réactions plus faibles et plus tardives de la température aux changements de l'irradiation solaire. Tous les modèles ne prennent pas en compte les changements d'ozone, de vortex polaire et de surface induits par le soleil. En outre, les modèles produisent souvent un réchauffement irréaliste de l'Arctique en réponse à une augmentation de l'activité solaire, contrairement au refroidissement observé. Plus inquiétant encore, la réponse dynamique de la stratosphère aux changements de l'activité solaire est absente de la plupart des modèles.[214] L'hypothèse principale du forçage solaire sur le climat, discutée dans le chapitre

---

[214] Misios, S., et al, 2016. Q. J. R. R. Meteorol. Soc. 142 (695), pp.928-941. doi.org/10.1002/qj.2695.

suivant, est basée sur cette réponse. Bien que certains effets solaires sur le climat soient qualitativement pris en compte par les modèles, nous pouvons conclure qu'ils ne sont très probablement pas reproduits par le mécanisme correct.

En bref

Bien que les changements énergétiques impliqués soient faibles, le système climatique présente un schéma caractéristique de changements de la température de surface en réponse à l'augmentation de l'activité du cycle solaire. Ce schéma rappelle le réchauffement observé au cours des dernières décennies. L'effet de l'augmentation de l'activité solaire est minime sous les tropiques et plus faible dans l'hémisphère sud que dans l'hémisphère nord. Les changements de température observés sont cohérents avec le renforcement observé du vortex polaire, qui devrait réduire le transport de chaleur vers les pôles. Ces changements de température devraient également réduire le transport de chaleur en diminuant le gradient de température entre l'équateur et 60°N, la latitude du réchauffement maximal dans le cycle solaire. Dans la basse stratosphère, les changements observés suggèrent une diminution de la circulation du transport de chaleur vers les pôles. Les changements dans le contenu thermique de l'océan tropical impliquent une diminution du flux de chaleur océan-atmosphère, ce qui est cohérent avec la diminution du transport de chaleur due à l'augmentation de l'activité solaire. Les changements dynamiques de la circulation atmosphérique résultant des variations de l'activité du cycle solaire sont bien connus. Ils sont de même nature que ceux observés lors des grands minimums solaires du passé, bien que leur ampleur soit différente. Les modèles climatiques reproduisent faiblement les effets observés en réponse aux changements du cycle solaire, avec un décalage temporel beaucoup plus important, et manquent souvent la réponse dynamique cruciale de la stratosphère.

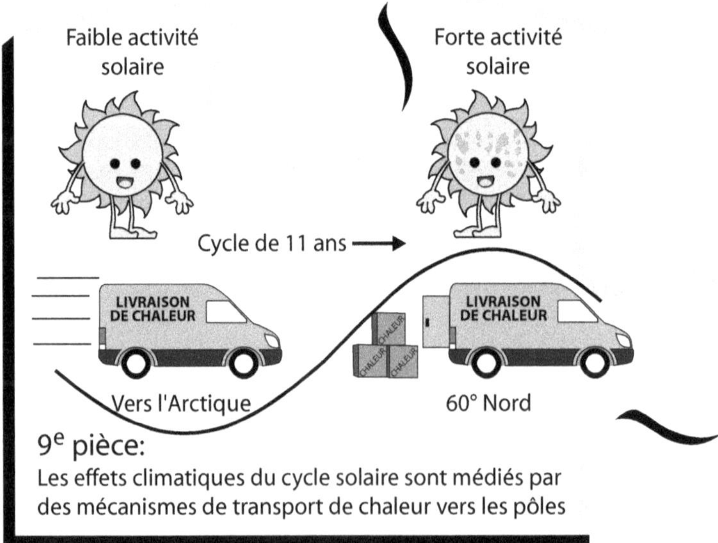

Chapitre 29
La Voie Stratosphérique

Les modifications de la couche d'ozone tropicale causées par les variations de l'activité solaire peuvent avoir des effets climatiques importants à la surface. Cela se produit par le biais d'une voie de signalisation connue impliquant des changements dans la vitesse du vent et la propagation des ondes atmosphériques dans la stratosphère, affectant finalement la force du vortex polaire pendant l'hiver. Ces changements dans le vortex polaire affectent directement les schémas de pression et la circulation troposphérique, qui à leur tour régulent le transport de chaleur vers les pôles et l'échange de masses d'air entre l'Arctique et les latitudes moyennes. Par conséquent, la météorologie hivernale de l'hémisphère nord est largement déterminée par ces processus.

Depuis 50 ans, les scientifiques savent qu'un certain type d'onde atmosphérique, appelée onde planétaire, peut être responsable de la modification du climat de la Terre en réponse à l'activité solaire. Ces ondes fournissent l'énergie nécessaire aux changements climatiques en réponse aux changements solaires. Cependant, comme les ondes planétaires sont influencées par tous les facteurs qui affectent les conditions stratosphériques, les effets de l'activité solaire sur le climat de surface ne sont pas toujours cohérents ou faciles à détecter. Malgré ces difficultés, l'influence du Soleil sur le climat est réelle, et son effet le plus évident se traduit par la fréquence des hivers froids dans les latitudes moyennes de l'hémisphère nord.

Un effet solaire de la stratosphère à la surface

Depuis plus de deux cents ans, les scientifiques étudient si et comment les variations des taches solaires affectent le climat. Toutefois, les premières tentatives de compréhension de ce phénomène ont été entravées par un manque de données et de connaissances sur l'atmosphère. Les scientifiques ont eu du mal à trouver des preuves de l'effet sur la surface parce qu'il est secondaire, très variable et non linéaire.

Ce n'est qu'en 1994 que les scientifiques ont découvert un mécanisme expliquant comment l'activité variable du Soleil affecte le climat. En observant et en modélisant les changements dans la stratosphère en réponse au cycle solaire, ils ont pu identifier le processus.[215] Depuis, ce mécanisme descendant a été confirmé et observé à plusieurs reprises dans les réanalyses atmosphériques, qui sont des produits de l'assimilation des données climatiques.[216] Certains modèles climatiques représentant plus fidèlement la stratosphère et la chimie de l'ozone ont également reproduit ce mécanisme dans une certaine mesure.[217] Après trois décennies de recherche, nous comprenons mieux comment l'activité solaire influence le climat.

---

[215] Haigh, J.D., 1994. Nature, 370 (6490), pp.544-546. doi.org/10.1038/370544a0
[216] Mitchell, D.M., et al, 2015. Q. J. R. Meteorol. Soc. 141 (691), pp.2011-2031. doi.org/10.1002/qj.2492.
[217] Kodera, K., et al. 2016. Atmospheric Chem. Phys. 16 (20), pp.12925-12944. doi.org/10.5194/acp-16-12925-2016.

Au cours du cycle solaire, une augmentation de l'activité solaire entraîne une augmentation relative du rayonnement UV supérieure à celle du rayonnement total. Cette augmentation du rayonnement UV a un impact majeur sur la couche d'ozone tropicale, en augmentant la production d'ozone et en augmentant les températures d'environ 1,5 °C (fig. 46) en raison de l'absorption accrue du rayonnement UV. L'ozone stratosphérique joue un rôle clé dans ce processus, en agissant comme un récepteur du signal et en amplifiant l'effet.

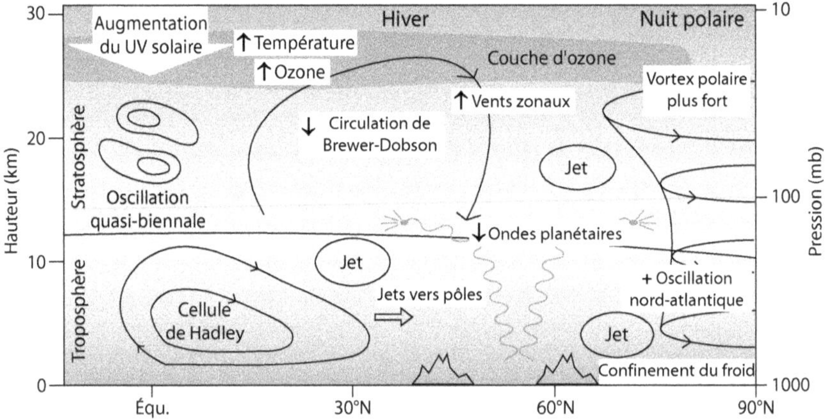

Figure 46. Mécanisme descendant de l'effet solaire sur le climat. Les effets de l'augmentation de l'activité solaire sont représentés par des cases blanches.

Le réchauffement de la couche d'ozone tropicale crée un gradient de température plus important entre la stratosphère tropicale et la stratosphère polaire. Ce gradient influe directement sur la vitesse des vents d'est et d'ouest (zonaux), qui dépend de l'importance du gradient. Plus le gradient est important, plus les vents sont rapides.

Les ondes atmosphériques sont similaires aux vagues océaniques et se déplacent dans la troposphère, transportant de l'énergie et de l'élan et influençant le temps. Pour une explication plus détaillée, voir l'encadré 10 (chap. 14). Un type particulier d'onde atmosphérique, appelé onde planétaire, est créé par les différences de température entre la terre et la mer et par les vents soufflant au-dessus de grandes chaînes de montagnes. Les ondes planétaires sont plus fréquentes dans l'hémisphère nord. Ces ondes peuvent atteindre la stratosphère, mais seulement si les vents zonaux dans la stratosphère ne sont pas trop forts et soufflent de l'ouest. Dans le cas contraire, elles sont réfléchies vers la troposphère.

Lorsque les ondes planétaires se brisent, elles fournissent un moment angulaire et de l'énergie qui contribuent au transport de la chaleur et de l'ozone vers les pôles via la circulation de Brewer-Dobson. Elles affaiblissent également le vortex polaire en ralentissant les vents qui le forment. Cet effet est particulièrement sensible dans l'hémisphère nord.

Lorsque l'activité solaire augmente, les vents zonaux dans la stratosphère s'accélèrent, ce qui rend plus difficile l'accès des ondes planétaires à la stratosphère. Par conséquent, le vortex polaire reste fort tout au long de l'hiver. Bien que l'augmentation de l'activité solaire soit relativement faible en termes de rayonnement, elle affecte profondément la circulation stratosphérique et son transport de chaleur et d'ozone vers les pôles.

Le signal solaire est transmis à la troposphère par le biais du couplage stratosphère-troposphère (chap. 15). La force du vortex polaire détermine l'état hivernal de l'oscillation nord-atlantique, qui devient anormalement positive en cas de forte activité solaire. En outre, la position du courant-jet est influencée par la force du vortex et se déplace vers les pôles en cas de forte activité solaire. Ce mouvement maintient les masses d'air froid arctique dans la région arctique, ce qui se traduit par des hivers plus chauds aux latitudes moyennes de l'hémisphère nord.

Dans les tropiques, les changements dans la circulation atmosphérique causés par un déplacement du courant-jet vers les pôles et une diminution de la branche ascendante de la circulation de Brewer-Dobson entraînent une expansion de la circulation de Hadley et un déplacement similaire du courant-jet subtropical. Ces changements affectent les régimes de précipitations et entraînent un réchauffement à 60°N, car moins de chaleur peut être transportée vers l'Arctique par le biais d'un vortex polaire renforcé.

Lorsque l'activité solaire diminue, les effets inverses se produisent. Ce mécanisme peut expliquer tous les changements climatiques liés au cycle solaire évoqués dans le chapitre précédent.

Des études récentes ont confirmé le rôle du vortex polaire de l'hémisphère nord en tant que système de transmission produisant des changements dans la circulation troposphérique en réponse aux changements de l'activité solaire.[218]

Le rôle des ondes planétaires

Cela peut paraître surprenant aujourd'hui, mais en 1974, un physicien de l'atmosphère nommé Colin Hines était sceptique quant à l'influence du Soleil sur le climat de la Terre. Selon lui, les variations solaires ne pouvaient affecter le climat qu'en modifiant la propagation des ondes planétaires.[219] Il est intéressant de noter qu'il a suggéré que ce mécanisme serait le plus pertinent aux latitudes moyennes et élevées pendant l'hiver. Hines a été le premier à proposer la façon dont le Soleil influence le climat de notre planète.

Depuis 50 ans, les scientifiques savent que la faible amplitude des variations de l'irradiation solaire totale n'empêche pas la variabilité solaire d'affecter le climat de notre planète. C'est une erreur de considérer les variations de l'irradiation comme le seul forçage solaire. Les ondes atmosphériques jouent un rôle clé dans le transport de l'énergie à travers l'atmosphère. Le soleil ne fournit pas directement l'énergie nécessaire pour modifier notre climat ; c'est plutôt la variation du rayonnement UV dans la couche d'ozone qui fait pencher la balance entre deux états différents de la circulation atmosphérique. Les ondes planétaires fournissent alors l'énergie nécessaire pour modifier la circulation.

Lorsque l'activité solaire est élevée, moins d'énergie des ondes atteint la stratosphère, ce qui renforce le vortex polaire et réduit le transport de chaleur vers les pôles, d'où une conservation de l'énergie et un réchauffement. Inversement, lorsque l'activité solaire est faible, davantage d'énergie des ondes at-

---

[218] Veretenenko, S., 2022. Atmosphere, 13 (7), p.1132. doi.org/10.3390/atmos13071132
[219] Hines, C.O., 1974. J. Atmos. Sci. 31 (2), pp.589-591.
    doi.org/10.1175/1520-0469(1974)031<0589:APMFTP>2.0.CO;2

teint la stratosphère, ce qui affaiblit le vortex polaire et augmente le transport de chaleur vers les pôles, d'où une perte d'énergie et un refroidissement.

L'étude des ondes planétaires dans la stratosphère est un défi et la recherche sur ce sujet est relativement récente. Cependant, malgré ces limites, les chercheurs ont déjà constaté que l'amplitude des ondes planétaires dans la stratosphère entre 55 et 75°N diminue pendant les maxima solaires. En revanche, lors des minima solaires, les variations du gradient méridien de température et du cisaillement vertical du vent entraînent une augmentation de l'amplitude des ondes planétaires (fig. 67, Chap. 42).[220] L'effet du cycle solaire sur ces ondes est substantiel, expliquant environ 25 % de la variabilité de leur amplitude.

Encadré 23. Le première preuve de l'effet solaire sur le climat

Les taches solaires sont observées depuis l'Antiquité et, en raison du rôle central du Soleil dans les schémas météorologiques et climatiques, de nombreux scientifiques ont essayé de trouver un lien entre les taches solaires et le climat. William Herschel, le découvreur d'Uranus et du rayonnement infrarouge, a commencé ses recherches scientifiques sur le sujet en 1801.

Malgré le nombre considérable de travaux de recherche consacrés à ce sujet, les résultats n'ont pas été concluants, ce qui a entraîné une controverse dans ce domaine. La plupart des effets constatés étaient transitoires, statistiquement insignifiants ou inexistants, ce qui a conduit à une perception négative du lien entre le soleil et le climat. Cette perception persiste aujourd'hui, et de nombreux scientifiques refusent d'envisager la possibilité d'un lien, même lorsqu'on leur présente des preuves, en raison d'un manque de confiance dans le domaine.

La recherche de la première preuve concrète d'une influence solaire sur le climat s'est achevée en 1987, lorsque Karin Labitzke, chercheuse allemande à l'université libre de Berlin, l'a découverte dans la stratosphère polaire pendant les mois sombres de l'hiver.[221] Cette absence de lumière solaire, là où l'effet solaire a été découvert pour la première fois, est une preuve supplémentaire que les variations de l'irradiation totale ne sont pas la cause de l'effet solaire sur le climat.

En 1980, des chercheurs ont découvert l'effet Holton-Tan, qui montre que l'oscillation quasi-biennale (une configuration des vents stratosphériques au-dessus de l'équateur) affecte la circulation globale dans la stratosphère. Cette question est abordée plus en détail dans l'encadré 11 (chap. 14). En hiver, l'effet de l'oscillation quasi-biennale peut atteindre le pôle et modifier la façon dont les ondes planétaires se propagent. En effet, les vents de l'oscillation passent de la phase est à la phase ouest tous les deux ans. Lorsque les vents sont dans leur phase est, ils modifient le schéma de circulation zonale, ce qui permet à davantage d'ondes planétaires d'atteindre le vortex, l'affaiblissant et augmentant la température à l'intérieur de

---

[220] Powell Jr, A.M. & Jianjun, X., 2011. J. Atmos. Sol. Terr. Phys. 73 (7-8), pp.825-838. doi.org/10.1016/j.jastp.2011.02.001

[221] Labitzke, K., 1987. Geophys. Res. Lett. 14 (5), pp.535-537. doi.org/10.1029/GL014i005p00535

celui-ci. Le contraire se produit lorsque les vents sont en phase d'ouest : le vortex est plus fort et les températures à l'intérieur sont plus fraîches.

L'intuition de Karin Labitzke a été d'observer que l'effet solaire sur la stratosphère dépend de la phase de l'oscillation quasi-biennale. Pendant les hivers de la phase ouest de l'oscillation (données en gris clair sur la figure E23), une forte activité solaire correspond à des températures stratosphériques polaires plus élevées, tandis qu'une faible activité solaire correspond à des températures plus basses. Il est à noter que ces différences sont dues aux effets dynamiques sur le vortex en l'absence de lumière solaire. Cependant, durant les hivers de la phase est de l'oscillation (données en gris foncé sur la fig. E23), une forte activité solaire correspond à des températures stratosphériques polaires plus basses, et une faible activité solaire correspond à des températures plus élevées.

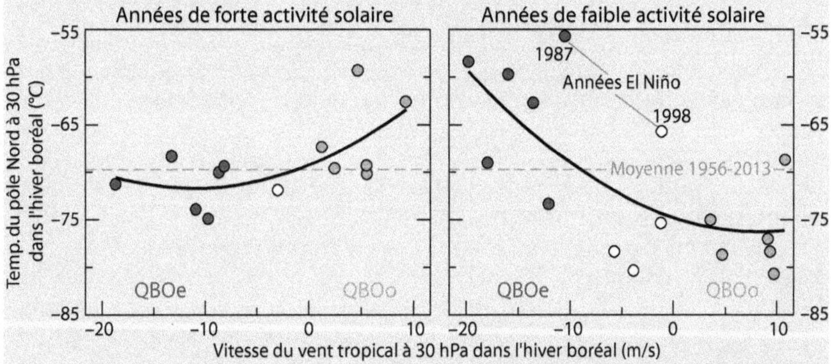

Figure E23. Effet de l'activité solaire et de l'oscillation quasi-biennale sur la température stratosphérique polaire hivernale. Les années de forte activité solaire sont indiquées dans le panneau de gauche et les années de faible activité solaire dans le panneau de droite. Les années d'oscillation quasi-biennale est sont représentées en gris foncé et les années d'oscillation quasi-biennale ouest en gris clair. Deux années de fort El Niño sont identifiées.

À l'époque, de nombreux scientifiques sont restés perplexes face à ce phénomène, car le mécanisme dont il est question dans ce chapitre, et qui sera développé dix ans plus tard, était inconnu. Ils ne comprenaient pas qu'un changement de direction du vent équatorial puisse complètement inverser un effet solaire. En conséquence, la plupart des scientifiques l'ont ignoré et, aujourd'hui, il est à peine mentionné dans les livres sur le climat, même ceux qui se concentrent sur l'atmosphère.

L'effet solaire sur le climat peut être inversé car il dépend des conditions de propagation des ondes planétaires dans la stratosphère, qui sont affectées par tout facteur qui y module la température ou la vitesse du vent. L'un de ces facteurs est l'oscillation quasi-biennale, qui module la circulation globale dans la stratosphère par l'effet Holton-Tan. Lorsque l'oscillation s'inverse, l'effet solaire sur le climat s'inverse également, car la propagation des ondes planétaires dans la stratosphère n'est plus facilitée par le changement de l'activité solaire, mais entravée. Les événements El Niño affectent également les conditions de propagation des ondes planétaires dans la stratosphère. La figure E23 montre l'effet des épisodes El Niño de 1987 et 1998 sur la température stratosphérique polaire hivernale. Cependant, ce comportement composite est trop complexe, même pour de nombreux scientifiques, et il est donc généralement ignoré.

Karin Labitzke a passé les 27 années suivantes à travailler sur sa découverte. Elle a identifié les changements dans la circulation de la troposphère hivernale qui se produisent en conséquence du cycle solaire et a contribué de manière significative à la compréhension de la voie de signalisation solaire stratosphérique dont il est question dans ce chapitre. Sa découverte a mis fin à 185 années de recherche de preuves définitives de l'effet solaire sur le climat, mais il est malheureusement décédé sans avoir reçu la reconnaissance qu'il méritait. Sa découverte extraordinaire n'a pas été bien accueillie à l'époque, car la communauté scientifique du climat embrassait l'hypothèse d'un changement climatique par l'effet renforcé du CO_2 et considérait toute hypothèse solaire comme une concurrence indésirable.

L'incohérence de l'effet solaire

L'effet solaire sur le climat est peu probable car les changements dans le rayonnement solaire sont trop faibles. Trois conditions spécifiques doivent être réunies pour que l'effet se produise. Premièrement, une couche d'ozone doit exister pour que le signal solaire soit reçu et provoque des changements de température dans la couche d'ozone. Deuxièmement, les continents ne doivent pas être situés principalement sous les tropiques, car l'activité des ondes planétaires en dehors de cette zone ne serait pas suffisante pour produire un effet observable sur les vortex. C'est actuellement le cas dans l'hémisphère sud. Enfin, la planète doit être dans une ère glaciaire, car le vortex polaire nécessite des températures polaires hivernales très basses pour constituer une barrière efficace au transport de la chaleur. La capacité d'agir sur cette barrière est une composante essentielle de l'effet solaire.

Les conditions actuelles requises pour l'effet solaire sur le climat sont complexes. L'effet dépend du gradient latitudinal de température dans la stratosphère, de la vitesse des vents zonaux dans la stratosphère et de la génération d'ondes planétaires dans la troposphère. Plusieurs facteurs influencent ces conditions, comme l'oscillation quasi-biennale, El Niño - Oscillation australe et les éruptions volcaniques. En fait, la voie de signalisation utilisée par le Soleil n'est pas unique et est partagée avec d'autres facteurs. Par conséquent, l'impact final sur le changement climatique n'est pas dû au seul signal solaire, mais à une combinaison complexe et variable de signaux.

Cela signifie qu'il n'est pas facile de prédire l'effet de l'activité solaire sur le temps, car il dépend d'une combinaison de facteurs. Il n'est donc pas possible de prévoir le temps hivernal dans l'hémisphère nord en se basant uniquement sur l'activité solaire. Nous devons également tenir compte de ces autres facteurs. En outre, les étés sont peu affectés par les changements solaires, ce qui explique pourquoi certains étés du petit âge glaciaire ont été assez chauds malgré une activité solaire plus faible.

Certaines personnes ont prédit que les températures mondiales allaient baisser en raison de la diminution de l'activité des cycles solaires 24 et 25. Cependant, beaucoup d'autres, y compris la NASA, affirment que le Soleil a peu d'effet sur le climat parce que ce déclin ne s'est pas produit. Mais la vérité n'est pas si simple. L'effet du soleil sur le climat est réel et important, mais très imprévisible à court terme. Il ne devient apparent que lorsque le nombre d'hivers froids dans l'hémisphère nord dépasse le bruit de fond de tous les autres facteurs influençant les conditions stratosphériques.

L'effet climatique de la faible activité solaire a déjà été observé, la fréquence des hivers très froids dans les latitudes moyennes de l'hémisphère nord ayant augmenté au cours des dernières décennies. Toutefois, cette tendance laisse perplexes de nombreux scientifiques qui ne comprennent pas les effets du soleil sur le climat, d'autant plus que les modèles climatiques prédisent le contraire.[222] Les discussions ne sont pas concluantes sur le fait que cela pourrait être dû à la perte de la glace de mer arctique, mais nous savons que c'est le résultat d'une diminution de l'activité solaire, car c'est exactement ce à quoi on s'attend et ce qui s'est passé pendant le petit âge glaciaire. La manière dont la faible activité des cycles solaires 24 et 25 affecte le climat est abordée plus en détail au chapitre 42.

Si l'activité solaire reste faible pendant une période prolongée, le pourcentage d'hivers froids augmentera car l'effet de tous les autres facteurs s'annulera. Par conséquent, nous assisterions à un véritable refroidissement global et le contenu énergétique du système climatique diminuerait. Cependant, je prévois une augmentation de l'activité solaire avec le cycle solaire 26, il n'y a donc pas lieu de s'inquiéter d'un refroidissement global excessif causé par le soleil si j'ai raison.

Un mot sur les niveaux d'ozone

L'effet solaire sur le climat dépend de la couche d'ozone. Cependant, les émissions humaines ont entraîné une diminution significative des niveaux d'ozone en raison de l'augmentation des substances contenant du chlore et du brome dans la stratosphère. Cet appauvrissement de l'ozone pourrait affecter l'effet solaire sur le climat. Cette question n'a pas été étudiée de manière approfondie car la plupart des scientifiques considèrent que l'effet solaire sur le climat n'est pas pertinent. Il est complexe de déterminer l'effet que la perte d'ozone pourrait avoir sur le signal solaire. Je ne peux pas prédire si elle entraînerait une diminution ou une augmentation de la réponse du climat aux changements solaires, bien que je soupçonne la première hypothèse. Cependant, la seconde possibilité est plus inquiétante, car elle pourrait rendre le climat plus sensible aux changements de l'activité solaire.

En bref

L'effet du soleil sur le climat est un processus complexe. L'ozone stratosphérique joue un rôle clé dans la réception et l'amplification du signal solaire, tandis que les ondes planétaires (et non les variations de l'irradiation solaire) fournissent l'énergie nécessaire pour produire les effets climatiques. Le système de transmission est le vortex polaire, qui convertit l'énergie en changements dans la circulation atmosphérique hivernale. Cette voie est partagée par d'autres facteurs qui influencent également la propagation des ondes planétaires, tels que l'oscillation quasi-biennale, El Niño et les éruptions volcaniques. L'effet de l'activité solaire sur le climat est incohérent et difficile à identifier en raison de ces facteurs communs. À court terme, les changements de l'activité solaire influencent la fréquence des hivers froids dans l'hémisphère nord. À long terme, ils peuvent modifier le contenu énergétique du système climatique et entraîner de profonds changements climatiques.

---

[222] Cohen, J., et al, 2020. Nat. Clim. Change, 10 (1), pp.20-29.
    doi.org/10.1038/s41558-019-0662-y

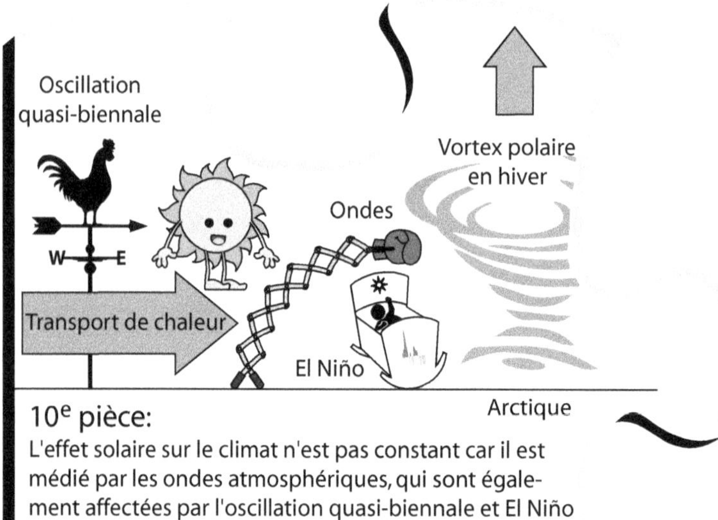

10ᵉ pièce:

L'effet solaire sur le climat n'est pas constant car il est médié par les ondes atmosphériques, qui sont également affectées par l'oscillation quasi-biennale et El Niño

CHAPITRE 30
LA ROTATION DE LA TERRE ET LE CYCLE SOLAIRE

Deux fois par an, la circulation atmosphérique mondiale se réorganise pour diriger davantage de chaleur vers le pôle d'hiver, en raison de l'augmentation du gradient de température entre l'équateur et ce pôle. La Terre accélère alors sa rotation, ce qui raccourcit les jours d'une fraction de milliseconde. Ce changement de rotation dépend de l'activité solaire. Les hivers de faible activité solaire connaissent une augmentation plus importante de la vitesse de rotation que les hivers de forte activité solaire. Il en résulte un cycle de 11 ans dans les changements de vitesse de rotation de la Terre en hiver, en raison de l'effet du soleil sur la circulation atmosphérique mondiale. Les climatologues continuent d'ignorer cette découverte vieille de cinq décennies et ses implications.

La variation semestrielle de la rotation de la Terre

Le système climatique de la Terre est fortement influencé par les saisons. Lorsqu'un pôle passe de l'orientation vers le soleil (été) à la direction opposée (hiver), la circulation atmosphérique et le transport de chaleur vers ce pôle augmentent considérablement. La rotation de la planète réagit à ces changements, car l'atmosphère transporte un moment angulaire (inertie de rotation) et le moment total doit être conservé. En conséquence, un schéma semestriel de la vitesse de rotation est clairement observé. Les scientifiques utilisent des calculs radioastronomiques précis pour mesurer ces changements et détecter des variations de la durée du jour de l'ordre de la microseconde. Nous avons déjà abordé les variations saisonnières de la vitesse de rotation de la Terre au chapitre 16 (fig. 24), où l'on peut trouver une explication plus détaillée.

On sait que la variation saisonnière (semestrielle) de la vitesse de rotation de la Terre est le résultat d'un échange de quantité de mouvement entre l'atmosphère et la Terre solide. Les scientifiques savent depuis de nombreuses années que la variation saisonnière de la durée du jour reflète les changements dans la circulation zonale de l'atmosphère.[223] Quant aux variations interannuelles, elles sont dues à d'autres phénomènes atmosphériques. La composante bisannuelle de la longueur du jour correspond aux changements de l'oscillation quasi-biennale, tandis que la composante 3-4 ans correspond au signal de El Niño - Oscillation australe.

L'effet de l'activité solaire sur la rotation de la Terre

La rotation de la Terre est influencée par l'activité solaire. Ce phénomène est mesuré depuis les années 1960 et est documenté dans des publications scientifiques chaque décennie. L'effet n'a jamais été réfuté, mais continue d'être igno-

---

[223] Lambeck, K. & Cazenave, A., 1973. Geophys. J. Int. 32 (1), pp.79-93. doi.org/10.1111/j.1365-246X.1973.tb06521.x

ré par la plupart des scientifiques. Des études plus récentes utilisant 50 ans de données continuent de confirmer cet effet.[224]

La figure 47a montre l'évolution de la durée du jour (ΔLOD) en millisecondes pour deux années : 2014, année de forte activité solaire, et 2017, année de faible activité solaire. Lorsque l'hiver s'installe dans l'hémisphère nord, la circulation atmosphérique s'intensifie pour transporter davantage de chaleur vers l'Arctique. En conséquence, la Terre tourne plus vite et le jour devient plus court d'une fraction de milliseconde (indiqué par les flèches gris). Cependant, pendant l'année de faible activité solaire, la circulation atmosphérique s'intensifie encore plus, ce qui indique un transport de chaleur plus important vers les pôles. Le chapitre 42 fournit des preuves supplémentaires de ce lien.

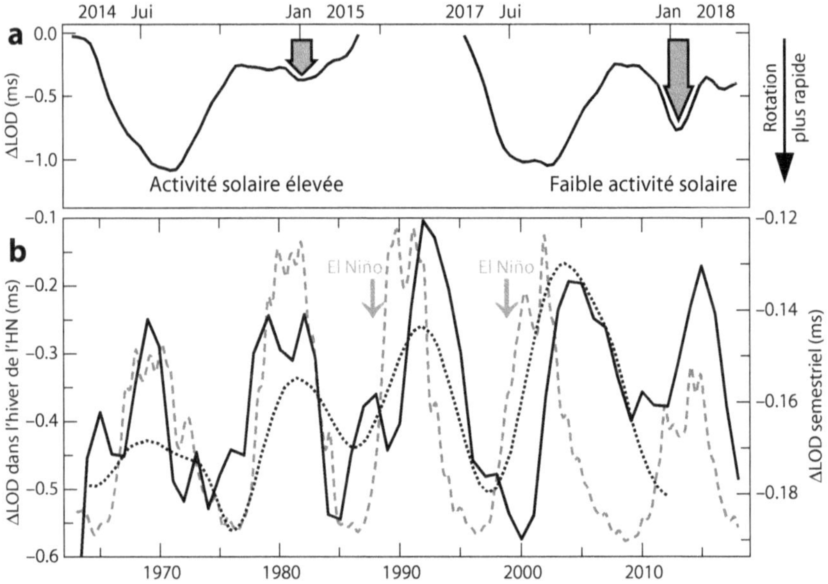

Figure 47. L'activité solaire affecte la rotation de la Terre. a) Changements de la durée du jour en millisecondes pour 2014 et 2017. Les flèches gris indiquent l'accélération de la rotation pendant l'hiver de l'hémisphère nord. b) Accélération de la rotation pendant l'hiver de l'hémisphère nord (ligne noire, moyenne sur trois ans). La ligne grise en tirets correspond au cycle solaire, tandis que la ligne en pointillés (échelle de droite) provient d'une des nombreuses études confirmant cet effet.[225] Les flèches indiquent les épisodes El Niño.

La courbe solide noire de la figure 47b représente l'accélération de la rotation de la Terre pendant les hivers de l'hémisphère nord. Sur 56 ans de données, cette courbe montre un cycle de 11 ans dans les changements de la circulation atmosphérique hivernale synchronisés avec le cycle solaire (fig. 47b, courbe en tirets gris). Les hivers à faible activité solaire présentent une accélération de la

---

[224] Le Mouël, J.L., et al, 2010. Geophys. Res. Lett. 37 (15), L15307. doi.org/10.1029/2010GL043185

[225] Barlyaeva, T., et al, 2014. Ann. Geophys. 32 (7), pp.761-771. doi.org/10.5194/angeo-32-761-2014.

rotation plus importante que les hivers à forte activité solaire, ce qui se traduit par des jours plus courts d'environ 0,35 milliseconde.

Bien qu'il existe une corrélation évidente entre les changements de la rotation de la Terre en hiver et l'activité solaire, on sait que d'autres phénomènes atmosphériques peuvent également affecter cette variable. Comme le montre la figure 47b, les effets des épisodes El Niño de 1987 et 1998 sont visibles (indiqués par des flèches). Cette anomalie est également évidente dans les températures stratosphériques polaires discutées au chapitre 29 (fig. E23, encadré 23), car elles sont liées. En raison de ces facteurs supplémentaires, nous ne nous attendons pas à une adéquation parfaite entre les changements hivernaux de la rotation de la Terre et l'activité solaire.

Signification de la relation entre le cycle solaire et la rotation de la Terre

Les changements dans la circulation zonale de la Terre se reflètent dans les variations saisonnières de la longueur du jour, car les vents zonaux sont responsables du transfert du moment angulaire entre l'atmosphère et la Terre solide. En 1976, une étude a établi une relation entre les variations multidécennales de la longueur du jour et les changements climatiques.[226] Il a été constaté que la tendance de plusieurs indices climatiques coïncidait avec la tendance des changements de la longueur du jour. Cette étude a même prédit la tendance au réchauffement qui a commencé immédiatement après. Les résultats de l'étude ont été reproduits plus récemment en utilisant des indices actualisés.[227]

L'augmentation de la circulation atmosphérique en hiver est due à une augmentation du gradient de température entre l'équateur et le pôle, où le faible rayonnement solaire et le fort refroidissement radiatif provoquent les températures les plus froides de l'hémisphère. Ce changement de gradient entraîne un transport de chaleur plus important vers le pôle, qui est encore plus fort lorsque l'activité solaire est faible, ce qui entraîne une augmentation de la vitesse de rotation de la Terre. Cette interprétation est confirmée par le fait qu'une forte activité solaire est associée à un refroidissement de l'Arctique, tandis qu'une faible activité solaire est associée à un réchauffement de l'Arctique (fig. 45, chap. 28 ; fig. E23, chap. 29). Une faible activité solaire augmente la fréquence des hivers froids car l'air chaud qui atteint l'Arctique s'élève au-dessus de l'air froid et le pousse vers les latitudes moyennes des continents. Cet échange provoque des tendances de température opposées dans l'Arctique et les latitudes moyennes des continents pendant l'hiver, une région se réchauffant et l'autre se refroidissant.

L'effet de l'activité solaire sur la rotation de la Terre est souvent ignoré ou méconnu par la plupart des climatologues. Cependant, il est clair que les changements de l'activité solaire affectent la rotation de la Terre. Nous le savons parce que l'activité solaire ne peut pas être affectée par des changements de la rotation de la Terre, et que le changement de l'irradiation solaire totale est trop faible pour provoquer un changement de la rotation. Il faut donc en conclure

---

[226] Lambeck, K. & Cazenave, A., 1976. Geophys. J. Int. 46 (3), pp.555-573. doi.org/10.1111/j.1365-246X.1976.tb01248.x

[227] Mazarella, A., 2013. Nat. Sci. 5 (1A), pp.149-155. doi.org/10.4236/ns.2013.51A023

que l'activité solaire affecte la circulation atmosphérique globale d'une manière qui provoque des changements de rotation.

Toutefois, cela a des implications gênantes. Étant donné que l'activité solaire influe sur la vitesse de rotation de la Terre, il est faux de prétendre que les changements solaires sont trop faibles pour influer sur le climat ou que nous comprenons parfaitement comment l'activité solaire influe sur le climat. Cela suggère également que les modèles climatiques manquent d'un élément d'information crucial qui affecte leur fiabilité. De nombreux climatologues préfèrent ignorer cette vérité gênante plutôt que d'admettre que leur domaine repose peut-être sur des bases fragiles. Admettre cela reviendrait à admettre une profonde ignorance d'un problème sociétal important, ce qui est peu probable.

En bref

L'activité solaire affecte la vitesse de rotation de la Terre en modifiant l'intensité de la circulation méridienne, qui est responsable du transport de la chaleur vers les pôles. Les années où l'activité solaire est faible, la circulation atmosphérique augmente davantage, ce qui accélère la rotation de la Terre et dirige davantage de chaleur vers l'Arctique en hiver. En conséquence, l'Arctique connaît un hiver plus chaud tandis que les latitudes moyennes deviennent plus froides. Plusieurs études prouvent que l'activité solaire modifie la circulation atmosphérique et le transport de la chaleur à l'échelle hémisphérique. Cependant, cette constatation contredit la représentation actuelle du climat de la Terre dans les modèles et notre compréhension du changement climatique, ce qui suggère que la connaissance de l'effet solaire est très insuffisante.

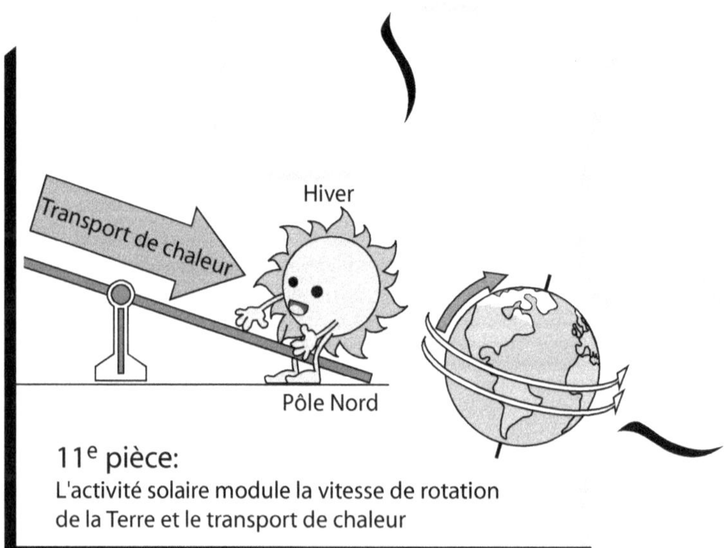

11ᵉ pièce:
L'activité solaire module la vitesse de rotation
de la Terre et le transport de chaleur

SECTION 8 QUESTIONS CLÉS

Au cours des 6 000 dernières années, trois changements climatiques abrupts majeurs ont coïncidé avec trois grands minimums solaires de 200 ans. Les indicateurs climatiques suggèrent que les périodes prolongées de faible activité solaire entraînent une réorganisation atmosphérique qui rétrécit les tropiques et étend les régions polaires. Cela intensifie le gradient de température latitudinal, poussant davantage de chaleur vers les pôles. L'augmentation de la perte de chaleur, en particulier dans l'Arctique, entraîne un refroidissement global prononcé, qui affecte principalement les latitudes moyennes boréales. Malgré ces preuves, les modèles climatiques ne peuvent pas reproduire cet effet car le mécanisme est inconnu et le cycle solaire de 11 ans a un effet beaucoup plus faible.

Le petit changement d'énergie dans le cycle solaire affecte la température de surface et le bilan thermique des océans tropicaux quatre fois plus que prévu. Lorsque l'activité solaire augmente, le transport de chaleur vers les pôles diminue, ce qui entraîne une accumulation de chaleur dans les hautes latitudes boréales, un refroidissement de l'Arctique et une augmentation de la teneur en chaleur des océans tropicaux. Les changements dans la dynamique de la circulation atmosphérique au cours du cycle solaire sont similaires à ceux observés lors des grands minima solaires passés, bien qu'à plus petite échelle.

L'ozone stratosphérique reçoit et amplifie le signal solaire, et les ondes planétaires fournissent l'énergie nécessaire aux effets météorologiques. Le vortex polaire convertit l'énergie des ondes en changements dans la circulation atmosphérique hivernale, sous l'influence conjointe de l'activité solaire, de l'oscillation quasi-biennale, d'El Niño et des éruptions volcaniques. L'activité solaire à court terme influe sur la fréquence des hivers froids dans l'hémisphère nord. Les changements à long terme peuvent modifier le contenu énergétique du système climatique et entraîner de profonds changements climatiques.

L'activité solaire affecte la vitesse de rotation de la Terre en modifiant la circulation méridienne, qui est responsable du transport de la chaleur vers les pôles. Pendant les années de faible activité solaire, la circulation atmosphérique s'intensifie, ce qui accélère la rotation de la Terre et dirige davantage de chaleur vers l'Arctique en hiver. En conséquence, l'Arctique connaît des hivers plus chauds tandis que les latitudes moyennes deviennent plus froides.

PARTIE III. L'HYPOTHÈSE DU GARDIEN D'HIVER

SECTION 9 : RÉGIMES CLIMATIQUES ET DÉCALAGES

CHAPITRE 31
1976 EST L'ANNÉE OÙ LE CLIMAT A CHANGÉ

La période la plus récente de réchauffement climatique a débuté en 1976, après une période de refroidissement entre 1945 et 1975. En outre, les émissions de CO_2 avant 1950 n'étaient pas assez importantes pour avoir un effet significatif sur la température de la Terre. En 1976, un changement climatique soudain s'est produit dans l'océan Pacifique à un moment où des changements majeurs se produisaient dans l'atmosphère terrestre. Cet événement a entraîné un renforcement de la circulation zonale, qui a probablement réduit le transport de chaleur dans l'atmosphère vers les pôles, affectant ainsi la tendance de la température globale. Cet événement climatique se manifeste dans un certain nombre de variables liées au climat, mais les modèles climatiques n'ont pas été en mesure de le reproduire. En outre, le GIEC ne donne aucune explication à ce phénomène ni à la période de refroidissement entre 1945 et 1975.

Les décennies avant et après 1976

Avant 1940, les niveaux de CO_2 atmosphérique ont augmenté lentement, avec une augmentation annuelle de moins de 0,5 ppm et sans accélération. Entre 1940 et 1950, les niveaux sont restés stables, mais cela n'était pas connu à l'époque car les mesures systématiques n'ont commencé qu'en 1958. Au début des années 1960, il est apparu clairement que les niveaux de CO_2 augmentaient. Mais malgré l'augmentation du CO_2, la surface de la planète s'était refroidie depuis 1945. Par conséquent, les scientifiques pensaient qu'un autre facteur avait un effet plus important sur la température de la planète. Cependant, la plupart des spécialistes de l'atmosphère étaient convaincus que l'augmentation du CO_2 entraînerait à terme un réchauffement de la planète. Le premier modèle climatique basé sur ces connaissances a été développé en 1967.

En 1975, les niveaux de CO_2 avaient augmenté de 15 ppm, soit 5 %, en seulement 17 ans, ce qui indique une accélération significative du taux d'augmentation. Cependant, malgré cette augmentation, aucun réchauffement n'a été détecté, seulement un refroidissement.

Le tournant climatique s'est produit en 1976, lorsque les mesures ont commencé à montrer une tendance au réchauffement qui s'est accentuée au début des années 1980. Pour les scientifiques, le tournant s'est produit en 1985, lorsque les données de la carotte de glace de Vostok ont confirmé le rôle important du CO_2 dans le climat du Pléistocène. La concordance entre les mesures et les données antérieures a convaincu la plupart des scientifiques de ce que l'on appelle le consensus climatique.

Depuis 1976, la surface de la Terre a connu une tendance au réchauffement sans période de refroidissement significative, tandis que les niveaux de CO_2 ont augmenté de manière exponentielle. Dans les années 1970, les niveaux de CO_2 augmentaient à un rythme de 1 ppm/an, alors qu'ils augmentent aujourd'hui de 2,5 ppm/an, soit une augmentation de 150 %. Toutefois, cette augmentation exponentielle des niveaux de CO_2 n'a pas eu d'effet significatif sur le taux de réchauffement, qui n'a pas changé de manière significative au cours des 45 dernières années malgré la forte augmentation du taux de croissance du CO_2.

Bien que 1976 n'ait pas été une année remarquable en termes de CO_2, elle a marqué un tournant dans la tendance des températures.

Que s'est-il passé en 1976 ?

Il a fallu 15 ans aux scientifiques pour comprendre ce qui était arrivé au climat en 1976. En 1991, une étude a été publiée, montrant un changement spectaculaire de 40 variables environnementales dans le climat du Pacifique cette année-là. Ces variables comprenaient les températures de l'air et de l'eau, l'oscillation australe, la chlorophylle, les oies, les saumons, les crabes, les glaciers, la poussière atmosphérique, les coraux, le dioxyde de carbone, les vents, la couverture de glace et le transport à travers le détroit de Béring. Les changements suggèrent que l'un des plus grands écosystèmes de la planète subit parfois des changements brusques.[228]

Les changements soudains dans la circulation atmosphérique hivernale de l'hémisphère nord qui se sont produits en 1976 ressemblent à un épisode El Niño affaibli et quasi-permanent. L'épisode de 1976 a commencé alors que le système océan-atmosphère ne s'était pas complètement remis de l'El Niño de 1976-77, et le changement a été décrit comme un changement de l'état climatique de fond.[229]

À la suite de cette découverte, les scientifiques ont examiné de plus près les données antérieures sur le climat et la pêche dans le Pacifique Nord. Ils ont découvert que le changement de 1976 n'était pas un événement isolé, mais qu'il faisait partie d'une oscillation climatique de 50 à 70 ans qu'ils ont appelée l'oscillation décennale du Pacifique. Cette oscillation avait déjà provoqué des changements abrupts par le passé.[230]

Les événements de 1976 et 1977 n'ont pas été un changement graduel, comme on pourrait l'attendre d'une oscillation, mais un changement soudain. Il a commencé par le phénomène El Niño de 1976-77, visible dans l'indice de l'oscillation décennale du Pacifique (fig. 48a), et a été suivi d'une augmentation de la température de la surface du globe (fig. 48f). Cette augmentation a été suivie d'un changement dans l'atmosphère qui a entraîné une modification marquée du climat mondial.

Le couple de frottement est le couple exercé sur la surface par le frottement du vent. Les anomalies de couple de frottement sont associées à des anomalies de pression au niveau de la mer aux latitudes élevées et contribuent aux anomalies de couple de montagne qui s'ensuivent.[231] Le couple de montagne est le couple exercé par une différence de pression de part et d'autre des montagnes, et ses variations sont associées à des changements dans la circulation zonale (est-ouest) des vents.

---

[228] Ebbesmeyer, C.C., et al, 1991. Proceedings of the Seventh PACLIM Workshop, April 1990. Interagency Ecological Studies Program Technical Report, 26 pp.115-126. hdl.handle.net/1834/22168

[229] Graham, N.E., 1994. Clim. Dynam. 10, pp.135-162. doi.org/10.1007/BF00210626

[230] Mantua, N.J., et al, 1997. Bull. Am. Meteorol. Soc. 78 (6), pp.1069-1080. doi.org/10.1175/1520-0477(1997)078<1069:APICOW>2.0.CO;2

[231] Weickmann, K., 2003. Mon. Weather Rev. 131 (11), pp.2608-2622. doi.org/10.1175/1520-0493(2003)131<2608:MTGFTA>2.0.CO;2

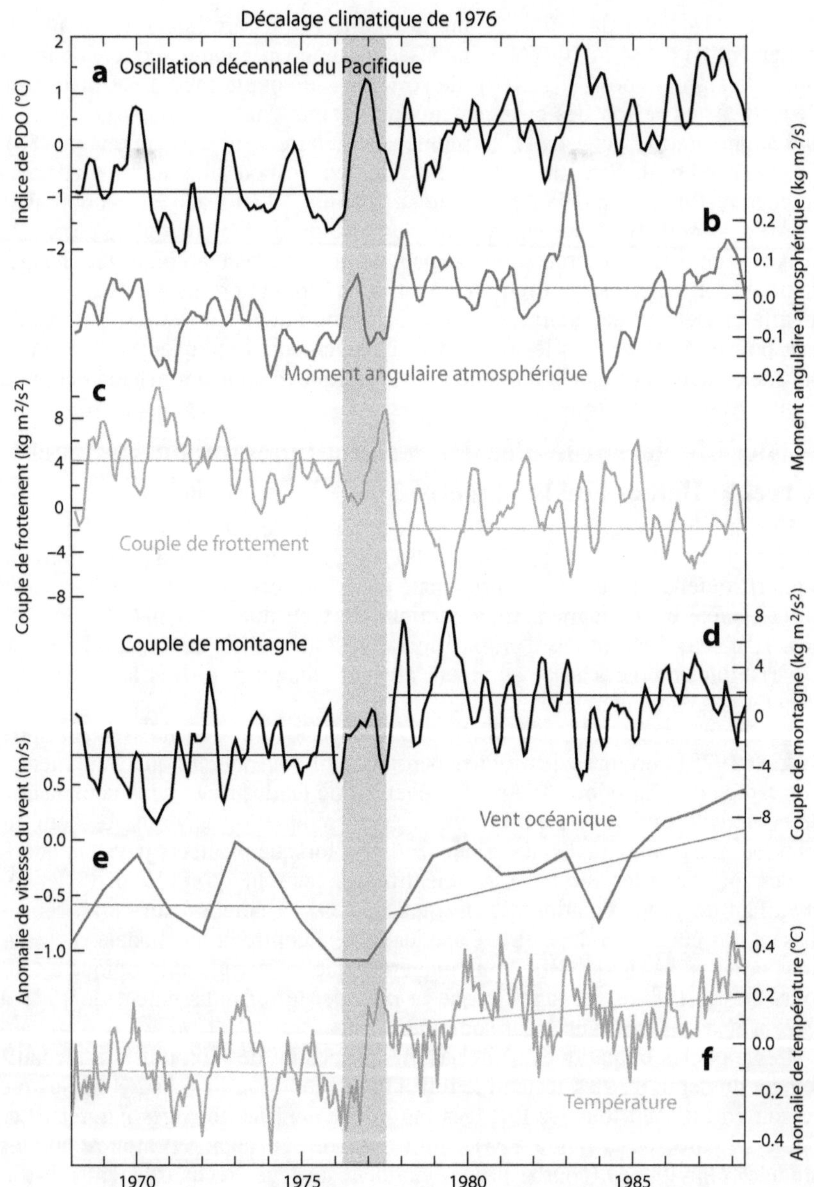

Figure 48. Le décalage climatique de 1976. Les changements dans les variables indiquées sont représentés par des lignes épaisses. Les lignes fines correspondent à la valeur moyenne de part et d'autre du changement climatique (indiqué par la barre grise), sauf en e) et f), où les lignes fines correspondent aux tendances à long terme respectives.[232]

[232] Les données de la figure proviennent de Marcus, S.L., et al., 2011. J. Geophys. Res. 116 D03107. doi.org/10.1029/2010JD015032 Yu, L., 2007. J. Clim. 20 (21), pp.5376-5390. doi.org/10.1175/2007JCLI1714.1 et la base de données de température HadCRUT5 du MetOffice britannique.

Après l'El Niño de 1976-77, une anomalie est apparue dans le couple de frottement (fig. 48c), qui a été compensée par une variation du couple de montagne de signe opposé (fig. 48d), de sorte que le couple total a été maintenu. Cependant, en raison des changements persistants dans les couples, il y a eu une augmentation persistante du moment angulaire atmosphérique (fig. 48b). Le changement de l'anomalie de vitesse du vent responsable des changements de couple (fig. 48e) a déjà été discuté au chapitre 19 (fig. 31) en relation avec le rôle des oscillations océaniques dans le transport de chaleur vers le pôle.

Ainsi, en 1976, la circulation atmosphérique hivernale a connu un changement abrupt, entraînant un renforcement de la circulation des vents zonaux et un affaiblissement de la circulation des vents méridiens, qui est responsable du transport de chaleur vers les pôles. Ces changements impliquent que le transport de chaleur méridien a diminué à cette époque, coïncidant avec le début du réchauffement climatique.

Silence officiel sur les décalages climatiques qui ont déclenché le réchauffement de la planète

Lorsque le changement de 1976 et l'oscillation décennale du Pacifique ont été identifiés, le GIEC avait déjà publié son premier rapport d'évaluation. Ce rapport soutenait l'idée que la principale cause du réchauffement de la surface de la planète était l'augmentation continue du CO_2 due aux émissions humaines. Tout ce qui n'était pas d'origine humaine était qualifié de « naturel » ou de « variabilité interne » et ne se voyait attribuer aucun rôle dans la tendance à long terme des températures.

Les rapports du GIEC n'expliquent pas la période de refroidissement entre 1945 et 1975. Certains scientifiques pensent qu'il pourrait être dû à l'augmentation rapide des émissions de soufre provenant de l'industrie et de la combustion de combustibles fossiles, qui ont un effet refroidissant. Ces émissions ont atteint leur maximum au début des années 1970, lorsque plusieurs pays ont adopté des lois pour les limiter. Ces scientifiques pensent qu'en 1976, l'effet réchauffant de l'augmentation des niveaux de CO_2 l'a emporté sur l'effet refroidissant des émissions de soufre. Cependant, cela contredit les modèles climatiques et les rapports du GIEC, qui suggèrent que le forçage anthropique a toujours été positif, ce qui signifie que la période de refroidissement de 1945 à 1975 n'a pas pu être causée par l'homme.

Les modèles climatiques n'ont pas été en mesure de reproduire le réchauffement du début du 20e siècle ni le refroidissement du milieu du 20e siècle, que ce soit en utilisant tous les forçages ou uniquement les forçages naturels. La figure 49 (tirée de la figure SPM.1 du 6e rapport d'évaluation) montre que les modèles climatiques (courbe brune) simulent un léger réchauffement à la fin des années 1940 et dans les années 1950, suivi d'un refroidissement dû à l'éruption du mont Agung en 1963, puis d'une tendance continue au réchauffement.[233] Cependant, le point de basculement climatique de 1976, qui a été étudié de manière approfondie par des dizaines de scientifiques et a entraîné des changements significatifs dans le climat du Pacifique, n'est pas pris en compte dans les rapports du GIEC ni dans les modèles climatiques. Selon

---

[233] GIEC, 2021 : Résumé à l'intention des décideurs.
    doi.org/10.1017/9781009157896.001

les modèles climatiques, le changement de tendance de la température s'est produit lors de l'éruption de 1963, c'est-à-dire 13 ans avant le changement de 1976.

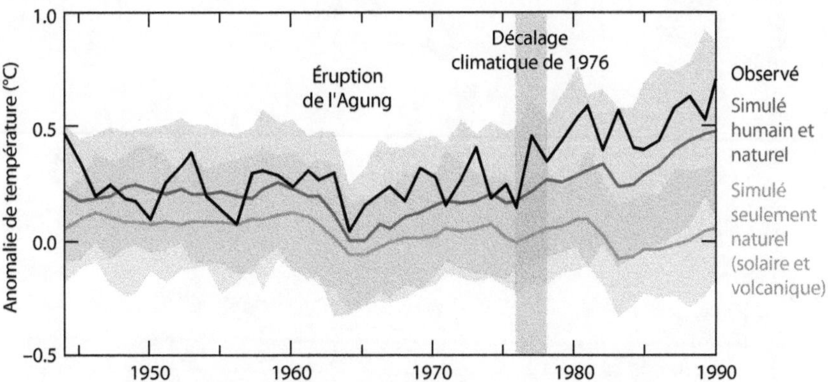

Figure 49. Changements de température à la surface du globe et causes proposées. Cette figure du 6e rapport d'évaluation a été recadrée et annotée. Les changements observés sont indiqués en noir, les simulations de modèles climatiques avec la réponse aux facteurs humains et naturels sont indiquées en gris foncé, et les facteurs purement naturels sont indiqués en gris intermédiaire.

La période de refroidissement de 1945 à 1975 est bien documentée et n'a pas été causée par l'éruption du mont Agung en 1963. De nombreuses personnes se souviennent encore des hivers froids du début des années 1970, et cette période de refroidissement s'est terminée par un brusque changement climatique atmosphérique en 1976. L'incapacité des modèles climatiques à reproduire cette période de refroidissement ou le changement climatique de 1976 soulève des doutes quant à leur capacité à prédire avec précision le climat futur.

En bref

En 1976, un changement climatique global a eu un impact majeur sur l'océan Pacifique et a marqué le début de la tendance actuelle au réchauffement. Ce changement a fait l'objet d'études approfondies et se manifeste dans de nombreuses variables liées au climat. Les données disponibles suggèrent que ce changement est dû à des modifications de la circulation atmosphérique, avec une augmentation des vents zonaux et une diminution des vents méridiens, ce qui a entraîné une phase de réchauffement dans les oscillations océaniques multidécennales en raison d'une réduction du transport de chaleur vers les pôles. Bien que bien documentés, la période de refroidissement 1945-1975 et le changement climatique de 1976 ne sont pas expliqués par les modèles climatiques ou le GIEC et sont donc ignorés.

CHAPITRE 32
RÉGIMES ET DÉCALAGES CLIMATIQUES

Des changements climatiques abrupts et périodiques se produisent à toutes les échelles de temps. À l'échelle pluridécennale, ils se caractérisent par des décalages climatiques qui séparent des régimes climatiques de quelques décennies. Bien qu'il existe des preuves substantielles de l'existence de ces régimes et décalages climatiques, ils restent controversés. La cause de ces phénomènes étant inconnue, on parle de variabilité climatique intrinsèque à basse fréquence. Cependant, leur manifestation est liée à des changements dans la circulation atmosphérique mondiale. Ces changements doivent représenter des modifications persistantes des schémas de flux d'énergie, indiquant probablement différents régimes de transport de chaleur vers les pôles.

Des changements climatiques abrupts à différentes échelles de temps

Le climat change constamment, mais parfois beaucoup plus rapidement que d'habitude. Ce type de changement climatique est appelé « abrupt ». Selon ce critère, le changement climatique actuel peut être qualifié d'abrupt.

La prise de conscience du fait que le climat peut changer si brusquement qu'il est perceptible en l'espace d'une décennie est une découverte relativement récente. Elle a été faite au milieu des années 1980 en étudiant les carottes de glace du Groenland, qui ont permis d'identifier des pics de réchauffement abrupts, d'une fréquence millénaire, qui se sont produits au cours de la dernière période glaciaire. Le taux de réchauffement calculé pour ces événements est de 1,4 °C/décennie en Europe du Nord, soit dix fois plus qu'aujourd'hui.

Sur une échelle de temps différente, la transition d'une période glaciaire à une période interglaciaire, connue sous le nom de déglaciation, est un changement relativement rapide sur l'échelle de temps des dizaines de milliers d'années du cycle glaciaire. Au cours de la dernière déglaciation, le niveau de la mer s'est élevé à un rythme moyen de 1,2 cm par an pendant 8 000 ans, soit quatre fois plus vite qu'aujourd'hui.

Au chapitre 22, lorsque nous avons examiné les preuves de l'existence d'événements climatiques abrupts au cours de l'Holocène, nous les avons caractérisés comme des périodes d'un ou deux siècles au cours desquelles le climat a changé beaucoup plus rapidement que le changement moyen millénaire.

Dans le chapitre précédent, nous avons noté qu'il existe des cas de changements climatiques abrupts, ou décalages climatiques, se produisant en l'espace d'une ou de quelques années, séparées par quelques décennies.

Le climat peut être comparé à une structure fractale qui se comporte de manière similaire à toutes les échelles de temps, avec des périodes de changement climatique rapide entrecoupées de périodes plus longues de moindre changement. Plus la période est longue, plus l'impact des changements abrupts est important.

Les changements climatiques brusques marquent le début et la fin de différentes périodes au cours desquelles le système climatique présente une moindre variabilité de son. contenu énergétique et de ses flux. C'est ce que l'on observe dans les périodes glaciaires et interglaciaires, qui restent stables pendant un certain temps avant de revenir à leur état antérieur. Cette propriété est connue sous le nom de métastabilité. Par exemple, les périodes interglaciaires ont tendance à rester stables pendant 14 000 ans en moyenne, tandis que les événements millénaires du Groenland, appelés interstades, durent des siècles. Les événements abrupts de l'Holocène ne durent qu'un ou deux siècles avant de s'inverser, tandis que les décalages climatiques séparent des régimes climatiques distincts pendant plusieurs décennies. Il convient de noter que les décalages climatiques peuvent également s'inverser.

Régimes et décalages climatiques

Avant la découverte du décalage climatique en 1976, les écologues avaient développé un concept théorique pour expliquer les transitions rapides entre des états stables alternatifs, principalement dans les écosystèmes des pâtures. En 1989, une étude a utilisé ce concept pour expliquer l'alternance des régimes de sardines et d'anchois se produisant simultanément dans le Pacifique et dans d'autres océans, peut-être en réponse au changement climatique.[234] L'étude avait déjà identifié un changement de régime de l'anchois à la sardine au milieu des années 1970 (fig. 50). Ces études sur la pêche ont finalement conduit à la découverte du décalage climatique de 1976 et de l'oscillation décennale du Pacifique. D'autres décalages climatiques ont été identifiés en 1925 et 1946, séparant des périodes où les températures de surface de la mer à long terme présentaient une anomalie principalement plus chaude ou plus froide. Ces périodes de variabilité réduite ont été appelées régimes climatiques.

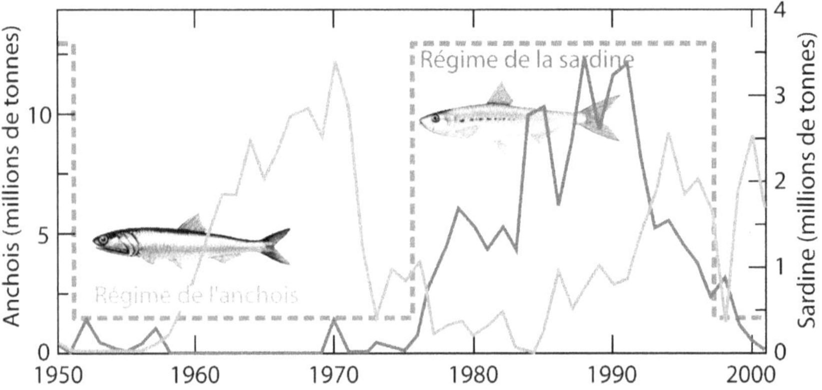

Figure 50. Alternance entre un régime froid d'anchois et un régime chaud de sardines dans l'océan Pacifique. Les données indiquent les captures respectives débarquées au Pérou. L'alternance des régimes, indiquée par la ligne de tirets grises, coïncide avec les décalages climatiques connus.[235]

---

[234] Lluch-Belda, D., et autres, 1989. S. Afr. J. Mar. Sci. 8 (1), pp.195-205.
doi.org/10.2989/02577618909504561
[235] Figure tirée de Chavez, F.P., et al. 2003. Science, 299 (5604), pp.217-221.
doi.org/10.1126/science.1075880

L'existence de régimes et de décalages climatiques est un sujet vivement débattu par les scientifiques. Le temps et le climat sont extrêmement variables et, pour comprendre cette complexité et prévoir les changements à venir, les chercheurs recherchent des schémas et des tendances spatiales à grande échelle dans les données climatiques au fil du temps. Ces schémas sont connus sous le nom de modes intrinsèques de variabilité climatique, et les scientifiques accordent une attention particulière à leurs téléconnexions, qui sont des relations détectables entre différents modes de variabilité. L'oscillation décennale du Pacifique, qui fonctionne à l'échelle interdécennale, est un exemple de mode de variabilité à basse fréquence. Les changements qui se produisent sur des échelles de temps plus longues ont tendance à avoir des effets plus importants parce que la variabilité sur des échelles plus petites est moyennée dans le temps.

De nombreux scientifiques pensent que les régimes et les décalages climatiques sont réels parce qu'ils entraînent des modifications significatives de plusieurs variables en peu de temps.[236] Cependant, d'autres scientifiques qui se concentrent sur une seule variable peuvent considérer ces changements comme un bruit de fond, qui abonde dans le système climatique. Cependant, l'application de techniques de réduction du bruit suggère que les décalages climatiques dans le Pacifique sont plus que du bruit.[237]

Modes atmosphériques liés au transport de la chaleur

Dans le chapitre précédent, nous avons analysé l'effet atmosphérique global du décalage climatique de 1976. Nous avons également examiné la correspondance entre les changements dans les tendances de la température mondiale, l'oscillation décennale du Pacifique et l'oscillation multidécennale de l'Atlantique dont nous avons parlé au chapitre 19 (fig. 31). Sur la base de ces informations, nous pouvons conclure que nous sommes confrontés à un changement atmosphérique global dont l'impact est le plus important dans l'hémisphère nord. Ce changement donne lieu à une variabilité spatio-temporelle qui se manifeste par différents modes de variabilité climatique à basse fréquence et leurs téléconnexions.

Les changements semblent être dus à l'influence de l'atmosphère sur l'océan, comme l'indiquent les variations du moment angulaire atmosphérique et de la pression au niveau de la mer. De plus, les changements se produisent en peu de temps (un seul hiver), ce qui est incompatible avec les longs décalages qui se produisent habituellement dans la communication entre les différents bassins océaniques.

Le climat est le résultat de flux d'énergie agissant sur la matière dans le système climatique. Des régimes climatiques différents nécessitent des flux d'énergie différents. Comme ces régimes sont métastables et alternent, cela suggère qu'il existe également des modes métastables de flux d'énergie dans le système climatique. Au chapitre 19, nous avons vu que les oscillations océaniques multidécennales sont probablement dues à des variations de l'intensité du transport de chaleur vers les pôles. L'existence de régimes et de décalages climatiques qui s'étendent sur au moins un hémisphère étaye cette explication.

---

[236] Hare, S.R. & Mantua, N.J., 2000. Prog. Oceanogr. 47 (2-4), pp.103-145.
  doi.org/10.1016/S0079-6611(00)00033-1
[237] Rodionov, S.N., 2006. Geophys. Res. Lett. 33 (12), L12707.
  doi.org/10.1029/2006GL025904

Les modèles climatiques sont conçus pour représenter les flux d'énergie au sein du système climatique, mais ils ont du mal à représenter avec précision la variabilité à basse fréquence et passent complètement à côté des décalages climatiques. Étant donné que la variabilité du transport de chaleur vers les pôles est mal comprise et qu'il n'existe pas de théorie valable (chap. 12), il pourrait s'agir de l'une des principales lacunes des modèles climatiques.

Les points tournants

Ces dernières années, la possibilité de points de basculement dans le système climatique a fait l'objet d'une grande attention.[238] Mais les changements abrupts décrits pour chaque échelle de temps climatique répondent-ils aux critères des points de basculement ? La réponse dépend de la manière dont nous définissons les points de basculement. Si nous définissons un point de basculement comme un changement important résultant de petits changements initiaux, alors tous les changements abrupts mentionnés au début de ce chapitre peuvent être considérés comme des points de basculement. Cela signifie que le climat subit un point de basculement toutes les quelques décennies pour des raisons qui n'ont rien à voir avec l'augmentation du CO_2.

Mais les changements climatiques abrupts ne sont pas des points de non-retour car ils n'ont pas de conséquences irréversibles une fois le seuil franchi. Au contraire, ces changements peuvent s'inverser et s'inversent effectivement avec le temps. Certains scientifiques craignent que les changements atmosphériques induits par l'homme ne poussent le climat au-delà d'un seuil critique et ne le placent sur une trajectoire différente, entraînant un réchauffement plus important, mais ces craintes sont souvent fondées sur des preuves limitées.[239] Il convient de noter que le catastrophisme a toujours existé et que la tendance au catastrophisme est une distorsion cognitive courante.

Examinons quelques changements climatiques abrupts possibles. Les décalages climatiques multidécennaux se produisent périodiquement avec peu d'avertissement. Les événements climatiques centennaux sont plus graves (fig. 38, chap. 23), mais comme ils ont un effet refroidissant, nous y sommes moins vulnérables dans la situation actuelle, après le réchauffement récent. Des réchauffements abrupts de grande ampleur se sont produits au cours de la dernière période glaciaire, mais ils nécessitent des conditions spécifiques qui ne se produisent pas en dehors des périodes glaciaires.

L'holocène se rapproche de la durée moyenne des périodes interglaciaires des 800 000 dernières années. Penser que nous pouvons éviter la prochaine ère glaciaire grâce à nos fortes émissions de CO_2 repose sur des hypothèses infondées.[240] Les données disponibles montrent clairement que le principal risque climatique dans notre avenir lointain est le retour à des conditions glaciaires. Aucune période interglaciaire n'a jamais duré longtemps après que l'obliquité (l'inclinaison de l'axe de la Terre) soit tombée en dessous de 23°, ce qui se produira dans 3 400 ans.

---

[238] Lenton, T.M., et al, 2019. Nature, 575 (7784), pp.592-595.
doi.org/10.1038/d41586-019-03595-0.

[239] Steffen, W., et al, 2018. PNAS 115 (33), pp.8252-8259.
doi.org/10.1073/pnas.1810141115

[240] Vinós, J., 2022. Le climat du passé, du présent et du futur : un débat scientifique. Critical Science Press. pp.239-253.

Les changements survenus dans le système climatique au cours des 45 dernières années n'indiquent pas une accélération substantielle du réchauffement observé et pourraient se poursuivre pendant longtemps sans atteindre un point de basculement. Si les scientifiques ne nous mettaient pas constamment en garde contre le changement climatique, nous ne nous en inquiéterions peut-être pas beaucoup. En outre, le changement climatique a tendance à s'inverser au fil du temps. Comme nous l'avons vu précédemment, le climat s'est considérablement refroidi pendant des milliers d'années il y a 124 000 ans et pendant des centaines d'années après 1100 après J.-C., alors que les niveaux de CO_2 dans l'atmosphère n'avaient pas changé. Bien qu'il ne faille pas exclure la possibilité que cela se reproduise, de nombreux scientifiques l'excluent et ne craignent un nouveau réchauffement que si les émissions de CO_2 ne sont pas réduites.

En bref

Le système climatique présente des changements abrupts à toutes les échelles de temps, qui se traduisent par des régimes climatiques distincts et durables, caractérisés par des différences de flux et de contenu énergétique. À l'échelle pluridécennale, par exemple, ces changements sont observés sous la forme de phases océaniques pluridécennales séparées par des décalages climatiques. Ces changements abrupts ne sont pas clairement liés aux variations des niveaux de CO_2 atmosphérique, mais semblent être liés à des changements dans le transport de la chaleur. Cependant, les modèles climatiques ne peuvent pas reproduire avec précision les oscillations à basse fréquence et ne reproduisent pas les décalages climatiques. Étant donné que les changements climatiques abrupts sont réversibles et que leur échelle de temps climatique détermine leur intensité, ils ne peuvent pas être considérés comme des points de non-retour.

CHAPITRE 33
1997, LE CLIMAT CHANGE À NOUVEAU

L'année 1998 est souvent citée comme le début d'une « pause » controversée dans le réchauffement de la planète. Ce que beaucoup de gens ignorent, c'est que peu après 1997, plusieurs variables climatiques ont connu des changements majeurs et abrupts. Ces changements ont fait de 1997 le décalage climatique le plus important depuis des décennies, affectant non seulement les températures mondiales, mais aussi les régimes climatiques de l'océan Pacifique et la circulation atmosphérique mondiale. Ce changement a entraîné des variations dans l'étendue des tropiques, la couverture nuageuse, la vitesse des vents et la vitesse de rotation de la Terre. Les changements inexpliqués survenus dans la stratosphère sont encore plus surprenants, notamment une modification de sa tendance au refroidissement et une diminution de la vapeur d'eau, ce qui suggère une augmentation du transport de chaleur vers les pôles. Malheureusement, ces changements ne sont pas encore totalement compris par les scientifiques, et l'importance du décalage climatique de 1997 reste méconnue.

La pause

En 1997-1998, l'océan Pacifique a connu un épisode El Niño. Huit ans plus tard, un scientifique a publié dans un journal qu'il n'y avait pas eu de réchauffement depuis El Niño et s'est demandé si les émissions humaines étaient les seules responsables du changement climatique.[241] Cette publication a suscité la controverse, d'autres scientifiques estimant que huit ans étaient trop courts pour tirer des conclusions. En 2012, cependant, de nombreux scientifiques ont reconnu une pause dans le réchauffement climatique et ont commencé à en rechercher les causes. En 2014, deux revues scientifiques ont publié conjointement un numéro spécial consacré à cette pause, qui comprenait plusieurs articles proposant différentes explications. Malgré les nombreuses explications proposées, il n'y a toujours pas de consensus sur la cause de la pause.[242]

L'important épisode El Niño de 2015-2016 a marqué la fin de la pause dans le réchauffement climatique observée entre 1998 et 2014. Par la suite, des modifications ont été apportées à plusieurs relevés de température, transformant la pause en une période de réchauffement climatique continu dans les données relatives aux températures de surface. Bien que certains scientifiques aient soutenu en 2016 que la pause était réelle, elle n'est plus mentionnée dans la littérature.[243] Par conséquent, le concept de pause du réchauffement climatique n'est plus reconnu par la science climatique dominante.

---

[241] Carter, R.M., There IS a problem with global warming... it stopped in 1998. The Telegraph, 09 avril 2006.

[242] Springer Nature (2014) Focus : Recent slowdown in global warming. www.nature.com/collections/sthnxgntvp

[243] Fyfe, J.C., et al, 2016. Nat. Clim. Change, 6 (3), pp.224-228. doi.org/10.1038/nclimate2938

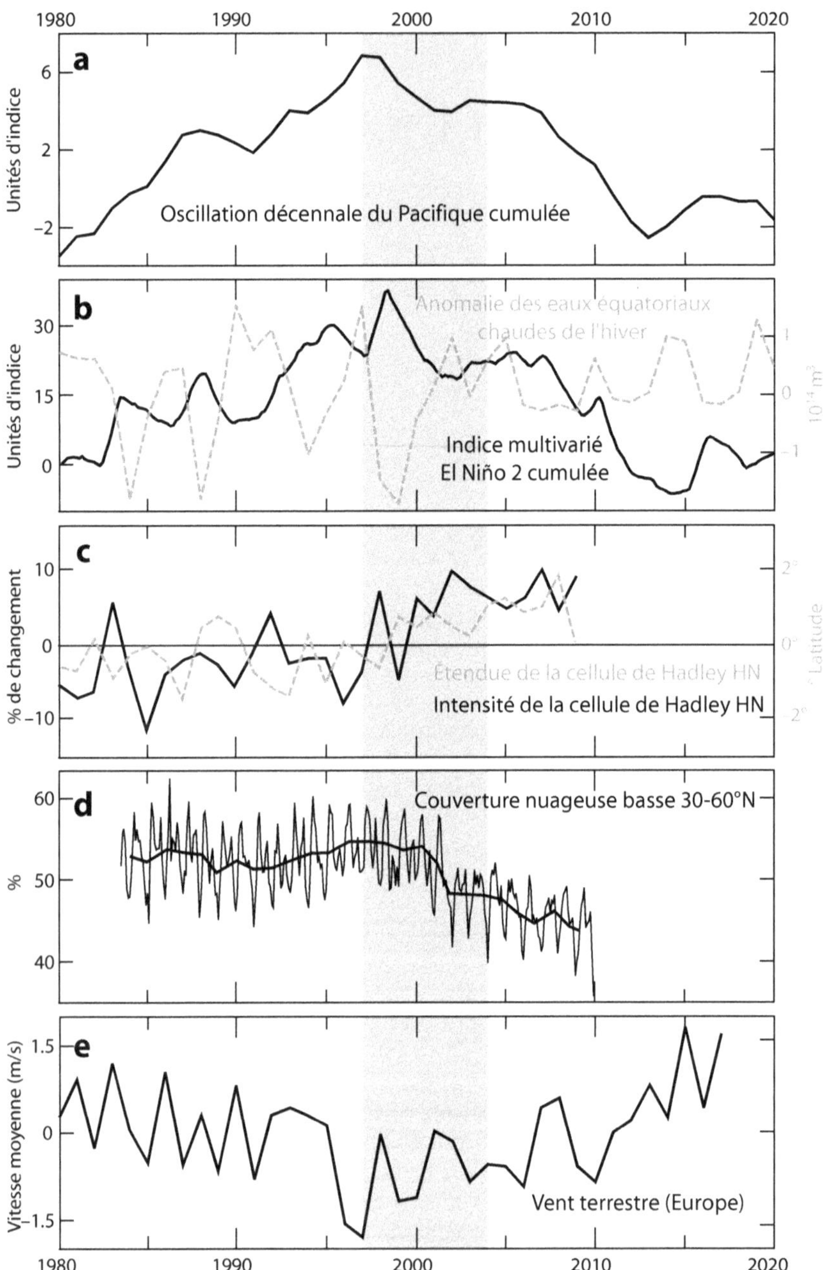

Figure 51. Quelques changements au moment du décalage climatique de 1997. La barre verticale grise marque l'intervalle 1997-2004, au cours duquel la plupart des change-ments abrupts observés se sont produits.

Cependant, la pause dans le réchauffement de la planète n'était qu'un des effets d'un changement climatique majeur qui s'est produit en 1997. Néanmoins, beaucoup de ces autres effets n'ont pas encore été pleinement expliqués ou reconnus par les climatologues parce qu'ils ne répondent pas à leurs attentes.

Des changements partout

Comme le décalage climatique de 1976, celui de 1997 a entraîné un changement de phase de l'oscillation décennale du Pacifique, mais avec un signe différent. Le changement est le plus évident dans la valeur cumulée de son indice (fig. 51a), où un pic est observé lorsque les anomalies de température de surface froide du Pacifique deviennent plus fréquentes que les anomalies chaudes à partir de 1997. [244] Les chercheurs ont noté le changement de l'oscillation décennale du Pacifique à partir de 1997, bien qu'il soit quelque peu différent de celui de 1976 et qu'il ne s'agisse pas simplement d'une inversion.[245]

Étant donné que l'oscillation décennale du Pacifique fonctionne de manière similaire à un schéma El Niño de longue durée, nous pouvons observer des tendances similaires dans l'indice El Niño multivarié cumulé (fig. 51b, courbe noire).[246] L'indice montre que El Niño de 1997-98 a été suivi d'une augmentation des épisodes La Niña, une tendance qui s'est poursuivie jusqu'au début des années 2020.

Le caractère des épisodes El Niño a également changé, avec une augmentation de la fréquence des épisodes El Niño dans le Pacifique central et une diminution des épisodes El Niño dans le Pacifique oriental. Ces changements sont évidents dans les régions océaniques du Pacifique équatorial, où le volume d'eau au-dessus de 300 m de profondeur avec des températures supérieures à 20 °C a montré un changement notable. Après 1998, les anomalies négatives fréquentes associées aux événements El Niño dans le Pacifique oriental, qui réduisaient considérablement le volume d'eau chaude, n'ont plus été observées (fig. 51b, courbe grise).[247] Ces résultats indiquent que non seulement la fréquence des événements El Niño a changé, mais aussi leur caractère.

Le changement climatique de 1997 a eu un impact global sur la circulation atmosphérique qui s'est étendu au-delà du Pacifique. Les cellules de Hadley, responsables des régimes climatiques dans les tropiques, se sont intensifiées et étendues (fig. 51c).[248] L'expansion des cellules de Hadley a provoqué un déplacement vers les pôles du courant-jet subtropical, entraînant des changements dans les régimes de précipitations et la circulation atmosphérique.

Les changements dans la circulation ont également affecté la nébulosité. En particulier, la couverture nuageuse basse dans les régions extratropicales de l'hémisphère nord a diminué de façon marquée après 2000 (fig. 51d).[249] Cependant, il est difficile de déterminer l'effet de cette diminution sur les flux radiatifs car les tendances de la nébulosité peuvent varier en fonction de l'alti-

---

[244] Les données annuelles ERSST v5 de l'oscillation décennale du Pacifique de la NOAA, leurs valeurs cumulées ont été détendues.

[245] Litzow, M.A., 2006. ICES J. Mar. Sci. 63 (8), pp.1386-1396. doi.org/10.1016/j.icesjms.2006.06.003

[246] Indice ENSO multivarié v2 de la NOAA.

[247] Données du bureau de projet TAO de la NOAA.

[248] Nguyen, H., et al, 2013. J. Clim. 26 (10), pp.3357-3376. doi.org/10.1175/JCLI-D-12-00224.1

[249] Base de données EUMETSAT CM SAF. Dübal, H.R. & Vahrenholt, F., 2021. Atmosphere, 12 (10), p.1297. doi.org/10.3390/atmos12101297

tude, de l'hémisphère et de la région, et ces variations peuvent contrebalancer les effets des changements.

Les changements de vitesse du vent peuvent être responsables des changements observés dans la couverture nuageuse. À la fin du 20e siècle, les vents terrestres ont ralenti pendant des décennies, ce qui a suscité des inquiétudes quant à la production future d'énergie éolienne (fig. 51e). Parallèlement, la vitesse des vents océaniques augmentait. Cependant, après le changement climatique de 1997, les vents terrestres et marins ont inversé leurs tendances, et les vents terrestres ont recommencé à augmenter leur vitesse, ce qui a apaisé les inquiétudes.[250] Malgré cela, les scientifiques restent perplexes face à ces changements. La tendance initiale et le renversement ultérieur ont été surprenants et ne peuvent être expliqués comme une simple réponse à l'augmentation du CO_2.

Comme pour le changement climatique de 1976, les changements survenus au cours du changement de 1997 ont affecté le moment angulaire de l'atmosphère. Après 1997, il y a eu une diminution du moment cinétique d'une ampleur similaire à l'augmentation survenue après 1976. En conséquence, la Terre a accéléré sa rotation entre 1998 et 2004, raccourcissant la durée du jour de deux millisecondes.

Contrairement au changement climatique de 1976, celui de 1997 n'a pas été aussi soudain. Certains changements se sont produits sur une période de sept ans entre 1997 et 2004, tandis que d'autres ont pris encore plus de temps. En outre, certaines variables climatiques affectées par le changement de 1976 ne l'ont pas été en 1997.

Si les changements évoqués jusqu'à présent sont difficiles à expliquer en termes de changement climatique anthropique, les changements observés dans la stratosphère sont encore plus problématiques. Il est peut-être surprenant de constater que la stratosphère a réagi fortement au changement climatique de 1997, ce qui souligne la nature globale de ces changements.

Les changements stratosphériques difficiles à expliquer

Après le décalage climatique de 1997, le changement le plus frappant a été observé dans la stratosphère. La tendance au refroidissement observée depuis le début des relevés par satellite en 1979 s'est considérablement affaiblie et s'est même complètement arrêtée dans la basse stratosphère (fig. 52a et b).[251] Le refroidissement de la stratosphère est attribué à l'augmentation des niveaux de CO_2 et de vapeur d'eau causée par l'augmentation de l'effet de serre et est considéré comme l'une des empreintes du changement climatique induit par l'homme. Certains ont affirmé que ce refroidissement prouve que le réchauffement n'est pas dû à l'augmentation de l'activité solaire, car cette activité devrait avoir un effet réchauffant sur la stratosphère. Toutefois, cet argument ne tient pas compte des changements dynamiques que l'activité solaire peut provoquer dans la stratosphère.

---

[250] Zeng, Z., et al, 2019. Nat. Clim. Change, 9 (12), pp.979-985.
    doi.org/10.1038/s41558-019-0622-6
[251] Seidel, D.J., et al, 2016. J. Geophys. Res. Atmos. 121 (2), pp.664-681.
    doi.org/10.1002/2015JD024039.

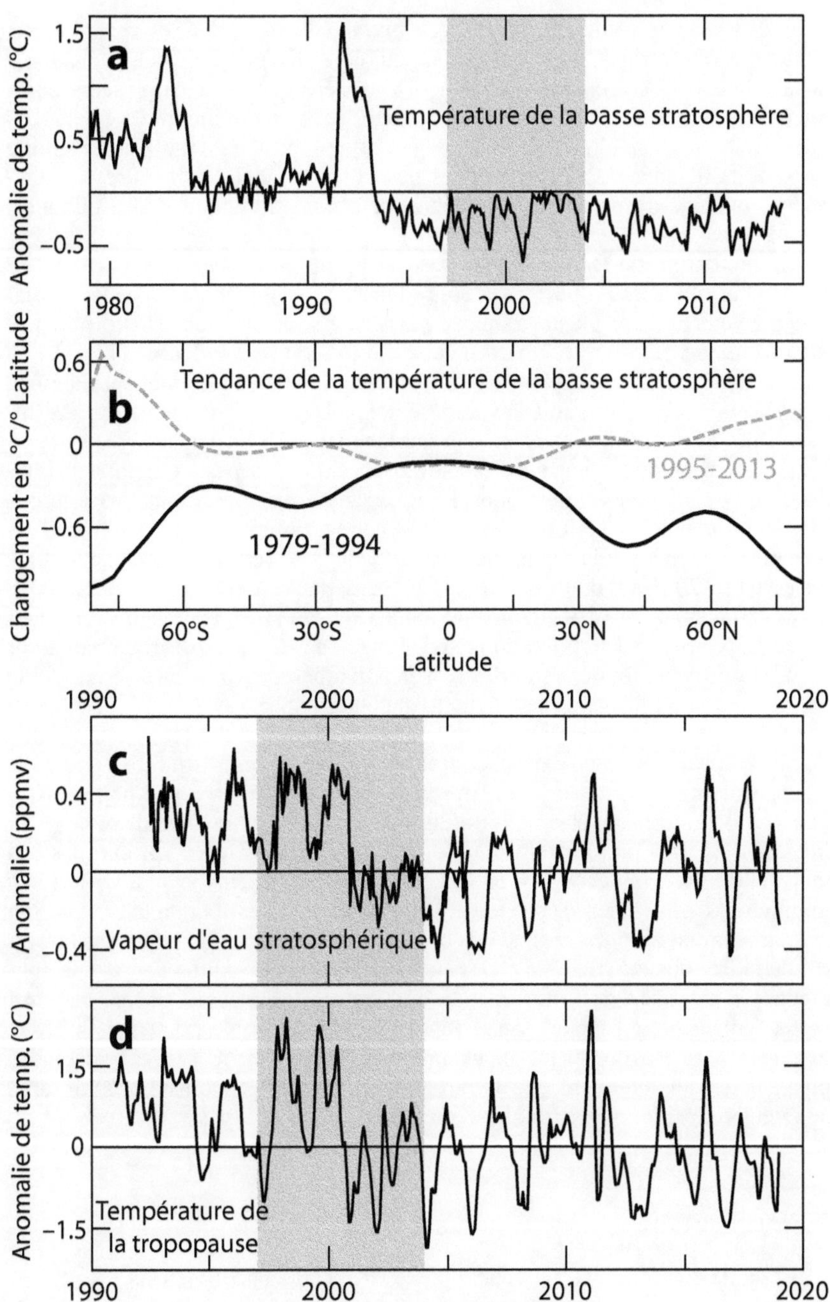

Figure 52. Changements dans la stratosphère à la suite du décalage climatique de 1997. Les pics importants de réchauffement de la température stratosphérique visibles dans le panneau supérieur correspondent à des éruptions volcaniques.

Les modèles climatiques n'ont pas pu reproduire les changements observés dans la stratosphère dans les conditions actuelles. Ces modèles prévoyaient que la tendance au refroidissement se poursuivrait, de sorte que les changements inattendus ont intrigué les scientifiques, qui considèrent ce phénomène comme un mystère.[252] Certains scientifiques ont suggéré que les changements pourraient être dus à la reconstitution de l'ozone, ce qui entraînerait un réchauffement de la stratosphère.[253] Toutefois, cet argument n'explique pas la rupture nette de la tendance des températures observée en 1997 ni les autres changements soudains observés dans la stratosphère à cette époque et peu de temps après.

La circulation de Brewer-Dobson est responsable du lent transport de l'air stratosphérique vers les pôles. Par conséquent, les changements dans la circulation peuvent prendre plusieurs années avant de se manifester dans différentes régions de la stratosphère. En 2001, une diminution inattendue de la teneur en vapeur d'eau de la stratosphère a été observée, les valeurs diminuant de 10 % (fig. 52c).[254] Cela contredit l'hypothèse selon laquelle l'augmentation des niveaux de CO_2 devrait entraîner une augmentation de la vapeur d'eau stratosphérique. Bien que la vapeur d'eau stratosphérique soit beaucoup moins abondante que son homologue troposphérique, ses émissions radiatives ont une grande influence sur l'effet de serre car, à cette altitude, elles ne sont pas masquées. On estime que la diminution de 10 % de la vapeur d'eau stratosphérique observée en 2001 a réduit de 25 % l'effet de réchauffement du CO_2 au cours de la décennie suivante.[255] L'augmentation de 13 % de la vapeur d'eau stratosphérique consécutive à l'éruption du Hunga Tonga en 2022 (chap. 24) devrait avoir un effet de réchauffement significatif sur la température à la surface du globe, même s'il devrait disparaître au bout de quelques années.

Quelle est la cause de la diminution de la vapeur d'eau ? La majeure partie de la vapeur d'eau pénètre dans la stratosphère par le point froid tropical de la tropopause, où la circulation de Brewer-Dobson agit comme une pompe aspirant l'air de la troposphère. Le refroidissement radiatif et le refroidissement par dilatation de l'air provoquent une lyophilisation très efficace, en éliminant la majeure partie de son contenu en eau lorsqu'il pénètre dans la stratosphère. La diminution de la vapeur d'eau stratosphérique en 2001 était compatible avec un refroidissement abrupt simultané d'environ 1 °C au niveau du point froid tropical de la tropopause (fig. 52d). Ces événements ont été expliqués par une augmentation soudaine de la force de la circulation de Brewer-Dobson, car c'est l'effet qui résulterait d'une augmentation de son action de pompage.[256] Cette explication est étayée par les changements de l'ozone et de l'activité des ondes planétaires, qui indiquent que la circulation de Brewer-Dobson a connu une augmentation significative au début du siècle.

---

[252] Thompson, D.W., et al. 2012. Nature, 491 (7426), pp.692-697. doi.org/10.1038/nature11579

[253] Maycock, A.C., et al, 2018. Geophys. Res. Lett. 45 (18), pp.9919-9933. doi.org/10.1029/2018GL078035.

[254] Les données des figures 52c et d proviennent de Randel, W. & Park, M., 2019. J. Geophys. Res. Atmos. 124 (13), pp.7018-7033. doi.org/10.1029/2019JD030648.

[255] Solomon, S.et al, 2010. Science, 327 (5970), pp.1219-1223. doi.org/10.1126/science.1182488

[256] Randel, W.J., et al, 2006. J. Geophys. Res. Atmos. 111, D12312. doi.org/10.1029/2005JD006744

Une découverte intéressante, très pertinente pour la thèse de ce livre, est que les changements de l'activité solaire peuvent affecter la vapeur d'eau dans la basse stratosphère.[257] L'explication la plus simple de cet effet est que l'activité solaire régule la force de la circulation de Brewer-Dobson. Cette régulation est soutenue par les informations présentées dans les chapitres 28 et 29, qui fournissent des preuves en faveur de l'hypothèse discutée dans la section 11. En outre, si nous comparons la tendance de la température de la basse stratosphère entre 1979 et 1995, caractérisée par une activité solaire supérieure à la moyenne, comme le montre la figure 52b avec une ligne noire, avec l'effet d'un maximum du cycle solaire sur les températures de la basse stratosphère par latitude à 20 km d'altitude, comme le montre la figure 45 (chap. 28) avec une ligne pointillée gris, nous observons une similitude remarquable, en particulier dans l'hémisphère nord. Cette similitude peut impliquer que l'activité solaire joue un rôle dans les tendances importantes de la température stratosphérique.

Tous les changements dans la stratosphère depuis le décalage de 1997 sont cohérents avec une augmentation du transport de chaleur vers les pôles dans la stratosphère par la circulation méridienne de Brewer-Dobson. Les changements dans la tendance de la température dans la basse stratosphère augmentent avec la latitude et sont plus importants aux pôles (fig. 52b), ce qui suggère une augmentation du transport de chaleur et d'ozone à travers un vortex affaibli. Cependant, les scientifiques ne connaissent pas la raison de ces changements ni leur calendrier. Les modèles climatiques n'aident pas à comprendre le transport de chaleur vers les pôles, et leurs simulations peuvent semer la confusion dans l'esprit des scientifiques quant à la nature des changements.

Comment cela a-t-il pu passer inaperçu ?

Dans ce chapitre, nous n'avons fait qu'effleurer la surface des nombreuses preuves d'un décalage climatique majeur en 1997. Dans le prochain chapitre, nous examinerons les preuves des changements survenus dans l'Arctique à la suite de ce changement. Ce qui est curieux, c'est que les scientifiques ne reconnaissent pas ce décalage climatique majeur comme un phénomène mondial qui a affecté de nombreuses zones du système atmosphère-océan en un court laps de temps. Dans la mesure du possible, ils attribuent les changements à l'impact croissant des activités humaines sur le climat. Par ailleurs, ils cherchent des explications spécifiques pour chaque changement plutôt qu'une explication commune. L'incapacité à établir un lien entre les changements est inquiétante.

Le fait que la plupart des climatologues n'aient pas remarqué un changement aussi abrupt est incroyable, compte tenu de l'attention portée au climat. Cela montre que lorsque la croyance généralisée en une hypothèse scientifique s'accompagne de la désapprobation de ceux qui cherchent des explications alternatives, la méthode scientifique s'estompe.

En bref

Les changements consécutifs au décalage climatique de 1997 ont été substantiels et de nature globale, affectant même la stratosphère. L'océan Pacifique, la tendance de la température de surface et la tendance de la température de la basse stratosphère ont subi les effets les plus importants. Si l'on considère

---

[257] Schieferdecker, T., et al, 2015. Atmos. Chem. Phys. 15 (17), pp.9851-9863. doi.org/10.5194/acp-15-9851-2015.

tous ces changements abrupts comme faisant partie d'un seul et même phéno-mène, il semble probable qu'il y ait eu une modification du système de transport de chaleur à l'échelle mondiale, entraînant une forte augmentation de l'ampleur du transport vers les pôles. Cependant, malgré l'ampleur de ces changements, les scientifiques et les modèles climatiques ne sont pas en mesure d'en expliquer la cause par une augmentation du CO_2 dans l'atmosphère. Par conséquent, ce changement climatique est passé inaperçu et est ignoré.

CHAPITRE 34
LE RÉCHAUFFEMENT DE L'ARCTIQUE N'EST PAS UNE AMPLIFICATION

Il y a cent ans, l'Arctique a connu une période de réchauffement intense. Depuis 1997, un phénomène similaire se produit, mais cette fois, les scientifiques ont une autre explication. Les modèles climatiques suggèrent que l'augmentation des niveaux de CO_2 amplifie l'effet de réchauffement dans l'Arctique. Cependant, cette amplification de l'Arctique n'a pas été observée au cours des deux décennies de réchauffement climatique entre 1976 et 1997. Au contraire, le réchauffement de l'Arctique au 21ᵉ siècle s'est surtout produit en hiver. Il est principalement dû à une augmentation du transport de chaleur dans la région et non à un changement dans la rétroaction glace-albédo. Le réchauffement de l'Arctique a été utilisé pour masquer le fait que le reste de la planète se réchauffe plus lentement qu'auparavant.

Le réchauffement de l'Arctique, conséquence du décalage de 1997

Le chapitre 11 nous a montré que la circulation atmosphérique et le transport de chaleur vers les pôles sont beaucoup plus robustes dans l'hémisphère hivernal. En outre, le vortex polaire limite le transport de chaleur vers les régions polaires pendant cette saison. Dans le chapitre 16, nous avons constaté que l'activité des ondes atmosphériques augmente pendant les hivers de l'hémisphère nord. Cette activité affaiblit le vortex polaire, créant des schémas de blocage dans le courant-jet qui redirigent les tempêtes vers l'Arctique. Ces tempêtes sont la principale source de chaleur pendant l'hiver arctique.

Le concept d'« amplification polaire » est apparu dans les premiers modèles climatiques en 1975. Il fait référence à l'augmentation plus importante de la température de surface aux latitudes plus élevées, qui, dans les modèles, était initialement due au recul des limites de la neige et à la plus faible stabilité thermique de la troposphère, qui limitait le réchauffement convectif.[258] Le terme a finalement été remplacé par « amplification arctique », car il est apparu clairement que l'Antarctique, à l'exception de la petite péninsule, ne se réchauffait pas.

Comme le montre le chapitre 9 (fig. 13), il est évident qu'au fur et à mesure que la planète se réchauffe sur des millions d'années, les tropiques ne subissent qu'un réchauffement minime. Cependant, le réchauffement augmente à mesure que l'on se rapproche des pôles. Par exemple, au cours de l'Éocène inférieur, il y a 50 millions d'années, les régions polaires connaissaient des conditions tropicales (fig. 32, chap. 20), alors que les tropiques n'étaient pas beaucoup plus chauds qu'aujourd'hui. À long terme, les données confirment le concept d'amplification polaire.

Il y a environ un siècle, l'Arctique a connu un réchauffement intense qui a été bien documenté par les scientifiques et les journaux de l'époque (fig. 53 en

---

[258] Manabe, S. & Wetherald, R.T., 1975. J. Atmos. Sci. 32 (1), pp.3-15.
  doi.org/10.1175/1520-0469(1975)032<0003:TEODTC>2.0.CO;2

haut). Ce réchauffement de l'Arctique au début du 20ᵉ siècle est aujourd'hui connu des scientifiques (fig. 53 en bas).[259] Mais ils n'ont pas d'explication claire. À cette époque, les émissions humaines étaient beaucoup plus faibles et n'auraient pas pu provoquer un réchauffement aussi important. De plus, l'activité solaire était faible dans les années 1920. Tout ceci suggère que nous ne comprenons pas bien pourquoi l'Arctique se réchauffe.

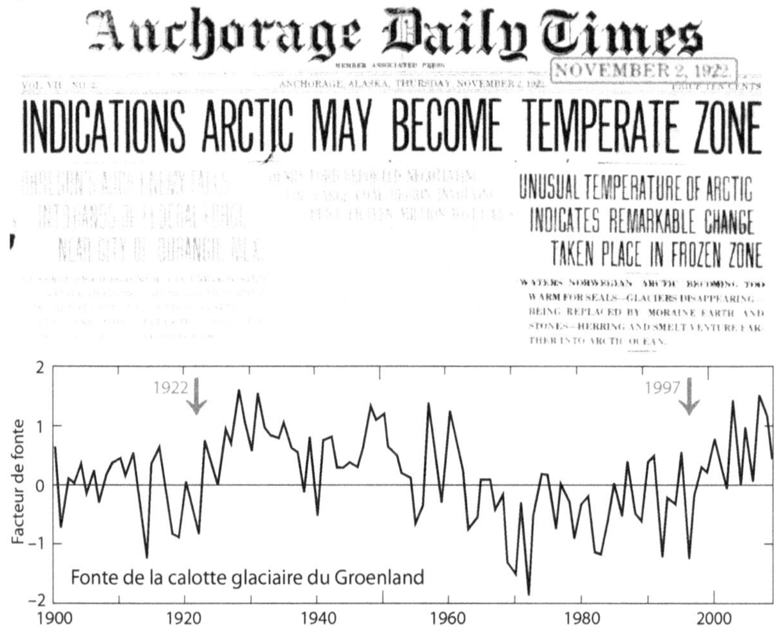

Figure 53. Réchauffement de l'Arctique au début du 20ᵉ siècle. Cette information a été publiée dans des journaux en 1922 et peut être observée dans des données provenant d'études récentes. Le journal dit : « Indications que l'Arctique pourrait devenir une zone tempérée ».

Il est assez surprenant qu'il y ait eu très peu d'amplification arctique en 1995, compte tenu de tout le réchauffement climatique qui s'est produit entre la fin des années 1970 et le début des années 1990. Bien que nous ayons aujourd'hui tendance à considérer l'amplification arctique comme une conséquence naturelle du réchauffement planétaire, les faits semblent indiquer le contraire. En fait, il est possible qu'elles se produisent indépendamment l'une de l'autre, bien que les modèles climatiques suggèrent que l'amplification arctique est un effet non différé du réchauffement planétaire. En 1996, des experts de l'Arctique ont déclaré que *« l'absence relative de réchauffement observé et le retrait relativement faible de la glace peuvent indiquer que [les modèles climatiques] exagèrent la sensibilité du climat aux processus des hautes latitudes ».*[260]

[259] Frauenfeld, O.W., et al, 2011. J. Geophys. Res. Atmos. 116, p.D08104. doi.org/10.1029/2010JD014918

[260] Curry, J.A., et al, 1996. J. Clim. 9 (8), pp.1731-1764. doi.org/10.1175/1520-0442(1996)009<1731:OOACAR>2.0.CO;2

En 1997, alors que le reste de la planète connaissait un ralentissement du réchauffement climatique, l'Arctique a commencé à se réchauffer à un rythme beaucoup plus rapide. Les scientifiques ont été soulagés de constater le début de l'amplification arctique et l'ont rapidement attribuée aux émissions humaines de CO_2. Cependant, l'impact climatique du décalage arctique en 1997 a été soudain et abrupt, typique des changements naturels, plutôt que la réponse graduelle attendue à l'augmentation continue des niveaux de CO_2.

Encadré 24. Comment résoudre la pause

Le début du réchauffement de l'Arctique et la pause de réchauffement global (chap. 33) se sont produits simultanément dans le sillage du décalage climatique de 1997. Cela a permis de compenser l'absence de réchauffement dans d'autres régions du monde dans les relevés de température en incluant davantage le réchauffement de l'Arctique, qui était auparavant sous-représenté en raison du nombre limité de mesures disponibles.

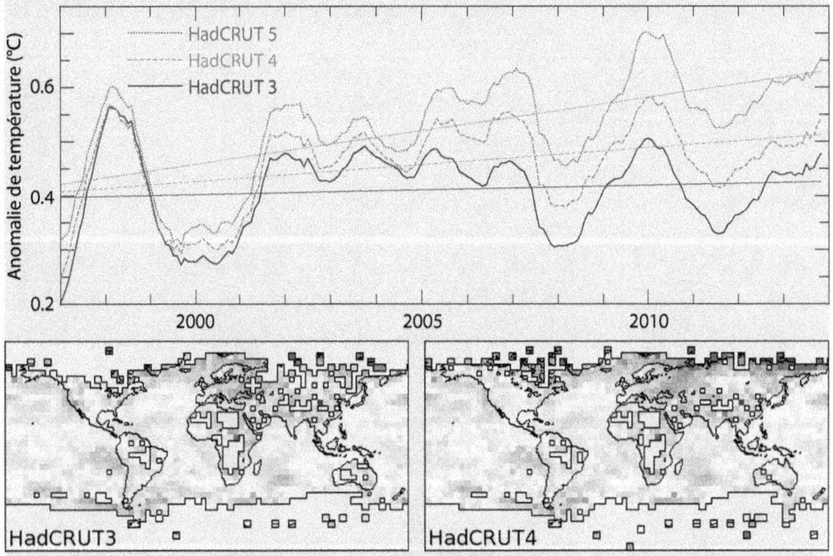

Figure E24. Élimination de la pause dans les registres HadCRUT.

L'enregistrement des données de température HadCRUT3 du Centre Hadley du Met Office du Royaume-Uni a été remplacé en 2012 par la version 4, qui a converti la pause en une période de réchauffement en incluant des stations supplémentaires des hautes latitudes de l'hémisphère nord, qui était la seule région connaissant un réchauffement à l'époque (fig. E24). En 2021, la mise à jour de HadCRUT5 a supprimé la pause en révisant la méthode utilisée pour tenir compte du réchauffement de l'Arctique sur de vastes zones dépourvues d'observations. Les auteurs ont déclaré que *« l'augmentation du réchauffement est le résultat d'une meilleure représentation du réchauffement de l'Arctique »*, et les révisions ont permis d'aligner

HadCRUT sur les autres relevés de température à la surface du globe.[261] Il semble que si tout le monde le fait....

La modification de la représentation du réchauffement de l'Arctique se justifie pour des raisons géographiques. Cependant, elle est problématique car elle transforme les relevés de température en un mélange des pommes et des poires. Les régions polaires ont la particularité d'avoir une atmosphère extrêmement sèche en hiver (voir encadré 4, chap. 7). L'humidité limite les changements de température car la vapeur d'eau libère de la chaleur latente lorsque l'air se refroidit et l'absorbe lorsqu'il se réchauffe. Avec peu de vapeur d'eau, même une petite quantité d'énergie peut provoquer de grands changements dans la température de l'air. Une seule tempête hivernale peut augmenter la température de l'Arctique de 20 °C pendant plus d'une semaine (fig. E13, chap. 16). L'utilisation d'anomalies de température exacerbe ce problème car les anomalies de l'Arctique sont énormes, de sorte que l'effet du réchauffement de l'Arctique sur la moyenne mondiale est fortement amplifié, ce qui conduit à un résultat irréaliste. Cela nous fait croire que la planète se réchauffe de manière significative alors qu'en fait, elle transfère une petite fraction de son énergie vers l'Arctique pendant l'hiver. Après avoir influencé les relevés des thermomètres, cette énergie quitte la planète par refroidissement radiatif.

Les modifications apportées aux ensembles de données sur les températures sont inadéquates, comme le montre le fait qu'avant ces révisions, les tendances des températures de surface et de la basse stratosphère étaient opposées. Le refroidissement de la stratosphère à mesure que la surface se réchauffe est important car c'est le comportement attendu d'un réchauffement dû à l'effet de serre. Cependant, depuis 1997, la basse stratosphère a cessé de se refroidir (chap. 33). Avec les changements dans les ensembles de données, l'enregistrement des températures de surface montre maintenant un réchauffement. Cela pose un problème : on ne peut pas avoir le beurre et l'argent du beurre. Soit il y a peu de réchauffement à la surface et le lien physique entre la surface et la stratosphère reste intact, soit le réchauffement à la surface est plus important et le lien physique est rompu. Le choix de cette dernière option nécessite une explication artificielle de la raison pour laquelle la basse stratosphère ne se refroidit pas comme elle le devrait.

Un autre problème lié à l'évolution des données de température est qu'elles montrent que l'Arctique contribue davantage au réchauffement au 21e siècle, alors que la planète se réchauffe au même rythme. Compte tenu de l'accélération du taux d'augmentation des niveaux de CO_2, cela contredit l'hypothèse de l'effet renforcé du CO_2, car la planète devrait augmenter son taux de réchauffement (chap. 46).

De plus, si les changements avaient refroidi l'enregistrement au lieu de le réchauffer, il est très probable qu'ils n'auraient pas été introduits. Ceci illustre le biais scientifique qui s'est malheureusement installé dans la climatologie.

---

[261] Morice, C.P., et al, 2021. J. Geophys. Res. Atmos. 126 (3), p.e2019JD032361. doi.org/10.1029/2019JD032361. doi.org/10.1029/2019JD032361

Le réchauffement de l'Arctique est le résultat d'un changement dans le transport de la chaleur en hiver

Après 1997, les températures hivernales ont fortement augmenté dans le centre de l'Arctique, mais les températures estivales sont restées inchangées (fig. 54a).[262] Cela s'explique par le fait que la chaleur estivale est principalement utilisée pour faire fondre la glace lorsque la température dépasse le point de fusion. En conséquence, l'étendue de la glace de mer estivale dans l'Arctique a fortement diminué à partir de 1997, faisant craindre un Arctique sans glace dans un avenir proche (fig. 54b).[263] La fonte des glaces au Groenland a également augmenté, ce qui a accru le flux d'eau douce dans l'océan Arctique et a conduit à un bilan de masse de la calotte glaciaire plus négatif (fig. 54c).[264] Toutefois, la plupart des tendances arctiques abruptes se sont quelque peu stabilisées après les premières années, au grand dam de ceux qui prédisaient une disparition rapide de la glace de mer arctique.

Pendant l'hiver polaire, l'Arctique connaît une obscurité presque totale pendant plusieurs mois, ce qui signifie qu'aucune chaleur n'est produite. La chaleur présente en automne ne persiste pas pendant l'hiver en raison d'un refroidissement radiatif important. Comme nous l'avons expliqué au chapitre 7, l'effet de serre est faible dans les régions polaires en hiver. Lorsque le gradient thermique vertical devient négatif en raison d'une inversion de température, il peut même avoir un effet refroidissant, comme on l'observe dans la stratosphère. Il est donc clair que le réchauffement hivernal de l'Arctique provient de latitudes plus basses, et qu'une augmentation du transport de chaleur vers les pôles est nécessaire pour que l'Arctique présente un réchauffement hivernal accru.

Des études ont mis en évidence une augmentation du transport de chaleur vers l'Arctique à la suite du décalage climatique de 1997. Ce phénomène est dû à des événements de blocage atmosphérique, qui interrompent temporairement la circulation zonale et envoient des tempêtes vers l'Arctique. Depuis 2000, la fréquence de ces blocages a considérablement augmenté (fig. 54d).[265] En outre, le transport de chaleur hivernale à l'échelle planétaire vers l'Arctique a également augmenté depuis 2000 (fig. 54e).[266] Le transport de chaleur océanique vers l'Arctique a également augmenté depuis 1997 (fig. 27, chap. 17). La diminution de l'albédo peut avoir amplifié le réchauffement de l'Arctique, mais l'albédo n'a pas d'importance en hiver, quand il n'y a pas de lumière solaire dans l'Arctique. Dans l'ensemble, il semble évident que le récent réchauffement de l'Arctique est dû à un changement dans le transport.

---

[262] Données de l'Institut météorologique danois.

[263] Données du National Snow & Ice Data Center.

[264] Données de Dukhovskoy, D.S., et al, 2019. J. Geophys. Res. Oceans, 124 (5), pp.3333-3360. doi.org/10.1029/2018JC014686 Mouginot, J., et al. 2019. PNAS, 116 (19), pp.9239-9244. doi.org/10.1073/pnas.1904242116.

[265] Données de Lupo, A.R., 2021. Ann. N.Y. Acad. Sci. 1504 (1), pp.5-24. doi.org/10.1111/nyas.14557

[266] Données de Rydsaa, J.H., et al, 2021. Q. J. R. R. Meteorol. Soc. 147 (737), pp.2281-2292. doi.org/10.1002/qj.4022.

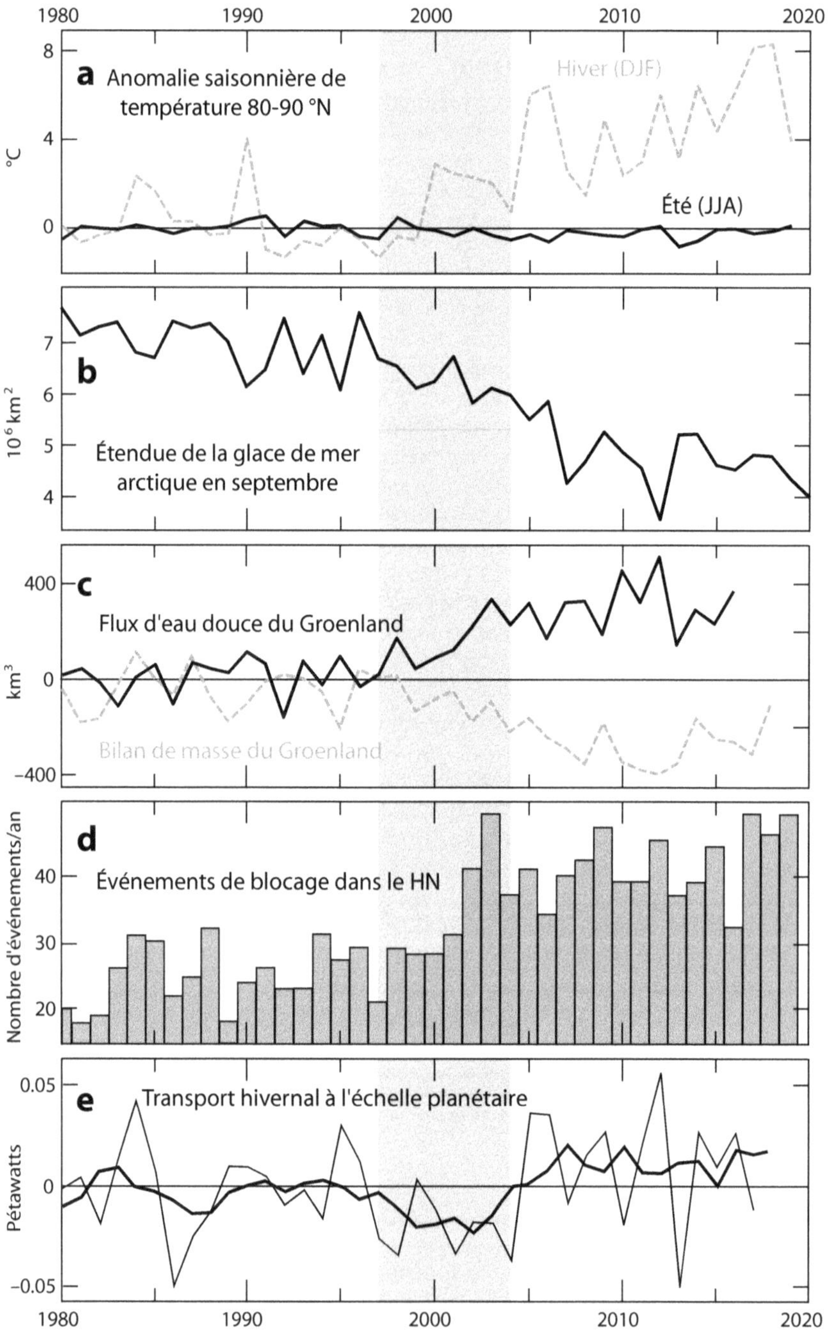

Figure 54. Le décalage arctique en 1997. La barre verticale grise marque l'intervalle 1997-2004, au cours duquel la plupart des changements brusques observés se sont produits.

Au cours des dernières décennies, l'Arctique s'est réchauffé davantage que le reste de la planète. Cela a entraîné une diminution de la différence de température entre l'équateur et le pôle Nord, réduisant ainsi le gradient latitudinal de température. Cependant, au lieu d'une diminution de la chaleur transportée le long de ce gradient, une augmentation a été observée, contrairement aux attentes. Cette observation remet en question la théorie dominante du transport méridien, qui propose que le transport de chaleur soit guidé par une production maximale d'entropie (fig. 19, chap. 12). Elle montre au contraire que le transport de chaleur peut augmenter même lorsque le gradient diminue. Cela suggère qu'un facteur non identifié joue un rôle important dans la détermination du transport méridien de chaleur indépendamment du gradient de température, ce qui soutient la nouvelle hypothèse de changement climatique de ce livre.

Régimes climatiques non reconnus et décalages d'origine inconnue

Les données présentées sur le réchauffement de l'Arctique et, précédemment, sur le reste de la planète montrent que les régimes climatiques sont des états distincts de la circulation atmosphérique avec différents niveaux de transport de chaleur vers les pôles. Au lieu de changer progressivement, ces régimes peuvent passer brusquement d'un état à l'autre. Tout comme les périodes interglaciaires varient et se produisent à intervalles irréguliers, ces régimes climatiques multidécennaux peuvent être imprévisibles et se produire à des intervalles différents. Ils peuvent ne pas suivre le cycle parfait auquel on pourrait s'attendre.

Le problème est que les décalages climatiques abrupts décrits ne font pas partie de notre compréhension scientifique du changement climatique. Ils ne cadrent pas avec l'idée d'un climat changeant réagissant à l'augmentation progressive des niveaux de CO_2. En outre, bon nombre des changements résultant du décalage climatique de 1997 ont été attribués à l'augmentation des émissions humaines. Par conséquent, les décalages et les régimes climatiques reçoivent souvent peu d'attention, car ils sont considérés comme une variabilité non forcée ou sont carrément ignorés. De plus, les modèles climatiques ne parviennent pas à reproduire ces changements, ce qui aggrave le problème. La science du climat s'appuie fortement sur ces modèles (tableau 2, chap. 50), et il n'est donc pas envisageable de reconnaître qu'ils peuvent passer à côté d'aspects cruciaux du climat.

L'incapacité d'identifier avec précision les décalages climatiques et les régimes entrave notre capacité à étudier leurs causes et à les comprendre comme des phénomènes globaux plutôt que régionaux. Certains scientifiques ont proposé qu'ils soient liés à un chaos synchronisé, mais cette idée n'est pas largement acceptée.[267] Comme nous l'avons vu au chapitre 19, il est prouvé que les oscillations océaniques ont eu une période différente pendant le petit âge glaciaire. Les régimes climatiques sont donc influencés par des conditions et des facteurs différents qui ont évolué au fil du temps. Cela signifie que leur rôle dans le réchauffement récent ne peut pas être considéré comme un comportement cyclique qui s'équilibre avec le temps.

---

[267] Tsonis, A.A., et al, 2007. Geophys. Res. Lett. 34, L13705. doi.org/10.1029/2007GL030288.

Encadré 25. Quand le prochain décalage climatique se produira-t-il ?

Les scientifiques ont identifié quatre décalages climatiques antérieurs dans l'océan Pacifique, survenus en 1925, 1946, 1976 et 1997. Les intervalles variables entre ces décalages (20 à 30 ans) font qu'il est difficile de prévoir la date du prochain décalage.

Le chapitre 18 traite de l'effet de l'activité solaire sur El Niño - Oscillation australe, tandis que les chapitres 29 et 30 traitent respectivement de son effet sur les températures stratosphériques polaires hivernales et sur la rotation planétaire. Tous ces phénomènes étant liés au transport de la chaleur, j'ai envisagé la possibilité que le forçage solaire externe puisse également jouer un rôle dans le déclenchement des décalages climatiques. Il est intéressant de noter que les quatre décalages climatiques identifiés dans l'océan Pacifique au cours du 20e siècle se sont produits entre 1 et 3 ans après un minimum solaire. Cela suggère que les régimes climatiques du siècle dernier ont duré 2 à 3 cycles solaires.

Dans le chapitre 14 (encadré 11), nous avons abordé l'effet Holton-Tan, qui relie la phase de l'oscillation tropicale quasi-biennale à la force du vortex polaire par le biais de la propagation d'ondes planétaires. Des recherches récentes ont montré que cet effet est le plus prononcé pendant les minima solaires. Cependant, l'effet Holton-Tan s'est considérablement affaibli pendant la période de réduction du transport polaire entre 1976 et 1997, que nous examinerons plus en détail au chapitre 39. Cela suggère que les couplages stratosphère tropicale-polaire et stratosphère-troposphère sont les plus forts pendant les hivers de minimum solaire, ce qui en fait une période appropriée pour des changements coordonnés dans l'intensité du transport vers les pôles.

Il existe un mécanisme hautement spéculatif qui pourrait déterminer le minimum solaire approprié pour un changement climatique abrupt. Il s'agit de la fréquence de 9,1 ans des oscillations multidécennales Atlantique-Pacifique, dont certains scientifiques pensent qu'elles proviennent des marées luni-solaires.[268]

La différence de fréquence entre ce cycle de marée luni-solaire de 9,1 ans et le cycle solaire de 11 ans les fait passer d'un état corrélé à un état anti-corrélé, ce qui pourrait conduire à des interférences constructives et destructives qui coïncident avec la périodicité multidécennale océanique. La figure E25b montre les fréquences quasi-décennales du cycle solaire et de l'oscillation atlantique multidécennale (AMO) et leur corrélation changeante. La courbe de corrélation a un aspect similaire à la courbe de l'oscillation décennale du Pacifique.

On peut supposer que le changement périodique de l'intensité du transport conduisant aux décalages climatiques observés pourrait être causé par l'interaction entre les effets des marées océaniques et atmosphériques sur la composante troposphérique du transport méridien et les effets du cycle solaire sur sa composante stratosphérique. Cette conjecture est étayée par la présence des fréquences de 9 et

---

[268] Muller, R.A., et al, 2013. J. Geophys. Res. Atmos. 118, 5280-5286. doi.org/10.1002/jgrd.50458.

11 ans dans l'analyse de Fourier des données quotidiennes de l'oscillation nord-atlantique.[269]

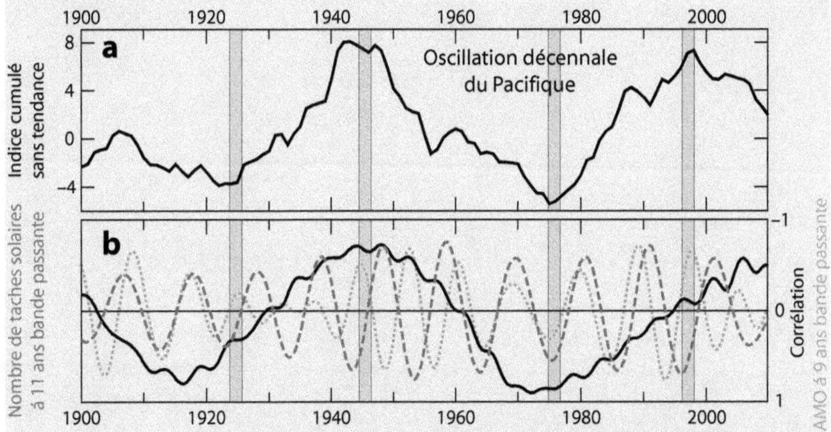

Figure E25. Conjecture sur la détermination des régimes et changements climatiques en fonction des cycles solaires et lunaires. a) Oscillation décennale du Pacifique cumulée avec les décalages climatiques identifiés marqués par des barres grises. b) Filtrage par bande des données sur les taches solaires (ligne en tirets gris foncé) et l'oscillation multidécennale de l'Atlantique (ligne pointillée gris clair) ne montrant que leurs fréquences de 11 et 9 ans, respectivement. La ligne noire représente la corrélation (inversée) entre les deux fréquences.

Selon cette conjecture, en supposant sa validité et l'absence de décalage climatique après la fin du cycle solaire 24, on peut s'attendre à ce que le prochain décalage climatique se produise dans les trois ans suivant la fin prévue du cycle 25, soit entre 2031 et 2035. Ce décalage pourrait réduire le transport vers les pôles et entraîner un refroidissement de l'Arctique, contrairement à nos attentes actuelles (fig. 93, chap. 51).

En bref

Le réchauffement de l'Arctique au 21ᵉ siècle diffère de l'amplification de l'Arctique prévue par les modèles climatiques en réponse au réchauffement de la planète. Il a commencé 20 ans plus tard et a été causé par un décalage climatique en 1997 qui a augmenté le transport de chaleur des latitudes inférieures vers l'Arctique. Ce changement brusque dans le transport de la chaleur a provoqué à la fois la pause du réchauffement planétaire et le réchauffement de l'Arctique. Toutefois, les relevés de température à la surface du globe n'ont pas été en mesure de refléter avec précision ces changements en raison des ajustements apportés au poids relatif des anomalies de température de l'Arctique dans la moyenne mondiale. Le prochain changement climatique pourrait se produire entre 2031 et 2035 et, si c'est le cas, il pourrait réduire le réchauffement de l'Arctique, malgré les attentes contraires.

---

[269] Alvarez-Ramirez, J., et al, 2011. Adv. Space Res. 47 (4), pp.748-756.
   doi.org/10.1016/j.asr.2010.09.030

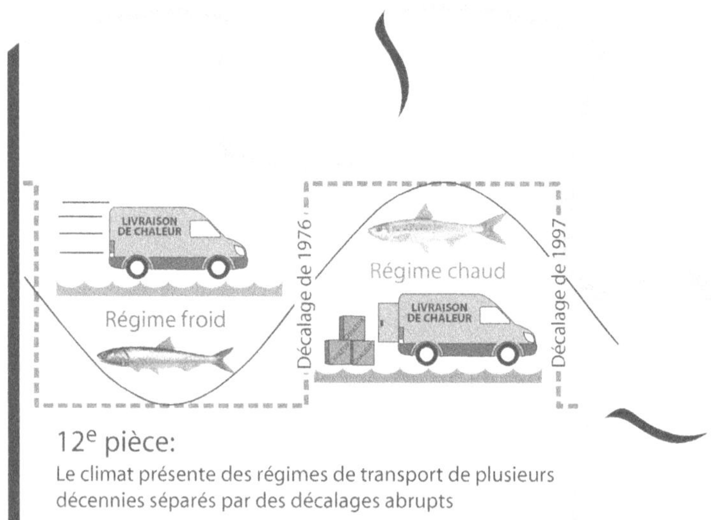

12e pièce:
Le climat présente des régimes de transport de plusieurs
décennies séparés par des décalages abrupts

SECTION 9 QUESTIONS CLÉS

Le réchauffement récent de la planète a commencé en 1976 avec un décalage climatique soudain dans l'océan Pacifique qui a augmenté la circulation atmosphérique zonale et diminué le transport de chaleur vers les pôles, affectant ainsi la tendance de la température mondiale. En conséquence, les oscillations océaniques multidécennales sont passées d'une phase froide, qui avait conduit à la période de refroidissement 1945-1975, à une phase chaude.

Le décalage climatique abrupt de 1976 a révélé l'existence de régimes climatiques pluridécennaux séparés par des transitions abruptes. Ils sont le résultat de changements dans la circulation atmosphérique mondiale qui établissent des régimes distincts de transport de chaleur vers les pôles. Les modèles climatiques ne peuvent pas reproduire avec précision les oscillations à basse fréquence et ne reproduisent pas les décalages climatiques.

Un nouveau décalage s'est produit en 1997, qui a affecté les températures mondiales, les régimes climatiques de l'océan Pacifique et la circulation atmosphérique mondiale. Il a entraîné des changements dans l'étendue des tropiques, la nébulosité, la vitesse des vents et même la vitesse de rotation de la Terre. La stratosphère a été particulièrement touchée, modifiant ses tendances en matière de refroidissement et de vapeur d'eau, ce qui indique une augmentation du transport de chaleur vers les pôles. Le décalage climatique de 1997 n'est toujours pas reconnu par la plupart des scientifiques.

Il y a cent ans, l'Arctique a connu une période inexpliquée de réchauffement intense. Le décalage climatique de 1997 a entraîné une nouvelle période de réchauffement intense de l'Arctique. Ce réchauffement s'est produit principalement en hiver. On l'a confondu avec une amplification de l'Arctique due aux rétroactions de l'augmentation du CO_2, mais les faits montrent qu'il est principalement dû à l'augmentation du transport de chaleur vers la région.

Section 10 : La Nécessité d'une Nouvelle Théorie

CHAPITRE 35
L'EXPLICATION DU PRÉSENT OCCULTE LE PASSÉ

L' « hypothèse de l'effet renforcé par le CO_2 » était à l'origine une tentative infructueuse, au 19ᵉ siècle, d'expliquer les glaciations par des changements dans le CO_2. Aujourd'hui, l'hypothèse propose que les émissions humaines de gaz à effet de serre réchauffants et d'aérosols refroidissants, avec une faible contribution de facteurs naturels, expliquent le changement climatique des dernières décennies. Selon cette hypothèse, la majeure partie du réchauffement est due aux rétroactions qui répondent au réchauffement causé par l'augmentation du CO_2. Cela rend le climat très sensible au réchauffement ou au refroidissement, quelle qu'en soit la source, avec un réchauffement presque deux fois plus important en réponse au réchauffement initial. Bien que l'hypothèse explique assez bien le réchauffement récent depuis 1976, elle n'explique pas les changements climatiques passés. Le refroidissement du milieu du 20ᵉ siècle, le réchauffement du début du 20ᵉ siècle, le petit âge glaciaire, l'évolution de la température à l'Holocène, les événements climatiques abrupts survenus à l'Holocène et l'Éocène inférieur il y a 50 millions d'années restent inexpliqués. Nous avons donc besoin d'une théorie du changement climatique qui puisse expliquer tous les changements climatiques, et pas seulement certains d'entre eux.

Sur les théories et les hypothèses

Une théorie scientifique est une explication plausible basée sur nos connaissances scientifiques actuelles, bien qu'encore incomplètes, du monde physique. L'acceptation d'une théorie ne la rend pas correcte, et son rejet ne la rend pas incorrecte. Par exemple, la théorie incorrecte de Bohr selon laquelle les électrons gravitent autour du noyau d'un atome a été acceptée même par Einstein. En revanche, la théorie de Milankovitch, qui explique le cycle glaciaire par des variations orbitales, a d'abord été rejetée par la plupart des scientifiques pendant des décennies, avant d'être finalement acceptée en 1976. De même, la théorie de l'évolution de Darwin est tombée en disgrâce à la fin du 19ᵉ siècle avant d'être popularisée à nouveau par la synthèse moderne dans les années 1940. Au fur et à mesure que les connaissances scientifiques se développent, les théories peuvent être modifiées ou rejetées. Bien que les idées fondamentales de la théorie de l'évolution de Darwin et de la théorie orbitale de Milankovitch soient toujours considérées comme correctes, elles ont subi d'importants changements au fil du temps.

Les hypothèses scientifiques sont des propositions provisoires fondées sur des observations et étayées par des preuves. Le travail quotidien d'un scientifique expérimental (comme moi) consiste à faire des observations, à élaborer des hypothèses qui correspondent aux preuves et à concevoir des tests intelligents qui révèlent si l'hypothèse est erronée ou si elle est confirmée. Étant donné que la réalité est incroyablement complexe et que notre esprit est limité, la plupart des hypothèses sont erronées. Comme l'a dit Thomas Henry Huxley en 1870, la grande tragédie de la science, *« la destruction d'une belle hypothèse par un fait hideux »*, se joue constamment sous les yeux des scientifiques. Toutefois, si une hypothèse n'est pas réfutée par de nouvelles preuves, elle peut éventuellement être intégrée à des théories plus larges ou devenir une théorie à part entière.

Les résultats des modèles climatiques ne sont pas des preuves

La climatologie n'est pas une science expérimentale, ce qui rend difficile la vérification des hypothèses. Sans expérimentation, les hypothèses ne peuvent être testées que par rapport à des preuves qui n'étaient pas disponibles au moment où elles ont été proposées. Parfois, de nouvelles preuves peuvent être trouvées pour soutenir ou contredire une hypothèse, comme les carottes benthiques qui ont soutenu la théorie de Milankovitch en 1976, rendant les hypothèses alternatives hautement improbables. Toutefois, ce processus peut être lent et incertain. Les climatologues ont donc développé des modèles informatiques qui intègrent une grande partie des connaissances sur le climat. Ils utilisent ces modèles pour tester leurs hypothèses.

Nous aborderons les modèles climatiques dans la section 15, mais il est important de noter qu'ils sont un produit de l'esprit humain et que, malgré leur complexité, ils sont soumis aux limites de l'entendement humain. Les modèles climatiques ne reflètent pas la réalité et ne constituent donc pas des preuves scientifiques. C'est une chose que les scientifiques du climat peuvent oublier et qui mérite d'être répétée. <u>Les résultats des modèles climatiques ne constituent pas des preuves scientifiques</u>. Les résultats des modèles climatiques ne sont qu'un soutien théorique dans le cadre théorique utilisé pour construire le programme. Les modèles climatiques ne donneront jamais une réponse qui nécessite quelque chose qui n'est pas dans leur code. Il s'agit donc d'un raisonnement circulaire qui ne prouve rien d'autre que sa cohérence interne.

hypothèse de l'effet renforcé du CO_2

C'est une hypothèse de proposer que les émissions humaines d'aérosols refroidissants et de gaz à effet de serre réchauffants, avec une faible contribution de facteurs naturels, peuvent expliquer les changements climatiques observés au cours des dernières décennies. Dans cette hypothèse, la principale cause du changement climatique est l'évolution des niveaux de CO_2, et l'essentiel de l'effet est censé provenir de rétroactions climatiques qui ne peuvent être mesurées. Il est donc correct de l'appeler « hypothèse de l'effet renforcé du CO_2 ».

D'une certaine manière, il s'agit de la seule hypothèse climatique qui soit testée expérimentalement. Comme l'ont fait remarquer deux climatologues de renom en 1957 : *« Les humains mènent actuellement une expérience géophysique à grande échelle d'un type qui n'aurait jamais pu se produire dans le passé ni être reproduit dans l'avenir »*.[270] Les résultats de cette expérience détermineront en fin de compte si l'hypothèse est correcte, mais nous ne pouvons pas nous permettre d'attendre des décennies ou des siècles pour le savoir, d'autant plus que l'hypothèse a fait l'objet d'une grande attention et qu'elle entraîne des changements majeurs dans la société et le système énergétique sur la base de

---

[270] Revelle, R. et Suess, H.E., 1957. Tellus, 9 (1), pp.18-27.
    doi.org/10.3402/tellusa.v9i1.9075

l'hypothèse qu'elle est correcte. Il est donc essentiel de tester l'hypothèse à l'aide de nouvelles données disponibles qui n'ont pas été utilisées pour l'élaborer.

Les chapitres 7 et 8 expliquent la différence entre l'hypothèse de l'effet renforcé du CO_2 et la théorie de l'effet de serre. Ces deux concepts sont souvent utilisés à tort de manière interchangeable. La théorie de l'effet de serre repose sur l'idée qu'une augmentation des niveaux de gaz à effet de serre rendra l'atmosphère plus opaque au rayonnement infrarouge, ce qui entraînera un certain réchauffement de la surface. Toutefois, la théorie ne précise pas l'ampleur du réchauffement, qui dépend de plusieurs facteurs du système climatique qui ne sont pas encore totalement compris. La théorie de l'effet de serre est largement acceptée par la communauté scientifique, y compris par ceux qui sont sceptiques quant à l'hypothèse de l'effet renforcé du CO_2.

L'hypothèse de l'effet renforcé du CO_2 est une extension de la théorie de l'effet de serre. Elle propose que les variations du CO_2 atmosphérique ont été la cause principale du changement climatique à toutes les époques géologiques de la planète, y compris l'époque actuelle. Toutefois, si l'hypothèse de l'effet renforcé du CO_2 s'avérait fausse, cela ne discréditerait pas la théorie de l'effet de serre.

L'hypothèse de l'effet de renforcement du CO_2 a été développée à l'origine pour expliquer les périodes glaciaires, mais a été réfutée comme cause par la théorie de Milankovitch en 1976. Dans les années 1960, l'hypothèse a bénéficié d'un certain soutien en tant que cause majeure du changement climatique en raison de l'augmentation des niveaux de CO_2 et des premiers modèles climatiques. Toutefois, pendant la période de refroidissement observée à cette époque, de nombreux scientifiques pensaient que d'autres facteurs jouaient un rôle plus important. Ce n'est que lorsque le réchauffement climatique est devenu évident et que la première carotte de glace profonde de l'Antarctique a apporté la preuve d'une corrélation étroite entre la température et les niveaux de CO_2 tout au long du Pléistocène (fig. 34a, chap. 21) que l'hypothèse a été largement acceptée.

Comme indiqué plus haut, la popularité d'une hypothèse ne détermine pas sa véracité. Un consensus scientifique pour ou contre une hypothèse ne prouve pas qu'elle est juste ou fausse. Seules des preuves peuvent étayer ou réfuter une hypothèse. Cependant, même si des preuves soutiennent une hypothèse, celle-ci ne peut être considérée comme définitivement correcte car d'autres preuves peuvent apparaître et la contredire. Par exemple, des siècles de preuves ont indiqué que les cygnes étaient tous blancs, mais la découverte de cygnes noirs en Australie au 18e siècle a réfuté cette notion.

La version originale de l'hypothèse de l'effet renforcé du CO_2 proposait que la théorie de l'effet de serre puisse expliquer les périodes glaciaires. À la fin du 19e siècle, les scientifiques tentaient de comprendre pourquoi des périodes glaciaires s'étaient produites dans un passé lointain, mais ils ne pensaient pas que le changement climatique était un problème pertinent à l'époque. Dans les années 1930, l'hypothèse a refait surface pour tenter d'expliquer le réchauffement inhabituel qui s'est produit au début du 20e siècle. Bien que cette tentative ait échoué, l'hypothèse a commencé à être considérée comme pertinente pour expliquer les changements climatiques récents.

Une hypothèse développée pour expliquer le réchauffement récent par des changements dans le CO_2

Selon la théorie de l'effet de serre, les variations des niveaux de CO_2 ont en elles-mêmes un faible effet. Pour qu'un réchauffement ou un refroidissement important se produise, le climat doit être très sensible à ces changements et réagir fortement au réchauffement (ou au refroidissement) causé par le changement de CO_2. Cette réponse inclut la vapeur d'eau, le principal gaz à effet de serre de la planète, et les changements dans la couverture nuageuse et l'albédo de la glace. Ensemble, ces facteurs amplifient l'effet du CO_2, ce qui a donné lieu à l'hypothèse de l'effet renforcé du CO_2, proposée en 1896 et développée dans les années 1960.

L'hypothèse de l'effet renforcé du CO_2 a gagné en popularité parce qu'elle explique efficacement tout le réchauffement depuis 1976. Cela est dû au recrutement d'autres facteurs climatiques en tant que rétroactions du signal CO_2. Cette hypothèse présente toutefois un inconvénient : elle implique que le climat est très sensible au réchauffement ou au refroidissement, quelle qu'en soit la cause. En effet, les rétroactions réagissent positivement au réchauffement ou au refroidissement, quelle qu'en soit la source, et non aux variations des niveaux de CO_2.

Cependant, le climat est un système stable qui a maintenu des températures propices à la vie pendant plus de 500 millions d'années, malgré les impacts d'astéroïdes et les éruptions de provinces ignées entières. Cela suggère un système dominé par des rétroactions négatives qui le stabilisent plutôt que par des rétroactions positives qui le déstabilisent.

Notre compréhension actuelle des facteurs naturels du changement climatique est extraordinairement faible. La popularité de l'hypothèse de l'effet renforcé du CO_2 n'aide pas, car elle exige que les facteurs naturels ne produisent que de faibles changements de température de sorte que les changements de CO_2 peuvent expliquer le changement climatique dans un système qui est supposé être très sensible aux changements de température.

Par exemple, les variations du rayonnement solaire sont très faibles et, si l'on ne tient pas compte des changements dynamiques provoqués par l'activité solaire (examinés aux chap. 27 à 30), l'effet solaire peut facilement être considéré comme négligeable. Les éruptions volcaniques posent également un problème, car les modèles ont tendance à exagérer leurs effets de refroidissement par rapport aux observations (chap. 24). Toutefois, si les éruptions volcaniques étaient suffisamment fréquentes dans le passé pour augmenter les niveaux de CO_2, elles peuvent être utilisées pour expliquer un réchauffement.

Cependant, la valeur d'une hypothèse est jugée en fonction de ce qu'elle ne peut pas expliquer, et pas seulement en fonction de ce qu'elle peut expliquer, puisqu'une hypothèse est généralement cohérente avec les preuves à partir desquelles elle a été créée. Le principal problème de l'hypothèse du CO_2 est qu'en expliquant le réchauffement récent, elle rend impossible l'explication des changements climatiques passés. Cela démontre que l'hypothèse est inadéquate ou incomplète dans sa forme actuelle.

Les changements climatiques passés deviennent inexplicables

Il n'est pas nécessaire de remonter très loin dans le temps pour comprendre ce problème. Comme nous l'avons vu au chapitre 31, l'hypothèse de l'effet renforcé du CO_2 ne peut expliquer la période de refroidissement entre 1945 et 1975. Au cours de cette période, il y a eu un forçage anthropique positif net qui aurait dû provoquer un réchauffement, mais au lieu de cela, un refroidissement s'est produit. La figure 55, tirée du 6e rapport d'évaluation du GIEC, montre l'effet combiné sur la température des émissions humaines de gaz à effet de serre et d'aérosols entre 1900 et 1990 (ligne gris foncé).[271] Au lieu de les montrer séparément, cette figure modifiée montre leur effet combiné, moyenné sur des simulations multi-modèles. Il convient de noter que même les causes naturelles, telles qu'elles sont supposées, ne peuvent être responsables, car elles auraient dû avoir un effet positif sur la température pendant toute la période, à l'exception de quelques années après l'éruption du mont Agung en 1963.

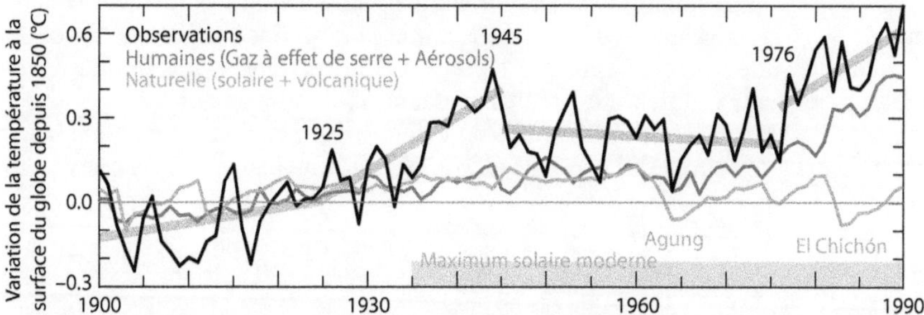

Figure 55. Évolution de la température à la surface du globe et ses causes dans le 6e rapport d'évaluation. Les observations (ligne noire) sont comparées aux simulations des modèles climatiques de l'effet sur la température des forçages humains (ligne gris foncé) et naturels (gris clair). Les lignes de tendance des observations (lignes grises épaisses) correspondent à des périodes séparées par des changements climatiques connus dans l'océan Pacifique. La période du maximum solaire moderne et deux éruptions volcaniques sont indiquées.

Selon l'hypothèse et les modèles climatiques, les forçages anthropiques et naturels nets étaient faibles avant les années 1970. Cela suggère que le seul résultat possible était une augmentation progressive de la température des années 1910 aux années 1970, avec un réchauffement accéléré par la suite. Or, les faits montrent que ce n'est pas le cas. Au contraire, le climat mondial a connu un réchauffement intense au début du 20e siècle et un net refroidissement au milieu du 20e siècle. L'hypothèse de l'effet renforcé du CO_2 ne peut donc pas expliquer les changements climatiques antérieurs à 1976. Étant donné que notre compréhension du changement climatique reste limitée, il n'est pas judicieux d'accepter une hypothèse incomplète ou erronée, surtout lorsqu'elle est associée à des appels urgents en faveur de changements significatifs dans la société et le système énergétique.

L'hypothèse de l'effet renforcé du CO_2 se heurte à un problème similaire en ce qui concerne le climat des 11 700 dernières années, comme nous l'avons vu au chapitre 21. Les modèles climatiques prévoient une tendance au réchauffement graduel tout au long de l'Holocène, sans tenir compte de la période de refroidissement néoglaciaire qui est bien documentée par la croissance des glaciers à l'échelle mondiale (fig. 35, chap. 21). Les modèles ne parviennent pas

[271] Eyring, V., et al, 2021. Climate Change 2021 : The Physical Science Basis. 6th AR IPCC. pp. 515-516. doi.org/10.1017/9781009157896.005

non plus à reproduire des phénomènes de refroidissement notables tels que l'oscillation boréale, les événements de 5,2 et 2,8 kiloans, et ne reproduisent que faiblement le petit âge glaciaire. Par conséquent, les modèles climatiques ne reproduisent pas correctement les schémas climatiques historiques, ce qui rend difficile la confiance dans leur capacité à projeter avec précision les climats futurs. Il est surprenant de constater que les rapports d'évaluation du GIEC abordent rarement l'écart manifeste entre les niveaux de CO_2 et les changements de température au cours des 11 000 dernières années, se concentrant principalement sur la concordance avec le Pléistocène.

Cependant, des divergences significatives apparaissent dans environ la moitié des transitions interglaciaire-glaciaire du Pléistocène. Elles montrent une phase de refroidissement considérable malgré l'absence de changement concomitant dans les niveaux de CO_2. Un exemple notable est celui de la fin de la dernière période interglaciaire, il y a environ 124 000 ans. Au cours de cette période, les températures ont progressivement diminué pendant 8 000 ans, atteignant environ la moitié de la différence entre les niveaux interglaciaires et glaciaires, tandis que les niveaux de CO_2 sont restés inchangés (fig. 56).[272]

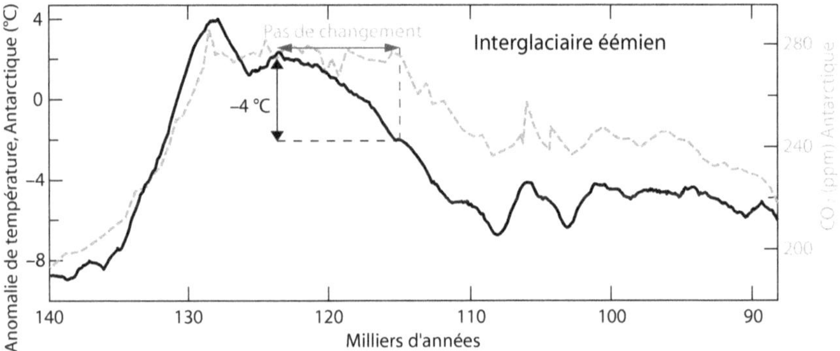

Figure 56. Le CO_2 n'intervient pas dans la fin d'une période interglaciaire.

Une phase de refroidissement substantielle sans réduction correspondante des niveaux actuels de CO_2 est généralement considérée comme impossible et n'est pas observée dans les simulations de modèles dans les conditions actuelles. En fait, les experts des cycles glaciaires affirment que le début d'une nouvelle ère glaciaire n'est pas possible avant des dizaines de milliers d'années. Cependant, il existe des preuves que des glaciations ont commencé à plusieurs reprises dans le passé, sous l'effet de changements orbitaux, sans que l'on observe de changements dans les niveaux de CO_2.

L'hypothèse de l'effet renforcé du CO_2 a du mal à expliquer la différence de température de 5 °C entre la fin de l'Oligocène et le milieu du Pliocène. Cela est d'autant plus difficile que les deux périodes, séparées par 20 millions d'années, présentaient des niveaux de CO_2 similaires, inférieurs à ceux d'aujourd'hui (fig. E18, chap. 21).

---

[272] Données de Jouzel, J., et al. 2007. Science, 317 (5839), pp.793-796. doi.org/10.1126/science.1141038 Bereiter, B., et al. 2015. Geophys. Res. Lett. 42 (2), pp.542-549. doi.org/10.1002/2014GL061957.

Enfin, l'hypothèse de l'effet renforcé du CO_2 et les modèles climatiques ne fournissent pas d'explication satisfaisante au climat stable observé pendant l'Éocène inférieur, caractérisé par des conditions tropicales dans les régions polaires. De manière surprenante, cela s'est produit malgré le fait que les niveaux de CO_2 n'étaient pas beaucoup plus élevés qu'aujourd'hui (chap. 20). De plus, si ces modèles ne peuvent expliquer les conditions climatiques de l'Éocène inférieur, qui se sont produites il y a 50 millions d'années, ils sont clairement inadéquats pour expliquer la transition de ces conditions climatiques vers les conditions glaciaires du Pléistocène, qui englobe notre période interglaciaire actuelle. Si nous restons incertains sur les causes du climat de l'Éocène inférieur, il est clair que nous n'avons pas les connaissances nécessaires pour comprendre les conditions qui ont dû changer pour que le refroidissement de l'ère glaciaire commence.

L'hypothèse actuelle de l'effet renforcé du CO_2 ne peut expliquer que la période de réchauffement depuis 1976, mais ne peut expliquer la plupart des changements climatiques du passé. Nous avons donc besoin d'une théorie capable d'expliquer à la fois les changements climatiques passés et présents. Pour ce faire, nous devons formuler de meilleures hypothèses pour remplacer l'actuelle hypothèse erronée. La promotion de nouvelles hypothèses est nécessaire pour faire progresser notre compréhension du climat.

En bref

Nous avons besoin de nouvelles hypothèses climatiques capables d'expliquer les nombreux changements climatiques passés qui sont incompatibles avec les variations de CO_2. L'hypothèse qui prévaut actuellement attribue une sensibilité excessive à la réponse du climat aux changements de température, tout en attribuant une influence minimale aux causes naturelles de la variabilité climatique. Par conséquent, elle s'appuie de manière excessive sur les variations de CO_2 et rend tout changement climatique inexplicable en l'absence d'une variation correspondante de CO_2. Cependant, il existe des exemples de changements climatiques majeurs dans le passé qui se sont produits en l'absence de changements significatifs du CO_2. La plupart des difficultés rencontrées pour expliquer ces changements découlent de l'hypothèse de l'effet renforcé du CO_2 est correct. Le pouvoir explicatif limité de cette hypothèse, qui se limite principalement au réchauffement récent depuis 1976, souligne le besoin urgent de nouvelles hypothèses. Malheureusement, le découragement actif de la recherche d'explications alternatives fait qu'il est difficile de progresser dans cette recherche.

CHAPITRE 36
LA VARIABILITÉ INTERNE MAL COMPRISE

La variabilité interne naturelle est due à la redistribution de l'énergie au sein du système couplé atmosphère-océan, ce qui entraîne des oscillations dans des régions et à des périodes spécifiques. Ces oscillations, appelées modes de variabilité, sont nombreuses et les scientifiques ne savent pas ce qui les provoque ni pourquoi elles changent d'une phase à l'autre. Les modèles climatiques les reproduisent dans une certaine mesure sous forme de « marches aléatoires » stochastiques, mais ne tiennent pas compte des tendances pluridécennales ni de leur réaction à des causes naturelles telles que le cycle solaire. La plupart des climatologues et des modèles climatiques n'attribuent pas à la variabilité interne un rôle important dans le changement climatique, mais certains scientifiques ne sont pas d'accord. Le manque de compréhension des origines de ces oscillations et l'incapacité à reproduire leurs caractéristiques essentielles remettent en question notre compréhension de la variabilité climatique interne et de son impact sur le changement climatique.

Variabilité interne et modes de variabilité

La variabilité naturelle fait référence aux changements climatiques qui se produisent au sein du système climatique ou qui résultent de facteurs externes affectant l'équilibre radiatif de la Terre. Les facteurs externes au système climatique comprennent les changements de l'orbite terrestre, les variations de la quantité d'énergie solaire reçue ou les grandes éruptions volcaniques. Cependant, les changements orbitaux significatifs nécessitent de longues périodes de temps et ne présentent que des changements minimes sur un siècle ou deux, n'ayant que peu d'effet sur les changements de température pendant cette période. Au chapitre 38, nous verrons comment l'hypothèse de l'effet renforcé du CO_2 interprète les effets des variations solaires et des éruptions volcaniques.

La variabilité naturelle interne fait référence à la redistribution de l'énergie au sein du système climatique. Selon le GIEC, elle se manifeste principalement par des variations régionales plutôt que mondiales de la température de surface. Ce point de vue a toutefois été remis en question en 1994 par un article scientifique historique qui a introduit l'oscillation multidécennale de l'Atlantique et l'a identifiée comme *« une oscillation du système climatique mondial d'une durée de 65 à 70 ans ».*[273] Au cours des 30 dernières années, de nombreux scientifiques ont reconnu l'influence mondiale des oscillations océaniques multidécennales, ce qui n'est pas reflété dans la préférence du GIEC de les traiter comme des manifestations régionales.

Les scientifiques tentent d'identifier des schémas récurrents au sein du système climatique afin de réduire la complexité de la variabilité interne. Ces

---

[273] Schlesinger, M.E. & Ramankutty, N., 1994. Nature, 367 (6465), pp.723-726.
doi.org/10.1038/367723a0

schémas ont des caractéristiques spatiales, saisonnières et temporelles inhérentes. Ils appellent ces schémas récurrents des modes de variabilité, mais dans cet ouvrage, nous les appelons des oscillations. Certains de ces schémas, tels que El Niño - Oscillation australe (chap. 18) et les oscillations multidécennales atlantique et pacifique (chap. 19), ont été examinés précédemment. Les rapports du GIEC suggèrent que ces phénomènes résultent des propriétés dynamiques de la circulation atmosphérique et des interactions entre l'océan, l'atmosphère et les surfaces terrestres, y compris la glace de mer. Cependant, les scientifiques ont encore du mal à expliquer comment ces modes de variabilité régionaux et spatiaux semblent affecter des parties éloignées du monde. Ces effets à distance sont appelés téléconnexions.

La variabilité interne n'est pas une marche aléatoire.

Les scientifiques n'ont pas une compréhension globale des mécanismes sous-jacents qui génèrent les modes climatiques à basse fréquence. Selon le dernier rapport du GIEC, la variabilité régionale du climat est le résultat d'une interaction complexe de processus physiques locaux, tels que les rétroactions thermodynamiques, les rétroactions entre la terre et l'atmosphère, et des phénomènes non locaux plus vastes.

Un exemple notable des limites des modèles climatiques est leur incapacité à prédire le ralentissement du réchauffement climatique dans les années 2000. Cet échec a été attribué à un changement de phase de l'oscillation décennale du Pacifique et, en fin de compte, aux importantes anomalies des vents alizés qui se sont produites autour de l'an 2000.[274] Toutefois, l'origine exacte de ces anomalies reste inconnue, tout comme la véritable nature du changement climatique de 1997 évoqué au chapitre 33.

Pour illustrer la difficulté de comprendre les origines des différents modes de variabilité, l'oscillation décennale du Pacifique n'est plus considérée comme un mode physiquement couplé résultant des interactions entre l'océan et l'atmosphère. Au contraire, on pense aujourd'hui qu'elle résulte de trois processus distincts : le bruit atmosphérique interne dans le Pacifique Nord, la dynamique des océans des latitudes moyennes médiée par les ondes de Rossby, et le forçage tropical transmis aux latitudes moyennes par un pont atmosphérique.

Compte tenu de cette complexité, les modèles climatiques ne sont pas censés reproduire avec précision des changements spécifiques dans ces modes de variabilité. Ils s'attachent plutôt à capturer les caractéristiques statistiques de ces modèles. De ce point de vue, les modèles ont beaucoup progressé dans la représentation de la variabilité interne. Toutefois, ce point de vue pose un problème fondamental.

L'interaction atmosphère-océan est reconnue comme le moteur fondamental de la variabilité interne sur des échelles de temps décennales et plus longues. Dans ce cadre, l'atmosphère chaotique est une source stochastique de bruit blanc, semblable au bruit statique de la télévision analogique, avec la même puissance à toutes les fréquences. Lorsque l'océan intègre ce bruit, il produit un spectre dont la puissance augmente aux basses fréquences, appelé bruit rouge. Le résultat de ce processus global est souvent appelé « marche aléatoire », qui représente une trajectoire façonnée par un processus stochastique dans lequel le

---

[274] Farneti, R., 2016. WIREs Clim. Change, 8 (1), p.e441. doi.org/10.1002/wcc.441.

comportement futur est indépendant de l'histoire passée. Le GIEC décrit ce phénomène de la manière suivante :

« Une autre façon d'imaginer la variabilité naturelle et l'influence de l'homme est de penser à une personne promenant un chien. La trajectoire du promeneur représente le réchauffement induit par l'homme, tandis que son chien représente la variabilité naturelle ».[275]

La figure 57 présente les données du graphique d'accompagnement du 6e rapport d'évaluation du GIEC. Les fines lignes grises montrent les effets de la variabilité naturelle dans trois simulations différentes d'un grand ensemble du modèle communautaire du système terrestre 1 (CESM1), illustrant les variations décennales de la température à la surface du globe en l'absence de réchauffement anthropique (c'est-à-dire sans la tendance à long terme). Ces simulations fournissent des exemples de marches aléatoires dans la variabilité naturelle, sans modèle ou tendance perceptible dans leurs périodes de pointe et leurs amplitudes. Les autres courbes de la figure proviennent de sources différentes.[276]

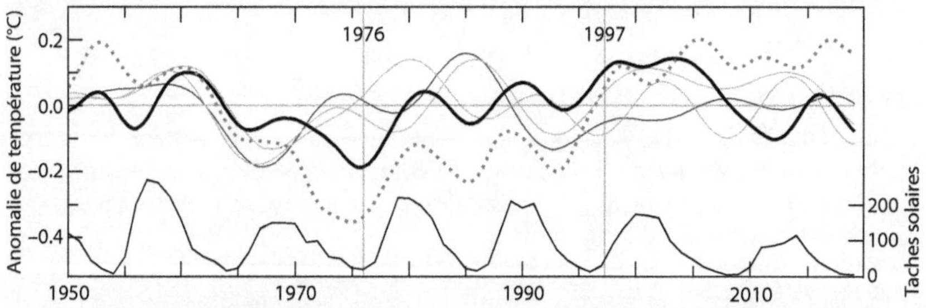

Figure 57. Variabilité climatique interne et activité solaire. Température moyenne à la surface du globe lissée par un gaussien (ligne noire épaisse) et oscillation multidécennale de l'Atlantique (ligne pointillée gris), trois simulations de modèles des variations décennales de la température globale (lignes grises fines) et nombre de taches solaires (ligne noire fine). Pour toutes les courbes de température, la tendance a été soustraite. Les décalages climatiques de 1976 et 1997 sont indiqués.

Le GIEC reconnaît l'existence de tendances pluridécennales, voire centennales, dans les modes de variabilité. Par exemple, l'oscillation nord-atlantique a été dominée par des valeurs positives au début du 20e siècle. Toutefois, une tendance négative s'est manifestée entre 1920 et 1970, suivie d'une remontée à des valeurs constamment élevées entre 1970 et le début des années 1990. Ce comportement, caractérisé par de longues périodes de valeurs positives ou négatives, n'est pas reproduit par les modèles et met en doute l'hypothèse d'une marche aléatoire de la variabilité interne.

---

[275] Eyring, V., et al, 2021. Climate Change 2021 : The Physical Science Basis. 6th AR IPCC. pp. 517-518. doi.org/10.1017/9781009157896.005

[276] La ligne noire épaisse est l'enregistrement HadCRUT4 de la température de surface globale, sans tendance et avec un filtre gaussien. La ligne grise en pointillés est le jeu de données NOAA sur l'oscillation multidécennale de l'Atlantique, avec un lissage gaussien. La fine ligne noire représente le nombre de taches solaires SILSO.

La ligne pointillée gris représente les données de l'oscillation multidécennale de l'Atlantique, lissées à l'aide d'un filtre gaussien.[277] Le comportement de ces données est similaire à celui des données de température de surface globale, ce qui indique qu'il s'agit d'une oscillation du système climatique global. Cette oscillation présente des changements abrupts, comme ceux de 1976 et 1997.

On sait que le cycle solaire a un effet sur les températures mondiales d'environ ±0,1 °C et qu'il est représenté dans la partie inférieure de la figure 57. La variabilité interne observée tend à être en phase avec le cycle solaire, en particulier pendant les cycles les plus actifs. Cette interaction entre la variabilité naturelle interne et externe est prévisible, mais les modèles climatiques ne sont pas en mesure de la reproduire. La réponse des simulations au cycle solaire est faible, ce qui suggère que la variabilité modélisée provient d'une autre source.

Les tendances à long terme de la variabilité interne, qui change de signe après des changements brusques, et la réponse à la variabilité naturelle externe indiquent que l'hypothèse du GIEC et des modèles climatiques selon laquelle la variabilité interne est une marche aléatoire est incorrecte.

La variabilité interne est un phénomène mondial qui influe sur le changement climatique.

Les rapports du GIEC n'accordent aucune importance à la variabilité interne du changement climatique. Elle est traitée comme un bruit qui se produit à des fréquences décennales ou pluri-décennales et est supposée n'avoir aucune influence sur la tendance à long terme.

Certains scientifiques ne sont pas d'accord et suggèrent qu'environ un tiers du réchauffement récent est dû à l'oscillation multidécennale de l'Atlantique.[278] Ils suggèrent que les modèles climatiques surestiment le réchauffement dû à l'augmentation des GES. Ils compensent l'excès de réchauffement simulé en surestimant l'effet refroidissant des aérosols, ce qui conduit à une surestimation de l'influence humaine sur le climat.

La variabilité interne résulte d'une combinaison de processus physiques locaux et de phénomènes non locaux à grande échelle. Par conséquent, chaque mode de variabilité est considéré indépendamment, tandis que leurs interactions sont représentées par des téléconnexions. Cependant, comme décrit dans l'encadré 16 (chap. 19), les oscillations dans différentes régions de l'hémisphère Nord semblent changer de manière coordonnée dans ce qui est appelé « l'hypothèse de la vague de stade » (fig. E16, chap. 19).[279]

Il semble que les oscillations (modes de variabilité) soient une réponse locale à un phénomène global plutôt que d'être générées localement et d'interagir ensuite par le biais de téléconnexions. Ce changement de perspective élimine la nécessité de considérer un large éventail de téléconnexions complexes, simpli-

---

[277] Un filtre gaussien est utilisé pour réduire le bruit et lisser les données. Souvent utilisé pour brouiller les images, il présente la meilleure combinaison de suppression des hautes fréquences et de minimisation de la dispersion spatiale et est le plus utilisé par l'auteur.

[278] Chylek, P., et al. 2014. Geophys. Res. Lett. 41 (5), pp.1689-1697. doi.org/10.1002/2014GL059274.

[279] Wyatt, M.G., et al, 2012. Clim. Dyn. 38, pp.929-949. doi.org/10.1007/s00382-011-1071-8

fiant ainsi l'étude de la variabilité interne. Au lieu de causes multiples, nous constatons maintenant qu'un même phénomène global est à l'origine de tous les modes de variabilité, tandis que leurs caractéristiques spécifiques sont déterminées localement. Comme nous savons déjà que les oscillations océaniques sont le résultat de changements dans le transport de chaleur vers les pôles, nous n'avons pas besoin de chercher une cause sous-jacente différente pour chaque oscillation.

En bref

L'hypothèse d'un effet accru du CO_2 est un obstacle à la compréhension de la variabilité climatique interne. Les oscillations climatiques naturelles ne sont pas le résultat de processus stochastiques aléatoires. Les climatologues et leurs modèles manquent d'une compréhension fondamentale des causes et des mécanismes qui sous-tendent ces oscillations ou leurs transitions de phase. Ces oscillations ne sont pas considérées comme une force motrice du changement climatique et sont traitées comme des phénomènes distincts liés par des téléconnexions. Cependant, les tendances multidécennales et les changements de phase synchronisés entre les hémisphères suggèrent qu'il s'agit de manifestations régionales d'un facteur mondial sous-jacent. Pour améliorer notre compréhension, il est essentiel de développer de nouvelles hypothèses qui explorent les causes de la variabilité interne du climat et sa relation avec le changement climatique.

CHAPITRE 37
LA VARIABILITÉ DU TRANSPORT MÉRIDIEN EST NÉGLIGÉE

La plupart des climatologues estiment que les changements dans le transport méridien ne font que redistribuer la chaleur et ne sont pas directement responsables du changement climatique. Par conséquent, ces changements de transport sont négligés dans les rapports du GIEC. Cependant, il est essentiel de reconnaître que les changements dans le transport de la chaleur jouent un rôle important dans l'explication du réchauffement de l'Arctique et sont responsables d'oscillations océaniques multidécennales ayant des implications globales. Ils sont donc d'une importance capitale pour comprendre la dynamique du climat. Le potentiel des changements dans le transport de chaleur en tant que facteur causal du changement climatique devrait être étudié de manière approfondie plutôt que d'être rejeté prématurément sur la base d'hypothèses non prouvées. L'un des principaux problèmes est l'incapacité des modèles climatiques à reproduire de manière fiable les variations de l'intensité du transport ou ses schémas historiques. Ces modèles supposent des compromis globaux entre les changements de transport océanique et atmosphérique, malgré les preuves du contraire. Il est important de reconnaître que les changements globaux dans le transport de chaleur sont un déterminant majeur du comportement du climat au cours des décennies.

Le transport de chaleur n'est pas pris en compte dans les rapports du GIEC

Dans le premier chapitre du 6e rapport d'évaluation, le GIEC fournit une explication claire du changement climatique, en définissant ses causes comme suit :

« Les facteurs naturels et anthropiques responsables du changement climatique sont désormais connus sous le nom de "déterminants" ou "forçages" radiatifs. Le changement net du bilan énergétique au sommet de l'atmosphère, résultant d'un changement dans un ou plusieurs de ces facteurs, est appelé "forçage radiatif" ».[280]

Selon le GIEC, le transport de chaleur n'est pas considéré comme un forçage radiatif et n'est donc pas une cause du changement climatique mondial. Ses effets ne font que contribuer à la variabilité interne ou régionale. Ce point de vue se reflète dans le peu d'attention accordée au transport de chaleur dans les rapports du GIEC. Dans l'imposant 6e rapport d'évaluation de 2 391 pages, le transport de chaleur n'est que brièvement mentionné dans une sous-section de 5 pages sur le contenu thermique des océans.[281]

---

[280] Chen, D., et al, 2021. Climate Change 2021 : The Physical Science Basis. 6th AR IPCC. p.178. doi.org/10.1017/9781009157896.003

[281] Fox-Kemper, B., et al, 2021. Climate Change 2021 : The Physical Science Basis. 6th AR IPCC. pp.1228-1233. doi.org/10.1017/9781009157896.011

Dans cette sous-section, nous apprenons que le changement climatique est dû à un apport de chaleur, tandis que les changements dans la circulation océanique entraînent une redistribution de la chaleur. La sous-section reconnaît brièvement l'augmentation du transport de chaleur océanique vers l'Arctique au cours des dernières décennies, comme cela a été souligné au chapitre 17 (fig. 27). Elle explique ensuite que l'affaiblissement de la circulation méridienne de retournement de l'Atlantique réduit le flux de chaleur océanique vers le nord dans l'Atlantique Nord et attribue l'augmentation du transport de chaleur au renforcement des gyres océaniques entraînés par le vent.

Le transport de chaleur est une caractéristique fondamentale du climat. Le temps et le climat que nous connaissons en dehors des tropiques sont déterminés par les différences d'insolation et les quantités variables de chaleur et d'humidité transportées jusqu'à nous. L'atmosphère joue un rôle important dans le transport de la majeure partie de la chaleur et de l'humidité de la Terre, y compris dans le transport océanique peu profond, tel que les gyres océaniques entraînés par le vent. Cependant, les rapports du GIEC ont tendance à négliger le transport atmosphérique et à ne pas accorder d'importance au transport océanique. Cela est probablement dû aux limites des modèles climatiques, qui peinent à reproduire correctement les changements dans le transport et les schémas historiques de réchauffement des océans.[282]

Le point de vue du GIEC sur le réchauffement de l'Arctique présente une contradiction majeure. Il part du principe que l'amplification de l'Arctique est uniquement une conséquence du réchauffement climatique dû à diverses rétro-actions. Or, la principale cause du réchauffement de l'Arctique depuis 1997 est l'augmentation du transport de chaleur et d'humidité vers la région à travers l'atmosphère et l'océan. Selon l'hypothèse de compensation de Bjerknes (enca-dré 8, chap. 12), les changements dans le transport atmosphérique devraient être équilibrés par des changements opposés dans le transport océanique. Ce-pendant, ce n'est pas le cas dans l'Arctique, où l'atmosphère et l'océan ont si-multanément contribué à l'augmentation du transport de chaleur malgré la di-minution du gradient de température. Les changements dans le transport, plutôt que l'influence des rétroactions, sont le principal moteur du réchauffement de l'Arctique parce que le changement dans le transport et le début de l'augmenta-tion du réchauffement de l'Arctique se sont produits simultanément après le décalage climatique de 1997.

Le point de vue du GIEC, qui est partagé par de nombreux climatologues, présente deux problèmes majeurs. Premièrement, il ignore l'importance de la redistribution de la chaleur dans le changement climatique. Pourtant, paradoxa-lement, il met l'accent sur le réchauffement de l'Arctique comme preuve cru-ciale du réchauffement climatique d'origine humaine, même si les changements dans la redistribution de la chaleur sont à l'origine de ce réchauffement. Pour étayer cette affirmation, les relevés des températures moyennes à la surface du globe ont été ajustés pour tenir compte du réchauffement supplémentaire de l'Arctique.[283] Cela crée une contradiction évidente en rejetant la redistribution

---

[282] Bronselaer, B. et Zanna, L., 2020. Nature, 584 (7820), pp.227-233. doi.org/10.1038/s41586-020-2573-5

[283] Morice, C.P., et al, 2021. J. Geophys. Res. Atmos. 126 (3), p.e2019JD032361. doi.org/10.1029/2019JD032361. doi.org/10.1029/2019JD032361

de la chaleur comme étant sans importance tout en utilisant ses effets comme preuve d'une chaleur supplémentaire dans le système climatique.

Le deuxième problème est que le GIEC ne tient pas compte des effets de la redistribution de la chaleur sur une planète où l'effet de serre n'est pas uniforme. Si le CO_2 est uniformément mélangé, ce n'est pas le cas de la vapeur d'eau. Soixante-quinze pour cent de l'effet de serre est dû à la vapeur d'eau si l'on tient compte de l'influence des nuages (tableau 1, chap. 7). Cependant, durant l'hiver arctique, la vapeur d'eau est minime et il y a peu de nuages (fig. E4, chap. 7). Par conséquent, l'effet de serre dans l'hiver arctique pourrait être jusqu'à quatre fois plus faible que sous les tropiques. Par conséquent, tout changement dans le transport de chaleur arctique entraînerait des changements dans les flux radiatifs au sommet de l'atmosphère, soulignant le rôle du transport de chaleur vers les pôles en tant que déterminant du changement climatique.

La variabilité interne du climat reflète les changements dans le transport de la chaleur

Ce livre soutient largement que les oscillations océaniques, également connues sous le nom de modes de variabilité, reflètent des changements dans le système global responsable du transport de chaleur vers les pôles. Les chapitres 17, 19, 31 à 34 et 36 fournissent de nombreuses preuves à l'appui de cette affirmation. En fait, les preuves sont si nombreuses qu'un livre entier pourrait y être consacré.

Prenons le cas des cellules subtropicales du Pacifique, qui sont des cellules méridiennes peu profondes reliant les zones de remontée d'eau tropicale aux zones de subduction subtropicales dans les deux hémisphères. Ces cellules sont importantes car elles ont montré que de lentes variations de la température de surface de l'océan Pacifique tropical peuvent affecter le climat mondial. L'oscillation décennale du Pacifique englobe la configuration spatiale de ces cellules.

Au milieu des années 1990, on a constaté que les cellules subtropicales ont connu un ralentissement important après le décalage climatique de 1976. Ce ralentissement a réduit le transport de 13 sverdrups (millions de mètres cubes par seconde), soit plus de la moitié du transport moyen de 21,8 sverdrups (fig. 58, ligne noire).[284] Ce ralentissement de la circulation méridienne s'est accompagné d'une augmentation de la température de surface de la mer d'environ 0,8 °C dans le centre et l'est du Pacifique tropical (fig. 58, ligne grise). Ces changements de la température de l'océan et de la circulation des nutriments ont eu des effets correspondants sur les stocks de poissons du Pacifique (fig. 50, chap. 32).[285]

Après le décalage climatique de 1997, il y a eu une inversion marquée du transport, ce qui a entraîné une baisse de la température. Il convient de noter que les données présentées dans l'étude ont été lissées par les auteurs, ce qui modifie légèrement la chronologie des changements observés. Toutefois, les

---

[284] Zhang, D. et McPhaden, M.J., 2006. Ocean Model. 15 (3-4), pp.250-273.
doi.org/10.1016/j.ocemod.2005.12.005
[285] Chavez, F.P., et al, 2003. Science, 299 (5604), pp.217-221.
doi.org/10.1126/science.1075880

auteurs associent correctement ces changements aux changements climatiques identifiés dans de nombreuses études.

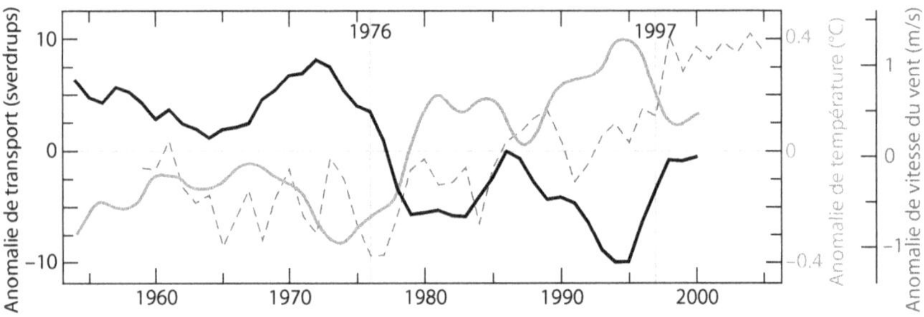

Figure 58. Changements dans le transport des cellules du Pacifique subtropical. La ligne noire montre les changements dans la quantité d'eau transportée dans la région centrale et orientale du Pacifique tropical. La ligne grise correspond aux changements de la température de surface de la mer dans la même région. La ligne en tirets représente les changements de la vitesse du vent océanique global.

En comparant les données de cette étude avec les données globales sur les vents océaniques présentées précédemment (fig. E9, chap. 13), il est clair que les changements dans le transport de la cellule subtropicale peuvent être attribués aux variations des vents moteurs (fig. 58, ligne en tirets).[286] L'augmentation observée des vents océaniques est associée à une circulation atmosphérique zonale (est-ouest) renforcée. Cette circulation accrue des vents zonaux a deux effets importants : d'une part, elle réduit l'intensité de la circulation méridienne (nord-sud), responsable du transport de chaleur vers les pôles, ce qui entraîne un réchauffement des latitudes moyennes ; d'autre part, elle provoque une rotation plus rapide de la Terre, ce qui raccourcit la durée du jour.

Il est intéressant de noter que l'observation de l'accélération de la vitesse de rotation de la Terre au début des années 1970 a été la seule prédiction fondée sur des données indiquant que le climat commencerait bientôt à se réchauffer.[287] Ce mécanisme de changement climatique, induit par des changements dans le transport de la chaleur, n'a rien à voir avec les GES.

Connaissances à intégrer dans la théorie et la modélisation

L'oscillation décennale du Pacifique, ainsi que d'autres modes de variabilité, est l'expression de régimes méridiens de transport de chaleur forcé par l'atmosphère au-dessus de l'océan. Cette explication simple et complète est étayée par toute une série de preuves, notamment des études sur les circulations atmosphériques et océaniques, les écosystèmes marins et même la rotation de la Terre.

L'hypothèse du changement climatique basée sur les variations du CO_2 est insuffisante pour expliquer les changements climatiques significatifs que nous observons, tels que la remarquable période de réchauffement intense de 1976 à 1997, qui peut être attribuée, au moins en partie, aux variations du transport méridien de la chaleur. Malheureusement, les modèles climatiques ne peuvent

---

[286] Yu, L., 2007. J. Clim. 20 (21), pp.5376-5390. doi.org/10.1175/2007JCLI1714.1

[287] Lambeck, K. & Cazenave, A., 1976. Geophys. J. Int. 46 (3), pp.555-573. doi.org/10.1111/j.1365-246X.1976.tb01248.x

pas reproduire avec précision la variabilité du transport de chaleur, car ils reposent sur l'hypothèse erronée selon laquelle les changements dans le transport atmosphérique et océanique devraient s'annuler mutuellement. Il est clair que nous avons besoin d'une nouvelle hypothèse qui puisse expliquer efficacement l'impact crucial des changements dans le transport de chaleur sur le climat.

En bref

Les changements de transport dans les cellules subtropicales qui font partie de la circulation méridienne peu profonde du Pacifique indiquent que les changements globaux dans le transport de chaleur vers les pôles sont le principal moteur de la variabilité climatique interne multidécennale. Ces changements sont le résultat de modifications de la circulation atmosphérique globale. Lorsque la composante est-ouest (zonale) de la circulation se renforce, il y a une accélération de la rotation de la Terre, une réduction du transport de chaleur vers les pôles à travers l'atmosphère et l'océan, et un réchauffement de la surface en dehors des régions polaires. L'inverse se produit lorsque la circulation atmosphérique globale se renforce dans une direction nord-sud (méridienne).

Ces changements dans le transport ont un impact direct sur les tendances climatiques. Cependant, les modèles climatiques ne parviennent pas à reproduire avec précision ces observations, ce qui indique que l'hypothèse dominante de l'effet renforcé du CO_2 n'explique pas correctement une propriété fondamentale du climat : le transport de chaleur vers les pôles.

CHAPITRE 38
LA QUESTION SOLAIRE NON RÉSOLUE

Selon les rapports du GIEC, l'impact des changements de l'activité solaire sur le climat est considéré comme minime. Toutefois, cette évaluation est principalement basée sur de faibles variations de l'irradiation solaire totale. Elle ne tient pas compte d'un ensemble important de preuves sur les effets indirects de l'activité solaire, qui indiquent une influence solaire significative sur la circulation atmosphérique en hiver. En outre, les données paléoclimatiques indiquent clairement que la variabilité solaire est le principal déterminant de la variabilité climatique à l'échelle centennale. En particulier, les périodes passées de faible activité solaire coïncident avec certains des événements climatiques abrupts les plus importants. Ces résultats convaincants ont conduit de nombreux paléoclimatologues à affirmer que la variabilité solaire joue un rôle clé dans l'évolution du climat, un point de vue qui contredit la position des rapports du GIEC. Si l'on considère que les variations de l'activité solaire n'ont qu'un impact mineur, il est difficile d'expliquer l'apparition du petit âge glaciaire. En effet, il n'y a pas eu de changements coïncidents dans les niveaux de CO_2 au cours de la période initiale de refroidissement de 400 ans, ni d'éruptions volcaniques notables pendant la majeure partie du petit âge glaciaire.

L'effet de l'activité solaire sur le climat, selon les rapports du GIEC

Selon le GIEC, le consensus scientifique dominant est que les variations de l'activité solaire, qu'elles soient à court ou à long terme, ont un effet négligeable sur le climat de la Terre. Au contraire, l'effet de réchauffement dû à l'augmentation des niveaux de gaz à effet de serre d'origine anthropique serait bien plus important que l'influence des variations récentes de l'activité solaire.

Les satellites observent la production d'énergie du soleil depuis plus de 40 ans et ont constaté des variations inférieures à 0,1 %. Sur la base de ces données, le GIEC estime que l'effet de réchauffement des GES émis par les activités humaines depuis 1750 est plus de 270 fois supérieur au faible réchauffement supplémentaire dû au soleil lui-même au cours de la même période.

Dans son 6e rapport d'évaluation, le GIEC reconnaît que l'activité solaire de la seconde moitié du 20e siècle a dépassé celle de 90 % des 9 000 dernières années. Toutefois, l'augmentation du forçage radiatif entre le minimum de Maunder (1645-1715) et la seconde moitié du 20e siècle est estimée à seulement 0,09-0,35 W/m^2.[288]

L'effet des variations solaires sur le climat est considéré comme tellement négligeable que, malgré une activité solaire très élevée par rapport à la moyenne de l'Holocène, les modèles climatiques produisent un refroidissement

---

[288] Forster, P., et al, 2021. Climate Change 2021 : The Physical Science Basis. 6th AR IPCC. pp.957-958. doi.org/10.1017/9781009157896.009

dans la seconde moitié du 20ᵉ siècle en l'absence de réchauffement anthropique (fig. 55, chap. 35). Cela est dû à l'hypothèse selon laquelle l'influence combinée de trois éruptions volcaniques d'intensité modérée (Agung en 1963, El Chichon en 1982 et Pinatubo en 1991) l'emporte sur les effets du grand maximum solaire du 20ᵉ siècle.

Les effets solaires indirects sont ignorés

Les rapports du GIEC et les modèles climatiques tiennent compte des effets des petites variations de l'irradiation solaire totale, comme indiqué au chapitre 2. Cependant, ils ignorent les preuves convaincantes que le soleil influence le climat par des mécanismes indirects impliquant des changements dynamiques dans la circulation atmosphérique. Malheureusement, ces effets indirects n'ont pas été intégrés de manière adéquate dans les modèles climatiques, ce qui limite leur représentation.

Voici une preuve remarquable de l'existence d'un effet solaire indirect significatif sur le climat, qui n'est pas susceptible de résulter de petites variations de l'insolation à la surface :

* Le signal du cycle solaire sur la température globale s'élève à 0,1 °C. Ce signal est quatre fois plus important que ce que l'on pourrait attendre des seuls changements énergétiques (chap. 28).
* Les changements de température induits par le cycle solaire présentent un schéma très irrégulier à la surface de la Terre, certaines régions proches de 60°N connaissant des augmentations de température de plus de 1 °C, tandis que d'autres régions subissent un refroidissement (fig. 44a, chap. 28).
* Le budget thermique des océans tropicaux montre des fluctuations de température liées au cycle solaire qui sont presque dix fois plus importantes que celles causées par les seuls changements de l'irradiation solaire totale (encadré 14, chap. 17).
* D'importants effets dynamiques associés au cycle solaire ont été observés dans l'atmosphère, influençant divers phénomènes tels que la cellule de Hadley, les jets subtropicaux, le vortex polaire, le courant-jet, les phénomènes de blocage hivernal et le gradient de pression entre la dépression d'Islande et l'anticyclone des Açores, entre autres (Chap. 28).
* El Niño - Oscillation australe, une oscillation climatique majeure, réagit au cycle solaire, en particulier dans la détermination et la fréquence des événements La Niña (fig. 28 et 29, chap. 18).
* La stratosphère polaire subit des variations de température pouvant aller jusqu'à 10 °C en raison du cycle solaire. Cet effet est particulièrement marqué en hiver, lorsqu'il n'y a pas de rayonnement solaire direct dans cette région (fig. E22, chap. 29).
* Le cycle solaire a une incidence sur la vitesse de rotation de la Terre, qui ne peut être attribuée uniquement à de faibles variations de l'irradiation solaire totale (fig. 47, chap. 30).

De nombreux documents scientifiques confirment que l'influence du soleil sur le climat est essentiellement de nature atmosphérique. Cet effet ne peut pas être attribué uniquement à de petites variations de l'irradiation de surface. Au contraire, les preuves suggèrent fortement que le couplage stratosphère-troposphère est la source d'origine de cette influence. Les variations du rayonnement solaire UV et leurs effets sur la couche d'ozone seraient à l'origine de la voie de signalisation complexe décrite en détail au chapitre 29.

Les modèles climatiques ne parviennent souvent pas à reproduire correctement ces effets, en partie à cause de leur représentation inadéquate des phénomènes liés à l'ozone et à la stratosphère. Malheureusement, les preuves scientifiques de ces effets indirects sont ignorées dans les rapports du GIEC. La conclusion du GIEC selon laquelle les variations de l'activité solaire jouent un rôle minime dans le climat de la Terre est influencée par une sélection biaisée des preuves. Une évaluation scientifique plus neutre reconnaîtrait l'abondance des preuves que le Soleil influence le climat par des voies indirectes qui restent mal caractérisées mais qui pourraient avoir des effets importants.

Une considération importante est que si nous acceptons que le soleil a une influence plus forte sur le climat, cela nécessiterait une réduction de l'influence des gaz à effet de serre et des aérosols. Cela implique que l'hypothèse de l'effet renforcé du CO_2 sur le climat, telle qu'elle est actuellement proposée, est erronée et devrait être révisée en conséquence.

Les données paléoclimatiques indiquent que la variabilité solaire est l'un des principaux déterminants du changement climatique.

Les rapports du GIEC s'appuient sur des données paléoclimatiques pour affirmer que le changement climatique actuel est très inhabituel et que les températures actuelles sont probablement les plus élevées depuis longtemps. Toutefois, lorsqu'ils examinent les conséquences paléoclimatiques des variations passées de l'activité solaire, les rapports du GIEC estiment que les données indirectes ne sont pas concluantes.

Cependant, les preuves sont assez concluantes. Au cours des 11 700 dernières années, il y a eu quatre périodes distinctes de 200 ans de faible activité solaire. Ces périodes sont connues sous le nom de grands minimums solaires de type Spörer. Bien que ces périodes représentent moins de 7 % de l'Holocène, elles coïncident avec quatre des événements climatiques abrupts les plus remarquables. Ces événements se sont caractérisés par un refroidissement important et des changements majeurs dans les régimes de précipitations (chap. 23). Si la réduction de l'activité solaire au cours de ces périodes a joué un rôle dans les conditions climatiques extraordinaires qui se sont produites, nous ne pouvons pas exclure la possibilité que la forte activité solaire observée au cours de la seconde moitié du 20e siècle ait pu influencer la tendance au réchauffement observée depuis 1976.

Les paléoclimaticiens reconnaissent ouvertement l'influence significative du soleil sur le climat, un point de vue qui n'est pas suffisamment pris en compte dans les rapports du GIEC. Citons quelques-uns de leurs points de vue pour mieux souligner ce point.

« Au vu de ces résultats, nous appelons à une évaluation multidisciplinaire approfondie du potentiel de modulation solaire du climat à l'échelle centennale ».[289]

---

[289] Rohling, E.J., et al, 2002. Clim. Dynam. 18 (7), pp.587-593.
    doi.org/10.1007/s00382-001-0194-8

« A l'échelle centennale, les événements climatiques successifs qui ont marqué l'ensemble de l'Holocène en Méditerranée centrale ont coïncidé avec des événements de refroidissement associés à la déglaciation de l'Atlantique Nord et à des diminutions de l'activité solaire pendant l'intervalle 11 700-7 000 ans, et une combinaison possible de circulation de type NAO et de forçage solaire à partir d'il y a environ 7 000 ans ». [290]

« Nos résultats impliquent que de petites variations de l'irradiance solaire ont induit des changements cycliques prononcés dans les environnements boréaux des hautes latitudes. Ils prouvent également que les changements climatiques de l'Holocène à l'échelle centennale étaient similaires dans les régions subpolaires de l'Atlantique Nord et du Pacifique Nord, ce qui pourrait être dû aux liens entre le soleil, l'océan et le climat ». [291]

La conviction que les preuves paléoclimatiques confirment fortement l'influence substantielle des variations solaires sur le changement climatique à des échelles de temps centennales est largement répandue dans le domaine. Les trois articles influents cités ci-dessus intègrent l'expertise de 50 auteurs très respectés dans le domaine de la paléoclimatologie. Sur les 28 articles présentant des preuves indirectes du cycle climatique de 2 500 ans dont il est question au chapitre 23, 16 attribuent explicitement des changements dans le forçage solaire comme cause probable, tandis qu'une seule étude rejette cette possibilité.[292]

Le GIEC pratique une sélection des preuves anti-solaires en n'incluant pas ces preuves paléoclimatiques et ces avis d'experts dans ses rapports.

Un effet solaire important est nécessaire pour expliquer le petit âge glaciaire

Les schémes climatiques observés au cours des 2 000 dernières années sont compatibles avec un cycle millénaire d'activité solaire (fig. E21, chap. 23). Le début du petit âge glaciaire ne peut être attribué à des changements dans les niveaux de GES, car le CO_2 est resté inchangé entre 1100 et 1500 après J.-C., lorsque la majeure partie du refroidissement s'est produite. Les éruptions volcaniques ne peuvent pas non plus expliquer le petit âge glaciaire, car il n'y a pas eu d'éruptions volcaniques notables pendant 300 ans, de 1460 à 1765. Si l'on ne reconnaît pas l'impact important de la faible activité solaire, les causes du petit âge glaciaire restent inexpliquées.

Les preuves qui mettent en évidence ce problème d'explicabilité proviennent de l'application des techniques d'identification causale dans le cadre de la théorie des systèmes. Ces techniques permettent de comparer l'identification forcée, qui utilise les forçages spécifiés par le GIEC, et l'identification libre, dans laquelle aucun forçage spécifique n'est supposé. Cette analyse conclut que l'activité solaire contribue de manière significative à expliquer la période de ré-

---

[290] Magny, M., et al, 2013. Clim. Past, 9 (5), pp.2043-2071.
doi.org/10.5194/cp-9-2043-2013

[291] Hu, F.S., et al, 2003. Science, 301 (5641), pp.1890-1893.
doi.org/10.1126/science.1088568

[292] Vinós, J., 2022. Le climat du passé, du présent et du futur : un débat scientifique. Critical Science Press. pp.67-88.

chauffement médiéval et le petit âge glaciaire. Par conséquent, l'hypothèse du GIEC d'une faible sensibilité du climat à l'activité solaire est réfutée.[293]

Quatre raisons de chercher une meilleure hypothèse sur le changement climatique

Dans les quatre derniers chapitres, nous avons examiné en profondeur les principales lacunes de l'hypothèse de l'effet renforcé du CO_2 sur le changement climatique, qui en font finalement une explication insatisfaisante.

1. L'hypothèse accorde une importance excessive aux variations du CO_2 en tant que force motrice du changement climatique et n'explique donc pas les nombreux cas de variations climatiques passées qui se sont produites indépendamment des fluctuations du CO_2. Cette limitation réduit considérablement son pouvoir explicatif et ne lui permet d'expliquer efficacement que la tendance au réchauffement la plus récente observée depuis 1976.

2. L'hypothèse de l'effet renforcé du CO_2 contribue également à la confusion concernant la variabilité interne du climat en minimisant son importance et en la présentant comme un processus stochastique de marche aléatoire. Toutefois, cette approche ne reconnaît pas la présence de tendances pluridécennales, connues sous le nom de régimes climatiques, et de déphasages synchronisés entre les hémisphères. Ces observations suggèrent que les modes régionaux de variabilité trouvent leur origine dans un facteur global sous-jacent. En outre, l'hypothèse ignore commodément le décalage climatique de 1997, qui contredit ses hypothèses, tout en attribuant sélectivement différentes explications à certains de ses effets.

3. Une autre lacune notable de l'hypothèse de l'effet renforcé du CO_2 est qu'elle ignore le rôle fondamental des changements dans le transport de chaleur vers les pôles pour expliquer le réchauffement de l'Arctique et influencer les oscillations océaniques multidécennales mondiales. Ces changements dans le transport de chaleur ont modifié les tendances climatiques et contribué à un réchauffement prononcé de l'Arctique, similaire à celui qui s'est produit dans les années 1920. Bien que l'hypothèse attribue le réchauffement de l'Arctique uniquement à l'amplification arctique entraînée par des rétroactions positives, il existe des preuves irréfutables que l'augmentation substantielle du transport de chaleur dans l'Arctique depuis 1997, et pas seulement les rétroactions, est le principal déterminant de ce phénomène de réchauffement.

4. Cette hypothèse ignore de manière flagrante les preuves substantielles que les variations solaires exercent une influence significative sur le climat, bien au-delà de ce que l'on pourrait attendre de la seule énergie impliquée. Cette influence n'est pas due au fait que le climat est trop sensible à ces changements, mais au fait que la variabilité solaire opère par le biais d'un mécanisme indirect et non linéaire au sein de l'atmosphère. Bien que les détails de ce mécanisme ne soient pas encore totalement compris, de nombreux éléments de preuve, tels que les changements de la vitesse de rotation de la Terre, appuient fortement son existence.

---

[293] de Larminat, P., 2016. Annu. Rev. Control, 42, pp.114-125.
   doi.org/10.1016/j.arcontrol.2016.09.018

Malheureusement, les rapports du GIEC privilégient clairement l'hypothèse de l'effet renforcé du CO_2 sur le changement climatique, en omettant sélectivement les preuves qui la contredisent et en minimisant les doutes et les incertitudes concernant ses principales affirmations.

En bref

L'évaluation de l'influence solaire sur le climat est insuffisante dans les rapports du GIEC parce que d'importants effets indirects ne sont pas pris en compte de manière adéquate et que d'importantes preuves paléoclimatiques d'une forte influence solaire sont ignorées. Malheureusement, les modèles climatiques n'aident guère à comprendre ces mécanismes indirects en raison d'une connaissance limitée des voies qui leur sont associées et de lacunes dans la représentation de la stratosphère. En outre, l'hypothèse de l'effet renforcé du CO_2 a du mal à expliquer la multitude de changements climatiques qui se sont produits indépendamment de variations substantielles du CO_2. Elle ne reconnaît pas l'existence de régimes et de décalages climatiques qui influencent les tendances de la température, qui sont étroitement liés aux changements dans le transport de chaleur vers les pôles, et qui définissent les phases des modes internes de variabilité climatique. En particulier, l'hypothèse affirme à tort que le réchauffement récent de l'Arctique est dû uniquement à l'amplification arctique due à la rétroaction, au lieu de reconnaître qu'il s'agit d'un phénomène lié au transport, comme l'attestent des preuves substantielles.

SECTION 10 QUESTIONS CLÉS

En rendant le climat excessivement sensible au réchauffement ou au refroidissement, quelle qu'en soit la cause, par le biais d'une importante réaction en retour, l'hypothèse de l'effet renforcé du CO_2 fait des changements dans le CO_2 le principal déterminant du changement climatique, malgré leur faible effet direct sans réaction en retour. Pour cela, il faut que les causes naturelles aient un faible effet sur les températures, faute de quoi la réaction en retour serait également très importante. Par conséquent, cette hypothèse ne peut pas expliquer de nombreux changements climatiques passés qui se sont produits sans changements significatifs des niveaux de CO_2.

L'hypothèse de l'effet renforcé du CO_2 traite la variabilité interne du climat comme le résultat de processus stochastiques aléatoires, sans reconnaître l'existence de régimes climatiques pluridécennaux avec des déphasages synchronisés entre les hémisphères. Elle ignore le décalage climatique de 1997, qui contredit ses hypothèses, et attribue à tort ses effets à d'autres explications.

Cette hypothèse ignore le rôle fondamental des changements dans la circulation atmosphérique mondiale et le transport de chaleur vers les pôles pour expliquer le réchauffement de l'Arctique et influencer les oscillations océaniques multidécennales mondiales. Elle rejette le rôle des changements dans le transport de chaleur en tant que cause du changement climatique mondial sur la base d'hypothèses non prouvées.

Cette hypothèse ignore de manière flagrante les preuves substantielles que les variations solaires exercent une influence significative sur le climat, bien au-delà de ce que l'on pourrait attendre de la seule énergie impliquée. Cette influence n'est pas due au fait que le climat est trop sensible à ces changements, mais au fait que la variabilité solaire opère par le biais d'un mécanisme indirect et non linéaire au sein de l'atmosphère.

L'hypothèse dominante n'explique pas correctement une propriété fondamentale du climat, le transport de chaleur vers les pôles. De nouvelles hypothèses sont nécessaires à cet effet.

Section 11 : L'hypothèse du Gardien d'Hiver

CHAPITRE 39
UN ROYAUME DE GLACE AVEC DES MURS DE VENT

Chaque hiver, le vortex polaire se forme dans l'atmosphère autour des régions polaires, créant une région extrêmement froide où la chaleur doit être transportée depuis les latitudes plus basses. À l'intérieur du vortex, l'atmosphère devient très transparente au rayonnement infrarouge. Les vents qui forment le vortex polaire sont exceptionnellement forts et agissent comme une barrière qui limite fortement le transport de la chaleur. La force du vortex détermine la quantité de chaleur transportée vers l'Arctique pendant l'hiver et donc la quantité de chaleur perdue par le système climatique par le biais du rayonnement de grande longueur d'onde sortant. Des preuves scientifiques montrent qu'entre 1976 et 1997, le vortex polaire était plus fort, caractérisé par des vents environnants plus rapides, ce qui a entraîné un refroidissement hivernal dans l'Arctique. Depuis 1997, cependant, le vortex s'est affaibli, entraînant un réchauffement hivernal accéléré dans l'Arctique par rapport au reste du globe.

L'Arctique en hiver

À l'approche de l'hiver dans l'Arctique, les heures de clarté diminuent rapidement, entraînant une baisse des températures. L'air plus froid provoque la condensation de l'humidité dans l'atmosphère. En raison de la rotation de la Terre, les vents près des pôles ont tendance à circuler selon un schéma cyclonique (dans le sens inverse des aiguilles d'une montre dans l'hémisphère nord). Cette circulation est due au transport du moment angulaire dans l'atmosphère (encadré 6, chap. 9). Par conséquent, les vents soufflent dans le même sens que la rotation de la Terre lorsqu'ils sont plus proches du pôle. À la fin de l'automne, le contraste de température entre les tropiques et l'Arctique s'intensifie, accélérant les vents d'ouest. Ce processus conduit à la formation du vortex polaire.

Les vortex polaires sont un phénomène naturel sur toutes les planètes en rotation dotées d'une atmosphère. Sur Terre, deux vortex polaires se produisent en hiver, l'un dans la troposphère et l'autre dans la stratosphère, comme l'explique l'encadré 7 (chap. 11). Le vortex troposphérique est influencé par les changements du vortex stratosphérique, ce qui indique leur couplage.

Pendant la transition de l'automne à l'hiver, l'Arctique subit un refroidissement progressif. En conséquence, la surface gèle, libérant la chaleur latente stockée dans l'eau depuis le dégel du printemps précédent. Cependant, cette chaleur est maintenant perdue dans l'espace par un processus appelé refroidissement radiatif. Les émissions infrarouges se poursuivent dans l'obscurité polaire, favorisées par la sécheresse de l'atmosphère.

En raison de l'absence de vapeur d'eau dans l'air, le ciel nocturne polaire reste généralement clair tout au long de l'hiver. Les nuages et les chutes de neige surviennent généralement lorsque des tempêtes provenant de latitudes plus basses atteignent les régions polaires. Toutefois, deux facteurs essentiels permettent de rétablir rapidement un ciel clair : les inversions thermiques, qui entraînent un refroidissement de la surface plus important que celui de l'air qui la surplombe, et le refroidissement radiatif important qui se produit au-dessus des nuages.

En hiver, les régions polaires ressemblent à une région d'une autre planète. L'atmosphère y est exceptionnellement transparente au rayonnement infrarouge, comme nulle part ailleurs sur Terre depuis 540 millions d'années. Il est essentiel de comprendre les conditions extraordinaires qui règnent dans ces régions pour comprendre le changement climatique sur notre planète. En hiver, l'Arctique ne reçoit pas de lumière solaire et l'atmosphère contient des quantités minimes de vapeur d'eau, ce qui réduit considérablement l'effet de serre. En conséquence, un refroidissement radiatif prononcé se produit, entraînant une dissipation de la chaleur. La principale source de chaleur se trouve à des latitudes plus basses, mais pour être transportée, elle doit traverser le mur de vent du vortex polaire.

Une barrière de vent limite le transport de la chaleur

La figure 59, tirée d'une étude récente sur la corrélation entre l'activité solaire et la circulation atmosphérique à travers le vortex polaire stratosphérique, met en évidence deux aspects liés à ce phénomène.[294] La figure 59a montre les vents forts qui forment les parois du vortex. Ces vents peuvent atteindre des vitesses soutenues de 160 km/h, créant une formidable barrière qui limite la circulation vers les pôles, responsable du transport de la chaleur et de l'humidité. Les vitesses négatives indiquent des vents d'est.

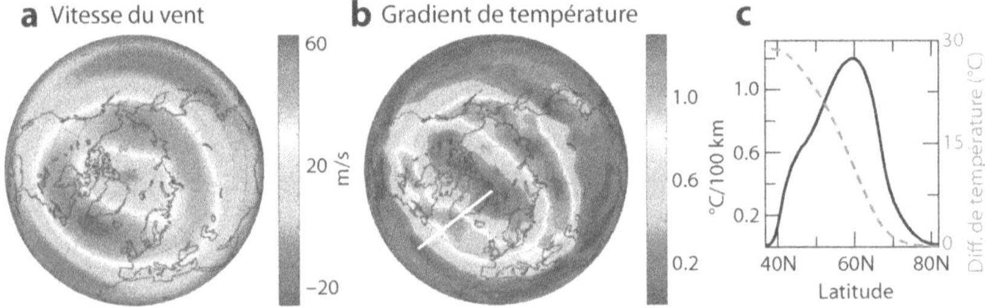

Figure 59. Le vortex polaire. a) Vitesse du vent stratosphérique en janvier 2005. Les vitesses de vent positives correspondent à des vents d'ouest. b) Gradient de température dans la stratosphère en janvier 2005. c) Gradient de température (ligne noire) et différence de température (ligne en tirets gris) correspondant au transect blanc en b).

L'effet de barrière est évident dans la figure 59b, où le gradient de température est plus important qu'ailleurs dans l'hémisphère. Ce gradient sépare brusquement l'air extrêmement froid à l'intérieur du vortex de l'air beaucoup plus chaud à l'extérieur. Le mur de vent du vortex agit comme une formidable barrière, bloquant l'entrée d'air plus chaud dans les régions polaires.

La figure 59c représente les valeurs correspondant au transect blanc de la figure 59b. Le graphique montre le gradient de température important (ligne

---

[294] Figure tirée de Veretenenko, S., 2022. Atmosphere, 13 (7), p.1132.
    doi.org/10.3390/atmos13071132

noire) qui atteint son maximum à 60°N. Ce gradient de température maintient une différence de température de 30 °C entre les deux côtés du vortex (ligne en tirets gris).

L'importance du vortex polaire apparaît clairement lorsque l'on considère les conséquences de son affaiblissement. Dans ce cas, de l'air chaud provenant de latitudes plus basses pénètre dans la région arctique et s'élève au-dessus de l'air polaire froid. Ce déplacement entraîne l'expulsion d'importantes masses d'air froid de l'Arctique vers les latitudes moyennes de l'hémisphère Nord. Ces régions connaissent alors des conditions hivernales exceptionnellement froides. Ce phénomène est devenu de plus en plus fréquent au cours des deux premières décennies du 21e siècle.

Mais pour bien comprendre le changement climatique, il faut aussi considérer le vortex polaire sous l'angle inverse : comment ses changements affectent les conditions à l'intérieur du vortex. En hiver, l'Arctique manque d'une source de chaleur et dépend de la chaleur transportée par l'atmosphère depuis l'extérieur du vortex polaire. Cela est principalement dû à la contribution limitée de l'océan au budget énergétique hivernal de l'Arctique (chap. 10 et 16). Une fois que la majeure partie de l'océan est recouverte par la glace de mer, sa capacité à transférer la chaleur vers l'atmosphère est fortement réduite. Comme l'Arctique reçoit plus de chaleur des latitudes moyennes que l'Antarctique, il devient la région de la planète où la perte nette d'énergie est la plus importante. Tout au long de cet ouvrage, nous l'avons désigné comme le plus grand puits de chaleur vers l'espace.

L'Arctique est plus chaud en hiver quand le vortex polaire est plus faible en raison de l'augmentation de l'apport de chaleur. Par conséquent, il émet plus d'énergie infrarouge dans l'espace, ce qui entraîne une plus grande perte d'énergie pour le système climatique. Cet effet est inévitable et ne peut être compensé ailleurs, car l'effet de serre dans l'Arctique est considérablement plus faible en hiver que dans d'autres régions. Étant donné que l'affaiblissement de l'effet de serre augmente l'efficacité du refroidissement par rayonnement infrarouge, le transport d'une plus grande quantité de chaleur vers l'Arctique en hiver conduit inévitablement à une nouvelle réduction du contenu énergétique du système climatique.

Le transport de chaleur vers l'Arctique en hiver joue un rôle crucial dans la dynamique du changement climatique, et le vortex polaire constitue une formidable barrière à ce transfert de chaleur. Cependant, il est important de noter que la force de ce mur de vent varie d'un hiver à l'autre, comme une porte qui peut être plus ouverte ou plus fermée.

Transport de chaleur stratosphérique et troposphérique

En hiver, la chaleur est transportée vers l'Arctique par la stratosphère et la troposphère. Les chapitres 13 à 16 donnent un aperçu complet du transport vers les pôles dans les deux couches. En particulier, la stratosphère contribue à hauteur de 20 % au transport de chaleur atmosphérique vers les pôles à partir de 70°N pendant l'hiver.[295] Cependant, la majeure partie de cette chaleur est perdue sous forme de rayonnement de grande longueur d'onde. De même, une

---

[295] Cardinale, C.J., et al, 2021. J. Clim. 34 (11), pp.4261-4278.
    doi.org/10.1175/JCLI-D-20-0722.1

fraction importante de la chaleur transportée par la troposphère est perdue par le même mécanisme en raison du budget énergétique négatif de l'Arctique en hiver.

La figure 60 montre comment la chaleur est transportée vers l'Arctique en hiver à travers les deux couches de l'atmosphère. Bien que ces transports dans la stratosphère et la troposphère soient influencés différemment par divers facteurs, ils ne sont pas complètement indépendants. Le couplage ascendant se produit au niveau de la tropopause tropicale, où la majeure partie de l'air stratosphérique provient du mouvement ascendant de la circulation de Brewer-Dobson. De plus, les ondes planétaires (encadré 10, chap. 14) jouent un rôle dans l'entraînement de la circulation de Brewer-Dobson, affaiblissant le vortex polaire et contribuant à un couplage ascendant supplémentaire. D'autre part, les changements dans le vortex polaire entraînent un couplage vers le bas.

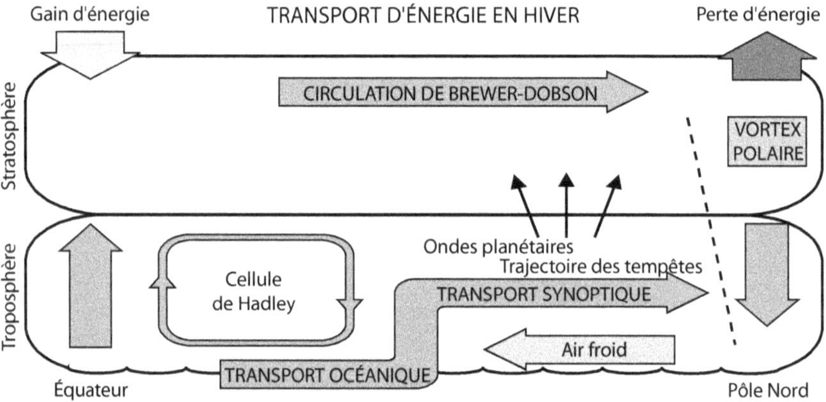

Figure 60. Schéma du transport méridien en hiver (I). Le plus grand gain net d'énergie du système se produit dans les tropiques, tandis que la plus grande perte nette d'énergie se produit dans les régions polaires en hiver. Les flèches gris intermédiaire représentent le transport de chaleur entre ces deux zones.

Une grande partie de la chaleur transportée par les océans tropicaux est transférée dans l'atmosphère au-delà de la position de la cellule de Hadley. À partir de cette latitude, les systèmes météorologiques à grande échelle (synoptiques) jouent un rôle crucial dans le transport de la chaleur vers les pôles par le biais des trajectoires des tempêtes.

Le transport de chaleur méridien est lié à la force des vortex.

Comprendre le processus complexe de déplacement de la chaleur des tropiques vers les pôles est une tâche ardue. Il implique de nombreuses variables, ce qui explique pourquoi notre compréhension scientifique de cet aspect vital du système climatique est si faible. Cependant, une chose est claire : pour que la chaleur atteigne l'Arctique en hiver, elle doit en grande partie traverser la barrière créée par le vortex.

La force du vortex varie d'un hiver à l'autre. Certains hivers, les vents zonaux responsables du maintien du vortex s'affaiblissent, ce qui provoque des méandres dans le courant-jet. Ces méandres permettent à davantage d'air chaud d'entrer dans l'Arctique, ce qui entraîne la libération de davantage d'air froid. Il en résulte des conditions hivernales rigoureuses dans les latitudes moyennes boréales. Cependant, comme d'autres aspects du transport de chaleur, la force des vortex montre des tendances à long terme qui durent des décennies. Ces tendances jouent un rôle crucial dans l'évolution des températures hivernales de l'Arctique au fil du temps.

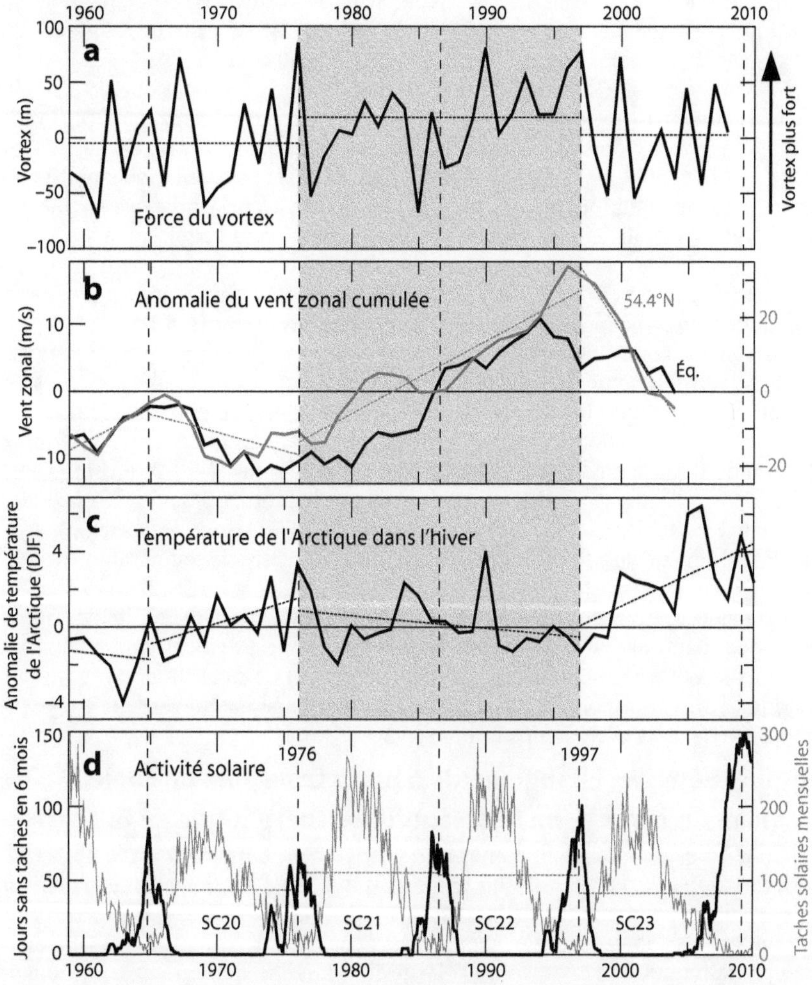

Figure 61. Vortex polaire, vent zonal, température arctique et cycle solaire. Les lignes verticales en tirets correspondent aux minima du cycle solaire. La zone grise correspond au régime climatique de faible transport entre 1976-1997. Les lignes pointillées correspondent aux tendances linéaires, ou aux valeurs moyennes si elles sont horizontales, des différentes périodes considérées.

La figure 61a présente une analyse de la force interannuelle du vortex hivernal. Le graphique montre un changement clair dans le schéma biannuel, comme l'a souligné l'auteur de l'étude.[296] En particulier, il montre également

---

[296] Données de la réanalyse NCEP dans Christiansen, B., 2010. J. Clim. 23 (14), pp.3953-3966. doi.org/10.1175/2010JCLI3495.1

une période entre 1976 et 1997 où le vortex avait une force moyenne plus élevée, indiquée par les lignes pointillées sur le graphique. Par conséquent, les hivers avec des vortex faibles ont été moins fréquents durant cette période. Depuis 1997, cependant, on observe un affaiblissement moyen du vortex, ce qui a entraîné une résurgence des hivers avec de vortex faible. Ce phénomène explique la fréquence accrue des hivers froids, qui laisse les climatologues perplexes car les modèles climatiques prévoient le contraire.[297]

Le vortex polaire était plus fort pendant le régime climatique 1976-1997 (fig. 61, zone grise). Ce phénomène a été attribué à des vents zonaux plus rapides, indiquant une plus faible activité des ondes atmosphériques. En particulier, entre 1976 et 1997, la vitesse du vent zonal est restée systématiquement supérieure à la moyenne pendant la plupart des hivers. Cette tendance est illustrée par la valeur cumulée de l'anomalie de la vitesse du vent zonal, qui a augmenté de façon continue au cours de ces années. Cependant, un changement significatif s'est produit après 1997, lorsque la vitesse du vent zonal était majoritairement inférieure à la moyenne pendant la plupart des hivers (fig. 61b).[298]

Lorsque le vortex polaire se renforce en raison de la vitesse plus élevée des vents, le refroidissement de l'Arctique se produit en hiver. Ce phénomène s'explique par le fait que le renforcement du vortex constitue un obstacle plus important à la pénétration de la chaleur dans la région arctique. Par conséquent, l'anomalie de la température de surface dans la région 80-90°N a diminué au cours de la période 1976-1997, caractérisée par un vortex plus fort. Cependant, un changement significatif s'est produit après 1997, lorsque le vortex s'est affaibli, entraînant une forte augmentation de l'anomalie de température de surface en hiver (fig. 61c).[299]

Les années 1976 et 1997 ont montré une activité solaire minimale, qui a servi de séparation entre deux cycles solaires. Ceci est évident dans le nombre de jours sans taches solaires (fig. 61d). Il convient de noter que le régime climatique à fort transport de 1976 à 1997 a connu une activité solaire moyenne plus élevée que la période postérieure à 1997.[300]

Implications des changements dans le transport de chaleur vers les pôles en hiver pour le déséquilibre énergétique de la Terre

Ce livre présente une hypothèse de changement climatique axée sur l'effet des variations de la quantité de chaleur atteignant l'Arctique pendant l'hiver. Les conditions hivernales distinguent les pôles du reste de la planète car elles permettent à la chaleur de s'échapper vers l'espace par le biais du rayonnement de grande longueur d'onde sortant. Bien qu'il s'agisse de régions extrêmement froides, elles subissent une perte d'énergie importante car l'émission d'infrarouges est proportionnelle à la température sur l'échelle absolue (Kelvin). La température moyenne de la surface de la Terre sur l'échelle Kelvin est de 287,65 K

---

[297] Cohen, J., et al, 2020. Nat. Clim. Change, 10 (1), pp.20-29.
doi.org/10.1038/s41558-019-0662-y
[298] Lu, H., et al, 2008. J. Geophys. Res. Atmos. 113, D10114.
doi.org/10.1029/2007JD009647
[299] Données de l'Institut météorologique danois.
ocean.dmi.dk/arctic/meant80n_anomaly.uk.php
[300] Données de SILSO. www.sidc.be/SILSO/home

(14,5 °C), alors que l'Arctique a une température hivernale moyenne de 243,15 K (–30 °C), soit seulement 15 % de moins. Certains scientifiques s'inquiètent du doublement du CO_2 dans l'atmosphère, car on estime que le CO_2 contribue pour 19 % à l'effet de serre (tableau 1, chap. 7). Toutefois, l'effet direct de cette seule augmentation serait une faible augmentation de l'effet de serre total, car l'effet de l'augmentation du CO_2 diminue de façon logarithmique avec sa concentration. D'autre part, l'effet de serre dans l'Arctique en hiver est inférieur à la moitié de la moyenne mondiale en raison de la présence minimale de vapeur d'eau et donc de nuages moins nombreux.

L'augmentation ou la diminution de la chaleur transportée vers l'Arctique pendant l'hiver affecte directement la quantité d'énergie émise par le système climatique. Lorsque plus de chaleur est transportée, plus d'énergie est perdue. Inversement, lorsque moins de chaleur est transportée, plus d'énergie est conservée. Ce phénomène est à la base de cette nouvelle hypothèse, connue sous le nom d'« hypothèse du gardien d'hiver ». L'hypothèse prend en compte la variabilité du transport de chaleur vers les régions polaires. La majeure partie de ce transport doit passer par une barrière, le vortex polaire. Plusieurs « gardiens » influencent la quantité de chaleur qui traverse cette barrière, souvent dans des directions opposées. L'hypothèse a d'abord été développée à partir de preuves que des changements dans la quantité de chaleur transportée vers l'Arctique étaient impliqués dans certaines caractéristiques inexpliquées du changement climatique. Il est rapidement apparu que cette voie était partagée par plusieurs facteurs de causalité, notamment les changements de l'activité solaire.

Le transport de chaleur des tropiques vers les pôles étant l'un des aspects les plus complexes et les moins bien compris du climat de la Terre, il faudra plusieurs chapitres pour expliquer l'hypothèse en détail. Les informations scientifiques nécessaires pour comprendre sa complexité ont été fournies dans les chapitres précédents.

L'une des principales lacunes des théories actuelles sur le changement climatique est qu'elles négligent l'importante hétérogénéité de l'effet de serre sur notre planète. Cette variabilité résulte des variations de la concentration du principal gaz à effet de serre, la vapeur d'eau, qui varie de zéro à trois pour cent dans la basse troposphère entre les régions polaires en hiver et les tropiques. En raison de cette variabilité importante de l'effet de serre, le transport de quantités variables de chaleur des tropiques vers les pôles ne maintient pas la neutralité climatique. Au contraire, il agit comme un déterminant ignoré du changement climatique en modifiant le flux radiatif au sommet de l'atmosphère. Par conséquent, les changements dans le transport de la chaleur entraînent des changements dans le déséquilibre énergétique de la Terre, ce qui conduit finalement au changement climatique.

Quelle est l'importance de cet effet de forçage ? Les données paléoclimatiques examinées aux chapitres 44 et 45 suggèrent qu'il est très important et qu'il est probablement le principal déterminant du changement climatique. Pour utiliser une analogie simple, augmenter les niveaux de CO_2 pourrait être comme installer un double vitrage aux fenêtres d'une maison, tandis que modifier le transport de la chaleur vers les régions polaires pourrait être comme avoir une fenêtre ouverte ou fermée tout le temps en hiver. Avant de remplacer le chauffage au gaz de la maison par une pompe à chaleur électrique, il serait bon de vérifier cette fenêtre.

En bref

En hiver, les régions polaires présentent des caractéristiques uniques, notamment en raison de leur faible effet de serre. La chaleur est transportée des basses latitudes vers ces régions, où elle est effectivement rayonnée dans l'espace. Cependant, la formation du vortex polaire agit comme une barrière importante, limitant la perte de chaleur du système climatique. Le vortex polaire joue donc un rôle clé dans la régulation du changement climatique. Des preuves scientifiques suggèrent que les différents régimes climatiques, tels que la période de 1976 à 1997, sont caractérisés par différents degrés de force du vortex polaire, correspondant au niveau de transport de chaleur vers les pôles qui définit chaque régime.

L'hypothèse du changement climatique selon laquelle le transport variable de chaleur en hiver vers les régions polaires entraîne des changements dans le flux radiatif au sommet de l'atmosphère est à l'origine de l'hypothèse du « gardien d'hiver ». À l'appui de cette hypothèse, les données paléoclimatiques indiquent qu'il s'agit du principal facteur de changement climatique à toutes les échelles de temps.

CHAPITRE 40
PLUSIEURS GARDIENS

Plusieurs facteurs influencent le transport hivernal de chaleur dans l'Arctique par le biais du vortex polaire. Il s'agit notamment des éruptions volcaniques, de l'oscillation quasi-biennale, d'El Niño - Oscillation australe, des oscillations océaniques multidécennales et de l'activité solaire. Ces facteurs agissent comme des « gardiens » qui régulent le passage de la chaleur dans le vortex polaire. Les changements dans le transport arctique en hiver affectent la quantité d'énergie que la Terre émet dans l'espace. Ces gardiens constituent donc des forçages climatiques susceptibles de modifier le climat. Cependant, ils interagissent entre eux, affectant le transport et modifiant ses effets, se renforçant ou s'opposant parfois l'un à l'autre et au transport de chaleur. Il est important de noter que l'impact climatique de chaque « gardien » varie à différentes échelles de temps. Les éruptions volcaniques, l'oscillation quasi-biennale et El Niño - Oscillation australe ont des effets à court terme. En revanche, les oscillations océaniques pluridécennales établissent des régimes climatiques qui durent des décennies, et les changements de l'activité solaire peuvent durer des décennies, voire des siècles.

Modulations multiples du transport de chaleur vers les pôles

La circulation globale de l'océan et de l'atmosphère est très complexe, avec de multiples modes de variabilité, d'oscillations, de téléconnexions et de modulations. Cependant, cette complexité est due à une cause sous-jacente simple : le transport variable de l'énergie de son point d'entrée à son point de sortie. Cette variable climatique fondamentale est décisive pour déterminer le gradient latitudinal de température et, en fin de compte, si la planète traverse une période glaciaire, interglaciaire ou de four.

Pour comprendre l'impact des changements dans le transport de chaleur arctique sur le climat mondial, il est essentiel d'étudier les causes de la variabilité du transport méridien. L'atmosphère joue un rôle clé dans ce processus, en transportant la chaleur par deux voies interconnectées : la stratosphère et la troposphère. Au-dessus des bassins océaniques, l'atmosphère et l'océan contribuent tous deux à ce transport. Ces deux voies atmosphériques sont étroitement couplées, le couplage le plus fort se produisant en hiver. C'est à ce moment que les contrastes de température et la génération d'ondes atmosphériques dans la troposphère sont les plus intenses, entraînant le développement du vortex polaire et de forts gradients de température dans la stratosphère.

Le transport de chaleur dans la stratosphère est influencé par plusieurs facteurs qui modifient les gradients de température en latitude et en altitude. Ces facteurs comprennent l'ozone, l'activité solaire, les aérosols volcaniques et l'oscillation quasi-biennale. Ils affectent tous la force de la circulation du vent zonal et jouent un rôle dans la détermination du degré de transmission des ondes planétaires qui entraînent le transport de chaleur dans la stratosphère.

El Niño - Oscillation australe est impliquée dans le transport troposphérique et est influencée par ses conditions. Cependant, elle agit également comme régulateur du transport stratosphérique en influençant la force de la circulation de

Brewer-Dobson.[301] Cette implication dans la dynamique stratosphérique contribue au couplage entre le transport stratosphérique et troposphérique. En outre, les scientifiques ont observé des interactions entre l'activité solaire, l'oscillation quasi-biennale et El Niño - Oscillation australe, qui influencent collectivement les conditions stratosphériques qui déterminent le transport méridien.[302]

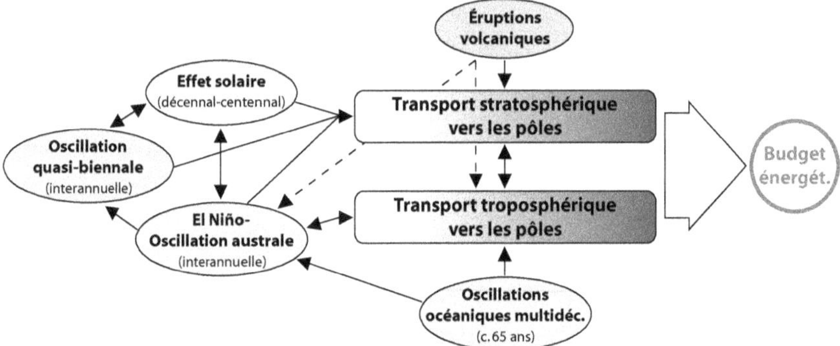

Figure 62. Diagramme du transport de chaleur vers les pôles. Les ovales représentent les facteurs qui modulent le transport de chaleur et déterminent la quantité de chaleur qui atteint l'Arctique en hiver, ce qui a une incidence sur le budget énergétique de la planète. Les flèches pleines indiquent les interactions connues et les flèches en tirets les interactions indirectes.

Comme nous l'avons vu au chapitre 25, les éruptions volcaniques ont plusieurs effets dynamiques, qui affectent principalement le transport de chaleur vers les pôles dans la stratosphère et indirectement dans la troposphère. Ainsi, de fortes éruptions volcaniques tropicales peuvent provoquer un réchauffement hivernal dans l'hémisphère nord. Cela se produit en renforçant le vortex polaire et en induisant en même temps des conditions El Niño dans le Pacifique.

Les oscillations océaniques multidécennales sont les principaux modes de variabilité interne. Ces oscillations subissent des déphasages coordonnés (encadré 16, chap. 19), établissant différents régimes climatiques (chap. 31-34). Ces régimes sont caractérisés par une intensité de transport et une force de vortex spécifiques, comme indiqué dans le chapitre précédent (fig. 61, chap. 39). Leur impact sur le climat est considérable, car le transport de chaleur troposphérique vers les pôles à travers le système couplé atmosphère-océan représente la majeure partie du transport de chaleur vers l'Arctique en hiver. Les oscillations océaniques multidécennales ont été responsables du réchauffement au début du 20e siècle et du refroidissement au milieu du 20e siècle. Elles ont également contribué au réchauffement à la fin du 20e siècle et continuent d'influencer le régime climatique au début du 21e siècle.

---

[301] Domeisen, D.I., et al, 2019. Rev. Geophys. 57 (1), pp.5-47.
doi.org/10.1029/2018RG000596

[302] Labitzke, K., 1987. Geophys. Res. Lett. 14 (5), pp.535-537.
doi.org/10.1029/GL014i005p00535 Calvo, N. & Marsh, D.R., 2011. J. Geophys. Res. Atmos. 116, D23112. doi.org/10.1029/2010JD015226 Salby, M. & Callaghan, P., 2000. J. Clim. 13 (2), pp.328-338.
doi.org/10.1175/1520-0442(2000)013<0328:CBTSCA>2.0.CO;2 Taguchi, M., 2010. J. Geophys. Res. Atmos. 115, D18120. doi.org/10.1029/2010JD014325

Interaction entre les gardiens du transport arctique

Le transport de la chaleur à travers le vortex polaire est un processus complexe influencé par de nombreux facteurs, comme le montre la figure 62. Ces facteurs peuvent être considérés comme les gardiens du vortex polaire, qui influencent le vortex polaire en régulant la génération et la propagation des ondes planétaires. La propagation de ces ondes dépend de la vitesse du vent zonal dans la stratosphère, qui est fortement influencée par les gradients de température latitudinaux et verticaux, ainsi que par la phase de l'oscillation quasi-biennale.

Les cinq gardiens du vortex sont interconnectés et s'influencent mutuellement. Toutefois, au cours d'un hiver donné, ils peuvent avoir des effets opposés sur le transport de la chaleur. L'intégration spatiale et temporelle de leurs signaux est très complexe et nécessitera des efforts considérables de la part des scientifiques pour être élucidée. Pour illustrer leurs effets à travers les latitudes, nous pouvons les inclure dans le diagramme de transport présenté dans le chapitre précédent (fig. 60).

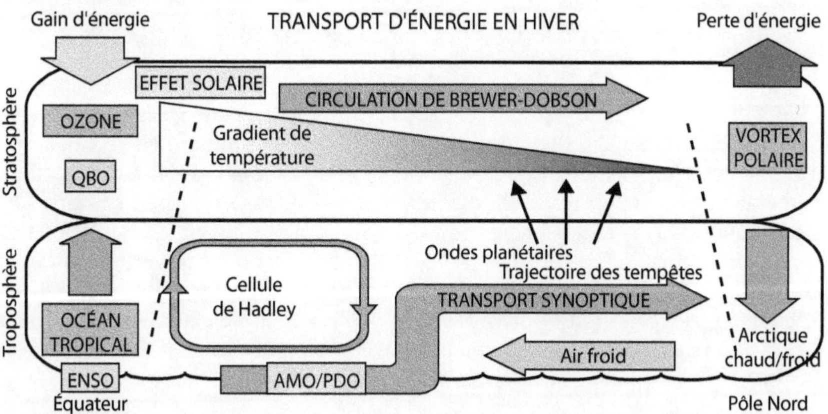

Figure 63. Schéma du transport méridien en hiver (II). La couche d'ozone et l'océan tropical définissent les principaux points d'entrée d'énergie en termes de transport de chaleur, et la région délimitée par le vortex polaire est le principal point de sortie nette. L'effet solaire résultant de l'interaction ozone-UV, l'oscillation quasi-biennale (QBO), El Niño - Oscillation australe (ENSO) et les oscillations océaniques multidécennales, représentées par l'oscillation multidécennale atlantique (AMO) et l'oscillation décennale du Pacifique (PDO), sont les principaux modulateurs du transport de chaleur qui déterminent la quantité de chaleur atteignant l'Arctique et agissent en tant que gardiens du vortex polaire.

L'énergétique du climat met en évidence trois endroits critiques pour le transport de la chaleur. Premièrement, la couche d'ozone de la stratosphère tropicale reçoit la majeure partie de l'énergie ultraviolette. Deuxièmement, l'océan tropical reçoit la majeure partie de l'énergie solaire. Enfin, en hiver, la région située à l'intérieur du vortex polaire est le principal puits d'énergie net, comme nous l'avons vu dans le chapitre précédent.

La chaleur de l'océan tropical est transportée vers les pôles de trois manières. Premièrement, la convection transporte une partie de la chaleur dans la stratosphère, formant la branche ascendante de la circulation de Brewer-Dobson. Ensuite, la circulation de Hadley transporte une autre partie de la chaleur dans la troposphère. Enfin, l'océan lui-même contribue au transport. L'état d'El

Niño - Oscillation australe module la distribution de cette énergie. Pendant La Niña, le transport océanique est favorisé, tandis que les conditions neutres augmentent le transport atmosphérique. En revanche, El Niño dirige une quantité importante de chaleur océanique vers la stratosphère et la troposphère. Les scientifiques ont largement étudié l'effet de portage d'El Niño sur le vortex polaire, qui est évident dans les températures stratosphériques polaires montrées dans la figure E23 (Chap. 29).[303]

Bien que la couche d'ozone n'absorbe qu'un peu plus de 1 % de l'énergie solaire totale (la partie UV), elle représente 5 % de l'énergie absorbée par l'atmosphère. Fait important, son absorption varie trente fois plus avec l'activité solaire que celle du spectre visible. Cette variabilité contribue à des changements radiatifs et dynamiques importants dans la stratosphère tout au long du cycle solaire. La stratosphère ayant une densité moyenne 25 fois inférieure à celle de la troposphère, l'effet de l'énergie solaire absorbée sur la température stratosphérique est énorme. Sans ozone, la stratosphère serait 50 °C plus froide et la tropopause n'existerait pas. Il est intéressant de noter que la couche d'ozone est une caractéristique unique de la Terre, car aucune autre planète connue n'en possède.

La présence d'ozone dans la stratosphère permet l'absorption de l'énergie solaire, ce qui entraîne l'établissement d'un gradient de température. Ce gradient dépend de facteurs tels que la quantité d'énergie ultraviolette, la quantité d'ozone et sa répartition. Les changements dans l'activité solaire déclenchent une réaction de l'ozone, qui affecte ce gradient de température et entraîne un effet solaire dans la stratosphère : le gardien solaire. En hiver, la circulation des vents zonaux, caractérisée par des vents d'ouest, répond aux variations de ce gradient de température causées par les changements de l'activité solaire. Ceci affecte la propagation des ondes planétaires dans la stratosphère (fig. 67, chap. 42). Ces ondes planétaires jouent un rôle clé dans la circulation de Brewer-Dobson et exercent un effet d'affaiblissement sur le vortex.

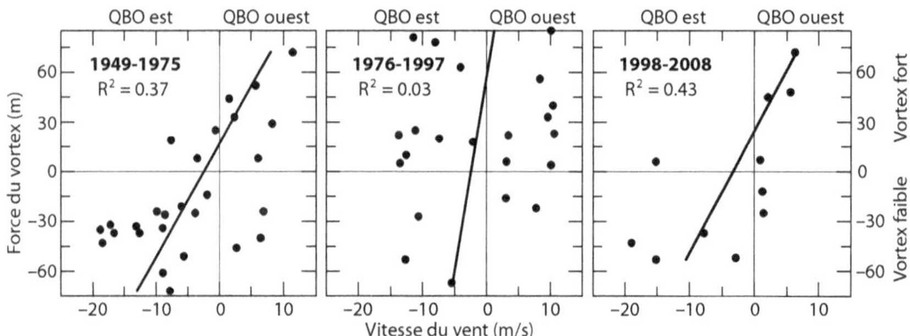

Figure 64. Effet de l'oscillation quasi-biennale sur la force du vortex pour différents régimes climatiques. Le vortex polaire est le plus faible pendant la phase est de l'oscillation quasi-biennale, sauf pendant un régime de faible transport (1975-1997, panneau central), où le vortex reste fort pendant la plupart des hivers.[304]

---

[303] Garfinkel, C.I. & Hartmann, D.L., 2007. J. Geophys. Res. Atmos. 112, D19112. doi.org/10.1029/2007JD008481

[304] Données QBO de NOAA. Données sur la force du vortex provenant de la réanalyse NCEP dans Christiansen, B., 2010. J. Clim. 23 (14), pp.3953-3966. doi.org/10.1175/2010JCLI3495.1

L'oscillation quasi-biennale exerce une influence importante sur le vortex polaire en fonction de la phase, connue sous le nom d'effet Holton-Tan (encadré 11, chap. 14). Pendant les régimes climatiques caractérisés par une augmentation du transport de chaleur vers les pôles, comme la période de 1945 à 1975 et depuis 1998, la phase est de l'oscillation quasi-biennale affaiblit le vortex polaire. Cependant, dans les régimes climatiques caractérisés par un transport de chaleur réduit vers les pôles, comme la période de 1976 à 1997, le vortex polaire reste fort pendant la plupart des hivers, même pendant la phase est de l'oscillation (fig. 64 ; voir aussi fig. 61a, chap. 39).

Les éruptions volcaniques tropicales qui rejettent de grandes quantités de sulfate dans la stratosphère provoquent un réchauffement important de la stratosphère et un appauvrissement de la couche d'ozone. Ces changements contribuent au renforcement du vortex polaire au cours de l'hiver suivant. En outre, ils affectent indirectement le transport troposphérique, car les aérosols volcaniques réduisent davantage le rayonnement solaire dans les tropiques qu'aux latitudes moyennes et élevées. Cette modification du gradient latitudinal de température réduit le transport. Il en résulte un hiver plus chaud dans les latitudes moyennes de l'hémisphère nord après l'éruption, malgré la réduction du rayonnement solaire.

Intégration de cette complexité dans une explication du changement climatique

Les nombreux facteurs qui influencent la force du vortex polaire et la chaleur transportée vers l'Arctique ajoutent à la complexité de notre compréhension du changement climatique. Il est important de reconnaître que le réchauffement de l'Arctique n'est pas uniquement une conséquence du changement climatique induit par l'homme, mais plutôt un mécanisme par lequel la planète augmente sa perte d'énergie. Il est nécessaire d'examiner l'influence des différents gardiens sur différentes échelles de temps afin de formuler une hypothèse de changement climatique global qui englobe cette complexité.

Les éruptions volcaniques ayant des effets climatiques importants sont rares. Seules trois éruptions de ce type se sont produites au cours du 20e siècle, et aucune n'a été observée jusqu'à présent au cours du 21e siècle, si l'on exclut l'éruption sous-marine inhabituelle du Hunga Tonga en 2022. Ce que nous savons de ces éruptions passées, c'est que leurs effets notables tendent à s'estomper après les premières années. Les données historiques, notamment l'éruption du mont Tambora en 1815, confirment cette interprétation (chap. 24). Ainsi, si le forçage volcanique peut être intense, il ne doit pas être exagéré en raison de sa nature transitoire.

La phase de l'oscillation quasi-biennale joue un rôle crucial dans la détermination de la force du vortex au cours d'un hiver donné. Une analyse des données de la période 1949-2008 a révélé que 75 % des hivers avec des vortex faibles se sont produits lorsque l'oscillation était dans sa phase est (fig. 64). Ce résultat met en évidence l'influence significative de l'oscillation quasi-biennale sur la circulation stratosphérique globale, compte tenu des différents facteurs qui influencent la force des vortex. Cependant, l'effet est inversé lorsque la phase change un à deux ans plus tard, avec 72 % des hivers durant la phase ouest de l'oscillation présentant un vortex fort (fig. 64). Ainsi, l'oscillation quasi-biennale n'a pas en soi d'effet direct sur le climat. Cependant, elle augmente la sensibilité du vortex à d'autres facteurs, tels que l'activité solaire, pendant sa phase est (fig. E23, chap. 29).

El Niño - Oscillation australe a un impact climatique global, se produit tous les 2 à 7 ans et peut persister pendant 2 à 3 hivers consécutifs. Pendant les hivers El Niño, le vortex polaire s'affaiblit et les températures stratosphériques polaires augmentent (fig. E23, chap. 29), tandis que les hivers La Niña ont l'effet inverse.[305] Bien que les effets à court terme de El Niño - Oscillation australe n'influencent pas le changement climatique à long terme, les événements El Niño ont une distribution inégale, avec des périodes de plusieurs décennies au cours desquelles leur fréquence change de manière significative. Ces variations dans l'occurrence d'El Niño sont associées à la phase de l'oscillation décennale du Pacifique.

Sur plusieurs décennies, les oscillations océaniques multi-décennales (modes de variabilité) jouent un rôle crucial dans l'établissement des différents régimes climatiques et dans le déclenchement des changements entre eux. Ces oscillations affectent principalement la troposphère, qui est responsable du transport de la majeure partie de la chaleur vers les pôles. Par conséquent, les régimes climatiques déterminés par ces oscillations coordonnées à l'échelle mondiale dominent les autres facteurs.

Pendant la période de 1976 à 1997, un régime de transport faible s'est produit, conduisant à un affaiblissement de l'effet Holton-Tan. En conséquence, l'influence de l'oscillation quasi-biennale sur le vortex polaire a diminué (figure 64, panneau central). En outre, les faibles conditions de transport ont entraîné une augmentation de l'accumulation de chaleur dans la couche superficielle des océans tropicaux, ce qui a facilité l'intensification d'El Niño - Oscillation australe et augmenté la fréquence des épisodes El Niño.

Au début du 20e siècle, un régime climatique caractérisé par un faible transport explique la tendance au réchauffement climatique depuis les années 1910. Ce réchauffement s'est produit malgré une faible activité solaire. Plus tard, lorsque l'activité solaire a augmenté dans les années 1930, elle a encore contribué au réchauffement prononcé de cette période. Entre 1945 et 1975, il y a eu un régime climatique caractérisé par un transport élevé, ce qui explique la période de refroidissement du milieu du 20e siècle. Cette période de refroidissement s'est produite malgré la présence d'une forte activité solaire. Le refroidissement aurait probablement été encore plus prononcé si l'activité solaire avait été faible pendant cette période.

Les oscillations multidécennales des océans, bien qu'elles ne soient pas reconnues comme un forçage climatique naturel, jouent un rôle important dans l'évolution de notre climat. Ces oscillations se produisent sur de longues périodes et, lorsqu'elles provoquent une augmentation du transport de chaleur vers les pôles, elles entraînent une perte accrue d'énergie du système climatique. En conséquence, la planète se refroidit ou se réchauffe moins. À l'inverse, les périodes de faible transport ont l'effet inverse et entraînent un réchauffement accru.

L'impact de ces oscillations océaniques multidécennales dépasse de loin celui des forçages climatiques reconnus tels que les éruptions volcaniques.

---

[305] Garfinkel, C.I. & Hartmann, D.L., 2007. J. Geophys. Res. Atmos. 112, D19112. doi.org/10.1029/2007JD008481

Bien que la cause de ces oscillations reste inconnue, il est important de ne pas supposer que l'alternance des phases implique l'absence d'effets à long terme. Plusieurs études ont montré que l'oscillation multidécennale atlantique, par exemple, n'est pas stationnaire. Depuis 1850, elle présente une forte amplification qui coïncide avec la tendance au réchauffement observée au cours de l'ère industrielle.[306]

Dans le chapitre suivant, nous analyserons le rôle de la variabilité solaire en tant que forçage climatique dans le cadre de l'hypothèse du gardien d'hiver.

En bref

Les variations du transport de chaleur hivernal vers l'Arctique entraînent des changements climatiques. Les changements dans le transport de chaleur vers l'Arctique sont liés aux changements dans la force du vortex polaire. Au cours d'un hiver donné, plusieurs facteurs peuvent contribuer à l'affaiblissement du vortex, entraînant un réchauffement accru de l'Arctique et des conditions hivernales plus rigoureuses pour les latitudes continentales moyennes de l'hémisphère Nord. Ces facteurs comprennent la phase est de l'oscillation quasi-biennale, un épisode El Niño ou une faible activité solaire. À l'inverse, des conditions inverses ou une éruption volcanique tropicale peuvent renforcer le vortex et conduire à des hivers plus doux. Toutefois, pour observer des changements climatiques notables, il faut un effet durable sur plusieurs hivers. Cet effet ne peut être obtenu que par des régimes climatiques induits par des oscillations océaniques multidécennales ou des changements durables de l'activité solaire moyenne.

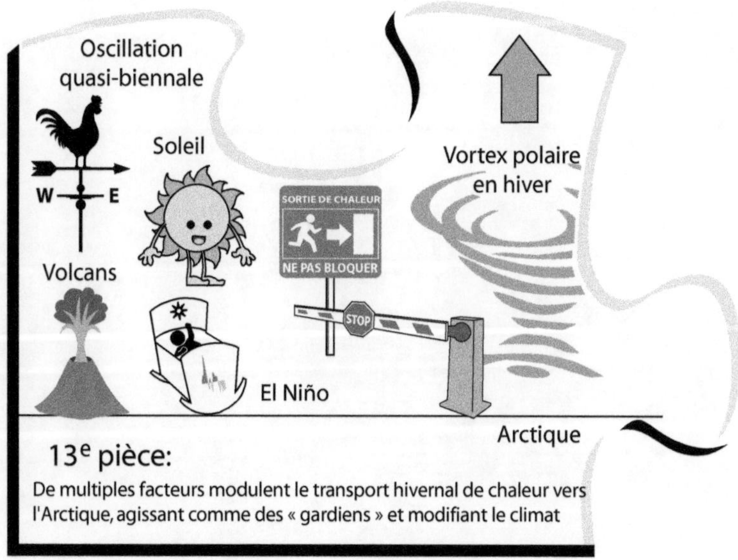

13ᵉ pièce:
De multiples facteurs modulent le transport hivernal de chaleur vers l'Arctique, agissant comme des « gardiens » et modifiant le climat

---

[306] Moore, G.W.K., et al, 2017. Sci. Rep. 7 (1), p.40861. doi.org/10.1038/srep40861

CHAPITRE 41
LE SOLEIL, GARDIEN SÉCULIER

Au lieu de formuler des hypothèses sur la manière dont l'activité solaire affecte le climat, nous devrions nous appuyer sur des décennies de recherche. Les scientifiques savent depuis longtemps que l'activité solaire affecte la force des vortex, la rotation planétaire et la circulation atmosphérique en hiver. Le mécanisme à l'origine de ces effets a été proposé il y a 50 ans et a fait l'objet d'études approfondies par de nombreux scientifiques. Certains modèles l'ont même reproduit, comme le reconnaît le GIEC.

L'hypothèse du gardien d'hiver relie ce mécanisme à la capacité de modifier le climat en changeant le flux radiatif au sommet de l'atmosphère. Une forte activité solaire entraîne une réduction du transport de chaleur vers les pôles, ce qui réduit la perte d'énergie hivernale dans l'Arctique. Inversement, une faible activité solaire a l'effet inverse. Il est important de noter que l'activité solaire n'est pas le seul facteur influençant cette voie. Son effet sur le climat devient important sur des échelles de temps plus longues, allant de plusieurs décennies à des siècles, lorsque d'autres facteurs diminuent son influence.

Le maximum solaire moderne, la plus longue période d'activité solaire supérieure à la moyenne depuis au moins 600 ans, a contribué par ce mécanisme à l'augmentation du contenu énergétique du système climatique au cours du réchauffement climatique du 20ᵉ siècle. Cette contribution est indépendante des tendances de température et des niveaux d'activité solaire.

Il est erroné de supposer comment l'activité solaire devrait affecter le climat

Les rapports du GIEC, en se concentrant uniquement sur les petites variations de l'irradiation solaire totale, suggèrent que les changements de l'activité solaire ont un effet négligeable sur le climat. Cependant, ces rapports ne tiennent pas compte d'un grand nombre de preuves sur les effets indirects de l'activité solaire, y compris les résultats discutés dans les chapitres 28-30. Ces preuves étayent la thèse selon laquelle l'activité solaire a une influence substantielle sur l'état de la circulation atmosphérique en hiver, comme le montre son effet sur la vitesse de rotation de la Terre.

L'effet de l'activité solaire sur le vortex polaire n'est pas une découverte récente. Il a été documenté pour la première fois en 1959 et a fait l'objet de recherches scientifiques depuis lors.[307] Cependant, la plupart des climatologues et le GIEC ont largement ignoré ces recherches, comme dans le cas des effets solaires sur la rotation de la Terre. La température de la stratosphère polaire est affectée par l'activité solaire, mais l'importance réelle de cet effet « gardien »,

---

[307] Palmer, C.E., 1959. J. Geophys. Res. 64 (7), pp.749-764. doi.org/10.1029/JZ064i007p00749 Labitzke, K., 1987. Geophys. Res. Lett. 14 (5), pp.535-537. doi.org/10.1029/GL014i005p00535 Veretenenko, S., 2022. Atmosphere, 13 (7), p.1132. doi.org/10.3390/atmos13071132

découvert par Karin Labitzke, devient évidente lorsque l'on tient compte de l'influence des autres gardiens (fig. E23, chap. 29).

C'est une explication importante du manque d'appréciation de l'influence solaire sur le climat au cours des deux derniers siècles. Le soleil fournit 99,9 % de l'énergie qui alimente le système climatique, ce qui conduit de nombreuses personnes à supposer que si les variations solaires affectent le climat, cela se reflétera clairement dans les schémas de température. Même la NASA est d'accord avec cette hypothèse, comme le montre sa déclaration :

« La quantité d'énergie solaire qui atteint le sommet de l'atmosphère est l'une des preuves irréfutables que le soleil n'est pas à l'origine du réchauffement de la planète. Depuis 1978, les scientifiques suivent cette évolution à l'aide de capteurs installés sur des satellites, qui nous indiquent qu'il n'y a pas eu de tendance à la hausse de la quantité d'énergie solaire atteignant notre planète ».[308]

Cette affirmation cache l'hypothèse répandue mais non fondée selon laquelle si l'activité solaire et les tendances de température ne coïncident pas, alors le soleil ne peut pas avoir d'effet significatif sur le climat. Elle ignore la possibilité que les tendances décennales de la température soient influencées par d'autres facteurs qui masquent un effet significatif des changements pluridécennaux de l'activité solaire, qui peuvent modifier considérablement l'ampleur des tendances au réchauffement et au refroidissement. Par exemple, pendant les périodes d'activité solaire supérieure à la moyenne, comme entre 1935 et 2000, les tendances au refroidissement s'atténuent tandis que les tendances au réchauffement augmentent, ce qui se traduit par des schémas de réchauffement à long terme similaires à ceux observés.

Le soleil, gardien d'hiver

Le phénomène physique responsable de l'effet solaire sur le climat a été proposé pour la première fois en 1974 et attribué à des changements dans la propagation des ondes planétaires dans l'atmosphère.[309] Depuis lors, les scientifiques se sont efforcés d'élucider le mécanisme responsable, qui est expliqué au chapitre 29 (fig. 46). Ce mécanisme descendant bien établi trouve son origine dans la stratosphère et est étayé par des réanalyses par assimilation de données. Le 5e rapport d'évaluation du GIEC reconnaît ce mécanisme d'amplification, notant qu'il a été simulé dans certains modèles et qu'il peut expliquer de petites anomalies climatiques locales et saisonnières associées au cycle solaire de 11 ans.[310] Toutefois, le rapport conclut avec un degré de confiance élevé que les variations de l'irradiation solaire totale n'ont pas contribué au réchauffement de la planète entre 1986 et 2008. Cependant, la justification de cette confiance est discutable pour les raisons mentionnées ci-dessus.

Le mécanisme d'amplification à la baisse n'est pas considéré comme une cause du changement climatique mondial parce qu'on ne pense pas qu'il modifie de manière significative le contenu énergétique du système climatique. En général, il faut un changement dans le déséquilibre énergétique au sommet de

---

[308] climate.nasa.gov/faq/14/is-the-sun-causing-global-warming/

[309] Hines, C.O., 1974. J. Atmos. Sci. 31 (2), pp.589-591.
doi.org/10.1175/1520-0469(1974)031<0589:APMFTP>2.0.CO;2

[310] Bindoff, N.L., et al. 2013. Climate Change 2013 : The Physical Science Basis. 5th AR IPCC. pp.885-886.

l'atmosphère pour induire des changements dans le climat mondial, à quelques exceptions près.

Pour la première fois, l'hypothèse du gardien d'hiver établit un lien entre le mécanisme reconnu d'amplification vers le bas, l'effet solaire bien connu sur le vortex polaire et le changement climatique. L'hypothèse propose que l'influence dynamique de l'activité solaire sur la circulation atmosphérique hivernale et le vortex polaire provoque des changements majeurs dans le transport de la chaleur vers les pôles en hiver. Pendant la nuit polaire prolongée, une grande partie de cette chaleur est émise par la planète sous forme de rayonnement infrarouge sortant, induisant le changement nécessaire dans le déséquilibre énergétique au sommet de l'atmosphère pour affecter le climat mondial.

La figure 65 montre le rôle de gardien de l'activité solaire proposé par l'hypothèse. Elle ne montre pas les changements dans la vitesse du vent zonal et la propagation des ondes planétaires, qui sont des médiateurs essentiels dans ce processus. Il est important de noter que l'issue de chaque hiver est influencée non seulement par l'activité solaire, mais aussi par d'autres gardiens. En outre, ces gardiens n'agissent pas isolément, mais interagissent et s'influencent mutuellement.

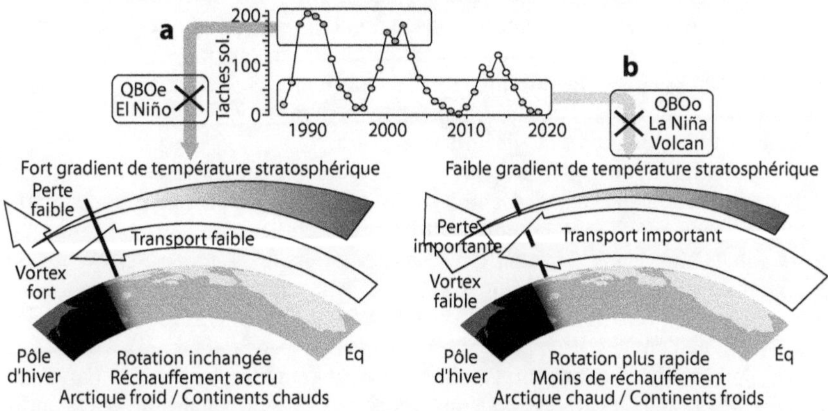

Figure 65. Le soleil, gardien d'hiver. Rôle de l'activité solaire dans le transport méridien de chaleur et la perte d'énergie hivernale dans l'Arctique.

Pendant les hivers à forte activité solaire (fig. 65a), l'augmentation de l'ozone et son réchauffement dû à l'augmentation du rayonnement UV contribuent à un fort gradient de température dans la stratosphère. Ce gradient accru renforce à son tour les vents zonaux qui entravent la propagation des ondes planétaires. En conséquence, le vortex polaire reste fort tout au long de l'hiver, réduisant le transport de chaleur vers les pôles et diminuant la perte de chaleur dans cette région. Toutefois, la phase est de l'oscillation quasi-biennale et les conditions El Niño peuvent contrecarrer cet effet de la forte activité solaire. Le résultat climatique d'une activité solaire élevée est un réchauffement global accru et un schéma de froid arctique et de chaleur continentale en hiver.

Pendant les hivers à faible activité solaire (fig. 65b), le rayonnement UV plus faible entraîne une réduction du gradient de température dans la stratosphère, ce qui se traduit par un affaiblissement du vortex polaire. Cela augmente le transport de chaleur méridien et intensifie la perte de chaleur au pôle en hiver. Toutefois, des facteurs tels que la phase ouest de l'oscillation quasi-biennale, les conditions La Niña et le forçage des aérosols volcaniques peuvent contrecarrer cet effet. L'augmentation du transport méridien contribue également à l'accélération de la vitesse de rotation de la Terre en diminuant les vents zonaux, ce qui entraîne une diminution du moment angulaire de l'atmosphère. En conséquence, une faible activité solaire est associée à un réchauffement global plus faible et à un modèle hivernal caractérisé par un Arctique chaud et des continents froids.

Cette hypothèse éclaire plusieurs questions de longue date concernant l'influence possible de l'activité solaire sur le climat.

Un effet solaire dépendant de la durée

L'un des principaux arguments contre l'attribution au Soleil d'un rôle majeur dans le changement climatique est l'absence apparente d'influence substantielle du cycle solaire de 11 ans. Les analyses climatiques modernes basées sur les données satellitaires depuis 1979, couvrant presque quatre cycles solaires complets, ont montré que les changements observés, bien que significatifs, sont relativement modestes (fig. 44a, chap. 28).

En revanche, les études paléoclimatiques fournissent des preuves substantielles des conséquences climatiques dramatiques associées à des périodes prolongées de faible activité solaire, comme indiqué au chapitre 27. Ces études montrent que pendant un minimum solaire prolongé de 200 ans, il existe des preuves convaincantes d'une réorganisation profonde de la circulation atmosphérique, en particulier dans l'hémisphère nord.

La difficulté de concilier un petit effet actuel avec un grand effet historique réside dans le fait que les changements attendus de l'irradiation dans les deux scénarios sont considérés comme extrêmement faibles (0,1 %). Au cours du cycle solaire de 11 ans, l'irradiation solaire totale varie d'environ 1,1 W/m² au cours de l'ère satellitaire. En outre, selon le 6e rapport d'évaluation, seuls des changements à l'échelle millénaire de 1,5 W/m² se sont produits au cours des 9 000 dernières années.[311]

L'hypothèse du gardien d'hiver offre une explication plausible à ce paradoxe apparent. Elle suggère que les changements de l'activité solaire affectent indirectement la température globale ou hémisphérique en influençant la quantité d'énergie perdue dans l'Arctique pendant l'hiver. Au cours des hivers où l'activité solaire est faible, la perte d'énergie est plus importante, tandis qu'elle est réduite au cours des hivers où l'activité solaire est élevée. Cependant, il est important de noter que tous les gardiens sont impliqués dans la détermination du résultat d'un hiver donné, de sorte que le résultat peut être opposé à celui induit par l'effet solaire. Au cours d'un cycle solaire, certaines années sont marquées par une forte activité solaire tandis que d'autres sont marquées par une faible activité (fig. 65). Par conséquent, l'effet cumulatif au cours d'un même cycle solaire est presque imperceptible, car tout changement dans une direction est largement compensé en l'espace de quelques années.

Toutefois, lorsque l'activité solaire reste faible pendant de longues périodes, sur plusieurs décennies, voire plusieurs siècles, la fréquence des hivers arctiques avec une perte d'énergie plus importante augmente considérablement.

---

[311] Gulev, S.K., et al, 2021. Climate change 2021 : The physical science basis. 6th AR IPCC. p. 297. doi.org/10.1017/9781009157896.004

Alors que l'effet moyen des autres gardiens tend à diminuer sur de longues périodes, l'effet solaire s'accumule. La planète n'a pas les moyens de compenser la perte d'énergie supplémentaire, ce qui entraîne un déficit cumulatif croissant au fil du temps. En conséquence, la température globale de la planète diminue.

Les régions situées le long des principales voies de transport de l'énergie vers les pôles, en particulier la région de l'Atlantique Nord englobant l'Europe et l'Amérique du Nord, connaissent le refroidissement le plus précoce, le plus long et le plus prononcé. Cependant, la fuite d'énergie affecte l'ensemble de la planète. Bien que la région arctique se réchauffe dans un premier temps en raison de l'augmentation des flux d'énergie facilitée par l'accroissement des transports, elle finit par se refroidir en même temps que le reste de la planète. Cette tendance au refroidissement s'accompagne d'une augmentation significative de la fréquence des hivers froids. En outre, l'augmentation du transport vers les pôles entraîne une augmentation du transport d'humidité, ce qui se traduit par une augmentation des chutes de neige et de la croissance des glaciers. Ces conditions sont conformes aux observations faites pendant le petit âge glaciaire.

Ce n'est que lorsque l'activité solaire n'est plus faible que la planète peut cesser de perdre continuellement de l'énergie et entamer le processus de récupération. Toutefois, il faut une longue période d'activité solaire supérieure à la moyenne pour que la planète reconstitue l'énergie perdue lors d'un minimum solaire majeur.

L'impact du maximum solaire moderne

L'effet de l'activité solaire sur le climat est directement lié à la durée de cette activité inhabituelle. Le 6e rapport d'évaluation du GIEC reconnaît que l'activité solaire de la seconde moitié du 20e siècle se situait dans les 10 % supérieurs de l'activité solaire observée au cours des 9 000 dernières années. Cette période prolongée d'activité solaire supérieure à la moyenne, qui s'est étendue sur sept décennies, constitue un grand maximum solaire et a été appelée le maximum solaire moderne (fig. 66).[312]

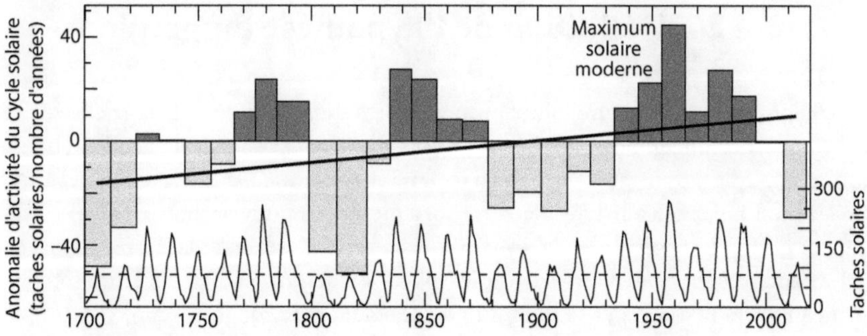

Figure 66. Déviation de l'activité de chaque cycle solaire par rapport à la moyenne. La ligne épaisse est la tendance linéaire. La ligne horizontale en pointillés représente le nombre moyen de taches solaires de 1700 à 2020.

---

[312] Damon, P.E., et al, 1997. Radiocarbon, 40 (1), pp.343-350.
    doi.org/10.1017/S003382220001821X

Ce graphique des données sur les taches solaires fournit une représentation claire du niveau d'activité pour chaque cycle solaire, en tenant compte de sa durée. Il met en évidence l'évolution remarquable de l'activité solaire, montrant la transition entre les 10 % inférieurs pendant le minimum de Maunder (1645-1715) et les 10 % supérieurs entre 1935 et 2000.

Au cours du maximum solaire moderne, le nombre d'années caractérisées par une forte activité solaire a nettement augmenté. En conséquence, la quantité d'énergie perdue dans l'Arctique pendant l'hiver a diminué. Cette conservation accrue de l'énergie par la planète a joué un rôle important dans la tendance au réchauffement climatique observée au cours de cette période. Il est absurde de prétendre que l'apparition simultanée de la plus longue période d'activité solaire élevée depuis au moins 600 ans et de la période de réchauffement la plus prononcée depuis au moins 600 ans est une pure coïncidence, comme le font les rapports du GIEC lorsqu'ils affirment l'absence de contribution solaire au réchauffement récent.

L'hypothèse du gardien d'hiver offre une explication complète du rôle du maximum solaire moderne dans le réchauffement récent de la planète. Elle explique pourquoi des facteurs tels que les petits changements d'énergie et les écarts entre les tendances de la température et de l'activité solaire sont sans importance. Le facteur critique est la persistance d'une activité solaire supérieure à la moyenne pendant plusieurs décennies jusqu'à récemment. L'effet est le plus prononcé dans l'Arctique pendant l'hiver, ce qui entraîne une augmentation du contenu énergétique global du système climatique. L'évolution de la température de surface sur le reste de la planète est influencée par les changements de l'activité solaire, mais aussi par d'autres facteurs. Par conséquent, se baser uniquement sur les changements de température de surface n'est pas un moyen fiable de mesurer l'effet solaire sur le climat. La fréquence des hivers froids dans l'hémisphère nord ou le réchauffement observé dans l'Arctique pendant l'hiver constituent un meilleur indicateur de l'influence solaire sur le climat.

Encadré 26. Définition de l'hypothèse du gardien d'hiver

L'hypothèse du gardien d'hiver propose que les changements dans la chaleur et l'humidité qui atteignent les régions polaires en hiver, en particulier l'Arctique, jouent un rôle important dans le changement climatique. En effet, les régions polaires en hiver ont un effet de serre fortement réduit en raison de l'absence de vapeur d'eau atmosphérique, le principal gaz à effet de serre de la Terre. Combiné à l'absence de rayonnement solaire, ce phénomène entraîne une perte effective d'énergie vers l'espace par le biais du rayonnement infrarouge sortant. Par conséquent, les changements dans le transport de chaleur vers les régions polaires en hiver ont un impact sur le budget énergétique de la planète. L'Arctique est particulièrement important dans cette hypothèse car son vortex polaire plus faible permet de plus grandes variations dans le transport de chaleur.

Tout facteur affectant la circulation zonale atmosphérique, la génération et la propagation des ondes planétaires ou la force du vortex polaire agit comme un gardien du vortex capable de réguler le transport de chaleur vers l'Arctique pendant l'hiver. Parmi ces gardiens, on peut citer l'oscillation quasi-biennale, El Niño - Oscillation australe, les éruptions volcaniques, les oscillations océaniques multidécennales (modes de variabilité) et l'activité solaire.

L'effet est faible et facilement réversible d'une année sur l'autre, affectant les modèles météorologiques à court terme. Cependant, sur plusieurs décennies, l'effet climatique est principalement dû aux oscillations océaniques multi-décennales. Ces oscillations provoquent des changements significatifs dans les tendances de la température, ce qui entraîne des régimes climatiques qui subissent des changements abrupts en quelques décennies. Sur des périodes d'un siècle, l'activité solaire apparaît comme la force dominante, en particulier pendant les périodes d'activité inhabituelle prolongée qui durent plusieurs décennies. L'activité solaire a joué un rôle clé dans certains des événements climatiques les plus remarquables de l'Holocène et a contribué de manière significative au réchauffement observé au 20ᵉ siècle depuis 1935. À l'échelle du millénaire, l'activité solaire joue un rôle clé dans l'élaboration de grandes périodes climatiques s'étendant sur plusieurs siècles, car ses longs cycles donnent lieu à des groupes de grands minima solaires, tels que ceux observés pendant le petit âge glaciaire.

Les changements à long terme dans le transport de chaleur et d'humidité vers les pôles, mécanisme qui sous-tend l'hypothèse du gardien d'hiver, sont également à l'origine des changements climatiques spectaculaires que la planète a connus au cours de dizaines de milliers, voire de millions d'années.

Sur des dizaines de milliers d'années, ce mécanisme de transport méridien contribue au cycle glaciaire de Milankovitch. Il traduit les changements de l'obliquité de la Terre en changements dans le transport de chaleur distribué à différentes latitudes, facilitant les ajustements nécessaires dans le transport de chaleur et d'humidité requis pour former ou faire fondre les calottes glaciaires.

Sur une échelle de temps de plusieurs millions d'années, le mécanisme de transport méridien a joué un rôle déterminant dans la transition entre le climat equable de l'Éocène inférieur et la ère glaciaire du Cénozoïque supérieur. Ce changement a été induit par des modifications dans la disposition des continents, des passes océaniques et des chaînes de montagnes qui ont augmenté l'efficacité du transport de chaleur vers les pôles, entraînant un refroidissement planétaire et une ère glaciaire.

Le climat de la Terre fonctionne comme un moteur thermique thermodynamique, semblable au moteur à combustion interne d'une voiture (fig. E26). La chaleur est principalement produite dans le bloc moteur, qui correspond aux tropiques. Bien qu'une partie de la chaleur soit émise directement par ce moteur, il existe deux systèmes de refroidissement, analogues à des radiateurs, situés dans les régions polaires des deux hémisphères. Le processus de refroidissement est facilité par l'air entraîné par l'atmosphère (qui agit comme un ventilateur de refroidissement) et par un fluide de refroidissement dans l'océan. Pour maintenir la température du moteur dans des limites acceptables et éviter la surchauffe, un thermostat régule le système de refroidissement en ajustant la quantité de chaleur dirigée vers les radiateurs.

De même, la Terre possède deux mécanismes de refroidissement résultant de son inclinaison axiale. Une augmentation de la chaleur dirigée vers ces mécanismes refroidit la planète, tandis qu'une diminution de la chaleur dirigée vers ces mécanismes la réchauffe. Le mécanisme de refroidissement de l'Arctique est particulièrement efficace en raison de l'asymétrie des hémisphères de la Terre. Au cours des 50 derniers millions d'années, son efficacité accrue a conduit à l'apparition de la période glaciaire actuelle. Toutefois, depuis la fin du petit âge glaciaire, et plus particulièrement entre 1976 et 1997, moins de chaleur a été dirigée vers l'Arctique, ce qui a entraîné un nouveau réchauffement. Bien que les émissions humaines de CO_2 aient contribué à ce réchauffement, l'influence des gardiens naturels d'hiver sur la température de l'Arctique et les tendances au réchauffement reste importante. Par conséquent, une grande partie du réchauffement global observé au cours des dernières décennies peut être attribuée à des causes naturelles.

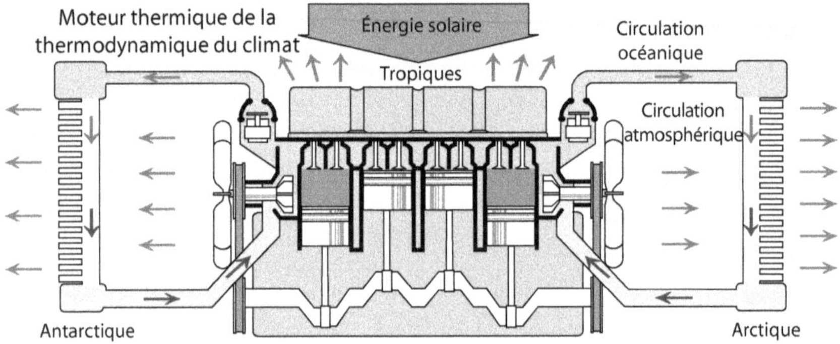

Figure E26. Le moteur climatique thermodynamique comporte deux radiateurs. Le radiateur arctique est plus efficace car il reçoit plus de chaleur.

En bref

Après 50 ans de recherche, les scientifiques ont réussi à expliquer comment les variations de l'activité solaire affectent la circulation atmosphérique hivernale et le vortex polaire. Cependant, la pièce manquante du puzzle est de comprendre comment ces effets peuvent conduire à un changement climatique global. L'hypothèse du gardien d'hiver établit un lien entre les changements dans le transport de chaleur vers les pôles et la perte d'énergie dans l'Arctique pendant l'hiver. Pendant les périodes de forte activité solaire, un fort vortex se forme et réduit le transport vers le pôle et la perte de chaleur au pôle en hiver. Inversement, une faible activité solaire favorise l'effet inverse. L'effet de gardien d'hiver des variations de l'activité solaire s'élève au-dessus du bruit de fond des autres gardiens lorsque l'activité solaire s'écarte considérablement des niveaux moyens sur plusieurs décennies. Son impact sur le climat devient profond lorsque cette activité inhabituelle persiste pendant 50 à 200 ans.

Selon cette hypothèse, le maximum solaire moderne, qui s'est produit entre 1935 et 2000, a entraîné une réduction de la perte d'énergie dans l'Arctique. En conséquence, les tendances au refroidissement ont été réduites et les tendances au réchauffement ont augmenté, contribuant de manière significative au réchauffement à long terme observé au cours du 20e siècle. L'hypothèse du gardien d'hiver suggère que le climat réagit aux changements de la quantité de chaleur dirigée vers les pôles à toutes les échelles de temps, ce qui permet d'expliquer des phénomènes tels que le cycle glaciaire ou la transition d'un monde chaud à une ère glaciaire au cours du Cénozoïque.

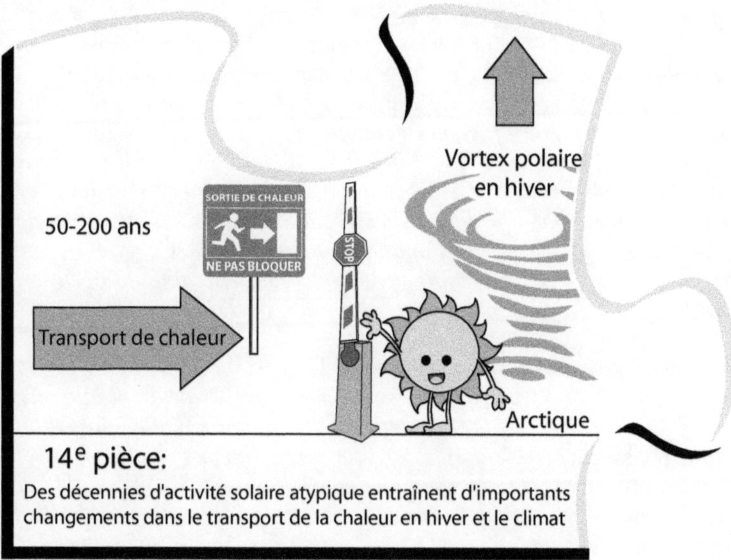

SECTION 11 QUESTIONS CLÉS

En hiver, une plus grande quantité de chaleur est transportée vers les régions polaires, où elle est effectivement rayonnée dans l'espace. La formation du vortex polaire limite cette perte et régule le changement climatique. Les différents régimes climatiques ont des niveaux de transport de chaleur différents, correspondant à des niveaux différents de force du vortex polaire.

Chaque hiver, plusieurs facteurs contribuent à la force ou à la faiblesse du vortex polaire : l'oscillation quasi-biennale, El Niño - Oscillation australe, l'activité solaire, les oscillations océaniques multidécennales et les éruptions volcaniques. Cependant, un effet durable sur plusieurs hivers est nécessaire pour observer des changements climatiques appréciables. Cet effet ne peut être obtenu que par des régimes climatiques induits par des oscillations océaniques multidécennales ou des changements durables de l'activité solaire moyenne décennale.

Les scientifiques ont expliqué comment les variations de l'activité solaire affectent la circulation atmosphérique hivernale et le vortex polaire. L'hypothèse du gardien d'hiver explique comment elles modifient le climat en altérant la quantité d'énergie perdue dans l'Arctique en raison des changements dans le transport de la chaleur vers le pôle. L'effet est cumulatif et dépend du temps, il faut des décennies pour qu'il devienne perceptible. Ainsi, le maximum solaire moderne de 70 ans a contribué de manière significative au réchauffement de la planète au cours du 20ᵉ siècle.

SECTION 12 - LES PREUVES

CHAPITRE 42
LES PREUVES DU GARDIEN SOLAIRE

L'activité solaire a un effet direct sur le vortex polaire, qui à son tour affecte le transport de chaleur dans l'Arctique pendant l'hiver. Plusieurs sources de données confirment ce lien. L'activité solaire participe à la détermination de la température de la stratosphère polaire et à la régulation de la circulation atmosphérique en hiver, ce qui influence la rotation de la planète. Cette régulation se fait en modifiant la propagation des ondes planétaires, ce qui affecte la force des vortex polaires. Lorsque l'activité solaire est plus faible, ces ondes importantes ont une plus grande amplitude, ce qui se traduit par un vortex plus faible. L'importance de ce mécanisme de modulation solaire est démontrée par la relation inverse entre l'activité solaire et les températures arctiques. Cette relation a été observée dans les données climatologiques indirectes depuis plus de 4 000 ans et a contribué au refroidissement du Groenland entre les années 1970 et 1990, ainsi qu'à une grande partie du réchauffement de l'Arctique observé depuis 1997. En outre, l'activité solaire influence la fréquence des hivers extrêmement froids dans les latitudes moyennes de l'hémisphère nord.

Le soleil dans l'hypothèse du gardien d'hiver

L'hypothèse du gardien d'hiver introduit plusieurs idées nouvelles :

* Le changement climatique est principalement dû à des changements persistants dans la quantité de chaleur et d'humidité transportée vers l'Arctique pendant l'hiver.
* Cette chaleur s'échappe facilement de la planète dans la région arctique, ce qui affecte le budget énergétique de la Terre. Cela est dû au faible effet de serre provoqué par la rareté de la vapeur d'eau.
* Les variations dans la génération et la propagation des ondes planétaires affectent la force du vortex polaire et donc le transport de la chaleur vers les pôles.
* De nombreux facteurs, appelés « gardiens », contribuent à ce mécanisme et influencent par conséquent le changement climatique.
* Parmi les diverses causes naturelles du changement climatique à l'échelle centennale, la variabilité solaire apparaît comme le facteur le plus important par le biais de ce mécanisme particulier.

Cette hypothèse est étayée par la preuve que les changements dans le transport de chaleur vers les pôles ont un effet significatif sur le budget énergétique global de la planète. En outre, il existe des preuves irréfutables que le Soleil joue un rôle clé dans la régulation de la force du vortex polaire et du transport de chaleur. Dans ce chapitre, nous examinerons les preuves du rôle de l'activité solaire dans ce contexte.

Preuves du mécanisme par lequel l'activité solaire affecte le climat

Tout au long de cet ouvrage, nous avons présenté des preuves irréfutables que l'activité solaire agit comme un gardien, régulant la quantité de chaleur transportée vers l'Arctique pendant l'hiver en modulant la force du vortex polaire. L'une des premières preuves provient des recherches pionnières de Karin Labitzke en 1987, discutées dans l'encadré 23 (fig. E23, Ch. 29). Les travaux de Labitzke ont démontré l'influence de l'activité solaire sur la température hivernale de la stratosphère polaire. Etant donné que cette température est directement affectée par le transport de chaleur à travers le vortex polaire (chap. 39), le lien entre l'activité solaire et la force du vortex polaire devient évident.

Dans les chapitres 11 et 16, nous avons discuté du besoin accru de transporter la chaleur vers les pôles pendant l'hiver, ce qui intensifie la circulation atmosphérique et affecte la vitesse de rotation de la Terre. Comme nous l'avons vu au chapitre 30, des recherches remontant aux années 1970 ont établi une relation claire entre l'activité solaire et la vitesse de rotation de la Terre pendant la saison hivernale (fig. 47, chap. 30). En outre, dès 1988, il a été observé que l'activité solaire a un effet substantiel sur la circulation troposphérique hivernale dans l'hémisphère nord, en particulier si l'on tient compte de l'influence de l'oscillation quasi-biennale, un autre gardien.[313] En affectant la rotation de la Terre, l'activité solaire fournit une preuve supplémentaire de son influence sur la circulation atmosphérique hivernale et sur le transport de chaleur vers les pôles facilité par cette circulation.

En 1974, Colin Hines a proposé une idée convaincante sur la façon dont l'activité solaire pouvait affecter le climat en influençant la force des vortex, la circulation atmosphérique hivernale et la vitesse de rotation de la planète.[314] Hines a proposé que les variations solaires soient susceptibles d'affecter le climat par le biais de changements dans la propagation des ondes planétaires, en soulignant leur importance aux latitudes moyennes et élevées pendant l'hiver. Bien que l'étude des ondes planétaires soit difficile, il existe des preuves que l'activité solaire affecte la propagation de ces ondes dans la basse stratosphère entre 55°N et 75°N (fig. 67).[315] Bien que l'oscillation quasi-biennale joue un rôle important dans les fluctuations périodiques du flux d'ondes planétaires tous les 2-3 ans, l'influence de l'activité solaire reste évidente. Les auteurs de l'étude concluent que l'amplitude des ondes planétaires est liée au cycle solaire de 11 ans. L'amplitude diminue pendant les périodes de forte activité solaire et augmente pendant les périodes de faible activité solaire. Cela signifie que l'effet solaire peut expliquer environ 25 % de la variabilité de l'amplitude des ondes, ce qui est assez significatif compte tenu de la variation relativement faible de l'énergie solaire.

Les données disponibles appuient fortement tous les aspects de l'hypothèse relative à l'influence de l'activité solaire sur le climat. Lorsque l'activité solaire est élevée, l'amplitude des ondes planétaires diminue, ce qui se traduit par un vortex plus fort, aucun renforcement significatif de la circulation atmosphérique en hiver, aucun effet sur la rotation de la Terre et moins de chaleur atteignant l'Arctique. A l'inverse, lorsque l'activité solaire est faible, l'amplitude des ondes

---

[313] van Loon, H. & Labitzke, K., 1988. J. Clim. 1 (9), pp.905-920.
doi.org/10.1175/1520-0442(1988)001<0905:ABTYSC>2.0.CO;2

[314] Hines, C.O., 1974. J. Atmos. Sci. 31 (2), pp.589-591.
doi.org/10.1175/1520-0469(1974)031<0589:APMFTP>2.0.CO;2

[315] Powell Jr, A.M. & Jianjun, X., 2011. J. Atmos. Sol. Terr. Phys. 73 (7-8), pp.825-838.
doi.org/10.1016/j.jastp.2011.02.001

planétaires augmente, ce qui se traduit par un vortex plus faible, une intensifica-tion de la circulation atmosphérique en hiver, une accélération de la rotation de la Terre et davantage de chaleur atteignant l'Arctique. Il est important de noter que cet effet ne se produit pas tous les hivers en raison de l'influence d'autres gardiens, en particulier l'oscillation quasi-biennale et El Niño - Oscillation australe.

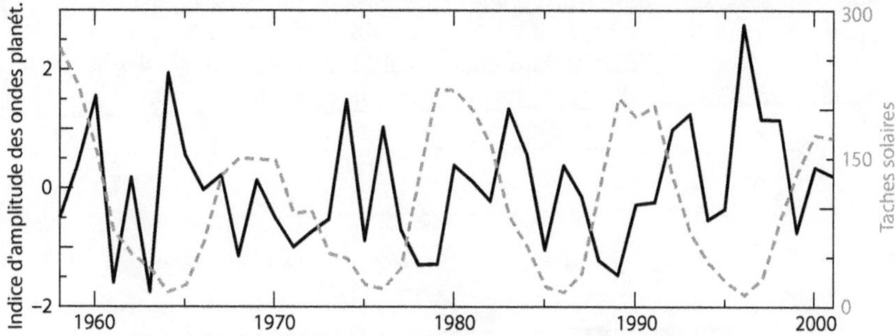

Figure 67. Cycle solaire et amplitude des ondes planétaires.

Ceci étant compris, il faut maintenant s'attacher à examiner les conséquences climatiques des changements de l'activité solaire à travers ce mécanisme.

Preuves de l'effet climatique de l'activité solaire (I).
Température de l'hiver arctique

Cela fait plus de cent ans que les scientifiques cherchent des preuves d'un effet solaire sur le climat, mais ils ne cherchent pas au meilleur endroit. La principale influence de la variabilité solaire réside dans sa capacité à modifier le transport de chaleur vers l'Arctique, l'effet le plus prononcé se produisant en hiver. Cette modification du transport de chaleur se traduit par des hivers plus chauds dans l'Arctique et plus froids dans les latitudes moyennes de l'hémisphère nord, en raison d'une activité solaire plus faible. Les scientifiques n'ont pas recherché d'effet solaire dans l'Arctique en hiver parce qu'il n'y a pas de lumière solaire à ce moment-là, mais nous devrions concentrer notre recherche de preuves sur les températures hivernales dans l'Arctique et les hivers froids dans les latitudes moyennes.

Il est important de noter qu'il ne faut pas s'attendre à une correspondance exacte entre l'activité solaire et le climat hivernal aux moyennes et hautes latitudes, car le transport de chaleur vers les pôles est également influencé par des facteurs tels que l'oscillation quasi-biennale, El Niño - Oscillation australe, les éruptions volcaniques et les oscillations océaniques multidécennales. Toutefois, les tendances et les changements à long terme du climat hivernal devraient être compatibles avec une influence solaire significative.

L'un des débats les plus intéressants du 21e siècle dans le domaine de la science du climat concerne la relation entre l'amplification de l'Arctique et l'apparition de phénomènes météorologiques hivernaux extrêmes dans les latitudes moyennes. Depuis 1997, les températures hivernales de l'Arctique ont connu un réchauffement de plus en plus rapide par rapport à la moyenne mondiale (fig. 68a). Au cours de la même période, les températures hivernales terrestres dans l'est de l'Amérique du Nord et dans l'est de l'Eurasie ont connu un réchauffement minime, coïncidant avec une augmentation de la fréquence des phénomènes météorologiques hivernaux violents. Cette divergence entre les tendances des températures de l'Arctique et des latitudes moyennes a intrigué les scientifiques car elle n'était pas prévue par les modèles climatiques. Comme le soulignent les auteurs d'une étude, « *il s'agit là de la preuve observationnelle la plus solide à ce jour qu'un mécanisme non comptabilisé a compensé le réchauffement forcé par les gaz à effet de serre dans les latitudes moyennes de l'hémisphère Nord* ».[316] Ce mécanisme non pris en compte est le forçage solaire indirect, la Cendrillon des études climatiques. Il effectue une grande partie du travail en coulisses, reste invisible pour la plupart des gens et ne reçoit aucune reconnaissance.

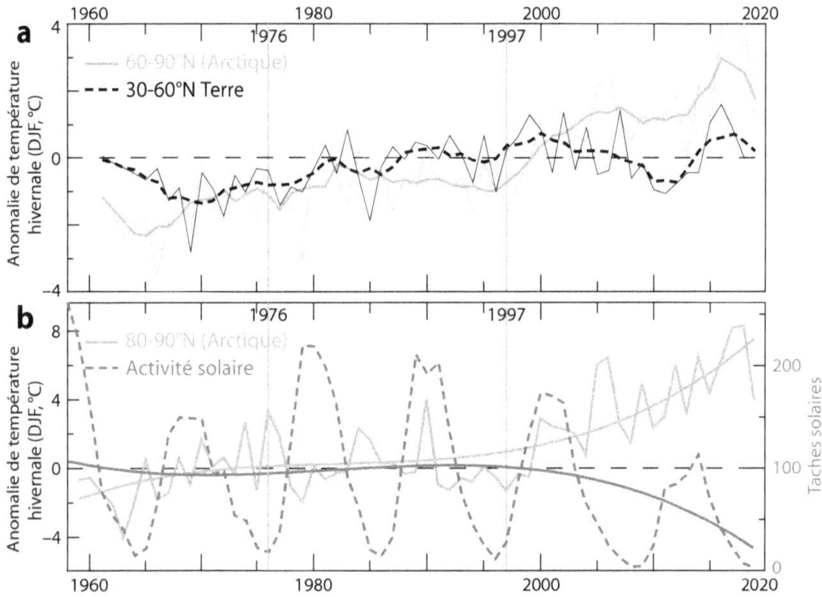

Figure 68. Réchauffement récent de l'Arctique et activité solaire. a) Tendances divergentes des températures hivernales de l'Arctique (ligne continue gris) et des températures terrestres hivernales des latitudes moyennes (ligne en tirets noires) depuis 1997. b) Tendances opposées des températures hivernales de l'Arctique (ligne continue grise) et de l'activité solaire (ligne en tirets gris foncé).[317]

Pour découvrir la Cendrillon cachée des études climatiques, nous pouvons nous tourner vers l'une de ses pantoufles de verre révélatrices : les températures hivernales de l'Arctique. Si nous examinons les tendances depuis 1960, nous constatons un contraste évident entre les températures hivernales de l'Arctique et l'activité solaire (fig. 68b). Elles ont suivi des trajectoires opposées, et leur divergence a été particulièrement prononcée depuis 1997. L'activité solaire a diminué de manière significative au cours de cette période, alors que le réchauffement de l'Arctique a considérablement augmenté.

---

[316] Cohen, J., et al, 2020. Nat. Clim. Change, 10 (1), pp.20-29.
  doi.org/10.1038/s41558-019-0662-y
[317] Données sur les températures arctiques fournies par l'Institut météorologique danois.
  ocean.dmi.dk/arctic/meant80n_anomaly.uk.php Données solaires de SILSO.
  www.sidc.be/SILSO/home

En outre, la période précédente de fort réchauffement de l'Arctique dans les années 1920 (fig. 53, chap. 34) a coïncidé avec une période de faible activité solaire, le maximum solaire moderne n'ayant commencé qu'en 1935 environ.

Les données paléoclimatiques fournissent des preuves convaincantes que la relation inverse entre l'activité solaire et le climat arctique n'est pas une coïncidence limitée à deux périodes isolées au cours des cent dernières années. Les résultats de deux carottes sont particulièrement révélateurs. L'une, située près du golfe de l'Alaska dans la trajectoire des tempêtes du Pacifique Nord, fournit une approximation de la température, tandis que l'autre, située dans la mer des Tchouktches, fournit une approximation de la couverture de glace de mer.[318] Les deux carottes sont sensibles au transport de chaleur vers le pôle depuis l'Arctique via le passage de Béring. La figure 69 compare les données de ces mesures indirectes avec l'activité solaire à partir d'une reconstruction couvrant les 800 dernières années.[319]

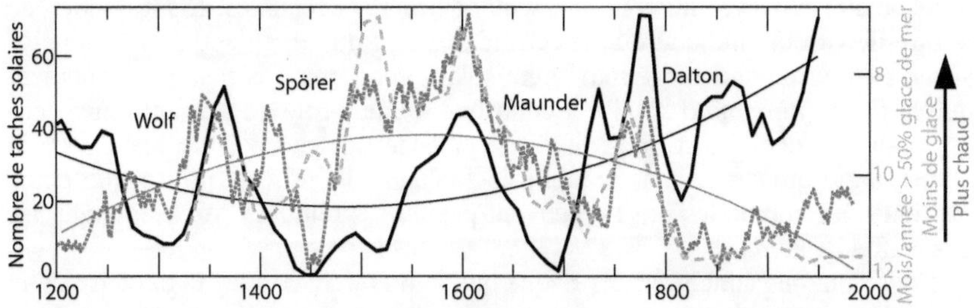

Figure 69 Relation entre le soleil et le climat le long du passage de Béring pendant le petit âge glaciaire. Les données sur l'activité solaire sont représentées par une ligne noire continue avec une régression quadratique (ligne noire fine). Les données sur la température des carottes de glace de l'Alaska sont représentées par une ligne pointillée gris foncé avec une régression quadratique (ligne grise fine). La ligne grise en tirets représente les données inversées de la calotte glaciaire de la mer des Tchouktches. Les noms correspondent aux minima solaires.

La relation entre les deux indicateurs climatiques et l'activité solaire est claire, mais l'effet est à l'opposé de ce que l'on pourrait attendre. Lorsque l'activité solaire a diminué jusqu'au minimum de Spörer, on a observé une tendance significative au réchauffement et une diminution importante de la couverture de glace de mer dans la région de l'Alaska. Des données indirectes indiquent que vers 1500, la région de l'Alaska a connu des températures beaucoup plus chaudes et que la mer des Tchouktches était beaucoup moins recouverte de glace de mer qu'aujourd'hui. Toutefois, après 1700, lorsque l'activité solaire a commencé à augmenter, on a observé un refroidissement important et une augmentation de la couverture de glace de mer.

L'explication la plus simple du réchauffement de cette région pendant le petit âge glaciaire, alors que la majeure partie de la planète se refroidissait, est qu'une quantité importante de chaleur provenant de l'océan Pacifique a été transportée à travers cette région jusqu'à l'Arctique. La région des hautes latitu-

---

[318] Porter, S.E., et al, 2019. J. Geophys. Res. Atmos. 124 (20), pp.10784-10801. doi.org/10.1029/2019JD031023.

[319] Wu, C.J., et al, 2018. Astron. Astrophys. 615, p.A93. doi.org/10.1051/0004-6361/201731892.

des est devenue anormalement chaude en raison d'un important afflux de chaleur en provenance du sud.

Une autre étude apporte des preuves convaincantes que les températures anormalement basses enregistrées au Groenland entre les années 1970 et le début des années 1990 ont été provoquées par le maximum solaire moderne.[320] D'éminents chercheurs en paléoclimatologie ont reconstitué les modèles de température du Groenland au cours des derniers millénaires et les ont comparés aux reconstructions de température de l'hémisphère nord. Les résultats corroborent les conclusions précédentes selon lesquelles la variabilité solaire au cours des 4 000 dernières années est corrélée à d'importantes anomalies de température opposées au Groenland. En d'autres termes, lorsque l'activité solaire a diminué (augmenté), le Groenland a connu un réchauffement (refroidissement).

Il est surprenant de constater que les auteurs n'ont pas établi de lien évident entre le réchauffement récent du Groenland depuis 1997 et la réduction de l'activité solaire observée au cours des deux dernières décennies. Étant donné que le titre de l'article indique que le refroidissement du Groenland à la fin du 20ᵉ siècle a été provoqué par le maximum solaire moderne, il s'ensuit logiquement que la fin du maximum solaire a contribué à une partie du réchauffement observé au 21ᵉ siècle. Cet oubli met en évidence une perspective biaisée de la climatologie moderne, dans laquelle le forçage solaire n'est utilisé que pour expliquer les anomalies qui ne peuvent pas être expliquées par le forçage des gaz à effet de serre.

Nous pouvons conclure sans risque que la première pantoufle de verre de la variabilité solaire, la Cendrillon des études climatiques, lui convient parfaitement. L'effet de gardien de l'activité solaire sur le transport de la chaleur a eu une influence majeure sur les températures de l'Arctique au cours des 4 000 dernières années. Aujourd'hui encore, il reste le principal moteur du climat dans la région.

Preuves de l'effet climatique de l'activité solaire (II).

Météorologie hivernale extrême aux latitudes moyennes

La deuxième pantoufle de verre de la Cendrillon du climat résout le débat scientifique mentionné ci-dessus : la divergence des tendances des températures hivernales entre l'Arctique et les latitudes moyennes, que les modèles climatiques n'ont pas su prévoir. Il n'est pas facile de comprendre pourquoi il s'agit d'un problème. Lorsque l'Arctique se réchauffe en hiver, cela signifie qu'il y a un afflux d'air chaud. Par conséquent, l'air froid déplacé par cet air plus chaud doit se déplacer vers les latitudes moyennes, ce qui entraîne des hivers plus froids dans ces régions. Pourquoi ce phénomène déconcerte-t-il les scientifiques ?

Leur confusion est due à une confiance excessive dans les modèles climatiques qui manquent de propriétés essentielles liées au transport de chaleur, ce qui les empêche de fournir une explication correcte. Ces modèles n'interprètent pas l'amplification arctique comme un phénomène de transport de chaleur. Par conséquent, les scientifiques cherchent des réponses dans les conséquences involontaires de la perte de glace de mer ou dans les liens possibles avec la

---

[320] Kobashi, T., et al. 2015. Geophys. Res. Lett. 42 (14), pp.5992-5999. doi.org/10.1002/2015GL064764. doi.org/10.1002/2015GL064764.

stratosphère, plutôt que de reconnaître les implications plus évidentes de la redistribution de la chaleur.

Selon l'hypothèse du gardien d'hiver, une baisse significative de l'activité solaire devrait affaiblir le vortex polaire, entraînant un réchauffement hivernal dans l'Arctique et un refroidissement hivernal dans les latitudes moyennes. Or, c'est exactement ce que les chercheurs ont observé. L'Arctique s'est réchauffé, tandis que les latitudes moyennes de l'hémisphère nord ont connu une fréquence plus élevée de froids hivernaux extrêmes depuis 1997, preuve de l'influence du soleil sur notre climat. La modification de la fréquence des hivers froids aux latitudes moyennes est la deuxième pantoufle de verre de notre histoire de Cendrillon climatique.

La figure 70 montre le pourcentage de la surface terrestre entre 20°N et 50°N qui a connu des mois d'hiver plus froids qu'un écart-type par rapport à la moyenne 1951-1980 (ligne noire).[321] Avec le début du réchauffement climatique en 1976, la fréquence des hivers froids a nettement diminué. Cette diminution est compatible à la fois avec l'hypothèse de l'effet renforcé du CO_2 et avec le faible régime de transport de l'hypothèse du gardien d'hiver entre 1976 et 1997. Ces deux hypothèses sont susceptibles d'avoir joué un rôle dans ce phénomène.

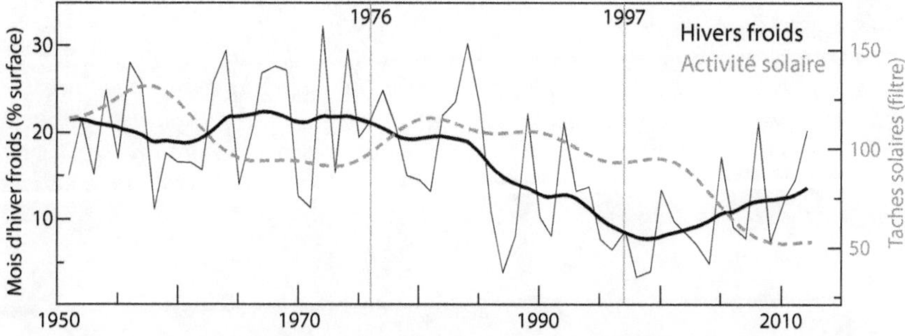

Figure 70. Activité solaire et fréquence des hivers froids. La ligne noire montre le pourcentage de terres avec un hiver froid dans les latitudes moyennes de l'hémisphère nord. La ligne en tirets gris est un lissage gaussien du nombre de taches solaires.

Cependant, depuis 1998, la fréquence des hivers froids a augmenté et seule l'hypothèse du gardien d'hiver offre une explication plausible à ce phénomène. Plusieurs facteurs peuvent influencer le transport de chaleur vers les pôles, mais il existe une corrélation évidente lorsque l'on compare la fréquence des hivers froids dans les latitudes moyennes avec l'activité solaire. La figure 70 montre la variabilité inter-décennale de l'activité solaire en lissant le nombre de taches solaires (représenté par la ligne en tirets gris). On observe que lorsque l'activité solaire augmente ou diminue rapidement à l'échelle interdécennale, la fréquence des hivers froids suit une tendance opposée. Cette corrélation frappante fait apparaître les deux courbes principales de la figure 70 comme des reflets déformés l'une de l'autre. La corrélation inverse n'est pas plus précise car d'autres facteurs contribuent à la tendance climatique.

---

[321] Cohen, J., et al. 2014. Nat. Geosci. 7 (9), pp.627-637. doi.org/10.1038/NGEO2234

En conclusion, nous pouvons affirmer que la deuxième pantoufle de verre de la variabilité solaire, la Cendrillon du climat, est également parfaitement adaptée. En effet, l'effet de gardien de l'activité solaire sur le transport de la chaleur a influencé la fréquence des hivers froids dans les latitudes moyennes de l'hémisphère nord, et cette influence se poursuit.

Avec ses deux petites pantoufles de verre, cette Cendrillon peut danser. L'effet du soleil sur le climat n'est pas celui que nous imaginions, mais il est très important pour le changement climatique.

En bref

L'activité solaire est responsable de l'altération de la stratosphère, ce qui affecte la propagation des ondes planétaires. Ces ondes transportent une grande quantité d'énergie et de moment angulaire qui, lorsqu'elles atteignent le vortex polaire, l'affaiblissent et permettent à plus de chaleur d'atteindre l'Arctique pendant l'hiver. Ce phénomène est accentué lorsque l'activité solaire est faible, comme c'est le cas depuis quelques décennies. Par conséquent, l'apport accru de chaleur entraîne un réchauffement de l'Arctique et une expulsion de l'air polaire froid, ce qui se traduit par une fréquence plus élevée d'épisodes hivernaux extrêmement froids aux latitudes moyennes de l'hémisphère Nord. Bien que ces changements aient été observés récemment, ils n'ont pas été attribués à une diminution de l'activité solaire. L'augmentation inattendue de la fréquence des épisodes hivernaux extrêmement froids a surpris les scientifiques, car elle n'était pas prévue par les modèles climatiques. Cependant, la relation inverse entre l'activité solaire et les températures arctiques persiste depuis au moins 4 000 ans, comme l'indiquent les proxys climatiques. Elle ne peut s'expliquer que par le mécanisme de transport de chaleur variable qui réagit à l'activité solaire.

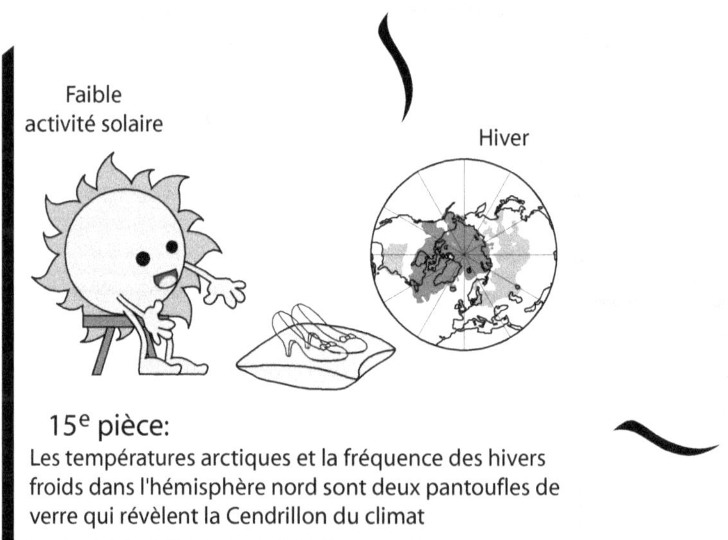

15ᵉ pièce:
Les températures arctiques et la fréquence des hivers froids dans l'hémisphère nord sont deux pantoufles de verre qui révèlent la Cendrillon du climat

CHAPITRE 43
LE TRANSPORT DE CHALEUR MODIFIE LE BUDGET ÉNERGÉTIQUE

L'hypothèse du gardien d'hiver propose que les changements dans la quantité de chaleur transportée vers l'Arctique pendant l'hiver jouent un rôle important dans le changement climatique. Cette hypothèse a été étayée par trois éléments principaux. Premièrement, les changements dans le transport de la chaleur affectent la distribution de l'énergie, comme l'indiquent les différentes tendances de température à différentes latitudes dues aux changements dans la force des vortex. Deuxièmement, ces changements affectent le schéma des émissions infrarouges, comme le montre l'analyse du rayonnement sortant de grande longueur d'onde dans l'Arctique. Enfin, la modification du schéma d'émission entraîne des changements dans le budget énergétique de la planète, comme le montrent les changements dans le déséquilibre énergétique de la Terre et le taux de réchauffement des océans. Par conséquent, l'hypothèse du gardien d'hiver est une explication viable du changement climatique.

Faisabilité de l'hypothèse du gardien d'hiver

La première partie de l'ouvrage se compose de 16 chapitres qui examinent les processus par lesquels la planète acquiert son énergie, la fait circuler dans le système climatique et la renvoie dans l'espace. Ce sujet peut sembler peu passionnant pour beaucoup, mais il s'agit d'une base fondamentale pour comprendre le changement climatique. Il est essentiel de comprendre la dynamique énergétique, car toute hypothèse visant à expliquer le changement climatique doit tenir compte des changements énergétiques nécessaires. En général, le climat mondial ne peut pas subir de changements substantiels sans changements correspondants dans l'énergie qu'il contient. Les changements énergétiques doivent donc être compatibles avec les prévisions du scénario.

C'est pourquoi aucune alternative crédible à l'hypothèse de l'effet renforcé du CO_2 n'a émergé depuis les années 1960. La théorie orbitale des glaciations de Milankovitch explique les changements énergétiques à l'origine du cycle glaciaire, mais les changements orbitaux graduels ne suffisent pas à expliquer les changements climatiques substantiels qui se produisent en l'espace de quelques siècles. Certaines alternatives proposées ne présentent pas les changements énergétiques nécessaires, tandis que d'autres ne sont pas encore étayées par les preuves disponibles.

Le gardien d'hiver est une hypothèse thermodynamique axée sur le transport de chaleur au sein du système climatique. Elle est étayée par la preuve que les changements dans le transport de la chaleur affectent directement le contenu énergétique de la planète. J'ai examiné des milliers d'articles scientifiques à la recherche de preuves qui rendraient l'hypothèse irréalisable ou incompatible avec nos connaissances sur la façon dont le climat a évolué dans le passé ou évolue actuellement. Toutefois, ces efforts ont été vains, ce qui souligne la solidité de l'hypothèse et sa capacité à expliquer de manière exhaustive les changements climatiques passés.

Les changements dans le transport modifient la distribution de l'énergie

Tout au long de cet ouvrage, nous avons passé en revue de nombreuses sources de données indiquant le rôle des oscillations océaniques multidécennales dans la formation des régimes climatiques et le déclenchement de décalages abrupts. Ces oscillations reflètent des changements dans les conditions de transport de la chaleur, comme le montrent les résultats examinés aux chapitres 13 (fig. E9), 17 (fig. 26 et 27), 19 (fig. 30 et 31), 31-33 (fig. 48, 50 et 51), 37 (fig. 58), 39 (fig. 61), 40 (fig. 64) et 42 (fig. 68 et 70).

La disparité remarquable des taux de réchauffement à différentes latitudes dans l'hémisphère nord constitue une preuve supplémentaire de ce concept. Un contraste marqué est observé entre le régime de faible transport de 1976 à 1997 et le régime de fort transport qui a suivi depuis 1997. Cette disparité est illustrée par la figure 71a, qui montre les différentes tendances des températures de surface et de la basse troposphère à différentes latitudes pour une période de faible transport (1985-1997) et une période de fort transport (2002-2013). Les auteurs de l'étude ont appelé ces périodes respectivement « régime pré-hiatus » et « régime hiatus », le hiatus étant le nom scientifique de la pause.[322]

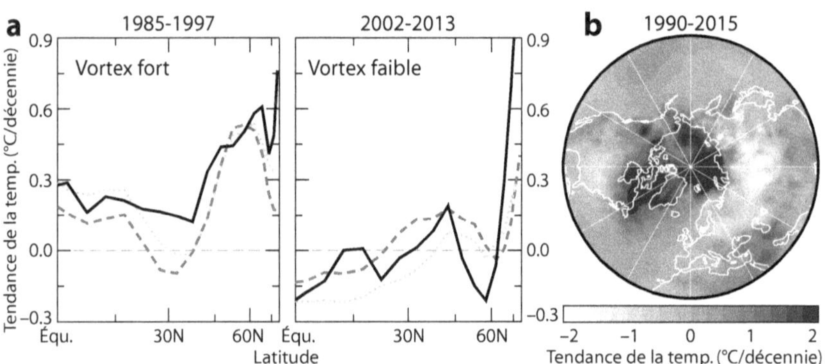

Figure 71. Les changements dans le transport de la chaleur modifient sa distribution. a) Tendances de la température de surface et de la basse troposphère en fonction de la latitude pour deux périodes. La ligne noire continue correspond aux données de température de surface, tandis que les lignes pointillées gris foncé et clair représentent deux données satellitaires de la basse troposphère.[323] L'axe horizontal est proportionnel au sinus de la latitude pour refléter le rapport surface/latitude. b) Tendances de la température de surface en hiver pour une période au cours de laquelle la plupart des années présentaient une configuration de vortex faible.

Compte tenu de la quantité constante d'énergie solaire reçue à une latitude donnée d'une année à l'autre, il est évident que les grandes variations de tempé-

---

[322] Gleisner, H., et al, 2015. Geophys. Res. Lett. 42 (2), pp.510-517. doi.org/10.1002/2014GL062596.

[323] La ligne noire correspond aux données HadCRUT4. La ligne en tirets correspond aux données UAH. La ligne pointillée gris clair correspond aux données RSS.

rature observées sont principalement dues à des différences dans le transport de la chaleur. Pendant les périodes de fort vortex polaire et de faible transport, moins de chaleur est transportée au nord de 60°N, ce qui entraîne un réchauffement plus important aux moyennes et basses latitudes au sud du vortex polaire. Inversement, pendant les périodes de vortex polaire faible et de transport élevé, davantage de chaleur est transportée vers les pôles, ce qui entraîne un réchauffement plus important dans l'Arctique. Toutefois, cette augmentation du transport entraîne également un refroidissement notable aux latitudes moyennes en raison de l'échange de masses d'air avec les latitudes plus élevées.

Une autre étude donne un aperçu précieux de l'influence du vortex polaire sur les tendances de température et l'occurrence de froid extrême qui en résulte dans les latitudes moyennes.[324] La figure 71b de cette étude fournit une représentation visuelle mettant en évidence les régions où les différentes tendances des températures hivernales se manifestent pendant une période de vortex polaire faible et de transport élevé. En particulier, les résultats révèlent un phénomène intéressant dans lequel l'air arctique froid est poussé vers l'Eurasie et l'est de l'Amérique du Nord. Ce phénomène peut être attribué à l'afflux d'air chaud et humide dans l'Arctique en provenance des bassins océaniques et de l'ouest de l'Amérique du Nord.

Sur la base des observations, on peut conclure que les changements dans le transport de chaleur vers les pôles affectent de manière significative la distribution de la chaleur au sein du système climatique, entraînant des tendances distinctes en matière de température. Ces différences dans la distribution de la chaleur sont particulièrement évidentes en hiver et sont étroitement liées aux variations de la force des vortex.

Le changement dans la distribution de la chaleur modifie les émissions de rayonnement sortant.

Lorsque l'Arctique a commencé à se réchauffer en 1997, il a logiquement connu une augmentation du rayonnement infrarouge sortant. La figure 72 présente les données du rayonnement sortant de grande longueur d'onde dans la zone 70-90°N, au sommet de l'atmosphère, et son analyse est très révélatrice.[325]

L'éruption du mont Pinatubo en 1991 a entraîné une diminution temporaire des émissions. Ceci est cohérent avec l'effet de renforcement des éruptions volcaniques sur le vortex polaire boréal, qui a provoqué un hiver chaud dans les latitudes moyennes boréales et un hiver froid dans l'Arctique après l'éruption, comme nous l'avons vu au chapitre 25.

Depuis 1997, cependant, une tendance notable à l'augmentation des émissions infrarouges de l'Arctique est apparue. Bien que les émissions soient les plus élevées en été, lorsque l'Arctique reçoit le plus de lumière solaire, l'augmentation des émissions pendant la saison froide a été plus prononcée. Il en résulte une réduction de la saisonnalité. Dans cet ouvrage, cette période d'augmentation brusque du transport de chaleur, en particulier pendant la saison froide, est désignée sous le nom de « décalage arctique ». Le phénomène est également évident dans le transport de chaleur à travers l'océan vers la région arctique (fig. 27, chap. 17).

---

[324] Kretschmer, M., et al, 2018. Bull. Amer. Meteor. Soc. 99 (1), pp.49-60.
   doi.org/10.1175/BAMS-D-16-0259.1
[325] Données de l'explorateur KNMI climexp.knmi.nl/select.cgi?=field=noaa_olr

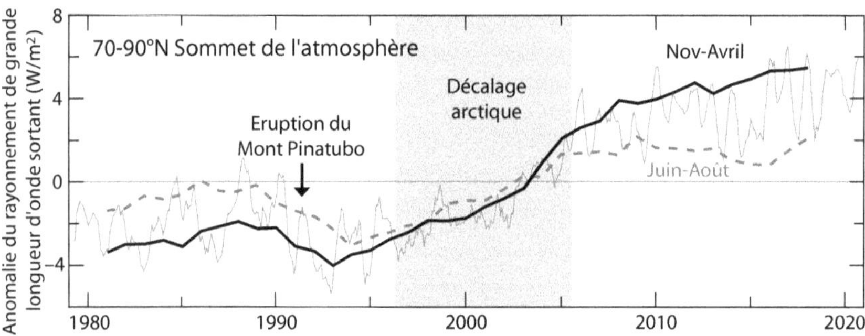

Figure 72. Variation du rayonnement sortant de grande longueur d'onde dans la région arctique. La ligne fine est une moyenne mobile sur 7 mois. La ligne noire est une moyenne sur 5 ans des valeurs de la saison froide. La ligne grise en tirets est une moyenne sur 5 ans des valeurs estivales.

Le décalage arctique a eu un impact significatif, entraînant une augmentation remarquable de 8 W/m² des émissions infrarouges vers l'espace pendant la saison froide et environ la moitié de cette quantité pendant l'été. La figure 71b montre que la zone affectée couvre environ 10 % de l'hémisphère nord, soulignant la redistribution significative de l'origine des émissions sortantes causée par le décalage arctique.

Le changement des émissions modifie le budget énergétique global

Comme nous l'avons souligné tout au long de cet ouvrage, les régions polaires ont un effet de serre très faible en hiver par rapport au reste de la planète. Cela est dû aux niveaux extrêmement faibles de vapeur d'eau dans l'atmosphère polaire froide, la vapeur d'eau et les nuages représentant environ 75 % de l'effet de serre.[326] Même pour une température moyenne globale de surface donnée, l'origine des émissions est déterminante. Si davantage d'émissions proviennent de l'Arctique en hiver, l'énergie totale émise par la planète augmente. En effet, ces émissions proviennent de plus basses altitudes et l'atmosphère polaire est moins opaque au passage du rayonnement infrarouge.

L'augmentation du transport de chaleur vers l'Arctique en hiver a un effet similaire à celui d'une forte réduction du CO_2 atmosphérique, car elle facilite l'évacuation du rayonnement infrarouge vers l'espace. Cependant, l'effet est beaucoup plus important car l'effet de serre dans l'Arctique en hiver est inférieur à la moitié de celui des tropiques, alors qu'une réduction de moitié (ou un doublement) des niveaux de CO_2 ne modifierait l'effet de serre que de quelques pourcents. Ce changement affecte directement le budget énergétique de la planète et constitue un déterminant méconnu du changement climatique, exerçant une influence non comptabilisée.

Entre 1976 et 1997, la tendance inverse s'est produite. L'Arctique a connu une diminution du transport de chaleur en hiver, ce qui a entraîné une réduction de la perte d'énergie à travers la grande fenêtre d'émission infrarouge offerte

---

[326] Schmidt, G.A., et al, 2010. J. Geophys. Res. Atmos. 115 (D20). doi.org/10.1029/2010JD014287

par l'atmosphère arctique pendant cette saison. Par conséquent, une part importante du réchauffement observé au cours des dernières décennies est due à des facteurs naturels et ne peut être attribuée aux seules émissions humaines et aux aérosols.

Il existe des preuves irréfutables que le décalage arctique en 1997 a modifié le budget thermique global. Une étude récente montre une diminution du déséquilibre énergétique de la Terre depuis 2000 (fig. 73, ligne noire).[327] Bien que le déséquilibre reste positif, ce qui indique un réchauffement continu, le rythme s'est ralenti au fil du temps. Les auteurs ont été surpris par cette diminution du déséquilibre énergétique, compte tenu de la poursuite des émissions de GES. Pour valider leurs conclusions, ils ont examiné plus avant l'évolution du taux de réchauffement des océans au fil du temps, en utilisant les variations du contenu thermique des océans comme mesure alternative du déséquilibre énergétique (chap. 6). L'analyse a révélé une transition dans le comportement des océans au cours du décalage arctique, d'une tendance au réchauffement plus rapide à une tendance plus lente (fig. 73, ligne en tirets gris). La concordance de ces sources de données indépendantes a renforcé la confiance des auteurs dans leurs résultats et apporte un soutien solide à l'hypothèse du gardien d'hiver.

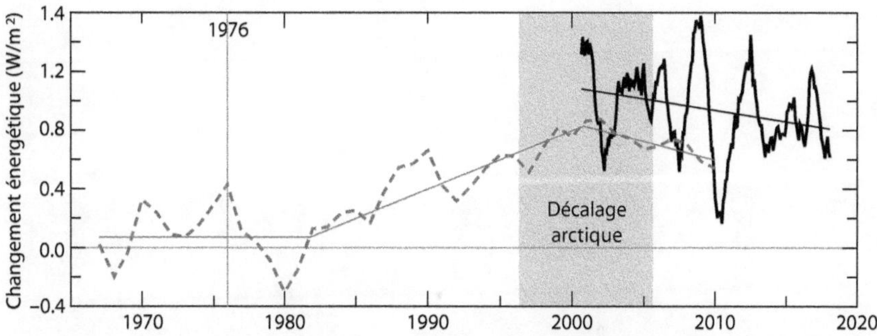

Figure 73. Évolution du déséquilibre énergétique de la Terre et du taux de réchauffement des océans au fil du temps. Les données relatives au déséquilibre énergétique (ligne noire) correspondent à une moyenne mobile sur 12 mois, et les données relatives au réchauffement des océans (ligne en tirets gris) correspondent à une moyenne sur 10 ans.

L'hypothèse du gardien d'hiver permet d'expliquer deux questions qui se posent depuis longtemps en climatologie : l'influence de l'activité solaire sur le climat et l'ampleur des facteurs naturels contribuant au réchauffement récent. Ce faisant, elle apparaît comme une hypothèse plus complète que l'hypothèse de l'effet renforcé du CO_2, démontrant une capacité supérieure à expliquer les variations climatiques passées et présentes.

En bref

Les changements persistants dans la quantité de chaleur transportée vers l'Arctique pendant l'hiver ont des implications considérables pour la distribution de la chaleur, l'évolution des températures en fonction de la latitude, les émissions infrarouges de l'Arctique et le budget énergétique global de la pla-

---

[327] Dewitte, S., et al, 2019. Remote Sens. 11 (6), p.663. doi.org/10.3390/rs11060663

nète. Ces changements dans le transport de la chaleur révèlent un déterminant naturel du changement climatique qui a été négligé et sous-estimé. En hiver, l'atmosphère arctique est une fenêtre plus transparente pour les émissions infrarouges, ce qui permet à la chaleur de s'échapper plus facilement de la planète. La diminution du transport de chaleur vers l'Arctique entre 1976 et 1997 a entraîné un réchauffement de la planète, la Terre retenant davantage de chaleur. À l'inverse, l'augmentation du transport de chaleur vers l'Arctique depuis 1997 a entraîné un réchauffement de la région et un ralentissement du réchauffement de la planète. Ces résultats soulignent l'importance de la composante naturelle du changement climatique, qui n'a pas été suffisamment prise en compte dans les rapports du GIEC ou par la plupart des climatologues.

SECTION 12 QUESTIONS CLÉS

L'activité solaire régule la température de la stratosphère polaire, la circulation atmosphérique hivernale et la rotation de la planète. Elle le fait en modifiant la propagation des ondes planétaires qui affectent la force des vortex polaires. Ce mécanisme de modulation solaire est à l'origine d'une relation inverse entre l'activité solaire et les températures arctiques depuis 4 000 ans. Il régule la fréquence des hivers extrêmement froids dans les latitudes moyennes de l'hémisphère nord.

Selon l'hypothèse du gardien d'hiver, les changements dans le transport de la chaleur affectent la distribution de l'énergie, comme l'indiquent les différentes tendances de la température à différentes latitudes en raison des changements dans la force du vortex. Ces changements affectent le schéma des émissions infrarouges, comme le montre l'analyse du rayonnement sortant de grande longueur d'onde dans l'Arctique. La modification du schéma d'émission entraîne des changements dans le budget énergétique de la planète, comme l'indiquent les changements dans le déséquilibre énergétique de la Terre et le taux de réchauffement des océans.

PARTIE IV. UNE MEILLEURE HYPOTHÈSE

SECTION 13 : EXPLIQUER LE CHANGEMENT CLIMATIQUE DANS LE PASSÉ

CHAPITRE 44
RÉSOUDRE LES ÉNIGMES CLIMATIQUES DU PASSÉ LOINTAIN

L'hypothèse du gardien d'hiver a un pouvoir explicatif considérable pour les énigmes climatiques du passé. Les climats de l'Oligocène et du Miocène sont particulièrement difficiles à expliquer. La majeure partie de la baisse du CO_2 au cours des 50 derniers millions d'années s'est produite pendant l'Oligocène, lorsque les niveaux sont tombés de 800 à 300 ppm. Malgré cette baisse remarquable des niveaux de CO_2, l'Oligocène s'est terminé par une période de réchauffement prolongée de 2,5 millions d'années dans un monde considérablement plus chaud qu'aujourd'hui. Cette tendance au réchauffement et cette baisse du CO_2 ont coïncidé avec l'émergence progressive du courant circumpolaire antarctique, qui a réduit le transport de chaleur et d'humidité vers le pôle Sud. L'hypothèse du gardien d'hiver suggère que cette réduction a entraîné le refroidissement de l'Antarctique alors que le reste du monde se réchauffait. En créant des eaux de fond antarctiques extrêmement froides, le courant circumpolaire antarctique a également séquestré du CO_2.

La Terre a connu sa phase la plus chaude depuis 34 millions d'années au cours de l'optimum climatique du Miocène, malgré des niveaux de CO_2 comparables à ceux d'aujourd'hui. Cette période peut être attribuée à la culmination des effets de réchauffement résultant de la réduction des pertes de chaleur dans la région polaire austral. Mais elle a pris fin lorsque des changements géographiques et orographiques ont augmenté la perte de chaleur dans la région polaire boréale. Ce changement a déclenché une tendance au refroidissement global à long terme qui a duré jusqu'à la fin du dernier maximum glaciaire, il y a environ 20 000 ans.

La marque d'une bonne hypothèse

Au chapitre 35, nous avons appris ce que sont les hypothèses scientifiques. Il s'agit de propositions provisoires basées sur des observations et étayées par certaines des preuves disponibles. Dans les cas où l'expérimentation n'est pas possible, les hypothèses sont testées par rapport à des preuves non examinées auparavant ou à de nouvelles preuves. La force d'une hypothèse réside dans son pouvoir explicatif, qui peut être mesuré par plusieurs facteurs. Une hypothèse a un pouvoir explicatif élevé lorsqu'elle explique un grand nombre de faits, clarifie des observations déroutantes, a un fort pouvoir prédictif, s'appuie moins sur l'autorité et plus sur les observations empiriques, émet un minimum d'hypothèses et est facilement falsifiable.

Selon ce critère, l'hypothèse du gardien d'hiver surpasse l'hypothèse de l'effet renforcé du CO_2. Cette nouvelle hypothèse est présentée comme une explication thermodynamique solide des preuves du rôle des changements observés dans le transport de la chaleur dans le changement climatique. Étonnamment, elle permet également de réconcilier l'effet paléoclimatique important des changements de l'activité solaire (tel qu'indiqué par les proxys) avec l'effet comparativement faible observé par les instruments modernes. Le principe d'uniformitarisme stipule que les processus se produisent de la même manière et avec la même intensité dans le passé et dans le présent. Le mécanisme proposé par lequel l'activité solaire affecte le climat fonctionne par le biais de changements de l'ozone induits par les UV, de la modulation des ondes planétaires et de la force des vortex polaires, modifiant ainsi le transport méridien de la chaleur. Reconnaissant que le transport méridien de chaleur et la force des vortex sont des caractéristiques climatiques fondamentales influencées par de multiples facteurs, l'hypothèse a été élargie pour inclure tous les facteurs contributifs, appelés « gardiens ».

Soudain, l'hypothèse a acquis un pouvoir explicatif impressionnant, offrant des explications convaincantes pour une variété de phénomènes climatiques. Elle a permis de mettre en lumière des événements tels que le petit âge glaciaire (chap. 27) et l'augmentation des hivers froids dans l'hémisphère nord depuis 1997. Des résultats surprenants, tels que la simultanéité de la pause du réchauffement planétaire de 1998-2014 et de l'amplification arctique, deviennent plus clairs et plus compréhensibles à travers le prisme de cette hypothèse. En outre, de nombreuses énigmes climatiques qui n'avaient pas été prises en compte lors de l'élaboration de l'hypothèse ont été facilement résolues grâce aux informations qu'elle fournit. Cela a renforcé ma confiance dans la véracité essentielle de l'hypothèse. Dans les trois prochains chapitres, nous examinerons comment l'hypothèse explique plusieurs cas de changement climatique qui remettent en question les explications alternatives.

La période chaude de l'Oligocène supérieur

Au cours de l'Éocène inférieur, il y a environ 50 millions d'années, la Terre a connu un climat de four. Cependant, à cette époque, les températures globales ont entamé une longue tendance à la baisse qui a culminé avec l'ère glaciaire du Cénozoïque supérieur. Les causes exactes de cette baisse de température restent incertaines. Une hypothèse plausible, cependant, est qu'elle est due à l'émergence progressive d'un passage entre l'Atlantique et l'Arctique.[328] Cette interprétation est conforme aux principes de l'hypothèse du gardien d'hiver et est examinée en détail au chapitre 20.

Lorsque la planète s'est refroidie, les régions polaires ont subi une baisse de température plus importante, ce qui a entraîné une réduction de l'effet de serre pendant l'hiver. Cela a créé une boucle de rétroaction positive qui a conduit à une augmentation de la perte d'énergie de la planète et à un refroidissement supplémentaire. À l'époque, l'Antarctique était très proche de l'Amérique du Sud et de l'Australie, seules des eaux peu profondes les séparant. Cette proximité permettait aux courants chauds de se diriger vers l'Antarctique, apportant de la chaleur et augmentant la perte d'énergie (fig. 74a).

Au fur et à mesure que le refroidissement progressait, l'Antarctique a connu la formation de nappes glaciaires de haute altitude et a réagi plus fortement au forçage orbital. Dans le même temps, le continent a été physiquement séparé des autres masses terrestres par l'ouverture des passages de Drake et de Tasmanie. Ce changement géographique a ouvert la voie au développement du cou-

---

[328] Vahlenkamp, M., et al, 2018. Earth Planet. Sci. Let. 498, pp.185-195. doi.org/10.1016/j.epsl.2018.06.031.

rant circumpolaire antarctique, entraîné par l'effet de Coriolis agissant sur le vent et l'eau.

En se renforçant, le courant circumpolaire antarctique a bloqué l'afflux de chaleur en provenance des tropiques, ce qui a accentué le refroidissement de la région polaire austral. Il y a environ 34 millions d'années, l'Antarctique a atteint un point de non-retour qui a entraîné la formation d'une calotte glaciaire qui a recouvert le continent en moins d'un million d'années. C'est le début de l'Oligocène.

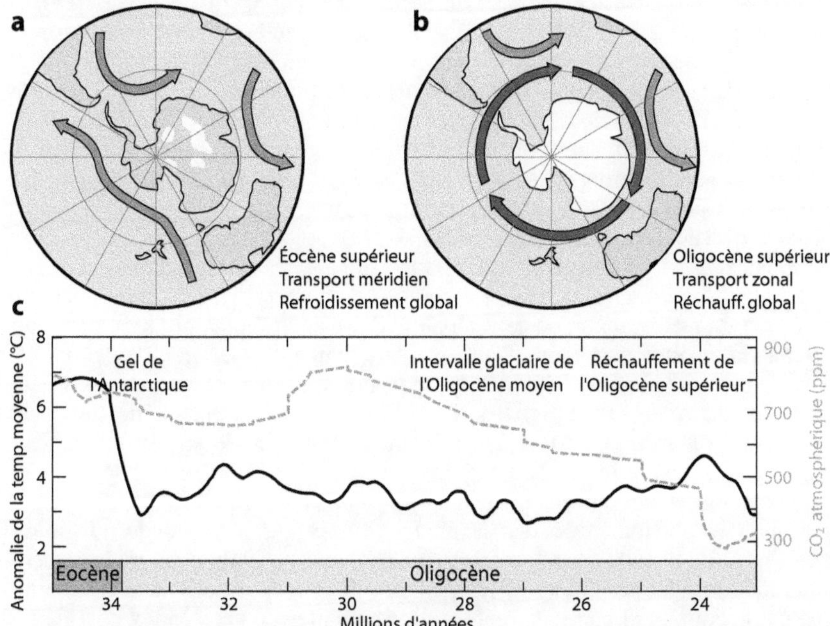

Figure 74. Explication du réchauffement climatique au cours de l'Oligocène. a) Au cours de l'Éocène supérieur, des courants d'eau chaude ont apporté de la chaleur et de l'humidité à l'Antarctique. b) Au cours de l'Oligocène supérieur, un courant circumpolaire antarctique bien développé a réduit l'apport de chaleur à l'Antarctique. c) Le développement du courant circumpolaire antarctique au cours de l'Oligocène a considérablement réduit les niveaux de CO_2 tout en favorisant le réchauffement climatique au cours de l'Oligocène supérieur.[329]

Le climat de cette époque de 11 millions d'années a été défini comme une énigme.[330] Les données disponibles suggèrent que l'Éocène n'a pas montré de tendance claire dans les niveaux de CO_2 (fig. E18, chap. 21). En revanche, l'Oligocène a connu une forte baisse du CO_2, responsable de la majeure partie de la baisse observée tout au long du Cénozoïque. Les niveaux ont chuté d'environ 800 à 300 ppm, c'est-à-dire que leur concentration a plus que diminué de

---

[329] Les données de la figure proviennent de Westerhold, T., et al, 2020. Science, 369 (6509), pp.1383-1387. doi.org/10.1126/science.aba6853 Les données sur le CO_2 ont été gracieusement fournies par T. Westerhold.

[330] O'Brien, C.L., et al, 2020. PNAS. 117 (41), pp.25302-25309. doi.org/10.1073/pnas.2003914117

moitié. Il est surprenant de constater que, malgré cette baisse du CO_2, les températures de cette période étaient supérieures de plusieurs degrés à celles d'aujourd'hui (fig. 74c). Pour compliquer l'interprétation, après une période froide connue sous le nom d'intervalle glaciaire de l'Oligocène moyen, qui a duré à partir de 28 à 26,5 millions d'années, la température a entamé une hausse irrégulière qui a duré environ 10 millions d'années, pour finalement aboutir à l'optimum climatique du Miocène moyen.

Ainsi, il y a environ 26,5 millions d'années, le climat est entré dans ce que l'on appelle le réchauffement de l'Oligocène supérieur. Cette période s'est étendue sur environ 2,5 millions d'années et a connu une augmentation remarquable de la température mondiale d'environ 2 °C, alors même que les niveaux de CO_2 diminuaient de moitié, passant de 600 à 300 ppm. Les climatologues ont eu du mal à comprendre cette phase de réchauffement car les modèles climatiques existants ne peuvent pas la reproduire. Pour compliquer encore les choses, malgré le réchauffement apparent des latitudes moyennes indiqué par les proxys terrestres et marins et les températures supérieures de plusieurs degrés à celles observées aujourd'hui, l'Antarctique est resté fortement englacé pendant le réchauffement de l'Oligocène supérieur.[331]

L'hypothèse du gardien d'hiver explique ce mystère. L'isolement climatique de l'Antarctique est dû au courant circumpolaire antarctique, qui réduit l'apport de chaleur et provoque le gel. Dans le même temps, l'isolation et le gel ont réduit les pertes d'énergie en limitant le transport de chaleur et les émissions d'infrarouges du continent le plus froid, ce qui a permis à la planète de conserver davantage d'énergie. Une fois que la planète s'est adaptée au refroidissement global provoqué par le gel d'un continent entier, elle a commencé à se réchauffer grâce au développement et au renforcement du courant circumpolaire antarctique. Ce phénomène résout le paradoxe apparent d'un monde qui se réchauffe à côté d'un Antarctique fortement englacé (fig. 74b). Malgré l'augmentation du gradient latitudinal de température, le transport de chaleur a été atténué par le courant circumpolaire, le mode annulaire sud et le vortex polaire. La diminution du transport de chaleur vers le pôle antarctique a probablement déclenché le réchauffement de la fin de l'Oligocène.

La formation de l'eau de fond de l'Antarctique, la masse d'eau la plus dense de la planète avec une température moyenne de 1,5 °C, peut être attribuée au développement du courant circumpolaire antarctique, extrêmement froid. Cette masse d'eau occupe les parties les plus profondes des océans reliés à l'océan Austral, en dessous de 4 000 m de profondeur. La formation de cette masse d'eau a probablement joué un rôle important dans la baisse des niveaux de CO_2 au cours de l'époque Oligocène. L'eau froide a une plus grande capacité à dissoudre le CO_2, ce qui conduit à sa séquestration dans l'océan profond. Ces connaissances remettent en question l'opinion dominante selon laquelle le CO_2 a été l'un des principaux moteurs du changement climatique tout au long du Cénozoïque. Par conséquent, elle explique comment la fin de l'Oligocène a connu un réchauffement malgré la diminution du CO_2 absorbé par l'océan.

---

[331] Hauptvogel, D.W., et al, 2017. Paleoceanography, 32 (4), pp.384-396.
    doi.org/10.1002/2016PA002972

L'optimum climatique du Miocène moyen

La tendance au réchauffement qui a débuté à la fin de l'Oligocène, il y a environ 26,5 millions d'années, a atteint son apogée dix millions d'années plus tard, lors de l'optimum climatique du Miocène, entre 16,9 et 14,7 millions d'années. À cette époque, les deux tiers du refroidissement survenu pendant la transition Éocène-Oligocène, marquée par la glaciation de l'Antarctique, avaient été inversés. Au cours de cette période climatique extraordinaire, la planète a connu des températures de 5 à 8 °C supérieures à celles d'aujourd'hui, avec des niveaux de CO_2 similaires, soit environ 400 ppm. C'est pourquoi les climatologues la considèrent comme une période énigmatique.[332]

Les modèles climatiques ne peuvent pas reproduire le gradient de température latitudinal observé au milieu du Miocène, caractérisé par des conditions chaudes dans les tropiques et les latitudes moyennes. Les modèles ont besoin d'un minimum de 800 ppm de CO_2 pour parvenir à cette représentation, ce qui indique qu'il leur manque environ la moitié du forçage nécessaire pour expliquer cet optimum climatique. Il est probable que le forçage manquant soit encore plus important, car le forçage CO_2 lui-même a tendance à être surestimé. Cette surestimation est due au fait que les modèles ne tiennent pas compte des effets du forçage solaire indirect, l'un des principaux moteurs du changement climatique. Le fait que les modèles ne tiennent pas compte de plus de la moitié du forçage nécessaire suggère que le transport méridien de chaleur, plutôt que le CO_2, est un facteur climatique plus important.

L'hypothèse du gardien d'hiver offre une explication possible au paradoxe du milieu du Miocène. Sur une période de 10 millions d'années, la planète a connu un réchauffement progressif dû à l'isolement climatique croissant de l'Antarctique, ce qui a facilité la conservation de l'énergie. Dans le même temps, les changements tectoniques évoqués au chapitre 20 ont progressivement modifié le schéma de circulation de la planète, qui est passé d'une prédominance zonale à une prédominance méridienne (fig. 33, chap. 20). Ce changement a favorisé la perte d'énergie au pôle opposé. Après l'optimum climatique du Miocène moyen, la perte d'énergie croissante dans l'Arctique a atteint un seuil critique, plaçant la planète sur une trajectoire vers une période glaciaire bipolaire beaucoup plus froide.

Étonnamment, de nombreux scientifiques considèrent l'époque du Miocène comme un analogue potentiel de notre climat futur.[333] Cette perspective repose sur le fait qu'au cours du Miocène, les niveaux de CO_2 étaient similaires à ceux d'aujourd'hui et que les températures étaient supérieures de 5 à 8 °C à celles d'aujourd'hui. Ces projections sont compatibles avec le réchauffement futur prévu si les émissions se poursuivent sans relâche pendant environ un siècle. Cependant, ces scientifiques n'abordent pas de manière adéquate le décalage persistant entre les tendances du CO_2 et des températures tout au long du Cénozoïque (fig. E18, chap. 21), en particulier pendant l'Oligocène (fig. 74). La figure E18b (chap. 21) illustre clairement l'absence de corrélation entre le CO_2 et les changements de température. Ces observations suggèrent que les chan-

---

[332] Goldner, A., et al, 2014. Clim. Past, 10 (2), pp.523-536.
doi.org/10.5194/cp-10-523-2014

[333] Steinthorsdottir, M., et al. 2021. Paleoceanogr. Paleoclimatol. 36 (4),
p.e2020PA004037. doi.org/10.1029/2020PA004037

gements tectoniques survenus au cours de cette période ont été les principaux déterminants du refroidissement climatique et de la réduction du CO_2. Même les modèles existants ne soutiennent pas l'idée que nous nous dirigeons vers un climat semblable à celui du Miocène en l'espace de quelques siècles, car ils peinent à rendre compte des complexités du climat du Miocène lui-même. Selon l'hypothèse du gardien d'hiver, la prochaine période glaciaire se produira dans quelques milliers d'années.

Aider Milankovitch

La théorie orbitale des glaciations de Milankovitch fournit une explication solide de la cause sous-jacente du cycle glaciaire. Cependant, les climatologues tentent toujours de comprendre comment de subtiles variations du rayonnement solaire entrant au sommet de l'atmosphère se traduisent par des changements massifs du volume de glace à la surface de la Terre. Certains auteurs, dont je fais partie, défendent le rôle central des changements de l'inclinaison axiale de la Terre, connue sous le nom d'obliquité, dans l'apparition des périodes interglaciaires.[334] De nombreuses preuves soutiennent l'idée que les changements d'obliquité produisent une réponse climatique globale beaucoup plus prononcée (fig. 75) que les changements de précession, les oscillations axiales qui modifient progressivement l'orientation de l'axe et affectent les variations saisonnières.

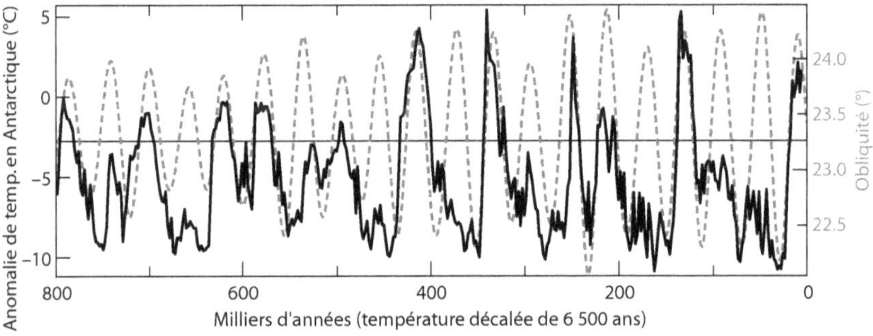

Figure 75. Changements de température dus aux changements de l'inclinaison axiale. La ligne noire épaisse représente l'anomalie de température de l'Antarctique avec un décalage de 6 500 ans, et la ligne grise en tirets représente l'inclinaison axiale. La fine ligne horizontale représente le niveau au-dessus duquel on considère qu'une période interglaciaire s'est produite.[335]

La précession ne modifie pas l'énergie totale reçue chaque année à chaque latitude. Elle affecte plutôt la distribution saisonnière de cette énergie, ce qui se traduit par des étés et des hivers plus doux ou plus extrêmes, mais avec des effets opposés dans chaque hémisphère. L'obliquité, en revanche, joue un rôle différent en modifiant l'énergie annuelle totale reçue à chaque latitude, affectant les deux hémisphères de la même manière. Cette propriété rend l'obliquité

---

[334] Vinós, J., 2022. Le climat du passé, du présent et du futur : un débat scientifique. Critical Science Press. pp.5-25.

[335] Les données de la figure proviennent de Jouzel, J., et al. 2007. Science, 317 (5839), pp.793-796. doi.org/10.1126/science.1141038 et Laskar, J., et al, 2004. Astron. Astrophys. 428 (1), pp.261-285. doi.org/10.1051/0004-6361:20041335

particulièrement bien adaptée à la conduite d'un cycle glaciaire qui se produit en même temps dans les deux hémisphères.

L'un des problèmes pour comprendre l'importance de l'obliquité est que les changements énergétiques qui en résultent sont plus prononcés près des pôles, alors qu'ils sont faibles dans les régions tropicales et de latitude moyenne. Néanmoins, les scientifiques trouvent surprenant que de nombreux enregistrements paléoclimatiques des régions tropicales et subtropicales montrent un signal fort d'obliquité. En particulier, le comportement des moussons et de la zone de convergence intertropicale réagit fortement à l'obliquité, ce qui suggère que leurs variations ont un impact perceptible sur la circulation atmosphérique mondiale.

Pour résoudre cette énigme, il faut comprendre comment l'obliquité affecte le gradient d'insolation estival. L'inclinaison de l'axe de la Terre affecte directement la quantité de rayonnement solaire entrant que les hautes latitudes reçoivent pendant les mois d'été, mais pas pendant l'hiver, où les hautes latitudes ne reçoivent pas de lumière solaire. L'importance des conditions estivales pour le cycle glaciaire a été reconnue dès 1869, soit un demi-siècle avant la théorie de Milankovitch. La dépendance du gradient d'insolation estivale par rapport à l'obliquité est illustrée par la figure E19 (chap. 21). Par conséquent, les variations de l'obliquité affectent également le gradient de température latitudinal estival et le transport de chaleur et d'humidité vers les pôles.

Au cours du Miocène, une influence marquée de l'obliquité (inclinaison axiale) sur l'évolution de la calotte glaciaire de l'Antarctique est apparue, en accord avec l'influence croissante du transport méridien sur l'évolution du climat tout au long du Cénozoïque. Selon une étude récente, ce lien est dû aux changements du gradient de température méridien induits par l'obliquité. Ces changements affectent directement la position et l'intensité du courant circumpolaire antarctique, qui à son tour modifie le transport de chaleur à travers la marge continentale de l'Antarctique.[336]

L'augmentation du transport d'humidité joue un rôle clé dans la formation des immenses couches de glace qui définissent les périodes glaciaires, un concept reconnu dès le 19e siècle. En 1872, John Tyndall affirmait : « *L'association de la glace et du froid est si naturelle que même des hommes célèbres ont supposé que tout ce qui était nécessaire pour produire une grande partie de nos glaciers était une diminution de la température du soleil. S'ils avaient procédé aux réflexions et aux calculs ci-dessus, ils auraient probablement exigé plus de chaleur au lieu de moins pour produire une "ère glaciaire"* ».[337]

À mesure que l'obliquité diminue, le gradient d'insolation estivale entre les latitudes devient plus prononcé. En conséquence, la circulation atmosphérique et océanique s'intensifie, facilitant le transport de plus grandes quantités de chaleur et d'humidité vers les pôles. Ce changement entraîne également une forte modification de la saisonnalité des précipitations, avec une prédominance

---

[336] Levy, R.H., et al, 2019. Nat. Geosci. 12 (2), pp.132-137.
  doi.org/10.1038/s41561-018-0284-4
[337] Kukla, G. et Gavin, J., 2004. Glob. Planet. Change, 40 (1-2), pp.27-48.
  doi.org/10.1016/S0921-8181(03)00096-1

de la contribution estivale et un déplacement de la source d'humidité vers l'équateur, en direction de sources océaniques plus chaudes.[338]

L'hypothèse du gardien d'hiver s'articule autour des changements dans le transport de chaleur et d'humidité vers les pôles. Cette hypothèse met l'accent sur l'importance des changements liés à l'hiver dans ce transport, qui sont très importants pour les variations climatiques à l'échelle sub-milankovitch, comme nous le verrons en détail tout au long du livre. Cependant, il est important de noter que la planète réagit également aux changements dans la redistribution de la chaleur et de l'humidité pendant l'été. Le même principe qui influence actuellement les régimes climatiques est responsable de la traduction des variations orbitales de l'insolation en effets climatiques pendant le cycle glaciaire. L'ampleur de ce transport joue un rôle essentiel : plus le transport est important, plus la planète est froide, tandis que plus le transport est faible, plus la planète est chaude.

La figure 76 fournit des preuves convaincantes que les variations de transport, telles que postulées par l'hypothèse du gardien d'hiver, ont un impact sur les chutes de neige estivales aux hautes latitudes. Plus précisément, la figure montre l'évolution de la couverture neigeuse du Groenland de juillet à septembre. Malgré la tendance générale au réchauffement observée dans la région arctique, l'intensification du transport à la suite du décalage climatique de 1997 a entraîné une nette extension de la zone de chute de neige estivale. L'augmentation s'élève à plus de 50 000 km^2.[339]

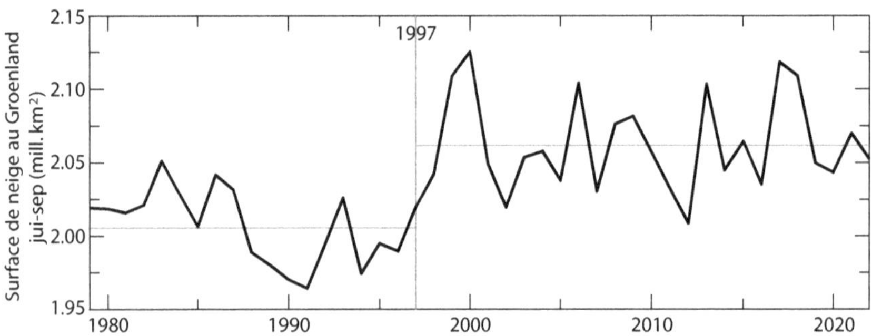

Figure 76. Couverture neigeuse estivale au Groenland. Les lignes horizontales grises correspondent aux moyennes de la période.

L'hypothèse du gardien d'hiver fournit des idées précieuses sur le mécanisme par lequel de petites variations du rayonnement solaire au sommet de l'atmosphère provoquent des changements massifs du volume de la glace de sol. En revanche, l'hypothèse de l'effet renforcé du CO_2 n'est pas en mesure de fournir une explication complète du cycle glaciaire, notamment en ce qui concerne le refroidissement et l'accumulation de glace à la fin des périodes interglaciaires malgré des niveaux élevés de CO_2 (fig. 56, chap. 35).

L'inclinaison de la Terre diminue lentement, réduisant l'insolation estivale aux pôles et augmentant le gradient latitudinal de température estivale en re-

---

[338] Masson-Delmotte, V., et al. 2005. Science, 309 (5731), pp.118-121.
    doi.org/10.1126/science.1108575
[339] Données de l'Université Rutgers. climate.rutgers.edu/snowcover/

froidissant les régions polaires. Le changement est si lent qu'il est imperceptible, souvent masqué par des périodes de réchauffement temporaire comme celle que nous vivons actuellement. Mais au cours des prochains milliers d'années, le changement d'inclinaison augmentera progressivement le transport de chaleur et d'humidité, entraînant une augmentation des chutes de neige estivales aux latitudes les plus élevées, comme le montre la figure 76. La planète sera plus froide qu'elle ne l'est actuellement, et l'augmentation du transport hivernal augmentera la perte d'énergie et le refroidissement. L'apparition de ces tendances irréversibles constitue le début de la glaciation. Atteindre les conditions d'une pleine glaciation est un processus très long, qui dure généralement environ 15 000 ans (plus longtemps que l'Holocène), au cours duquel le refroidissement à long terme est parfois interrompu par des périodes de réchauffement. Ce processus s'est toujours produit au cours des 2,5 millions d'années écoulées, indépendamment des niveaux de CO_2. La conviction de nombreux scientifiques que cette fois-ci sera différente n'est pas fondée sur des preuves.

En bref

L'hypothèse du gardien d'hiver fournit un cadre convaincant pour comprendre les changements climatiques du passé lointain qui ont longtemps intrigué les chercheurs et remis en question les autres hypothèses. Elle explique efficacement la période chaude de l'Oligocène supérieur et l'optimum climatique du Miocène moyen, en fournissant des explications logiques basées sur les changements connus dans le transport de la chaleur au cours de ces époques. Elle permet également de comprendre comment des changements relativement faibles du forçage de Milankovitch au sommet de l'atmosphère se traduisent par des changements massifs du volume des nappes glaciaires à la surface de la Terre. Les observations récentes des changements dans le manteau neigeux du Groenland corroborent cette hypothèse. Si l'hypothèse du gardien d'hiver est correcte, cela signifierait que les variations du CO_2 n'ont pas été le moteur des profonds changements climatiques qui se sont produits pendant la transition entre le four de l'Éocène inférieur et le réfrigérateur du Pléistocène supérieur.

CHAPITRE 45
LES ÉNIGMES CLIMATIQUES DE L'HOLOCÈNE

Les estimations du forçage climatique basées sur l'hypothèse de l'effet renforcé du CO_2 ne reproduisent pas les principales caractéristiques du climat de l'Holocène. Le principal déterminant à long terme de cette période climatique est le forçage orbital, où les changements de température globale sont principalement déterminés par l'insolation estivale dans l'hémisphère nord. En revanche, les niveaux de CO_2 au cours de l'Holocène n'ont pas reflété les variations de la température globale, mais ont répondu aux conditions de l'océan Austral, qui à leur tour ont été influencées par des changements inversés de l'insolation estivale de l'hémisphère Sud. Les modèles climatiques ont du mal à simuler les changements de température observés au cours de l'Holocène, ce qui suggère une réponse inadéquate au forçage orbital et une réponse exagérée aux variations de CO_2. En outre, l'hypothèse officielle ne peut expliquer les fréquents événements climatiques abrupts de l'Holocène. Certains de ces événements sont clairement d'origine solaire, ce qui témoigne d'une incompréhension majeure du forçage solaire. L'hypothèse du gardien d'hiver offre une explication plausible à ces énigmes climatiques de l'Holocène.

Déterminants du climat de l'Holocène

L'Holocène est le résultat de deux événements orbitaux clés : un maximum d'obliquité (inclinaison axiale) il y a environ 9 500 ans et un maximum d'insolation estivale à 65°N (précession climatique due à l'orientation axiale) il y a environ 11 000 ans. Ces paramètres orbitaux ont augmenté l'énergie reçue pendant l'été dans les hautes latitudes de l'hémisphère nord. Combiné au fort effet de rétroaction de l'élévation du niveau de la mer, de la réduction de la réflectivité de la glace (albédo), de la diminution des gradients de température latitudinaux et de l'augmentation des concentrations de GES, ce changement d'énergie a provoqué la fonte d'un grand volume de glace qui s'était accumulé en dehors des régions polaires au cours de 100 000 ans de glaciation.

Il y a environ 9 500 ans, l'Holocène a atteint son optimum climatique. Bien que l'amélioration des conditions d'insolation ait cessé, le forçage orbital agit lentement et tend à produire des effets d'inertie sur des milliers d'années. Par conséquent, les restes des nappes glaciaires ont continué à fondre pendant environ 2 000 ans, maintenant des conditions climatiques optimales jusqu'à il y a environ 6 000 ans. À cette époque, la réduction de l'insolation estivale dans l'hémisphère nord et les hautes latitudes aux deux pôles ont progressivement érodé l'optimum climatique, ce qui a conduit à la néoglaciation.

Le principal déterminant à long terme du climat de l'Holocène est le forçage orbital. La figure 77a représente l'insolation estivale moyenne à 60° de latitude pour les hémisphères nord et sud. Les températures mondiales sont en corrélation avec l'insolation de l'hémisphère nord, mais avec un décalage d'environ 2 000 ans (fig. 77b, ligne noire).[340] De même, les températures des hautes latitudes de l'hémisphère sud sont en corrélation avec l'insolation de l'hémisphère sud, également avec un décalage comparable (fig. 77b, ligne grise en pointillés).[341]

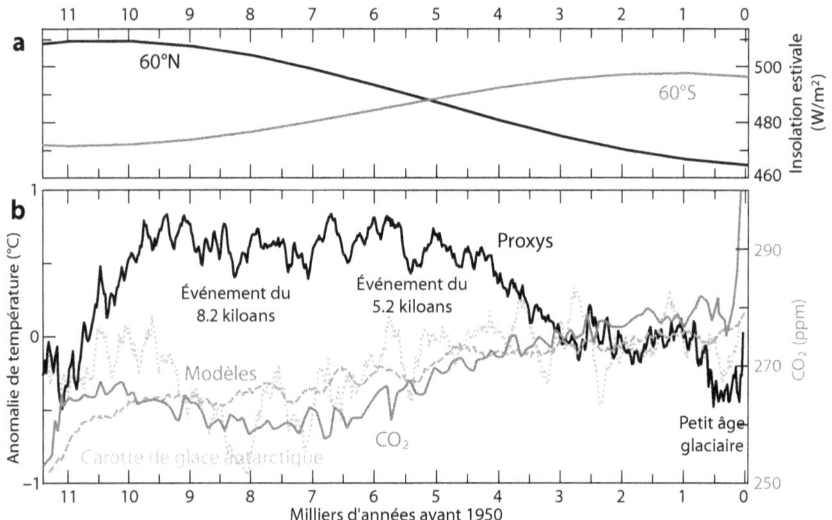

Figure 77. Déterminants du climat de l'Holocène. a) Insolation estivale à 60°N (ligne noire) et 60°S (ligne grise).[342] b) Une reconstitution de la température globale à partir de proxys (ligne noire) est comparée à une reconstitution de la température de l'Antarctique (ligne grise en pointillés) et à une reconstitution du CO_2 atmosphérique, toutes deux issues de carottes de glace. La ligne grise en tirets montre une simulation multi-modèle des températures de l'Holocène. Les trois principaux événements climatiques de l'Holocène sont indiqués par leur nom.

Les niveaux de CO_2 ont joué un rôle mineur dans la détermination du climat de l'Holocène. Comme le soulignent les chapitres 21 et 22, les niveaux de CO_2 ont fluctué dans une fourchette de 20 ppm pendant la majeure partie de l'Holocène, alors qu'ils augmentent actuellement de 20 ppm en seulement huit ans. Les variations du CO_2 au cours de l'Holocène ont été relativement faibles et il est peu probable qu'elles aient eu un impact significatif sur le climat. En outre, les variations du CO_2 correspondent plus étroitement aux températures de l'hémisphère sud qu'aux températures globales (fig. 77b, ligne gris foncé).[343] Ce schéma est cohérent avec l'analyse des niveaux de CO_2 au cours de l'Oligocène, comme discuté dans le chapitre précédent (fig. 74, chap. 44). Il suggère que l'océan Austral et le courant circumpolaire antarctique ont joué un rôle clé

---

[340] D'après Marcott, S.A., et al. 2013. Science, 339 (6124), pp.1198-1201. doi.org/10.1126/science.1228026 Données retraitées, voir ch. 21.

[341] Données de Jouzel, J., et al, 2007. Science, 317 (5839), pp.793-796. doi.org/10.1126/science.1141038

[342] Données de Laskar, J., et al, 2004. Astron. Astrophys. 428 (1), pp.261-285. doi.org/10.1051/0004-6361:20041335

[343] Données de Monnin, E., et al, 2004. Earth Planet. Sci. Lett. 224 (1-2), pp.45-54. doi.org/10.1016/j.epsl.2004.05.007

dans la régulation des niveaux de CO_2 avant que les émissions humaines ne deviennent le facteur dominant.

Les simulations du climat de l'Holocène ont tendance à produire une courbe plus proche des températures de l'hémisphère sud que des températures globales, ce qui indique une réponse trop faible à l'insolation de l'hémisphère nord et une réponse trop importante aux changements de CO_2 (fig. 77b, courbe grise en tirets).[344] Ainsi, la théorie climatique et les forçages dérivés de l'hypothèse de l'effet renforcé du CO_2 ne parviennent pas à reproduire les principales caractéristiques du climat de l'Holocène. En revanche, l'hypothèse du gardien d'hiver n'a aucun problème à expliquer le climat de l'Holocène.

Dans le chapitre précédent, nous avons noté qu'il y a environ 30 millions d'années, lorsque le courant circumpolaire antarctique est apparu et que l'Antarctique est devenu climatiquement isolé, le climat mondial a commencé à dépendre principalement de la quantité variable de chaleur transportée vers l'Arctique. Cette dépendance est l'une des raisons pour lesquelles le climat mondial est le plus sensible à l'insolation de l'été boréal. Au début de l'Holocène, la forte insolation estivale dans les hautes latitudes de l'hémisphère nord a entraîné une réduction du gradient de température latitudinal et une diminution de la perte d'énergie dans l'Arctique en raison de la réduction du transport de chaleur vers les pôles. En conséquence, la Terre a connu les températures chaudes de l'optimum climatique de l'Holocène.

La combinaison de la diminution de l'inclinaison axiale et de la réduction de l'insolation estivale dans l'hémisphère nord a accentué le gradient de température latitudinal, augmentant progressivement la chaleur transportée vers l'Arctique. En conséquence, la Terre a connu une tendance au refroidissement pendant la néoglaciation. L'Antarctique a connu la tendance inverse car la diminution de l'obliquité, qui a entraîné une baisse du rayonnement solaire, a été compensée par une augmentation simultanée de l'insolation estivale due aux changements de précession.

Au cours des prochains millénaires, l'hémisphère sud devrait connaître une tendance au refroidissement en raison de la diminution de l'insolation estivale résultant des changements d'obliquité et de précession. L'hémisphère nord connaîtra des tendances opposées pour ces deux paramètres orbitaux, mais dans l'ensemble, il y aura une augmentation nette de l'insolation estivale à la plupart des latitudes. Cependant, les deux hémisphères connaîtront une augmentation du gradient latitudinal d'insolation (fig. E19, chap. 21), ce qui indique que la fin de l'Holocène approche.

Déterminants des événements climatiques abrupts de l'Holocène

Comme indiqué aux chapitres 22 et 23, les études paléoclimatiques ont identifié plus de 20 événements climatiques abrupts au cours de l'Holocène. Une analyse complète de ces événements et de leurs causes possibles a été publiée.[345] Parmi les plus importants en termes d'impact climatique figurent le petit âge glaciaire, les événements de 8,2, 5,2, 4,2 et 2,8 kiloans, ainsi que l'oscillation boréale. Tous ces événements ont fait l'objet de nombreuses études. Le petit âge glaciaire a déjà été abordé dans les chapitres 23 et 26. Afin de mettre

---

[344] Liu, Z., et al. 2014. PNAS, 111 (34), pp.E3501-E3505.
   doi.org/10.1073/pnas.1407229111
[345] Vinós, J., 2022. Le climat du passé, du présent et du futur : un débat scientifique.
   pp.45-65. Critical Science Press.

en évidence les limites de la théorie climatique actuelle pour expliquer les changements climatiques abrupts bien documentés de l'Holocène et de souligner les mérites de l'hypothèse du gardien d'hiver, nous allons passer en revue l'événement de 2,8 kiloans.

Cet événement a été reconnu pour la première fois comme un changement climatique abrupt par des études stratigraphiques sur les tourbières en 1912, avant même la découverte du petit âge glaciaire.[346] Le botaniste suédois Rutger Sernander l'a associé au Fimbulvintern, ou Grand Hiver légendaire, décrit dans les sagas nordiques de l'âge du bronze comme ayant duré de nombreuses années. Ce long hiver mythique a été dépeint dans des œuvres fantastiques modernes telles que les livres et la série télévisée Game of Thrones. Cet événement a constitué un changement important en Scandinavie, car il a mis fin au climat chaud qui avait permis la culture de la vigne et a introduit un climat plus humide et plus froid.

L'événement d'il y a 2,8 kiloans a été un changement climatique abrupt, synchronisé à l'échelle mondiale, qui a laissé des traces évidentes dans de nombreux proxys, ne laissant aucun doute sur son occurrence et ses conséquences climatiques.[347] La figure 78 présente les principales proxys qui nous aident à comprendre ce qui s'est passé il y a 2 800 ans et la cause probable de ce phénomène.

Les reconstructions de l'activité solaire révèlent la présence de deux minima solaires majeurs survenus il y a 2 990 et 2 790 ans, séparés par un intervalle de temps de 200 ans. Le second minimum est de type Spörer (fig. 78a, ligne noire).[348] Ce schéma reproduit la succession des minima solaires de Wolf et de Spörer pendant le petit âge glaciaire en 1280 et 1480. En outre, une reconstruction de la température de l'hémisphère nord montre une corrélation claire avec l'activité solaire (fig. 78a, ligne grise).[349] Elle montre une baisse substantielle de 0,7 °C en un siècle et un refroidissement généralisé de 1 °C sur l'ensemble de l'événement.

D'après les reconstructions, la température estivale de surface de la mer en Islande reflète une diminution marquée de 1 °C pendant le premier grand minimum solaire, suivie d'une nouvelle diminution de 1 °C pendant le deuxième minimum solaire (fig. 78b, ligne noire).[350] L'analyse du transport méridien montre que la circulation polaire apporte des quantités accrues de potassium non marin au Groenland pendant les périodes d'intensification, qui sont normalement associées aux conditions hivernales. Cette augmentation indique un renforcement de l'anticyclone sibérien, ce qui facilite l'augmentation du transport de chaleur vers le pôle. Dans le contexte de l'événement de 2,8 kiloans, les niveaux de potassium non marin atteignent leur point le plus élevé depuis des milliers d'années, ce qui indique une forte augmentation du transport de chaleur vers le pôle (fig. 78b, ligne grise).[351]

---

[346] Fries, M., 1956. "Fimbulvintern" ur vegetations-historisk synpunkt. Fornvännen 51, pp.5-10.

[347] Chambers, F.M., et al, 2007. Earth Planet. Sci. Lett. 253 (3-4), pp.439-444. doi.org/10.1016/j.epsl.2006.11.007

[348] Wu, C.J., et al, 2018. Astron. Astrophys. 615, p.A93. doi.org/10.1051/0004-6361/201731892.

[349] Kobashi, T., et al, 2013. Clim. Past, 9 (5), pp.2299-2317. doi.org/10.5194/cp-9-2299-2013

[350] Jiang, H., et al. 2015. Geology, 43 (3), pp.203-206. doi.org/10.1130/G36377.1

[351] Données de Mayewski, P.A., et al, 2004. Quat. Res. 62 (3), pp.243-255. doi.org/10.1016/j.yqres.2004.07.001 avec lissage gaussien.

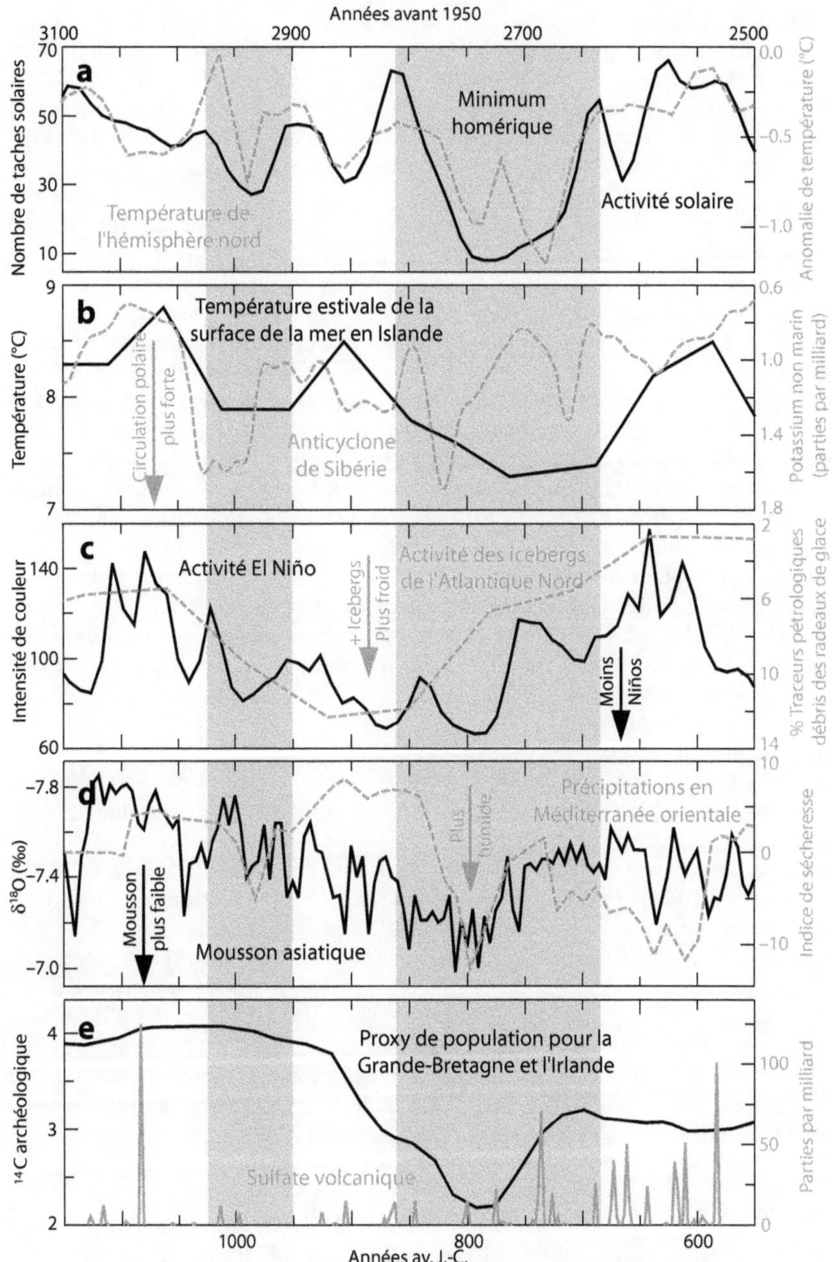

Figure 78. L'événement de 2,8 kiloans. Les zones gris correspondent aux deux grands minima solaires qui ont entraîné une forte réaction du climat.

El Niño - Oscillation australe est un élément essentiel du système de transport de la chaleur, et une analyse de substitution (examinée dans l'encadré 15, chap. 18) montre que l'événement de 2,8 kiloans a été accompagné d'une augmentation de l'activité El Niño. Cependant, pendant le grand minimum solaire, cette activité a diminué jusqu'à atteindre de faibles niveaux (fig. 78c, ligne noire).[352] Ceci suggère que pendant les périodes d'augmentation du transport de chaleur vers les pôles, typiquement pendant les grands minimums solaires, il n'y a pas assez d'accumulation d'excès de chaleur de subsurface dans le Pacifique équatorial pour déclencher de nombreux épisodes El Niño.

La baisse de température indiquée par les proxys coïncide avec la plus forte augmentation de l'activité des icebergs observée dans l'Atlantique Nord depuis 4 000 ans, selon un proxy qui mesure le dépôt de traceurs pétrologiques des hautes latitudes transportés par les icebergs (fig. 78c, ligne grise).[353] Ils sont déposés sur le fond marin de l'Atlantique lors de la fonte des icebergs.

Les changements dans la circulation atmosphérique ont un impact majeur sur les régimes de précipitations. Au cours de l'événement de 2,8 kiloans, la mousson asiatique a connu son plus fort affaiblissement depuis 2 000 ans (fig. 78d, ligne noire).[354] En revanche, les grands minimums solaires ont provoqué une augmentation significative des précipitations dans l'est de la Méditerranée, interrompant et mettant fin aux conditions de sécheresse des siècles obscurs grecs (fig. 78d, ligne grise).[355] Le deuxième grand minimum est connu sous le nom de minimum homérique, car il s'est produit au 8e siècle avant J.-C., à l'époque de l'auteur de l'Iliade et de l'Odyssée. Il a marqué une période de renaissance culturelle en Méditerranée orientale après une période sombre de plusieurs siècles caractérisée par la disparition de l'écriture dans la plupart des endroits. L'augmentation des précipitations pendant le minimum homérique pourrait avoir favorisé cette renaissance.

Dans une grande partie de l'Europe, cependant, l'impact de ces changements climatiques sur les sociétés humaines a été essentiellement négatif. Dans les îles britanniques, des données semi-quantitatives nous permettent d'estimer la gravité du déclin démographique en examinant le nombre de dates de radiocarbone obtenues sur des sites archéologiques. Pendant l'événement de 2,8 kiloans, la distribution de probabilité des dates de radiocarbone tombe à la moitié de sa valeur, indiquant un déclin catastrophique de la population, le plus important depuis l'arrivée des agriculteurs dans les îles britanniques (fig. 78e, ligne noire).[356] Les auteurs de l'étude soulignent la corrélation de ce déclin démographique et d'autres avec les minima solaires de type Spörer et suggèrent que les crises d'approvisionnement alimentaire résultant des changements climatiques induits par le soleil en sont probablement responsables.

Les scientifiques ne progressent guère dans la compréhension des causes des événements climatiques abrupts en raison de la faible ampleur acceptée du forçage solaire et de l'incapacité des changements de CO_2 à expliquer les évé-

---

[352] Moy, C.M., et al, 2002. Nature, 420 (6912), pp.162-165.
doi.org/10.1038/nature01194

[353] Bond, G., et al. 2001. Science, 294 (5549), pp.2130-2136.
doi.org/10.1126/science.1065680

[354] Wang, Y., et al. 2005. Science, 308 (5723), pp.854-857.
doi.org/10.1126/science.1106296

[355] Kaniewski, D., et al, 2013. PloS one, 8 (8), p.e71004.
doi.org/10.1371/journal.pone.0071004

[356] Bevan, A., et al, 2017. PNAS, 114 (49), pp.E10524-E10531.
doi.org/10.1073/pnas.1709190114

nements de l'Holocène. Certaines tentatives ont été faites pour relier ces phénomènes aux éruptions volcaniques parce que leurs effets sont surestimés dans les modèles (chap. 24). Cependant, un examen plus approfondi de la figure 78e (ligne grise) montre que l'activité volcanique est restée remarquablement faible pendant une période de 330 ans après 1080 avant J.-C., précisément pendant une période de grands changements climatiques, coïncidant avec le premier minimum solaire et la plus grande partie du minimum homérique.[357] Ce n'est qu'ensuite que l'activité volcanique a augmenté, coïncidant avec la période de réchauffement et de rétablissement du climat. Cela indique que l'activité volcanique a eu un effet minime sur le climat pendant et après l'événement. Il est clair que si l'activité solaire a pu à elle seule provoquer l'événement des 2,8 kiloans, elle pourrait également être responsable d'autres événements climatiques abrupts, y compris le petit âge glaciaire.

L'hypothèse du gardien d'hiver offre une meilleure explication des événements météorologiques abrupts associés aux grands minima solaires. Comme expliqué au chapitre 41, le mécanisme proposé entraîne une augmentation du transport de chaleur vers les pôles. En conséquence, on pourrait s'attendre à une augmentation des hivers plus froids dans les latitudes moyennes de l'hémisphère nord, ce qui entraînerait un refroidissement progressif de la planète en raison d'une perte d'énergie accrue dans l'Arctique. Ce changement induirait une réorganisation atmosphérique qui déplacerait les courant-jets atmosphériques, les trajectoires des tempêtes et les moussons vers l'équateur. En conséquence, certaines régions deviendraient plus sèches et d'autres plus humides.

Bien que la plupart des grands minima solaires de l'Holocène coïncident avec des événements climatiques abrupts, ce n'est pas le cas de tous. Le problème vient du fait que la méthode indirecte, le taux de production de ^{14}C, n'indique pas directement l'activité solaire, mais enregistre l'arrivée des rayons cosmiques sur la Terre. Normalement, les variations des rayons cosmiques pouvant aller jusqu'à quelques siècles sont principalement causées par des variations du champ magnétique du Soleil, correspondant à des changements dans son activité. Il existe cependant quelques exceptions.

Il y a environ 9 600 ans, la production de ^{14}C a augmenté de 2,8 %, dépassant les niveaux observés même pendant un grand minimum solaire de type Spörer. Étonnamment, cette augmentation a persisté pendant 400 ans, soit deux fois plus longtemps que le minimum de Spörer. Malgré cette augmentation substantielle de la production de ^{14}C, la plus importante de l'Holocène, aucun changement climatique significatif n'a été détecté pendant la majeure partie de cette période. Cette absence d'empreinte climatique m'a conduit à explorer d'autres facteurs susceptibles d'avoir influencé les rayons cosmiques au cours de cette période.

Il est intéressant de noter qu'au début de l'Holocène, une étoile massive a explosé dans la constellation de Vela, à seulement 800 années-lumière, ce qui en fait la supernova connue la plus proche de nous. La forme, l'intensité et la durée particulières du pic de production de ^{14}C il y a 9 600 ans en font le candidat le plus plausible pour l'empreinte de la supernova Vela sur l'enregistrement de ^{14}C. Malgré une augmentation aussi substantielle de la production de

---

[357] Zielinski, G.A., et al, 1996. Quat. Res. 45 (2), pp.109-118.
    doi.org/10.1006/qres.1996.0013

[14]C, l'absence d'effets climatiques associés pose un défi majeur à toute hypothèse liant les rayons cosmiques au changement climatique.[358]

Il est important de reconnaître que, bien que les données indirectes reflètent tous les grands minima solaires, toute augmentation significative de la production de ^{14}C ne correspond pas nécessairement à un grand minimum solaire. Cet aspect est souvent négligé dans les diverses études et reconstructions de l'activité solaire passée. L'indicateur le plus fiable qu'une augmentation de la production de ^{14}C correspond à un grand minimum solaire est la détection synchrone de son effet dans les proxys climatiques.

En bref

L'Holocène est le résultat de changements dans le forçage orbital et de fortes rétroactions. Au début de l'Holocène, l'axe de la Terre était plus incliné et en même temps orienté de manière à ce que l'hémisphère nord reçoive plus d'énergie pendant l'été. C'est ce qui a conduit au climat chaud de l'Optimum de l'Holocène. Toutefois, comme ces deux facteurs ont diminué au fil du temps, la planète s'est progressivement refroidie, ce qui a conduit à la néoglaciation. En revanche, les niveaux de CO_2 ont réagi aux conditions de l'océan Austral, qui ont été influencées par l'augmentation de l'énergie solaire estivale dans l'hémisphère Sud, les deux hémisphères ayant des tendances opposées en ce qui concerne l'insolation estivale. Les modèles climatiques ne reproduisent pas fidèlement les conditions climatiques de l'Holocène, ce qui suggère une évaluation inexacte des forçages climatiques. L'hypothèse du gardien d'hiver souligne le rôle fondamental du gradient de température latitudinal de l'hémisphère nord dans le bilan énergétique de la Terre. Par conséquent, elle suggère que le refroidissement observé est principalement dû à l'augmentation du transport de chaleur vers les pôles résultant des changements orbitaux et de l'accentuation subséquente de ce gradient.

L'événement de 2,8 kiloans est l'un des nombreux événements climatiques abrupts de l'Holocène. Ce phénomène mondial a entraîné des changements majeurs au niveau de la température, de la circulation atmosphérique, des régimes de précipitations, de l'activité El Niño et même de la population humaine. En particulier, il n'est pas lié aux fluctuations du CO_2 ou aux éruptions volcaniques, mais à deux grands minimums solaires survenus il y a 2 990 et 2 790 ans. L'hypothèse de l'effet renforcé du CO_2 n'explique pas ce phénomène ni d'autres phénomènes climatiques abrupts observés au cours de l'Holocène. Cependant, l'hypothèse du gardien d'hiver offre une explication plausible de la synchronisation entre les variations de l'activité solaire et les effets climatiques au cours de l'événement de 2,8 kiloans. Elle propose que les changements dans la circulation atmosphérique modifient le transport de la chaleur dans l'Arctique, affectant en fin de compte le budget énergétique global.

---

[358] Svensmark, H., 1998. Phys. Rev. Lett. 81 (22), 5027. doi.org/10.1103/PhysRevLett.81.5027

CHAPITRE 46
EXPLICATION DU CHANGEMENT CLIMATIQUE RÉCENT

D'après les relevés climatiques directs et indirects, le petit âge glaciaire s'est achevé au milieu des années 1840 et a été suivi d'une tendance significative au réchauffement. Toutefois, ce réchauffement n'a pas été constant dans le temps. Au contraire, il s'est produit une alternance de périodes de réchauffement et de refroidissement de 30 ans dans le cadre d'une tendance plus large au réchauffement à long terme. Le GIEC ne considère pas ce schéma climatique comme significatif et attribue le changement climatique substantiel à long terme uniquement aux émissions de gaz à effet de serre et d'aérosols produites par l'homme. Cette position contraste fortement avec les observations d'un réchauffement substantiel et d'un recul des glaciers entre 1850 et 1940, qui représentent près de la moitié du changement total, bien que seulement 10 % des émissions humaines totales de CO_2 aient eu lieu au cours de cette période. Bien que les modèles climatiques reproduisent la tendance au réchauffement à long terme, ils ont souvent des difficultés à reproduire fidèlement le calendrier des changements spécifiques, en particulier pendant le réchauffement du début du 20e siècle et le refroidissement du milieu du 20e siècle. L'hypothèse du gardien d'hiver offre une explication à la chronologie des changements de température, en attribuant la majeure partie du réchauffement à long terme au cours du 20e siècle au maximum solaire moderne.

Le réchauffement climatique a commencé après le petit âge glaciaire

Le petit âge glaciaire a été identifié grâce à l'étude des glaciers de l'ouest des États-Unis. On a découvert que ces glaciers n'étaient pas des vestiges du Pléistocène, mais qu'ils s'étaient formés et étendus au cours de l'Holocène supérieur, atteignant leur taille maximale entre le 16e et le 18e siècle. En utilisant les mêmes critères, on peut déterminer que le petit âge glaciaire s'est terminé vers 1845, lorsque les glaciers ont commencé à reculer dans le monde entier. Ce recul est corroboré par d'anciennes photographies du glacier du Rhône dans les Alpes (fig. 79a). La tendance mondiale au recul des glaciers est bien documentée (fig. 79b, ligne noire épaisse) et se poursuit aujourd'hui. Plusieurs proxys (fig. 79b, lignes fines) confirment que le réchauffement moderne a commencé après une période particulièrement froide entre 1809 et 1843. Cet intervalle coïncide avec quatre éruptions volcaniques majeures (fig. 79b, barres gris foncé), y compris l'éruption du Mont Tambora en 1815, discutée au chapitre 24.

Quelques années après une série extraordinaire d'éruptions puissantes, sans précédent depuis 1300, le petit âge glaciaire s'est achevé, marquant le début du réchauffement climatique moderne. Le réchauffement qui s'est produit peu après les éruptions confirme l'idée que les éruptions volcaniques ont un effet aigu mais à court terme sur le climat. Les scientifiques ne connaissent pas encore les raisons exactes du début du réchauffement climatique à la fin des années 1840, mais il est clair que des facteurs naturels l'ont déclenché. L'analyse des proxys climatiques (fig. 79b) indique qu'une grande partie du réchauffement et du retrait des glaciers s'est produite avant 1900, bien avant que les émissions humaines ne deviennent perceptibles. En outre, la plupart de ces changements se sont produits avant 1960, lorsque les émissions humaines se sont considérablement accélérées. Ainsi, la majeure partie du réchauffement climatique observé au cours des 175 dernières années est due à des causes naturelles, et les émissions humaines ne sont devenues significatives qu'au cours des 60 dernières années. Toutefois, les causes naturelles spécifiques responsables et leurs mécanismes ne sont toujours pas clairs.

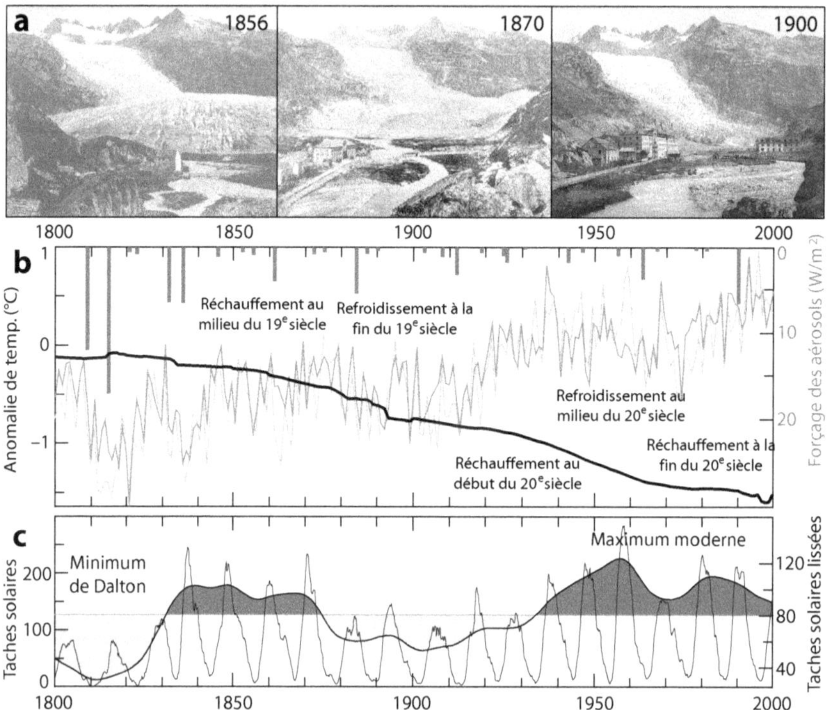

Figure 79. Deux siècles de réchauffement. a) Photographies anciennes du glacier du Rhône, en Suisse. b) La ligne noire épaisse représente le recul moyen des glaciers à l'échelle mondiale (sans échelle, avec une portée de 2,4 km). La fine ligne grise enregistre les anomalies de croissance des arbres et la fine ligne gris clair est une reconstruction multi-proxy des variations de température dans l'hémisphère nord. Les barres gris foncé représentent une reconstitution du forçage mondial des aérosols volcaniques. c) Le nombre de taches solaires représente l'activité solaire. La ligne épaisse montre un lissage des données, avec les zones supérieures à la moyenne en gris foncé et les zones inférieures à la moyenne en gris clair.[359]

---

[359] Les données sur l'étendue des glaciers proviennent d'Oerlemans, J., 2005. Science, 308 (5722), pp.675-677. doi.org/10.1126/science.1107046 Données des proxys climatiques et éruptions volcaniques de Sigl, M., et al., 2015. Nature, 523 (7562), pp.543-549. doi.org/10.1038/nature14565 Données sur les taches solaires de SILSO www.sidc.be/SILSO/home

L'hypothèse du gardien d'hiver permet d'expliquer la fin du petit âge glaciaire. Après une période de faible activité solaire connue sous le nom de minimum de Dalton, qui a duré de 1795 à 1835, l'activité solaire s'est rétablie et est devenue élevée entre 1835 et 1875 (fig. 79c). Cette période coïncide avec le réchauffement observé au milieu du 19e siècle. Bien que les changements d'activité solaire n'aient qu'une influence directe minime sur les températures de surface, il est probable que l'augmentation de l'activité solaire ait accru indirectement le réchauffement planétaire en réduisant le transport de chaleur vers les pôles. La réduction de la perte d'énergie dans l'Arctique qui en a résulté a contribué à l'augmentation globale des températures mondiales. Dans le même temps, la réduction associée du transport d'humidité a entraîné une diminution des chutes de neige, ce qui a eu un double impact sur les glaciers en raison de l'augmentation des températures et de la diminution des précipitations.

L'hypothèse selon laquelle le changement climatique récent est causé par les émissions humaines

Il est intéressant de noter que les changements de température des deux derniers siècles présentent un schéma caractérisé par une alternance de périodes de réchauffement et de refroidissement, d'une durée d'environ 30 ans chacune (fig. 79b). Cette distribution montre que le 19e siècle a connu deux périodes de refroidissement et une période de réchauffement, tandis que le 20e siècle a connu le schéma inverse. Sur la base de ce seul fait, on pourrait s'attendre à un taux de réchauffement plus élevé au cours du 20e siècle. En outre, la tendance au réchauffement à long terme est le résultat des périodes de refroidissement, qui entraînent une diminution plus faible de la température par rapport à l'augmentation pendant les périodes de réchauffement.

Cette structure climatique reflète l'influence des oscillations océaniques multidécennales, également connues sous le nom de modes de variabilité climatique, car elle oscille en synchronisation avec l'oscillation multidécennale de l'Atlantique. Comme expliqué plus haut (chap. 19 et 36), ces oscillations multidécennales provoquent des changements dans le transport de chaleur vers les pôles et sont les principaux déterminants du changement climatique à l'échelle multidécennale. En outre, elles modifient le budget énergétique de la Terre en altérant le rayonnement de grande longueur d'onde sortant, bien que leur rôle en tant que forçage climatique majeur reste méconnu.

Les scientifiques travaillant avec le GIEC estiment que les modes de variabilité ne font que redistribuer l'énergie au sein du système climatique. D'après le dernier rapport du GIEC, ces modes sont surtout considérés comme des variations régionales de la température de surface plutôt que comme des variations globales. Cependant, certains climatologues ne sont pas d'accord et affirment que ces modes ont une influence globale.[360] Cette influence est évidente dans l'enregistrement des températures de surface (fig. 31, chap. 19).

Selon la FAQ 3.1 du 6e rapport d'évaluation du GIEC, les changements de température historiques ne peuvent être expliqués que par trois catégories de

---

[360] Schlesinger, M.E. & Ramankutty, N., 1994. Nature, 367 (6465), pp.723-726.
doi.org/10.1038/367723a0

forçages climatiques.[361] La figure 80 montre les valeurs moyennes de ces forçages proposées par les modèles climatiques. La contribution aux températures observées est calculée sur la base de l'hypothèse de l'effet renforcé du CO_2, en tenant compte des GES et aérosols humains et des forçages naturels (solaire + volcanique). Cependant, il semble que la figure originale du GIEC contienne une erreur, car elle suggère que les aérosols humains ont un effet de réchauffement et les GES humains un effet de refroidissement au cours des deux premières décennies, ce qui semble improbable.

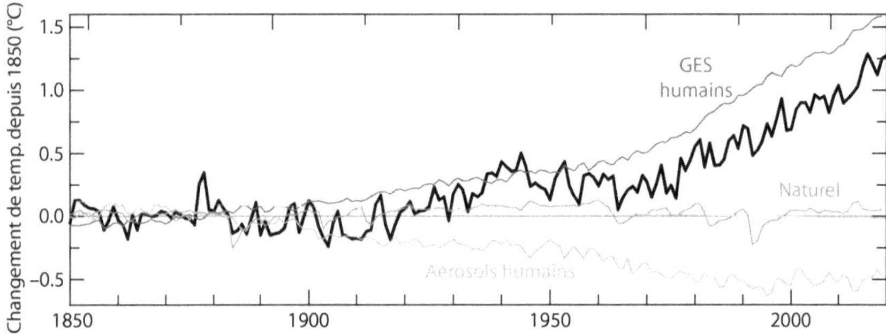

Figure 80. Déterminants du changement climatique depuis 1850. Changements de la température à la surface du globe observés par rapport à la moyenne des simulations multi-modèles de la réponse aux GES d'origine humaine (ligne gris foncé), aux aérosols et autres forçages humains (ligne gris clair), et aux forçages naturels uniquement (ligne gris intermédiaire).

Les trois catégories de la figure 80, représentées par des lignes fines, sont dérivées des données disponibles et estimées à l'aide de modèles afin de déterminer leur effet sur le flux radiatif au sommet de l'atmosphère. Ce forçage radiatif est ensuite utilisé pour alimenter les modèles climatiques. Dans le cas de la figure du GIEC, illustrée à la figure 80, le forçage radiatif a été converti en changement de température de surface causé par chaque catégorie de forçage et comparé à la température globale obtenue à partir des observations (ligne noire épaisse). Le défi pour les modélisateurs du climat est de reproduire les températures observées dans le passé en utilisant uniquement ces trois types de forçage. Comme le succès des modèles est mesuré par leur capacité à simuler les climats passés, les modélisateurs climatiques peuvent également ajuster de nombreux paramètres au sein des modèles pour des facteurs qui ne peuvent pas être directement calculés jusqu'à ce que cet objectif soit atteint.

Il est important de noter que cette figure montre une contribution naturelle négligeable à la tendance à long terme. Selon l'hypothèse avancée par les scientifiques du GIEC, les causes naturelles n'ont pas été responsables du changement climatique au cours des 170 dernières années et n'ont joué un rôle que dans les effets à court terme. Cela suggère que, sans l'influence de l'homme, la température actuelle ne serait pas différente de celle de 1850. Cependant, entre 1850 et 1940, il y a eu un changement climatique important, comme le montre la figure 79, période pendant laquelle les émissions humaines de CO_2 représen-

---

[361] Eyring, V., et al, 2021. Climate Change 2021 : The Physical Science Basis. 6th AR IPCC. p.516. doi.org/10.1017/9781009157896.005

taient moins de 10 % des émissions totales depuis 1850.[362] Bien que de nombreux scientifiques acceptent volontiers l'idée que le changement climatique naturel n'a pas eu d'effet, il est difficile de souscrire à cette affirmation.

Le rapport du GIEC rejette également l'importance de la variabilité naturelle interne, en affirmant que son influence sur la température mondiale est minime sur des échelles de temps de trois décennies ou plus. Au contraire, le rapport indique que la tendance à long terme est principalement due à l'influence humaine. Toutefois, le fait de minimiser une caractéristique climatique importante que les modèles ne parviennent pas à reproduire peut susciter une confiance injustifiée dans les performances des modèles. Cela est évident lorsque les modèles ne parviennent pas à reproduire fidèlement les tendances des températures au 21e siècle, laissant les modélisateurs dans l'incertitude quant aux raisons de cette divergence.[363]

L'interprétation du changement climatique récent par les modèles climatiques est erronée

La figure 81a compare la dernière moyenne multi-modèle du 6e projet d'intercomparaison des modèles (ligne grise en tirets) avec les températures enregistrées dans le passé (ligne noire). Bien que les modèles soient généralement performants, les scientifiques reconnaissent que la plupart d'entre eux sous-estiment le réchauffement observé au début du 20e siècle et surestiment le réchauffement observé après 1998.[364]

Mais les problèmes sont plus profonds. En calculant le taux de réchauffement sur un intervalle mobile de 15 ans, nous pouvons mieux comprendre le calendrier et l'ampleur des changements de température de la figure 81b. Cette figure compare le taux de réchauffement des observations (ligne noire) et la moyenne multi-modèle (ligne en tirets gris). Les valeurs positives indiquent une tendance générale au réchauffement, tandis que les valeurs négatives indiquent une tendance au refroidissement au cours des 15 années précédentes.

Le refroidissement observé à la fin du 19e siècle est principalement attribué, dans les modèles, à une réaction plus forte à l'éruption du Krakatoa de 1883 que ne l'indiquent les proxys et les relevés de température. Bien que ces enregistrements reflètent l'impact de l'éruption, ils montrent également une forte tendance au refroidissement qui a commencé en 1878 et s'est poursuivie jusqu'en 1893. Un refroidissement supplémentaire a été observé au cours de la première décennie du 20e siècle.

Le taux de réchauffement pendant la période de réchauffement du début du 20e siècle était comparable à celui d'aujourd'hui, avec un taux de 0,18 contre 0,20 °C par décennie, malgré la grande différence dans les émissions de CO_2. Cette différence est la raison pour laquelle les modèles climatiques ne simulent pas cette période. De même, le refroidissement du milieu du 20e siècle, qui a commencé vers 1945, ne commence pas dans les modèles avant l'éruption du

---

[362] ourworldindata.org/co2-emissions

[363] Voosen, P., 2021. Science, 373 (6554) pp.474-475.
  doi.org/10.1126/science.373.6554.474

[364] Papalexiou, S.M., et al, 2020. Earth's Future, 8 (10), p.e2020EF001667.
  doi.org/10.1029/2020EF001667

mont Agung en 1963, et même dans ce cas, ils ont tendance à exagérer les effets de l'éruption.

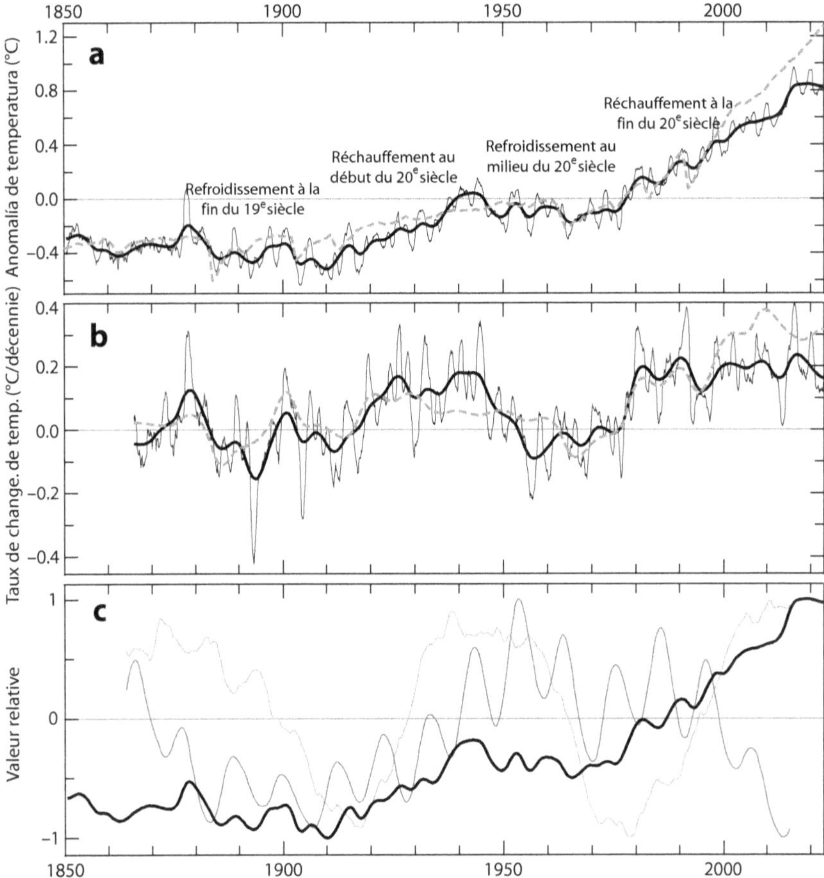

Figure 81. Explications opposées du changement climatique récent. a) La ligne noire représente le changement climatique observé, la ligne épaisse représentant les données lissées. La ligne grise en tirets est une moyenne de simulation multi-modèle lissée de manière similaire. b) Taux de changement de température sur 15 ans tiré de (a). c) La ligne noire est la même qu'en (a), la ligne gris foncé est le nombre de taches solaires et la ligne gris clair est l'indice d'oscillation atlantique multidécennale, tous deux lissés de manière similaire et exprimés en tant que ratio de leurs moyennes.[365]

Les modèles simulent avec succès la période de réchauffement de la fin du 20ᵉ siècle, mais montrent l'augmentation attendue du taux de réchauffement correspondant à l'accélération de l'augmentation des niveaux de CO_2. Cependant, le taux de réchauffement observé n'a pas montré une accélération simi-

---

[365] Données de température HadCRUT5, données de modèle pour CMIP6 SSP245 de KNMI explorer
climexp.knmi.nl/CMIP6/Tglobal/global_tas_mon_ens_ssp245_192_ave.dat Données SILSO sur les taches solaires et données NOAA AMO.

laire depuis 1976, malgré la forte augmentation de 90 ppm (26 %) des niveaux de CO_2. Les rapports du GIEC n'expliquent actuellement pas l'absence de cette accélération du réchauffement, malgré les prévisions continues d'accélération du réchauffement et de l'élévation du niveau de la mer. Cette absence d'accélération du réchauffement a conduit à une incapacité croissante des modèles à reproduire les températures depuis 1998, un problème examiné plus en détail au chapitre 49.

Une autre explication du réchauffement récent

L'hypothèse du gardien d'hiver offre une alternative qui ne souffre pas des problèmes décrits ci-dessus. Selon cette hypothèse, comme le montre la figure 81c, le refroidissement observé à la fin du 19e siècle peut être attribué à une augmentation du transport de chaleur causée par une faible activité solaire et un passage à la phase négative de l'oscillation multidécennale. En revanche, le début du 20e siècle a connu un réchauffement initié par un passage à une phase positive (diminution du transport de chaleur) de l'oscillation multidécennale et par l'influence du maximum solaire moderne à partir du milieu des années 1930. Le refroidissement du milieu du 20e siècle est dû au passage à une phase négative de l'oscillation multidécennale. Cet effet de refroidissement a été atténué par un effet opposé sur le transport stratosphérique dû à une forte activité solaire. À la fin du 20e siècle, les deux forçages ont de nouveau contribué au réchauffement. Toutefois, au 21e siècle, la faible activité solaire a agi comme un facteur d'amortissement, ce qui pourrait entraîner un ralentissement du rythme du réchauffement, puisque l'oscillation multidécennale devrait devenir négative au milieu des années 2020.

En substance, une part importante du réchauffement observé au 20e siècle peut être attribuée à l'impact du maximum solaire moderne sur le budget énergétique de la Terre. Notamment, une telle période prolongée d'activité solaire supérieure à la moyenne n'a pas été documentée depuis plus de 600 ans (fig. E21, Ch. 23). On suppose que cette activité solaire accrue a provoqué une réduction de la quantité de chaleur transportée vers l'Arctique, entraînant une diminution du refroidissement au milieu du 20e siècle et une augmentation du réchauffement au début et à la fin du 20e siècle.

L'augmentation des niveaux de CO_2 a sans aucun doute joué un rôle dans la tendance au réchauffement observée au cours des dernières décennies, mais l'hypothèse de l'effet renforcé du CO_2 tend à exagérer son rôle en négligeant les causes naturelles prises en compte dans l'hypothèse du gardien d'hiver. Une compréhension plus complète du changement climatique récent devrait attribuer le réchauffement observé à une combinaison d'émissions humaines et de variations naturelles dans le transport de chaleur vers les pôles.

Encadré 27. L'énigme polaire

L'amplification polaire désigne le phénomène par lequel les changements de température aux hautes latitudes sont plus prononcés que la moyenne mondiale. Ce concept est cohérent avec les preuves paléoclimatiques selon lesquelles la Terre a modifié sa température globale, affectant principalement les régions en dehors des tropiques, en particulier aux hautes latitudes. Nous avons déjà examiné ce phénomène lors de l'étude du gradient latitudinal de température (fig. 13, ch. 9) et des conditions climatiques de l'Éocène inférieur (ch. 20).

L'amplification polaire a été observée pour la première fois dans les premiers modèles climatiques dans les années 1970 et est constamment reproduite dans les modèles actuels comme une réponse à l'augmentation des gaz à effet de serre. L'identification des causes exactes de ce phénomène s'est avérée difficile. Dans les modèles, l'amplification polaire est attribuée à une combinaison de modèles de forçage radiatif et de divers mécanismes de rétroaction.[366] Le mécanisme le mieux établi est la rétroaction de l'albédo de surface des hautes latitudes, principalement due aux changements de la glace de mer et de la couverture neigeuse. Cependant, les rétroactions de Planck et du gradient thermique vertical sont plus importantes dans les simulations.

La rétroaction du gradient thermique vertical est influencée par les changements de température avec l'altitude (chap. 7). Sous les tropiques, où l'on s'attend à ce que la haute troposphère se réchauffe en raison d'un dégagement plus important de chaleur latente, la rétroaction est négative. Toutefois, une atmosphère plus stable à des latitudes plus élevées limite le réchauffement à des altitudes plus basses, ce qui entraîne une rétroaction positive. D'autre part, la rétroaction de Planck résulte de l'augmentation des émissions d'ondes longues provenant de surfaces plus chaudes et est négative dans toutes les régions. Toutefois, son effet est plus prononcé aux basses latitudes. En principe, les deux rétroactions réduisent davantage le réchauffement aux basses latitudes qu'aux hautes latitudes.

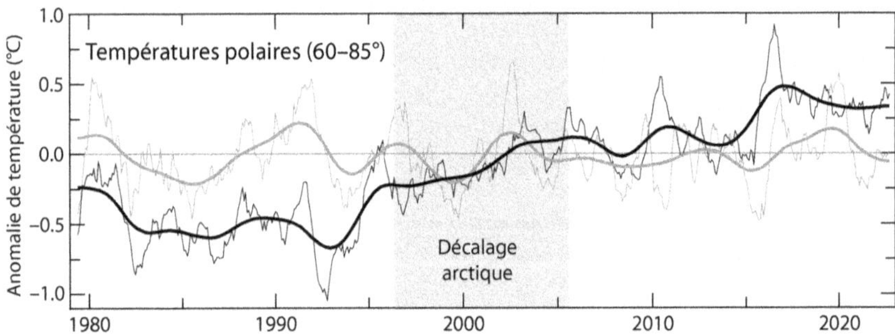

Figure E27. Températures polaires. Les lignes noires correspondent aux données de la région polaire nord et à son lissage, et les lignes gris correspondent à la région polaire sud.[367]

Cependant, les observations réelles diffèrent considérablement des simulations des modèles climatiques en ce qui concerne l'amplification polaire. Dans l'hémisphère sud, les températures polaires dans la troposphère inférieure (fig. E27, ligne grise) n'ont pas changé au cours des quatre dernières décennies, malgré les prévisions de réchauffement au-dessus de l'Antarctique. De même, dans l'hémisphère nord, les températures polaires dans la troposphère inférieure (fig. E27, ligne noire) ont montré une tendance au refroidissement de 1979 au milieu des années

---

[366] Smith, D.M., et al, 2019. Geosci. Model Dev. 12 (3), pp.1139-1164. doi.org/10.5194/gmd-12-1139-2019.

[367] Données de l'enregistrement de la température par satellite de l'UAH.

1990. Le réchauffement observé au cours des dernières années est principalement dû au décalage climatique de 1997 et à la réaction subséquente de l'Arctique, qui est examinée en détail au chapitre 34.

Les climatologues n'ont pas encore été en mesure d'expliquer les écarts importants entre les simulations des modèles et les observations réelles de l'amplification polaire. Reconnaissant l'importance de cette question, le projet de comparaison des modèles d'amplification polaire a été créé.[368] Les chercheurs soulignent la complexité des facteurs qui influencent l'évolution des températures polaires. Ils soulignent que, bien que l'amplification antarctique ait été retardée jusqu'à présent, on s'attend à ce qu'elle se produise à l'avenir en réponse à l'augmentation continue des gaz à effet de serre.

Cependant, l'explication proposée contredit les causes supposées de l'amplification polaire. Le gradient thermique vertical et les rétroactions de Planck n'agissent pas principalement pour augmenter les températures polaires, mais plutôt pour diminuer les températures non polaires. Si leurs valeurs estimées étaient inexactes, l'effet serait plus important pour le réchauffement global que pour le réchauffement polaire en particulier.

L'hypothèse du gardien d'hiver fournit une explication cohérente des tendances de la température polaire en liant la force du vortex polaire au transport de chaleur vers les pôles. Le vortex polaire est fort dans l'hémisphère sud en raison d'une plus faible activité des ondes planétaires. Par conséquent, le transport de chaleur vers l'Antarctique est plus stable que les grandes fluctuations observées dans l'Arctique. En outre, dans l'atmosphère de l'Antarctique, qui se caractérise par une faible teneur en vapeur d'eau et des inversions de température, l'augmentation des niveaux de CO_2 devrait entraîner un refroidissement plutôt qu'un réchauffement en raison de l'augmentation des émissions infrarouges.[369]

En ce qui concerne les températures dans la région polaire boréale, l'Arctique a connu un refroidissement entre 1976 et 1997 en raison des conditions de force du vortex dans le régime climatique à faible transport discuté au chapitre 39 (fig. 61). Comme indiqué ci-dessus, l'affaiblissement du vortex après le décalage climatique de 1997 a entraîné un réchauffement de l'Arctique. Au chapitre 34, nous expliquons comment l'augmentation récente du réchauffement de l'Arctique est due à des changements dans le transport de chaleur plutôt qu'à une amplification de l'Arctique.

En bref

Les modèles climatiques qui partent du principe que les changements climatiques récents sont principalement dus aux variations du CO_2 résultant des émissions humaines ont du mal à reproduire fidèlement les tendances observées depuis la fin du petit âge glaciaire. Cette difficulté suggère que les principaux moteurs du changement climatique sont peut-être mal identifiés. Les

---

[368] Smith, D.M., et al, 2019. Geosci. Model Dev. 12 (3), pp.1139-1164. doi.org/10.5194/gmd-12-1139-2019.

[369] van Wijngaarden, W.A. & Happer, W., 2020 arXiv preprint doi.org/10.48550/arXiv.2006.03098

émissions humaines ont été relativement faibles entre 1845 et 1940, alors que la plupart des changements climatiques des 175 dernières années se sont produits. Cela remet en question le point de vue largement accepté selon lequel les facteurs naturels ont contribué de manière négligeable au changement climatique à long terme.

En revanche, l'hypothèse du gardien d'hiver offre une explication plus convaincante des modèles de changement climatique observés, qui se caractérisent par une alternance de périodes de réchauffement et de refroidissement de 30 ans. Cette hypothèse souligne également l'importance du maximum solaire moderne en tant que facteur majeur du réchauffement observé au 20ᵉ siècle. Elle permet également de comprendre l'absence d'amplification polaire dans l'Antarctique et l'apparition d'une amplification polaire dans l'Arctique depuis le milieu des années 1990. En tenant compte de ces facteurs, l'hypothèse du gardien d'hiver permet une compréhension plus complète de la dynamique du changement climatique récent et remet en question l'hypothèse dominante fondée principalement sur les émissions humaines de CO_2.

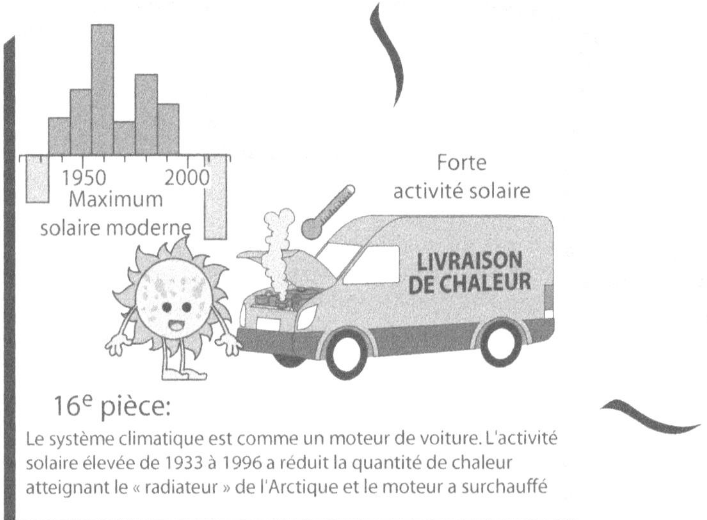

16ᵉ pièce:
Le système climatique est comme un moteur de voiture. L'activité solaire élevée de 1933 à 1996 a réduit la quantité de chaleur atteignant le « radiateur » de l'Arctique et le moteur a surchauffé

SECTION 13 QUESTIONS CLÉS

Le gardien d'hiver surpasse l'hypothèse de l'effet renforcé du CO_2 CO2 en expliquant les énigmes climatiques passées. L'isolement de l'Antarctique par le courant circumpolaire a réduit de moitié les niveaux de CO_2 de l'Oligocène, entraînant une longue période de réchauffement planétaire qui a conduit à l'optimum climatique du Miocène. La nouvelle hypothèse illustre également comment de petites variations du forçage de Milankovitch au sommet de l'atmosphère entraînent des changements massifs dans le volume des calottes glaciaires de la Terre, en montrant l'effet des changements actuels dans le transport de la chaleur sur la couverture neigeuse estivale du Groenland.

L'hypothèse du gardien d'hiver explique l'écart entre le CO_2 et les tendances de la température mondiale au cours de l'Holocène. Les températures mondiales suivent l'insolation de l'hémisphère nord, tandis que le CO_2 suit les températures de l'hémisphère sud. Il y a environ 3 000 ans, un refroidissement brutal de 350 ans s'est produit, sans lien avec les variations de CO_2 ou les éruptions volcaniques, mais en corrélation avec deux minima solaires majeurs. Cette hypothèse explique les éléments indiquant que les changements dans la circulation atmosphérique et le transport de la chaleur ont été les moteurs de cet événement.

Environ la moitié du réchauffement survenu après le petit âge glaciaire a eu lieu entre les années 1840 et 1940, alors que seulement 10 % des émissions humaines de CO_2 ont eu lieu pendant cette période. Les modèles ne parviennent pas à reproduire ce réchauffement inégal, caractérisé par une alternance de périodes de réchauffement et de refroidissement. Cela remet en question l'hypothèse de l'augmentation du CO_2, qui ignore le rôle des facteurs naturels dans le changement climatique à long terme. L'hypothèse du gardien d'hiver offre une meilleure explication du réchauffement et de sa chronologie au cours des 100 dernières années. Elle explique également l'amplification observée dans l'Arctique depuis le milieu des années 1990 et son absence plus tôt et dans l'Antarctique.

Section 14 : Explication des Mécanismes du Changement Climatique

CHAPITRE 47
LES AVEUGLES ET L'ÉLÉPHANT

L'hypothèse du gardien d'hiver introduit un nouveau facteur contribuant au changement climatique et suggère que les causes précédentes ont pu être mal identifiées. Contrairement à ce que l'on pourrait croire, il n'est pas difficile pour les scientifiques d'avoir manqué une cause importante du changement climatique, car ceux qui travaillent avec le GIEC se sont principalement concentrés sur l'attribution du changement climatique aux activités humaines plutôt que sur l'identification de ses causes. Il serait difficile de trouver une cause manquante au cours des dernières décennies, mais c'est plus facile si l'on considère le petit âge glaciaire, dont la cause principale n'a toujours pas été identifiée. Les chercheurs ont découvert que l'équateur climatique, où se rencontrent les alizés des deux hémisphères, s'est déplacé de 5° de latitude vers le sud pendant le petit âge glaciaire. Ce déplacement a provoqué une augmentation significative du transport de chaleur de l'hémisphère sud vers l'hémisphère nord, démontrant l'existence d'une cause inconnue capable de provoquer un changement climatique de cette manière.

Arguments en faveur d'un forçage inconnu

L'hypothèse du gardien d'hiver introduit un nouveau mécanisme de forçage du climat en proposant que les changements dans le transport de chaleur vers les pôles puissent fortement influencer le climat. Ce mécanisme affecte le flux radiatif au sommet de l'atmosphère, ce qui modifie le contenu énergétique de l'ensemble du système climatique. Toutefois, pour que ce nouveau forçage soit intégré dans la théorie du changement climatique, il doit combler une lacune dans la compréhension actuelle du changement climatique. En outre, l'importance du rôle proposé pour le nouveau forçage est directement proportionnelle à l'ampleur du forçage manquant qu'il cherche à expliquer.

Identifier la causalité dans un système aussi complexe que le climat est un défi majeur, et les scientifiques impliqués dans les rapports du GIEC ne sont pas activement engagés dans cette voie. Leur principal objectif est d'identifier et d'attribuer l'impact des activités humaines sur le climat. Ils partent du principe que les causes du changement climatique sont déjà bien comprises. Par conséquent, si un forçage particulier venait à manquer dans l'ensemble établi, tout effet résultant serait attribué à un ou plusieurs des forçages déjà identifiés.

Si l'hypothèse du gardien d'hiver est correcte, le maximum solaire moderne devrait avoir contribué de manière substantielle au réchauffement observé au 20ᵉ siècle. Cependant, en raison de l'influence simultanée des forçages anthropiques, il ne serait pas facile de déduire si nous négligeons un forçage dans notre compréhension du changement climatique récent. Pour identifier un forçage négligé, nous devons examiner les conditions climatiques passées qui remettent en question l'hypothèse de l'effet renforcé du CO_2. L'optimum climatique du Miocène, évoqué au chapitre 44, en est un exemple : au cours de cette période, la planète a connu des températures de 5 à 8 °C supérieures à celles d'aujourd'hui, malgré des niveaux de CO_2 similaires, de l'ordre de 400 ppm. En particulier, les modèles climatiques nécessitent des niveaux de CO_2 d'au moins

800 ppm pour simuler avec précision ce climat passé, ce qui suggère l'existence d'un forçage non identifié.

Le forçage non identifié du petit âge glaciaire

Il n'est pas nécessaire de remonter aussi loin dans le temps pour trouver un autre forçage non identifié ; quelques siècles suffisent. Le petit âge glaciaire présente une énigme similaire, dont la cause première reste inconnue. L'étendue mondiale des glaciers et les indices climatiques suggèrent que le refroidissement spectaculaire et étendu qui a commencé vers 1300 et a duré cinq siècles ne peut être attribué au seul forçage graduel de Milankovitch (fig. 35, ch. 21). Pour compliquer les choses, les niveaux de CO_2 sont restés stables entre 1100 et 1500, l'activité volcanique a été inférieure à la moyenne pendant la majeure partie de cette période (fig. 42, ch. 26), et le forçage solaire accepté ne suffit pas à expliquer la tendance au refroidissement observée.

Explorons cette insaisissable force manquante en nous concentrant sur la zone de convergence intertropicale. L'encadré 2 (ch. 3) la définit comme la ceinture où convergent les alizés chauds et chargés d'humidité des deux hémisphères. L'air s'y élève par convection, créant une bande de nuages et de tempêtes qui encercle la Terre près de l'équateur. Il s'agit essentiellement de l'équateur climatique au sein du système de circulation atmosphérique mondial. La chaleur est transportée de cette bande vers les pôles. La position de cette zone varie selon les saisons. Elle se déplace vers l'hémisphère d'été (plus chaud) pour transporter plus de chaleur vers l'hémisphère d'hiver (plus froid ; fig. 17, ch. 11).

Malgré son impact mondial, le petit âge glaciaire s'est surtout manifesté dans l'hémisphère nord. Cette période de refroidissement bien documentée a entraîné un déplacement notable de la zone de convergence intertropicale vers l'hémisphère sud, comparativement plus chaud. Des scientifiques ont mené des études sur plusieurs îles du Pacifique à l'aide d'une variété de proxys. Leurs résultats montrent que pendant le petit âge glaciaire, l'équateur climatique s'est déplacé d'environ 500 kilomètres (environ 5° de latitude) vers le sud par rapport à sa position moyenne actuelle.[370]

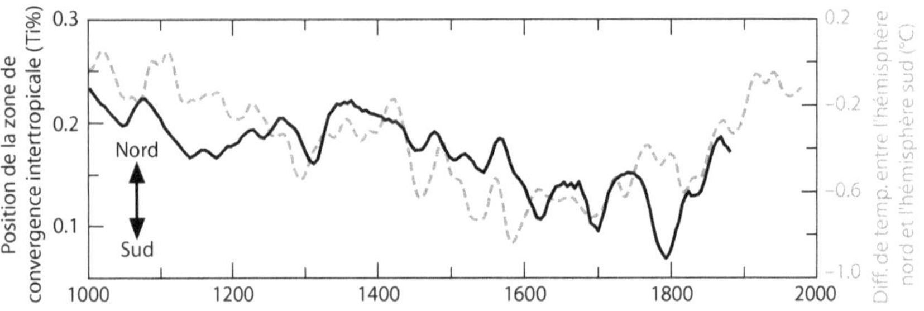

Figure 82. Migration de l'équateur climatique pendant le petit âge glaciaire. Position de la zone de convergence intertropicale (ligne noire) et contraste de température interhémisphérique (ligne en tirets gris) au cours des 1000 dernières années.

La figure 82 illustre la migration vers le sud de la zone de convergence intertropicale, représentée par un proxy des précipitations provenant de la mer

[370] Sachs, J.P., et al, 2009. Nat. Geosci. 2 (7), pp.519-525. doi.org/10.1038/NGEO554

des Caraïbes (ligne noire).[371] Dans ce rapport, les auteurs examinent ce déplacement dans le contexte de l'évolution du contraste de température entre les deux hémisphères (ligne en tirets gris). En outre, ils examinent l'effet du changement de position de la zone de convergence intertropicale sur le budget énergétique de l'atmosphère, en établissant un lien entre sa position et le transport de l'énergie dans l'atmosphère.

L'effet de la position de la zone de convergence intertropicale sur le transport de chaleur atmosphérique pose un dilemme intéressant qui n'est pas abordé dans l'étude. Pendant le petit âge glaciaire, lorsque l'équateur climatique s'est déplacé vers l'hémisphère sud, dirigeant ainsi davantage de chaleur vers l'hémisphère nord, une question importante se pose : si l'hémisphère nord a connu un refroidissement important, qu'est-il advenu de cette énergie ? De nombreuses études ont montré que l'océan s'est refroidi pendant cette période, ce qui indique que l'énergie n'y a pas été transférée. Il est clair qu'il y a eu un déficit énergétique important dans l'hémisphère nord, mais la cause exacte reste incertaine. Bien que les modifications de l'albédo de la glace et de la neige soient souvent proposées comme facteur contributif, il est important de noter que l'albédo fonctionne comme un mécanisme de rétroaction, ce qui signifie que le refroidissement doit se produire avant que l'augmentation de l'albédo de la glace et de la neige ne puisse avoir lieu. Le refroidissement doit également précéder le changement de position de l'équateur climatique.

Une autre étude fournit des indications précieuses sur la nature de ce problème. Elle quantifie à 1,7 pétawatt (PW) l'augmentation du transport de chaleur à travers l'équateur résultant du déplacement de 5° vers le sud de la zone de convergence intertropicale pendant le petit âge glaciaire.[372] Pour mettre cela en perspective, rappelons au chapitre 9 que le transport hémisphérique actuel est d'environ 5-6 PW. Par conséquent, le changement observé dans la position de la zone représente une réorganisation globale substantielle du transport de chaleur. Les auteurs de l'étude concluent qu'*« actuellement, il n'existe aucun forçage ou rétroaction climatique connu durant cette période qui pourrait expliquer une perturbation énergétique aussi importante à l'échelle de l'hémisphère »*.

Les scientifiques reconnaissent l'existence d'un important forçage non identifié qui a créé un déficit énergétique majeur dans l'hémisphère nord au cours d'une période prolongée de faible activité solaire. Ce phénomène a entraîné une modification profonde des schémas mondiaux de transport de la chaleur dans l'atmosphère. L'hypothèse du gardien d'hiver offre une solution convaincante à cette énigme, en fournissant une explication plausible pour le forçage manquant. Il est important de noter que le fait d'attribuer ce forçage manquant uniquement au petit âge glaciaire et de supposer qu'il n'est pas lié au changement climatique récent n'a aucun fondement scientifique.

Un réseau mondial de téléconnexions

Les scientifiques reconnaissent que la variabilité décennale du climat, appelée dans cet ouvrage oscillations océaniques, reflète un réseau mondial de télé-

---

[371] Schneider, T., et al. 2014. Nature, 513 (7516), pp.45-53.
doi.org/10.1038/nature13636.

[372] Donohoe, A., et al, 2013. J. Clim. 26 (11), pp.3597-3618.
doi.org/10.1175/JCLI-D-12-00467.1

connexions couvrant différents bassins océaniques, régions tropicales et extra-tropicales, et zones océaniques et terrestres.[373] Malgré plusieurs décennies de recherches approfondies, la compréhension des causes sous-jacentes de cette variabilité reste un formidable défi. Les liens entre les différents bassins mettent en évidence la nature globale du mécanisme atmosphérique associé qui entraîne la variabilité océanique ou y répond. La plupart des scientifiques pensent que cette variabilité est d'origine interne. Cela nécessiterait également un mécanisme océanique sous-jacent inconnu, car on ne pense pas que l'atmosphère ait la mémoire nécessaire. Cette question sera abordée dans le chapitre suivant.

Le 6e rapport d'évaluation du GIEC reconnaît que la variabilité interne naturelle implique la redistribution de l'énergie au sein du système climatique.[374] Par conséquent, l'étude des changements globaux dans le transport de chaleur vers les pôles est fondamentale pour comprendre l'influence de ce réseau interconnecté sur la redistribution de l'énergie. Cependant, il y a un obstacle. Lorsqu'ils sont contraints de suivre l'évolution temporelle des oscillations océaniques, les modèles climatiques globaux confirment que de nombreux changements climatiques historiques observés peuvent être partiellement attribués à ces oscillations.[375] Cependant, lorsque ces modèles fonctionnent de manière autonome, leur capacité à reproduire ces téléconnexions se dégrade fortement et ils présentent des variations spontanées à très basse fréquence de la connectivité entre les bassins.[376]

L'absence de variabilité multidécennale globale dans les modèles climatiques de pointe constitue un défi majeur pour les climatologues. Cette lacune les empêche de répondre aux questions fondamentales sur son origine et de comprendre pleinement son impact sur le changement climatique. Il est également difficile de faire des prévisions précises sur son évolution probable, ce qui est très préoccupant. L'influence de la variabilité climatique multidécennale est considérable, car elle affecte les régimes de précipitations, les températures et la survenue d'événements météorologiques extrêmes qui affectent la vie de la plupart des habitants de la planète. Toutefois, ces aspects critiques ne sont pas suffisamment pris en compte dans les rapports du GIEC, qui soulignent l'impact relativement faible de la variabilité naturelle sur des périodes de plus de deux décennies et mettent plutôt en évidence le rôle dominant de l'influence humaine sur les tendances climatiques à long terme.

L'une des raisons possibles de l'incapacité des modèles climatiques à reproduire les changements globaux dans le transport de chaleur vers les pôles a été examinée au chapitre 12. Ces modèles ont été développés en supposant que l'hypothèse de la compensation de Bjerkness est correcte. Cependant, cette hypothèse contredit les preuves substantielles selon lesquelles les changements de transport océanique et atmosphérique ne se compensent pas. Comme le

---

[373] Cassou, C., et al, 2018. Bull. Amer. Meteor. Soc. 99 (3), pp.479-490.
 doi.org/10.1175/BAMS-D-16-0286.1

[374] Eyring, V., et al, 2021. Climate Change 2021 : The Physical Science Basis. 6th AR IPCC. p.517. doi.org/10.1017/9781009157896.005

[375] Ruprich-Robert, Y., et al, 2017. J. Clim. 30 (8), pp.2785-2810.
 doi.org/10.1175/JCLI-D-16-0127.1

[376] Kravtsov, S., et al, 2018. NPJ Clim. Atmos. Sci. 1 (1), p.34.
 doi.org/10.1038/s41612-018-0044-6

montrent les chapitres 17 (fig. 27) et 34 (fig. 54), les scientifiques ont observé des augmentations synchrones des transports atmosphériques et océaniques vers l'Arctique au cours du 21e siècle. Malgré ces preuves, l'opinion dominante, soutenue par la modélisation, est que l'Arctique se réchauffe alors que le mécanisme de compensation de Bjerkness continue à fonctionner.[377]

Les aveugles et l'éléphant

Une parabole indienne bien connue, vieille de plusieurs milliers d'années, raconte l'histoire d'un groupe d'aveugles qui se rendent dans une forêt et rencontrent un éléphant. Chaque aveugle touche une partie différente du corps de l'éléphant et la décrit ensuite de son point de vue limité. En conséquence, ils croient à tort qu'ils ont rencontré des animaux différents. Le message sous-jacent de cette histoire est que la réalité peut être présentée de différentes manières si une perspective globale n'est pas prise en compte.

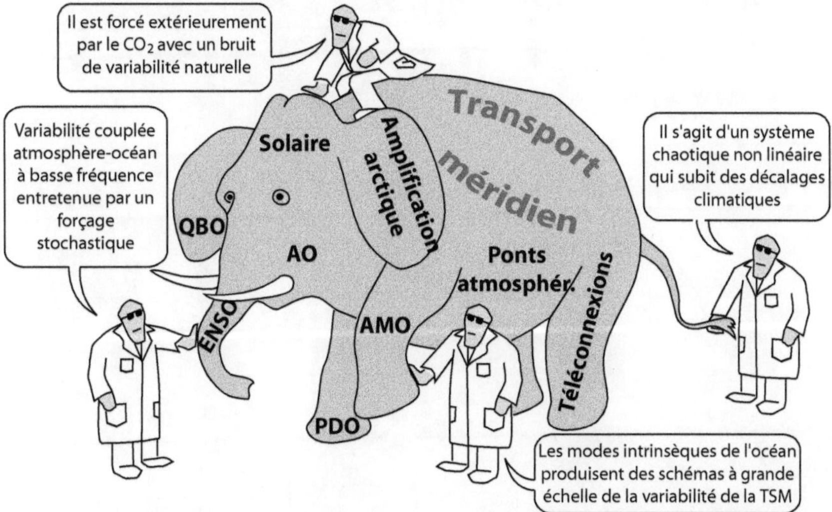

Figure 83. Scientifiques aveugles et transport méridien.

De même, les scientifiques qui étudient différents types de variabilité, en recherchent les causes potentielles, explorent les téléconnexions et étudient les ponts atmosphériques ne reconnaissent souvent pas qu'ils étudient différentes facettes d'un phénomène global : la caractéristique fondamentale du climat mondial, à savoir la variabilité du transport méridien de chaleur et d'humidité des tropiques vers les pôles. La compréhension du fait que différents facteurs modulent cette variabilité est à la base de l'hypothèse du gardien d'hiver.

En bref

La réorganisation atmosphérique qui a eu lieu pendant le petit âge glaciaire a profondément affecté le budget énergétique de la Terre. L'hémisphère nord a connu un déficit énergétique considérable, ce qui a entraîné une augmentation substantielle du transport de chaleur en provenance de l'hémisphère sud. L'hy-

---

[377] Burgard, C. & Notz, D., 2017. Geophys. Res. Lett. 44 (9), pp.4263-4271. doi.org/10.1002/2016GL072342

pothèse du gardien d'hiver explique ce phénomène en l'attribuant à une aug-mentation du transport de chaleur vers les pôles causée par une activité solaire réduite, ce qui a entraîné une perte d'énergie accrue dans l'Arctique.

Les oscillations océaniques multidécennales sont reconnues comme reflétant un réseau mondial de téléconnexions reliant les bassins océaniques au reste du globe. Ces oscillations jouent un rôle important dans la redistribution de l'énergie, donnant lieu à des tendances de température variables et influençant fortement le climat. Toutefois, les modèles climatiques ne peuvent pas rendre compte de la variabilité multidécennale à l'échelle mondiale. Par conséquent, les scientifiques peuvent ne pas se rendre compte que cette variabilité est une manifestation des changements globaux dans le transport de chaleur vers les pôles, que le scénario actuel ne prend pas en compte.

CHAPITRE 48
LES RÉGIMES CLIMATIQUES ET LEURS DÉCALAGES NE SONT PAS RÉSOLUS

Les régimes et leurs décalages jouent un rôle fondamental dans la forma-tion des changements climatiques que nous connaissons au cours de notre vie, ce qui en fait les manifestations climatiques les plus significatives pour l'homme. Cela est corroboré par la réponse écologique significative observée chez la plupart des espèces du Pacifique Nord lors des décalages climatiques qui ont conduit à leur découverte. Il est surprenant de constater que les rap-ports du GIEC n'accordent qu'une attention minime à ces changements clima-tiques substantiels, leurs effets étant considérés comme un simple bruit multi-décennal masquant l'impact de l'homme. Pourtant, les régimes climatiques influencent profondément divers aspects de notre climat, y compris des facteurs critiques tels que la fréquence et l'intensité des ouragans. Malheureusement, la reconnaissance de leur importance est entravée par un manque de compréhen-sion des origines de ces régimes, les scientifiques étant souvent réticents à ad-mettre leur manque de compréhension. Malgré des recherches approfondies pour identifier une cause océanique, les progrès ont été limités au cours des dernières décennies.

L'importance des régimes et décalages climatiques

Le climat que nous connaissons au cours de notre vie est davantage influen-cé par des oscillations multidécennales que par sa tendance à long terme. Ces oscillations se produisent par cycles d'environ 50 à 70 ans, soit à peu près la durée de vie d'un être humain. Par conséquent, de nombreuses personnes per-çoivent des différences notables dans le climat par rapport à il y a plusieurs décennies, ce qui suscite des inquiétudes quant à ces changements. Un exemple historique, présenté à la figure 53 (chap. 34), illustre l'inquiétude du public concernant le réchauffement de l'Arctique dans les années 1920. Dès les années 1930, Guy Callendar s'inquiète du réchauffement et l'attribue aux émissions humaines. Dans les années 1970, on craint une glaciation imminente en raison de la tendance au refroidissement. Dans les années 1990, le réchauffement cli-matique est devenu une préoccupation majeure. Toutefois, ces changements étaient principalement dus à des oscillations multidécennales interagissant avec une tendance au réchauffement graduel imperceptible pour la plupart des gens. Les oscillations climatiques multidécennales nous préoccupent donc beaucoup. Bien que les rapports du GIEC les qualifient de variabilité interne naturelle, ce qui implique une origine interne, nous n'avons pas encore identifié leurs cau-ses.

Dans les années 1990, l'écologie a apporté une contribution majeure à l'étude du climat. En 1991, les écologues marins ont identifié un changement abrupt dans l'écosystème du Pacifique Nord qui s'était produit 15 ans plus tôt, causé par un décalage climatique abrupt.[378] Étonnamment, ce changement avait échappé à l'attention des climatologues, qui cherchaient avant tout à identifier un impact humain perceptible sur le climat. Grâce à une enquête approfondie, les chercheurs ont déterminé que la source du changement n'était pas l'océan, mais une modification de la circulation atmosphérique mondiale (fig. 48, ch. 31).[379] Cependant, ce décalage a constitué un défi, car les modèles climatiques ne reproduisent pas de tels phénomènes, et ses causes sont donc entourées de mystère. En fait, ce décalage représentait une transition entre des états stables, que l'on appelle aujourd'hui des régimes climatiques.

En écologie, le concept de régimes climatiques induits par des décalages climatiques a pris de l'ampleur et a donné lieu à de nombreuses études dans différents écosystèmes. Il est surprenant de constater que la climatologie a accordé relativement peu d'attention à ce domaine de recherche. Par exemple, le décalage climatique de 1997 est beaucoup moins mentionné dans les études climatiques que celui de 1976, bien qu'il soit plus récent. Pour illustrer cela, la figure 84 provient d'une étude portant sur les implications écologiques des décalages climatiques dans le Pacifique Nord.[380] Dans cette étude, les auteurs ont recueilli des données provenant de 64 séries chronologiques biologiques, principalement des populations de poissons d'importance commerciale et une plus petite représentation d'invertébrés et de zooplancton. Ils ont utilisé l'analyse en composantes principales, une technique statistique qui condense la variation des données en quelques variables clés. La deuxième source de variabilité la plus influente a été attribuée aux facteurs climatiques, comme le montre la ligne noire de la figure 84.

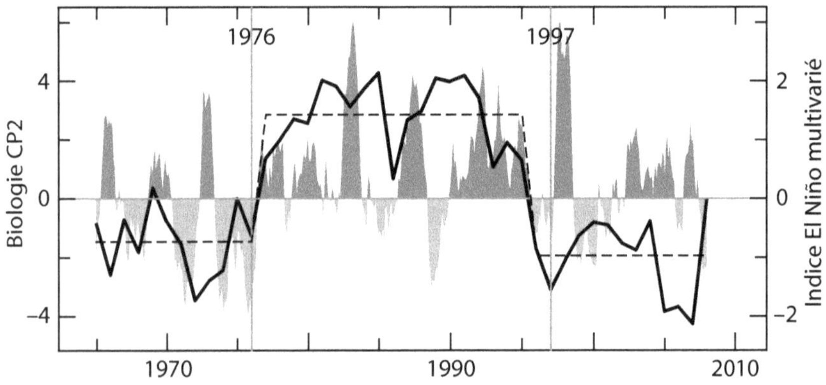

Figure 84. Décalages écologiques. La ligne noire représente le deuxième mode principal de variabilité écologique dans le Pacifique Nord-Est. L'indice multivarié El Niño-Oscillation australe est représenté en gris foncé pour les valeurs positives et en gris clair pour les valeurs négatives.

[378] Ebbesmeyer, C.C., et al, 1991. Proceedings of the Seventh PACLIM Workshop, April 1990. Interagency Ecological Studies Program Technical Report, 26 pp.115-126. hdl.handle.net/1834/22168

[379] Graham, N.E., 1994. Clim. Dynam. 10, pp.135-162. doi.org/10.1007/BF00210626

[380] Litzow, M.A. & Mueter, F.J., 2014. Prog. Oceanogr. 120, pp.110-119. doi.org/10.1016/j.pocean.2013.08.003.

Pour établir un lien entre les changements écologiques dans l'océan Pacifique et les décalages climatiques, un indice reflétant l'état de El Niño - Oscillation australe a été inclus dans la figure.

L'écart important des espèces analysées par rapport aux moyennes antérieures au cours des deux décalages climatiques identifiés souligne leur importance. Il convient de noter que ces changements ne se limitent pas au Pacifique Nord, où ils sont les plus évidents, mais qu'ils ont un impact mondial. Il est surprenant de constater que, malgré leur importance, les régimes climatiques et les décalages résultant de la variabilité multidécennale sont manifestement absents des rapports du GIEC, qui se concentrent principalement sur les causes anthropogéniques du changement climatique.

Réponse des phénomènes météorologiques extrêmes aux régimes climatiques

Les régimes et les décalages climatiques sont d'une grande importance pour l'humanité, car ils jouent un rôle central dans la détermination de divers aspects de notre climat et des risques qui y sont associés. Les médias se font souvent l'écho des avertissements de certains scientifiques selon lesquels le changement climatique exacerbe les phénomènes météorologiques extrêmes, en augmentant leur fréquence et leur gravité. Toutefois, les données montrent que les régimes et les décalages climatiques ont également une incidence sur les phénomènes météorologiques extrêmes.

Les chercheurs mesurent leur niveau d'énergie pour évaluer la force des ouragans (cyclones) dans différents bassins. Des données sont disponibles depuis 1950 pour le Pacifique Nord-Ouest et l'Atlantique, les régions les plus exposées aux ouragans. La figure 85 montre l'énergie cumulée annuelle des ouragans enregistrée dans ces régions.[381]

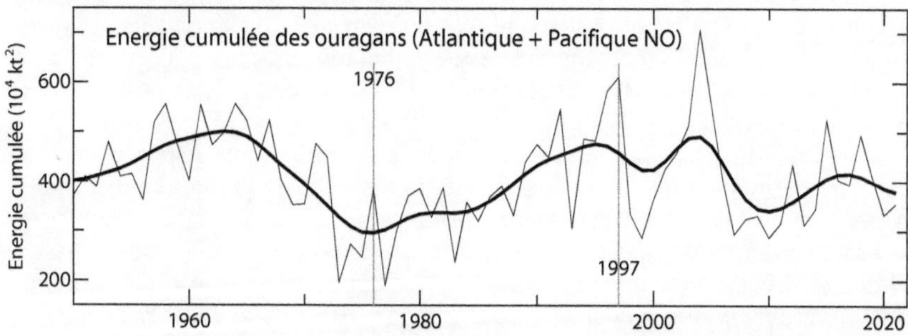

Figure 85. Énergie cyclonique accumulée dans les océans Atlantique et Pacifique Nord-Ouest.

L'énergie des ouragans depuis 1950 ne montre pas de tendance significative, mais plutôt des oscillations multidécennales. Cependant, elle montre une tendance à la hausse pendant le régime climatique 1976-1997 et une tendance à la baisse dans le régime climatique suivant établi depuis 1997. Les ouragans sont une indication claire du transport de chaleur et d'humidité, principalement facilité par la circulation atmosphérique zonale (est-ouest). Par conséquent, on peut

---

[381] Données cumulées de la NOAA sur l'énergie des cyclones.

s'attendre à une augmentation de la fréquence et de l'intensité des ouragans lorsque la circulation zonale se renforce au détriment de la circulation méridienne (sud-nord).

L'évolution observée de l'énergie cumulée des ouragans au cours de la période 1976-1997 est cohérente avec les informations présentées tout au long du livre, indiquant une période de réduction du transport de chaleur et d'humidité vers les pôles. Comme le montre la figure 48b (chap. 31), le moment angulaire de l'atmosphère a connu une forte augmentation pendant le changement climatique de 1976. Cette augmentation indique un renforcement de la circulation zonale au début de la période de réduction du transport vers les pôles, qui a duré jusqu'en 1997.

Le GIEC est devenu la principale autorité dans le domaine de la climatologie et exerce une forte influence sur la recherche climatique actuelle et future. Par conséquent, les scientifiques engagés dans des recherches qui ne relèvent pas du GIEC ont souvent moins de succès dans leur carrière, ce qui se traduit par une diminution du nombre d'études sur ces aspects particuliers. Malgré l'importance de comprendre les régimes et les changements climatiques, d'en élucider les causes et de développer la capacité de prévision, ces sujets ne reçoivent pas le même niveau de priorité dans le programme du GIEC.

Forçage interne ou externe

La plupart des scientifiques estiment que la variabilité pluridécennale du climat est due à des facteurs internes, car on ne connaît pas encore de force extérieure d'une périodicité et d'une ampleur comparables. Cependant, il est important de reconnaître que ce point de vue est un argument d'ignorance et que la possibilité d'une cause externe ne peut être définitivement exclue. De nombreux scientifiques affirment que les diverses manifestations de cette variabilité suggèrent une combinaison de facteurs en jeu. S'il est clair que la géographie des différents bassins océaniques joue un rôle crucial dans leur expression, les recherches approfondies menées depuis plusieurs décennies n'ont guère permis de découvrir la cause fondamentale de ces oscillations océaniques pluridécennales.

Pour établir un schéma quasi-périodique, un système doit disposer d'un mécanisme permettant de suivre le passage du temps. De nombreux mécanismes peuvent contribuer à ce phénomène. Par exemple, l'interaction de deux forces opposées avec un décalage temporel peut produire une oscillation, ce qui explique sa prévalence dans des phénomènes aussi divers que le cycle économique ou la dynamique prédateur-proie. Une approche fructueuse de l'étude des oscillations consiste à étudier les mécanismes sous-jacents responsables du « calcul du temps ».

Il existe trois explications plausibles à la présence d'oscillations quasi-périodiques dans les océans de la Terre. L'opinion la plus répandue est que l'océan est la principale source de mémoire du système. En revanche, l'atmosphère, de par sa nature dynamique et chaotique, n'a pas de capacité de mémoire à long terme. On pense plutôt que la mémoire de l'océan est étroitement liée à la chaleur stockée dans la couche supérieure, appelée couche mélangée, en particulier dans les régions à forte dynamique.[382] Cette inertie thermique confère à l'océan la capacité de conserver la mémoire des changements passés.

Une autre explication proposée est que le signal global observé dans la variabilité multidécennale provient de la synchronisation d'oscillateurs non linéaires (chaotiques) couplés.[383] Ce phénomène est souvent observé dans les systèmes naturels. Selon cette perspective, les régimes climatiques peuvent être considérés comme des états de synchronisation entre différentes oscillations océaniques. Des changements dans la force de leur couplage perturberaient cette synchronisation, conduisant à l'émergence d'un nouvel état de synchronisation, entraînant ainsi le décalage climatique.

Toutefois, un problème se pose lorsque l'origine des oscillations multidécennales est attribuée exclusivement à l'océan. Les nombreuses preuves présentées tout au long du livre suggèrent que l'atmosphère joue un rôle prépondérant dans les changements observés. Contrairement aux océans, l'atmosphère produit facilement des changements globaux qui peuvent se manifester par des déplacements du moment angulaire atmosphérique qui affectent la vitesse de rotation de la Terre. En général, les changements de pression au niveau de la mer précèdent d'un à trois mois les changements de température à la surface de la mer. Malgré les preuves disponibles, de nombreux scientifiques ont du mal à accepter la troisième possibilité, à savoir que les oscillations océaniques multidécennales coordonnées à l'échelle mondiale soient induites par un forçage atmosphérique sur l'océan. Cependant, cette explication reste la plus cohérente avec les données disponibles.

Le problème vient du fait que l'absence de mémoire dans l'atmosphère rend nécessaire un forçage externe. Il s'agit d'un tel changement de paradigme que la plupart des scientifiques sont réticents à l'envisager sans preuves irréfutables. Bien qu'il existe des preuves de l'existence d'un forçage externe, elles ne sont pas concluantes. En particulier, le cycle lunaire nodal de 18,6 ans a été observé à de multiples reprises dans les données relatives à la température de surface de l'air et de la mer dans le Pacifique. Outre l'oscillation décennale du Pacifique bien connue, qui dure environ 60 ans, l'océan Pacifique présente une oscillation bimestrielle de la température de surface de la mer.[384] Les scientifiques ont constaté que la phase et la durée de cette composante bidécennale coïncident avec le cycle nodal lunaire, ce qui suggère que ce cycle lunaire peut influencer le transfert de chaleur à grande échelle dans l'ouest du Pacifique Nord.[385] Dans leur étude de 2007, ces scientifiques ont constaté une coïncidence de phase entre le cycle nodal lunaire et certains des événements El Niño les plus importants du 20e siècle. Sur la base de cette observation, ils ont prédit huit ans à l'avance une probabilité accrue d'un événement El Niño majeur en 2015, ce qui s'est finalement produit.

---

[382] Monselesan, D.P., et al, 2015. Geophys. Res. Lett. 42 (4), pp.1232-1242. doi.org/10.1002/2014GL062765.

[383] Tsonis, A.A. & Swanson, K.L., 2011. Int. J. Bifurcat. Chaos, 21 (12), pp.3549-3556. doi.org/10.1142/S0218127411030714

[384] Minobe, S., 1999. Geophys. Res. Lett. 26 (7), pp.855-858. doi.org/10.1029/1999GL900119

[385] McKinnell, S.M. & Crawford, W.R., 2007. J. Geophys. Res. Oceans, 112 (C2). doi.org/10.1029/2006JC003671

Une influence combinée du soleil et de la lune sur le climat a été proposée, agissant par son effet sur le gradient de température latitudinal. [386] Ce mécanisme de forçage particulier est compatible avec l'hypothèse du gardien d'hiver, qui explique comment ce forçage externe affecte le climat en modifiant le transport de chaleur vers les pôles. Si ce forçage solaire-lunaire combiné est à l'origine de la variabilité climatique multidécennale observée, un mécanisme similaire à la conjecture présentée dans l'encadré 25 (chap. 34) semble plausible pour déterminer sa périodicité. Ce mécanisme fournirait la mémoire nécessaire pour expliquer l'effet atmosphérique. En raison de leurs périodes différentes, la corrélation changeante entre les effets lunaires et solaires donnerait lieu à la périodicité observée, comme le montre la figure E25 (chap. 34).

Cependant, l'hypothèse du gardien d'hiver ne repose pas sur une cause externe pour les oscillations océaniques multidécennales. La source des changements de transport ne modifie pas leur impact climatique. S'il existe une cause externe, il faudra peut-être des décennies pour qu'elle soit largement acceptée, car les modèles ignorent cette possibilité et la plupart des scientifiques concentrent leurs recherches sur l'exploration d'une origine océanique pour cette variabilité climatique.

En bref

Les régimes climatiques présentent des caractéristiques distinctes en ce qui concerne l'intensité de la circulation atmosphérique, l'orientation du transport de chaleur (nord-sud ou est-ouest) et leurs effets sur les températures de surface de la mer et la fréquence des ouragans. Il est très important pour nous de comprendre ces régimes climatiques et leurs changements. Cependant, ils reçoivent moins d'attention parce qu'ils n'ont pas de cause anthropique. En fait, leur cause reste inconnue et plusieurs hypothèses ont été proposées. La plupart des scientifiques pensent que les régimes climatiques ont une origine océanique, l'océan supérieur fournissant la mémoire nécessaire à leur périodicité. Une autre explication proposée tourne autour de la synchronisation d'oscillateurs chaotiques couplés. Enfin, il est possible que ces régimes soient déclenchés de l'extérieur par l'influence combinée de la Lune et du Soleil sur le gradient latitudinal de température, provoquant des changements dans la circulation atmosphérique globale. De toute évidence, il reste encore beaucoup à découvrir sur ce phénomène crucial, et les modèles climatiques sont d'une aide limitée car ils ne le reproduisent pas de manière adéquate.

---

[386] Davis, B.A. et Brewer, S., 2011. Quat. Sci. Rev. 30 (15-16), pp.1861-1874. doi.org/10.1016/j.quascirev.2011.04.016

SECTION 14 QUESTIONS CLÉS

L'hypothèse du gardien d'hiver propose une nouvelle cause du changement climatique, dont l'absence est détectée par l'étude du petit âge glaciaire. Le déplacement latitudinal de 5° de l'équateur climatique au cours de cette période a représenté un changement massif dans le transport de la chaleur à l'échelle mondiale, qui a nécessité un facteur inconnu capable de le faire. L'effet a été un énorme transfert d'énergie de l'hémisphère sud vers l'hémisphère nord, indiquant un important déficit d'origine inconnue dans le nord. L'hypothèse du gardien d'hiver explique à la fois le déficit énergétique et l'augmentation du transport de chaleur comme une conséquence de la faible activité solaire.

Les régimes et les décalages climatiques sont le résultat d'une variabilité mondiale multidécennale du transport de chaleur que les modèles climatiques ne saisissent pas et que les scientifiques s'efforcent de comprendre. Le peu d'attention qu'ils reçoivent dans les rapports du GIEC contraste avec leur importance écologique et leur rôle critique dans l'élaboration du climat que nous connaîtrons au cours de notre vie. Les caractéristiques des régimes climatiques en matière de circulation atmosphérique et de transport de chaleur déterminent de nombreux aspects du climat, notamment la fréquence des ouragans. Malgré des décennies d'efforts, la cause de la variabilité multidécennale et sa relation avec le transport de chaleur à l'échelle mondiale sont encore inconnues.

Section 15 : Une Catastrophe Modélisée

CHAPITRE 49
QU'EST-CE QUI NE VA PAS AVEC LES MODÈLES ?

De nombreux objets et technologies de la vie quotidienne s'appuient sur des modèles pour simuler des processus bien compris. Les modèles climatiques, cependant, traitent de l'un des phénomènes les plus complexes que nous connaissions, impliquant de nombreux processus mal compris. Ces modèles sont compliqués et fragiles, et représentent un climat modèle très différent du climat réel. Ils ne connaissent même pas la température de la planète. Les nombreux problèmes associés aux modèles climatiques suggèrent que le climat modèle qu'ils produisent ne ressemble que superficiellement au climat réel. En substance, l'état actuel des connaissances ne permet pas aux modélisateurs du climat d'atteindre leurs objectifs. En outre, il est prouvé que ces modèles passent à côté de caractéristiques climatiques importantes, ce qui fait que leur précision se détériore au fil du temps au lieu de s'améliorer.

Le monde des modèles et le monde réel

Les modèles informatiques sont des représentations mathématiques de certains aspects de la réalité. Ces modèles sont extrêmement précieux parce qu'ils nous aident à naviguer dans la complexité et nous fournir rapidement et facilement des réponses précises. Les technologies complexes que nous rencontrons dans notre vie quotidienne s'appuient largement sur des modèles. Par exemple, la conception d'un nouvel avion s'appuie fortement sur des modèles avant la construction et les essais en vol. Ces modèles fournissent à l'équipe de conception des informations essentielles, telles que la surface minimale de l'aile requise pour le vol. Nous reviendrons sur cet exemple dans le prochain chapitre.

Nous en sommes venus à nous fier aux modèles, mais deux considérations importantes sont à prendre en compte. Premièrement, les modèles sont des représentations imparfaites de la réalité et existent dans un espace distinct du monde réel. Ce sont des créations de notre esprit, capables de fournir des réponses dans le cadre de leurs paramètres programmés, qu'elles soient exactes ou absurdes. Deuxièmement, la construction de modèles fiables dépend de notre compréhension des processus sous-jacents. Si nous ne comprenons pas comment quelque chose fonctionne, nous ne pouvons pas développer un modèle robuste auquel nous pouvons faire confiance. Malheureusement, notre compréhension du climat reste un formidable défi, l'un des problèmes les plus complexes auxquels la science est confrontée. Lors d'une conférence donnée en 1964, le célèbre physicien Richard Feynman a déclaré : *« Je pense pouvoir affirmer que personne ne comprend la mécanique quantique »*. Le même sentiment s'applique au changement climatique : personne ne le comprend. De nombreux processus climatiques n'ont pas de base théorique solide, comme la façon dont l'atmosphère transporte la chaleur vers les pôles par l'intermédiaire des tempêtes des latitudes moyennes.[387]

Il est indéniable que les modèles climatiques présentent des inexactitudes. La vraie question est celle de l'ampleur de ces erreurs et de leur utilité pour différents objectifs et publics. Dans le prochain chapitre, nous tenterons de répondre à cette dernière partie de la question.

Les modèles climatiques sont incroyablement complexes et fragiles. Bien qu'il existe différents types de modèles, un modèle de circulation générale de pointe (tel que ceux impliqués dans le 6e projet d'intercomparaison) avec une résolution de grille de 1x1° (environ 100 x 100 km) et 30 couches se compose d'un nombre impressionnant de 2 millions de cellules. En règle générale, ces modèles enregistrent sept variables (vitesse du vent en 3D, pression, température, densité et teneur en vapeur d'eau) dans chaque cellule de la grille. Ils effectuent des calculs qui incluent tous les processus connus affectant ces variables et tiennent compte de la manière dont les changements dans une cellule affectent les cellules voisines. Par conséquent, ces modèles sont des programmes itératifs, où le résultat d'un pas de temps sert de point de départ au suivant, ce qui les rend intrinsèquement plus enclins à l'instabilité que d'autres types de modèles informatiques.

Malgré leur haute résolution, de nombreux processus physiques se produisent à des échelles inférieures à la maille, y compris les processus moléculaires. De plus, certains processus ne disposent pas d'équations capables de les décrire avec précision. Dans ce cas, ces processus sont approximés par des paramètres numériques. Si un modèle ne fonctionne pas comme prévu, ces paramètres sont ajustés jusqu'à ce que le résultat souhaité soit obtenu.[388] Un modèle climatique ne peut prétendre représenter la réalité s'il contient des biais ou des idées préconçues du modélisateur sur la manière dont les processus climatiques devraient fonctionner.

Un modèle climatique peut comprendre 2 millions de lignes de code. En raison de l'interconnexion et de la nature itérative de leurs composants, ces modèles sont exceptionnellement fragiles, contrairement au climat réel. Un exemple récent de cette fragilité est la découverte par les scientifiques d'une faille dans le modèle CESM2 dans la manière dont il simule l'interaction entre l'humidité et les noyaux de condensation, qui affecte la formation des nuages. Il a fallu cinq mois à une équipe de dix scientifiques pour identifier le problème et corriger l'erreur dans les données.[389] Tout changement apporté à un modèle peut facilement le faire dérailler.

Un exemple éloquent de la façon dont les modèles climatiques représentent un monde modèle et non le monde réel est leur incapacité à fournir une température de surface globale précise. La figure 86, tirée d'un article consacré à l'établissement d'un lien entre les projections de température globale issues des

---

[387] Barry, L., et al, 2002. Nature, 415 (6873), pp.774-777. doi.org/10.1038/415774a

[388] Hourdin, F., et al, 2017. Bull. Am. Met. Soc. 98 (3), pp.589-602. doi.org/10.1175/BAMS-D-15-00135.1

[389] The Wall Street Journal. Feb 06, 2022. Climate scientists encounter limits of computer models and bedeviling policy.

modèles climatiques et les observations du monde réel, met en lumière cette disparité.[390]

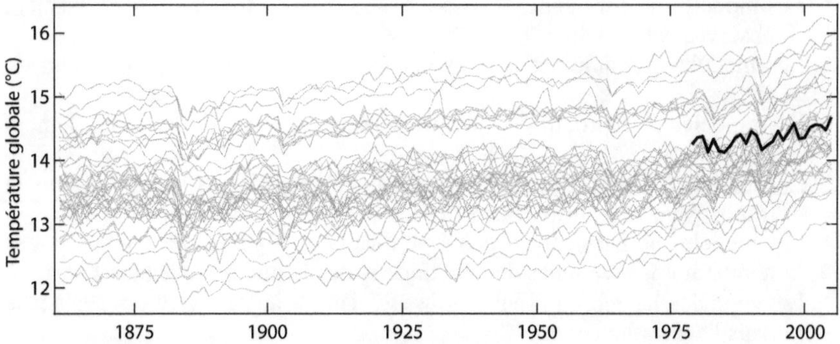

Figure 86. Les modèles ne connaissent pas la température de la planète. Température globale à partir de simulations historiques de 42 modèles du 5e projet d'intercomparaison. La ligne noire épaisse provient du produit de réanalyse européenne.

Les scientifiques ne sont pas préoccupés par le fait que les modèles climatiques diffèrent de 3 °C dans la simulation de la température mondiale, même si cette différence correspond à la moitié de la température qui sépare notre période interglaciaire du dernier maximum glaciaire. Ce qui compte pour eux, c'est la cohérence des changements dans le temps au sein des simulations et le fait que les modèles du « monde froid » prévoient des changements similaires à ceux du « monde chaud » lorsqu'ils sont soumis aux mêmes forçages. Il est pour le moins surprenant qu'une différence de 3 °C n'affecte pas de manière significative les performances de ces modèles.

Dans quelle mesure les modèles climatiques sont-ils erronés ?

Il est difficile de répondre à cette question. Il existe de nombreux articles dans la littérature scientifique qui soulignent les failles des modèles climatiques, mais il n'est pas facile d'obtenir des listes exhaustives car seuls les modélisateurs eux-mêmes gardent trace de ces problèmes sans les publier. Pour donner une idée, j'ai compilé une collection d'échecs notables de modèles à partir d'articles sur le climat que j'ai consultés sur une période de quatre mois seulement. Il convient de noter que mes lectures ne couvrent qu'une fraction de ce qui est publié sur le sujet, ce qui laisse au lecteur le soin de spéculer sur la portée potentielle de cette liste.

* Les modèles ont tendance à surestimer le refroidissement et à montrer une récupération plus lente après les éruptions volcaniques.[391]

* Les modèles ne représentent pas avec précision la réaction de la stratosphère aux changements solaires.[392]

---

[390] Hawkins, E. et Sutton, R., 2016. Bull. Am. Met. Soc. 97 (6), pp.963-980. doi.org/10.1175/BAMS-D-14-00154.1

[391] Brohan, P., et al, 2012. Clim. Past, 8 (5), pp.1551-1563. doi.org/10.5194/cp-8-1551-2012

[392] Misios, S., et al, 2016. Q. J. R. R. Meteorol. Soc. 142 (695), pp.928-941. doi.org/10.1002/qj.2695.

- Les modèles ne sont pas en mesure de prévoir les conditions météorologiques hivernales sévères résultant de l'amplification de l'Arctique.[393]
- Les modèles ne parviennent pas à reproduire la période de refroidissement observée entre 1945 et 1975.[394]
- Les modèles ne simulent pas les décalages climatiques tels que celui de 1976.[395]
- Les modèles ne reproduisent pas les schémas historiques de réchauffement des océans.[396]
- Les modèles ne rendent pas compte de l'évolution des températures dans la troposphère et la stratosphère tropicales.[397]
- Les modèles ne parviennent pas à prédire la divergence des tendances des températures hivernales de l'Arctique et des latitudes moyennes.[398]
- Les modèles ne reproduisent pas les tendances de la couverture neigeuse dans l'hémisphère nord.[399]
- La plupart des modèles sous-estiment le réchauffement au début du 20e siècle et le surestiment après 1998.[400]
- Les modèles ont tendance à surestimer le réchauffement atmosphérique.[401]
- Les modèles prévoient des tendances de l'ozone dans la stratosphère inférieure des latitudes moyennes qui ne correspondent pas aux observations faites depuis 1998.[402]
- Les prévisions du modèle ne sont pas cohérentes avec les changements observés dans le gradient de température de surface de la mer dans l'océan Pacifique équatorial.[403]
- Aucun des modèles ne reproduit avec précision le blocage estival accru des hautes pressions au-dessus du Groenland.[404]

---

[393] Cohen, J., et al, 2020. Nat. Clim. Change, 10 (1), pp.20-29. doi.org/10.1038/s41558-019-0662-y

[394] IPCC AR6 SPM doi.org/10.1017/9781009157896.001

[395] Ibid.

[396] Bronselaer, B. et Zanna, L., 2020. Nature, 584 (7820), pp.227-233. doi.org/10.1038/s41586-020-2573-5

[397] Mitchell, D.M., et al, 2020. Environ. Res. Lett. 15 (10), p.1040b4. doi.org/10.1088/1748-9326/ab9af7

[398] Cohen, J., et al, 2020. Nat. Clim. Change, 10 (1), pp.20-29. doi.org/10.1038/s41558-019-0662-y

[399] Connolly, R., et al, 2019. Geosciences, 9 (3), p.135. doi.org/10.3390/geosciences9030135

[400] Papalexiou, S.M., et al, 2020. Earth's Future, 8 (10), p.e2020EF001667. doi.org/10.1029/2020EF001667

[401] Mitchell, D.M., et al, 2020. Environ. Res. Lett. 15 (10), p.1040b4. doi.org/10.1088/1748-9326/ab9af7 McKitrick, R. & Christy, J., 2020. Earth Space Sci. 7(9), p.e2020EA001281. doi.org/10.1029/2020EA001281

[402] Ball, W.T., et al, 2020. Atmos. Chem. Phys. 20, 9737-9752. doi.org/10.5194/acp-20-9737-2020.

[403] Seager, R., et al, 2019. Nat. Clim. Change, 9 (7), pp.517-522. doi.org/10.1038/s41558-019-0505-x

[404] Hanna, E., et al, 2018. Cryosphere, 12 (10), pp.3287-3292. doi.org/10.5194/tc-12-3287-2018.

- Les modèles manquent de variabilité multidécennale à l'échelle mondiale.[405]
- Tous les modèles montrent un réchauffement de la haute troposphère tropicale qui n'apparaît pas dans les observations.[406]
- Les modèles présentent un « paradoxe signal-bruit » : ils prédisent mieux la variabilité climatique observée que leur propre variabilité, ce qui indique un rapport signal-bruit sous-estimé.[407]
- Les modèles montrent un biais froid dans la langue froide équatoriale.[408]
- Les modèles ne reproduisent pas de manière réaliste le cycle annuel observé de l'albédo.[409]
- Les modèles ne rendent pas compte avec précision de la faible variabilité interannuelle de l'albédo.[410]
- Les modèles génèrent une double zone de convergence intertropicale dans le Pacifique tropical.[411]
- Les modèles ne reproduisent pas la symétrie interhémisphérique de l'albédo.[412]
- Le transport de chaleur est invariant dans les modèles en dépit de changements importants dans le gradient de température.[413]
- Les modèles simulent mal les tendances de la température dans la basse stratosphère et reproduisent de manière incohérente les températures de la tropopause tropicale et les changements de vapeur d'eau.[414]
- Contrairement aux observations, les modèles sous-estiment le renforcement de la circulation de Brewer-Dobson dans la basse stratosphère au cours de la seconde moitié du 20e siècle.[415]
- Les modèles sous-estiment l'effet Holton-Tan et chaque modèle représente différemment la relation entre l'oscillation quasi-biennale et le vortex polaire.[416]

---

[405] Kravtsov, S., et al, 2018. NPJ Clim. Atmos. Sci. 1 (1), p.34.
doi.org/10.1038/s41612-018-0044-6

[406] McKitrick, R. & Christy, J., 2018. Earth Space Sci. 5 (9), pp.529-536.
doi.org/10.1029/2018EA000401

[407] Scaife, A.A. & Smith, D., 2018. NPJ Clim. Atmos. Sci. 1 (1), p.28.
doi.org/10.1038/s41612-018-0038-4

[408] Li, G., et al, 2016. Clim. Dyn. 47, pp.3817-3831.
doi.org/10.1007/s00382-016-3043-5.

[409] Stephens, G.L., et al. 2015. Rev. Geophys. 53 (1), pp.141-163.
doi.org/10.1002/2014RG000449.

[410] Ibid.

[411] Si, W., et al, 2021. Geophys. Res. Lett. 48 (23), p.e2021GL094779.
doi.org/10.1029/2021GL094779

[412] Stephens, G.L., et al, 2016. Curr. Clim. Change Rep. 2, pp.135-147.
doi.org/10.1007/s40641-016-0043-9.

[413] Donohoe, A., et al, 2020. J. Clim. 33 (10), pp.4141-4165.
doi.org/10.1175/JCLI-D-19-0797.1

[414] Solomon, S.et al, 2010. Science, 327 (5970), pp.1219-1223.
doi.org/10.1126/science.1182488

[415] Young, P.J., et al, 2012. J. Clim. 25 (5), pp.1759-1772.
doi.org/10.1175/2011JCLI4048.1

[416] Elsbury, D., et al, 2021. Geophys. Res. Lett. 48 (24), p.e2021GL094083.
doi.org/10.1029/2021GL094083.

- Les modèles produisent des changements interannuels dans le flux de chaleur latente de l'océan qui sont dix fois moins importants que ceux observés.[417]
- Les modèles simulent un réchauffement supplémentaire dans l'Antarctique (amplification antarctique), alors qu'aucun réchauffement n'a été observé dans l'Antarctique.[418]

Les modèles climatiques reproduisent-ils le climat réel ?

Les modèles climatiques peuvent donner l'impression de simuler le temps réel, mais les apparences peuvent être trompeuses. Prenons comme analogie un jeu vidéo populaire appelé « Les Sims » auquel ma fille jouait. Dans ce jeu de simulation de vie, les joueurs créent des personnages virtuels, les placent dans des maisons et influencent leurs émotions et leurs désirs. Avec chaque nouvelle version et chaque pack d'extension, le jeu offrait davantage de fonctions et de possibilités aux Sims. Bien que le jeu n'ait pas été conçu pour que les joueurs fassent du mal à leurs Sims, de telles actions étaient possibles dans certaines circonstances. Par exemple, les joueurs pouvaient faire entrer un Sim dans une piscine, puis retirer l'échelle, laissant le Sim piégé qui finissait par se noyer. Malgré la capacité du jeu à reproduire divers comportements, le fait que les Sims ne puissent pas sortir d'une piscine sans échelle mettait en évidence une simulation défectueuse à certains égards fondamentaux.

De même, les modèles climatiques, bien qu'apparemment complets, peuvent omettre des éléments cruciaux ou ne pas représenter fidèlement certains phénomènes. Tout comme l'incapacité des Sims à s'échapper d'une piscine sans échelle a mis en évidence des lacunes dans la simulation, il existe de nombreux facteurs et processus essentiels que les modèles climatiques sont actuellement incapables de reproduire correctement. Dans de nombreux cas, les modèles climatiques reproduisent certains comportements climatiques en ajustant de multiples paramètres qui ne sont pas inhérents aux modèles, mais qui sont introduits par les modélisateurs. Même lorsque les climatologues affirment que les modèles capturent avec précision certaines caractéristiques du climat, il reste difficile de déterminer s'ils le font pour les mêmes raisons sous-jacentes que le climat réel. Si différents modèles donnent des réponses différentes, il est peu probable que la véritable cause ait été identifiée.

Par conséquent, lorsque les modèles font des prédictions sur le climat futur, ils prédisent essentiellement leur propre version du climat futur, et non le climat futur réel. Il est essentiel de garder cette distinction à l'esprit. Ce qui se produit dans les modèles ne se produira probablement pas dans le monde réel.

Le climat ne change pas comme l'indiquent les modèles

La théorie dominante et les modèles climatiques suggèrent que le climat a réagi presque exclusivement à l'activité humaine au cours des 270 dernières années. C'est ce qu'illustre la figure E5 (chap. 8). Cependant, malgré l'augmentation constante du forçage anthropique, le climat ne s'est pas réchauffé de manière uniforme. Au contraire, il a connu des périodes pluridécennales d'aug-

---

[417] Yu, L. et Weller, R.A., 2007. B. Am. Meteorol. Soc. 88 (4), pp.527-540. doi.org/10.1175/BAMS-88-4-527

[418] Smith, D.M., et al, 2019. Geosci. Model Dev. 12 (3), pp.1139-1164. doi.org/10.5194/gmd-12-1139-2019.

mentation du réchauffement suivies de périodes de diminution du réchauffement ou même de refroidissement, connues sous le nom d'hiatus. Ces tendances remettent en question les prévisions d'une augmentation durable de la température.

Compte tenu de l'augmentation considérable du forçage anthropique depuis 1950 et de la persistance de nos émissions, les modèles prévoient une accélération du réchauffement au cours des prochaines décennies (fig. 87a). Cependant, les observations réelles ne correspondent pas à ces prévisions.

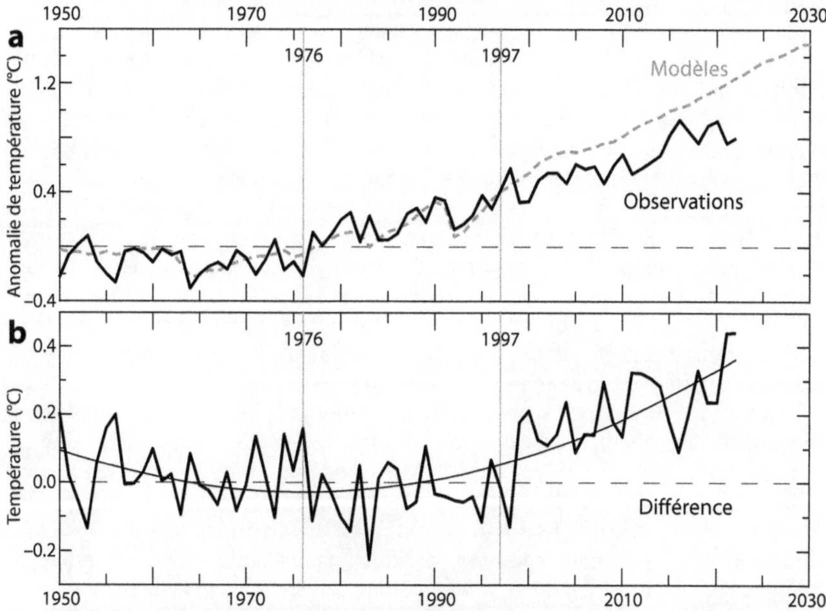

Figure 87. Les modèles deviennent trop chauds. a) La ligne noire correspond à la température moyenne de la surface du globe. La ligne grise en tirets est la moyenne multimodèle du 6e projet d'intercomparaison dans le cadre d'un scénario d'émissions similaire au scénario actuel.[419] b) Évolution de la différence entre les modèles et les observations. La différence de température pour la période 1961-1990 est nulle car il s'agit de la période utilisée comme référence (baseline) pour calculer l'anomalie.

Peu après le décalage climatique de 1997, l'écart entre les observations et les prévisions des modèles augmente considérablement. En seulement 25 ans, cette différence atteint 0,35 °C (fig. 87b). Pour mettre cela en perspective, le réchauffement manquant représente environ un tiers du réchauffement observé au cours des 100 dernières années.

Les scientifiques sont bien conscients de ce dilemme, qui est particulièrement problématique en raison de l'incapacité des modèles à reproduire avec

---

[419] Ensemble de données HadCRUT5 et CMIP6 de tous les membres dans le cadre du scénario SSP2-4.5 avec la base de référence 1961-1990.
climexp.knmi.nl/CMIP6/Tglobal/global_tas_mon_ens_ssp245_192_ave.dat L'utilisation d'une base de référence plus récente et d'une moyenne multimodèle réduite dans le 6e rapport d'évaluation masque ce problème.

précision la période actuelle.[420] La fragilité inhérente des modèles climatiques est mise en évidence par le fait que les tentatives visant à améliorer le réalisme des simulations de nuages ont augmenté leur sensibilité à l'augmentation des niveaux de CO_2. Corriger ce problème est une tâche complexe, qui a conduit à des propositions visant à exclure les modèles qui prévoient des niveaux de réchauffement plus élevés lors du calcul des moyennes multi-modèles. Bien que ces propositions puissent s'appuyer sur des raisons valables, elles peuvent être assimilées à un choix sélectif d'une réponse prédéterminée, connu sous le nom de « cherry picking ».

Ce n'est pourtant pas un hasard si, depuis le décalage climatique de 1997, qui a modifié l'intensité du transport de chaleur vers les pôles, les modèles climatiques indiquent une tendance à un réchauffement excessif. Il est surprenant de constater que les scientifiques ne sont pas conscients de deux problèmes fondamentaux liés aux modèles climatiques. Premièrement, les modèles ont tendance à sous-estimer l'ampleur du forçage solaire en raison d'une incorporation inadéquate des effets indirects. En conséquence, le forçage anthropique est artificiellement amplifié pour compenser, ce qui permet aux modèles de rendre compte des changements climatiques observés. Deuxièmement, la variabilité du transport de chaleur, un aspect crucial du système climatique, n'est pas représentée de manière adéquate dans ces modèles. Par conséquent, ces modèles ne tiennent pas compte de deux aspects importants du climat, ce qui les rend inadéquats pour prédire avec précision son avenir.

L'hypothèse du gardien d'hiver offre une solution possible à ces problèmes. Cependant, la probabilité que les scientifiques reconnaissent ces deux problèmes est assez faible. Par conséquent, les modèles climatiques continueront probablement à devenir de plus en plus complexes, fragiles et coûteux. Des changements significatifs ne se produiront probablement que lorsque les scientifiques seront confrontés à la dure réalité de l'incapacité de leurs modèles à prédire avec précision le climat, même quelques décennies plus tard.

En bref

Les modèles climatiques souffrent de nombreux problèmes non résolus, et les ajustements récents ont aggravé leur performance au lieu de l'améliorer. Un problème notable est leur tendance à surestimer le réchauffement après 1998, ce qui jette un doute sur la fiabilité de leurs projections climatiques futures. La cause fondamentale de cet échec est probablement l'absence de deux caractéristiques climatiques cruciales : la réponse à la variabilité solaire par le biais d'effets indirects et la réponse à la variabilité du transport de chaleur vers les pôles. Ces caractéristiques fondamentales sont au cœur de l'hypothèse du gardien d'hiver, qui offre une explication possible aux lacunes des modèles.

---

[420] Voosen, P., 2021. Science, 373 (6554) pp.474-475.
   doi.org/10.1126/science.373.6554.474

CHAPITRE 50
LES PRÉVISIONS DES MODÈLES CLIMATIQUES NE SONT PAS UTILES À LA SOCIÉTÉ

La modélisation fait partie intégrante de la science et sert à diverses fins pour les scientifiques au-delà de la simple prédiction. La climatologie s'appuie fortement sur des modèles, et même lorsque les modèles sont défectueux, ils restent utiles aux scientifiques. Toutefois, les modèles climatiques complexes présentent des inconvénients qui limitent leur utilité dans l'élaboration de prévisions précises. Ils sont sujets à l'effet papillon, selon lequel de petits changements dans les conditions initiales conduisent à des résultats très différents. En outre, les failles structurelles de ces modèles entraînent des prévisions erronées au fil du temps. En raison de leur complexité, tenter d'apporter des améliorations progressives devient un défi, car même de petites modifications peuvent avoir des effets considérables, au point que les avantages de ces améliorations deviennent négatifs. Une question cruciale se pose donc : les prévisions incertaines issues de modèles imparfaits apportent-elles un quelconque avantage à la société ? La réponse la plus probable est non.

Comment les scientifiques utilisent les modèles

La modélisation est un aspect fondamental du travail scientifique. Par essence, toute hypothèse peut être considérée comme un modèle conceptuel. Les modèles numériques servent de nombreux objectifs en science, dont la prédiction n'est qu'un parmi d'autres. Ces modèles sont d'une grande utilité dans un certain nombre de domaines, parmi lesquels :
* Vérification des hypothèses
* Proposer de nouvelles questions
* Orienter la collecte des données
* Élucider les relations dynamiques
* Remettre en question les théories existantes
* Identifier les divergences entre les hypothèses et les données
* Éduquer et responsabiliser les étudiants
* Augmenter la production scientifique

Dans les domaines scientifiques non expérimentaux, comme la climatologie, les modèles jouent un rôle indispensable, dans la mesure où une partie substantielle de la production scientifique en dépend. Pour illustrer cela, le tableau 2 présente des données sur la fréquence du terme « modèle » et de ses variantes dans les titres ou les résumés d'articles publiés dans une revue de premier plan, le *Journal of Climate*, sur quatre années séparées par une décennie. La première année du journal a été 1988 et, depuis lors, le nombre d'articles publiés a considérablement augmenté à chaque décennie. Depuis les années 1990, environ deux tiers des articles contiennent des références à des modèles dans leur titre ou leur résumé, ce qui prouve une fois de plus que la science du climat s'appuie fortement sur des modèles.

Tableau 2. Utilisation de modèle. Nombre d'articles publiés par le *Journal of Climate* et proportion d'entre eux contenant le mot « model » et ses variantes dans le titre ou le résumé au cours de quatre années sélectionnées.

Journal of Climate

Année	Nombre d'articles	Util. du modèle[1]
1988	76	46.0%
1998	184	67.4%
2008	370	67.8%
2018	545	65.5%

[1] Util. du mot "modèle*" dans le titre ou le résumé

Les modèles climatiques peuvent être classés dans une hiérarchie qui couvre une gamme de complexités. À l'extrémité la plus simple se trouvent les modèles spécifiques ou régionaux, tandis qu'à l'autre extrémité se trouvent les modèles plus complexes, tels que les modèles de circulation générale et les modèles du système terrestre. Ces modèles avancés intègrent des processus biologiques, géologiques ou chimiques dans leurs simulations. Les modèles complexes sont souvent impliqués dans des projets d'intercomparaison de modèles visant à établir un cadre multi-modèle. Le plus récent de ces projets est la 6e édition, qui implique plus de 70 modèles construits par 33 groupes de modélisation de 16 pays.

Il convient de souligner que même lorsqu'un modèle est manifestement défectueux, il peut encore être d'une grande utilité pour les scientifiques. L'essentiel est de comprendre les raisons pour lesquelles le modèle est défectueux et ne représente pas fidèlement certaines facettes du climat. L'élaboration de modèles défectueux permet aux scientifiques d'en apprendre davantage sur les aspects qui peuvent être améliorés, tout en découvrant de nouvelles connaissances et en générant de nouvelles idées pour la recherche sur le climat. Le domaine de la climatologie a fait des progrès significatifs grâce à l'utilisation de modèles.

Les problèmes inhérents aux modèles affectent leurs prédictions.

Les modèles de pointe actuels utilisent des pas de temps d'environ 30 minutes, ce qui nécessite des semaines ou des mois en temps réel sur des superordinateurs pour simuler un siècle d'évolution du climat. En outre, pour calculer une seule évolution hypothétique du système climatique (une « exécution du modèle »), il faut une condition initiale et des conditions aux limites. Les premières sont une description mathématique de l'état du système climatique au début de la période simulée. Les secondes sont les valeurs de tous les forçages externes affectant le système, tels que le rayonnement solaire, les gaz à effet de serre ou les concentrations d'aérosols.

L'inclusion de formules mathématiques non linéaires dans les modèles climatiques, associée à leur nature itérative, les rend très sensibles aux conditions initiales en raison de leurs propriétés chaotiques. Ce phénomène est communément appelé « effet papillon ». Dans une expérience fascinante, le modèle communautaire du système terrestre a été soumis à 30 simulations du climat nord-américain sur 50 ans, à partir de 1963.[421] Étonnamment, malgré des conditions initiales ne différant que d'une fraction infinitésimale de degré de température, les résultats de 2012 ont montré de grandes divergences, dont beaucoup auraient été une énorme surprise pour les scientifiques si elles s'étaient réellement produites. Les auteurs affirment que la moyenne d'ensemble réduit la variabilité naturelle et révèle la tendance au réchauffement attribuée au changement climatique anthropique. Cependant, cette affirmation semble hautement improbable car les modèles ne reproduisent pas le même type de variabilité naturelle que celle observée dans le climat réel (fig. 57, chap. 36).

Les modèles caractérisés par le chaos mathématique sont dépourvus de la variabilité naturelle inhérente aux conditions météorologiques réelles. Il est important de noter que l'espace mathématique dans lequel ce chaos se déploie est susceptible d'être limité par des facteurs autres que ceux qui limitent le chaos observé dans les conditions météorologiques réelles, des facteurs dont nous n'avons absolument pas conscience. En outre, il est essentiel de comprendre que le calcul de la moyenne des résultats des processus chaotiques est différent du calcul de la moyenne des résultats des processus aléatoires. Dans ce dernier cas, la véritable moyenne peut être approchée avec un nombre suffisant d'essais. Cependant, les systèmes chaotiques ne peuvent pas être moyennés simplement pour éliminer le caractère aléatoire ou la variabilité, car ils dépendent entièrement du chemin particulier emprunté, et le nombre de chemins possibles est incalculable. Ainsi, deux ensembles différents peuvent donner des moyennes complètement différentes.[422]

Lors de la modélisation de systèmes très complexes, tels que le climat de la Terre, on peut supposer que les modèles sont structurellement imparfaits et que leur description mathématique du climat est mal spécifiée. Cela pose un nouveau problème. Même avec des conditions initiales parfaites, si le modèle est structurellement imparfait, une grande différence dans les résultats apparaîtra au fil du temps. C'est ce qu'on appelle « l'effet papillon de nuit ».[423] Cela signifie que la distribution des probabilités et l'incertitude d'une prévision de n'importe quel modèle deviendront trompeusement précises, trompeusement diverses et erronées au fil du temps.

Il est probablement faux de penser que les améliorations progressives apportées à des modèles très complexes conduiront à des améliorations progressives de leur représentation de la réalité et de la précision de leurs prédictions. Les effets non linéaires cumulés de petits ajustements à la structure du modèle sont si importants que l'étalonnage est coûteux en termes de calcul et que l'avantage marginal en termes de performances de sous-programmes ou de processus supplémentaires peut être nul, voire négatif.[424] L'ajout de détails à un modèle peut

---

[421] Deser, C., et al, 2016. J. Clim. 29 (6), pp.2237-2258.
    doi.org/10.1175/JCLI-D-15-0304.1
[422] Hansen, K., 2016. judithcurry.com/2016/10/05/lorenz-validated/
[423] Thompson, E.L. & Smith, L.A., 2019. Economics, 13 (1), p.20190040.
    doi.org/10.5018/economics-ejournal.ja.2019-40
[424] Ibid.

le rendre moins précis et moins utile. Nous commençons déjà à voir ce problème dans les modèles climatiques, comme nous l'avons décrit dans le chapitre précédent en expliquant leur fragilité.

Il convient de rappeler qu'un modèle climatique de pointe représente une hypothèse sur le fonctionnement du système climatique de la Terre. Cependant, il est important de noter que même si un modèle correspond aux observations, il ne peut pas être considéré comme correct. Il est largement admis que tous les modèles sont intrinsèquement défectueux, comme le montre la liste des échecs de modèles présentée dans le chapitre précédent. Le processus de construction d'un modèle implique de nombreuses simplifications, approximations et l'exclusion de divers processus, dont certains peuvent nous être inconnus. Par conséquent, l'hypothèse générée par un modèle climatique est fondamentalement inexacte. Chacun des modèles climatiques actuels est connu pour produire des résultats qui s'écartent des données d'observation au-delà des limites de l'incertitude et de l'erreur d'observation. Pour reprendre les termes d'un philosophe des sciences, l'idée qu'un de ces modèles puisse être empiriquement adéquat ne peut être prise au sérieux, et la concordance entre les modèles et les observations ne doit pas être considérée comme une confirmation de la validité des modèles.[425]

Les prévisions climatiques sont souvent qualifiées de projections pour indiquer leur dépendance à l'égard de certains scénarios de forçage, tels que les gaz à effet de serre et les aérosols. Lorsque plusieurs modèles d'un ensemble donnent des résultats cohérents, on considère qu'il s'agit d'un résultat robuste. Par exemple, si tous les modèles prévoient une augmentation de la température moyenne mondiale de plus de 4 °C d'ici la fin du siècle dans le cadre d'un scénario d'émissions donné, le résultat est considéré comme robuste. Cependant, il est important de comprendre que la robustesse ne justifie pas à elle seule une augmentation de la confiance. En effet, les modèles ne sont pas des entités totalement indépendantes.[426] De nombreux modèles partagent des codes empruntés ou hérités de modèles précédents, et tous partagent des erreurs communes, des limites technologiques et des limites de connaissances. Ces erreurs communes sont largement connues et le manque d'indépendance des modèles a été démontré. Le fait de se fier à la concordance des modèles sur la base d'erreurs communes peut conduire à une confiance excessive dans les projections.

Les projections des modèles climatiques ne sont d'aucune utilité pour la société

J'ai affirmé précédemment que les modèles climatiques sont d'une grande utilité pour les scientifiques, même lorsqu'ils contiennent des erreurs évidentes. En effet, leur objectif principal n'est pas de faire des prévisions exactes, mais d'améliorer la compréhension et d'affiner les modèles. Cependant, lorsqu'il s'agit de la société, des prévisions inexactes peuvent avoir des effets néfastes. Le degré élevé d'incertitude associé aux projections climatiques, souvent plus élevé que ce qui est reconnu, signifie que le fait de se fier à ces prévisions peut laisser la société dans une situation pire que s'il n'y avait pas de prévisions du tout. En l'absence de

---

[425] Parker, W.S., 2009. Suppl. proc. aristot. Soc. 83 (1) pp.233-249.
    doi.org/10.1111/j.1467-8349.2009.00180.x
[426] Frigg, R., et al, 2015. Philos. Compass, 10 (12), pp.965-977.
    doi.org/10.1111/phc3.12297

prévisions basées sur des modèles, les sociétés se sont traditionnellement appuyées sur des preuves historiques des changements passés.

Pour illustrer leur importance, prenons l'exemple des projections d'élévation du niveau de la mer. Un article de 2014 largement cité a présenté un vaste ensemble de distributions de probabilités intégrant des données provenant d'évaluations de communautés d'experts, de l'élicitation d'experts et de la modélisation de processus. Ces projections étaient basées sur des données provenant d'un réseau mondial de marégraphes.[427] Par exemple, l'étude a prédit que, dans le cadre d'un scénario à fortes émissions, San Francisco (États-Unis) pourrait connaître une élévation du niveau de la mer de 0,6 à 1,0 mètre d'ici à 2100. En conséquence, le Conseil californien de protection des océans, qui est chargé de fournir des projections sur l'élévation du niveau de la mer à diverses agences à des fins de planification, a fixé des objectifs de référence pour se préparer à une élévation d'un mètre d'ici à 2050.

Soulignant l'importance des mesures proactives, l'Agence fédérale de gestion des urgences affirme qu'un dollar investi dans la préparation aux catastrophes peut éviter jusqu'à six dollars de pertes publiques et privées ultérieures. Prenant ces projections au sérieux, le gouverneur de Californie a signé en 2021 un projet de loi qui inclut officiellement l'élévation du niveau de la mer parmi les questions essentielles que doit traiter la Commission côtière de Californie. Cette loi établit un mécanisme pour fournir jusqu'à 100 millions de dollars par an en subventions aux gouvernements locaux et régionaux pour les aider à se préparer aux défis posés par l'élévation du niveau de la mer.

La figure 88 montre l'élévation historique du niveau de la mer à San Francisco depuis 1900. Le graphique montre une tendance stable à long terme de +1,96 mm par an, qui n'est pas affectée par l'augmentation des niveaux de CO_2 dans l'atmosphère ou par la fonte accélérée des calottes glaciaires et des glaciers de montagne.

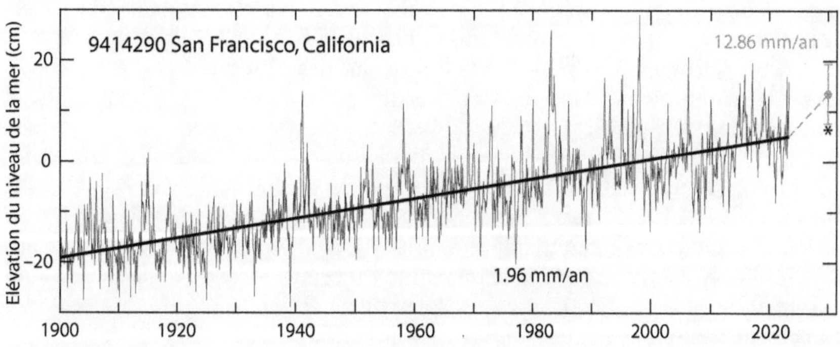

Figure 88. Élévation du niveau de la mer à San Francisco depuis 1900. La ligne épaisse représente la tendance de +1,96 mm/an au cours des 123 dernières années. Un astérisque indique la poursuite de cette tendance pour les sept prochaines années. Le point et les barres grises indiquent la médiane et la fourchette très probable (90 %) prévues par une étude de 2014. Pour atteindre cette médiane, il faut multiplier par six le taux d'élévation du niveau de la mer.

---

[427] Kopp, R.E., et al, 2014. Earth's future, 2 (8), pp.383-406.
doi.org/10.1002/2014EF000239

Étant donné que le document susmentionné contient des prévisions concernant l'élévation du niveau de la mer en 2030, nous pouvons évaluer l'état d'avancement des prévisions pour San Francisco jusqu'à présent. Selon le document, il est très probable (probabilité de 90 %) que San Francisco connaîtra une élévation de 7 à 19 cm entre 2000 et 2030 pour le scénario d'émissions le plus proche des émissions produites. Or, jusqu'à présent, l'élévation réelle du niveau de la mer n'a été que de 4,5 cm, alors que plus de 75 % de la période prévue s'est écoulée. Pour que San Francisco atteigne la projection moyenne de l'étude en 2030, il faudrait que le taux d'élévation du niveau de la mer s'accélère, passant du taux historique de +1,96 mm par an pendant un siècle à un taux six fois plus élevé au cours des sept prochaines années.

Il est raisonnable de conclure qu'il est peu probable que le monde connaisse l'élévation du niveau de la mer prévue par les experts et les modèles, étant donné que la méthodologie utilisée pour la projection de 2030 est la même que celle utilisée pour la projection de 2100. Il est dans l'intérêt de la société de s'appuyer davantage sur des preuves empiriques que sur des modèles erronés et des prévisions inexactes d'experts. L'argent que la Californie et d'autres régions dépensent pour se préparer à une élévation du niveau de la mer qui ne se produira pas est plus qu'un gaspillage, car il a un coût d'opportunité. Ces dépenses sont détournées d'investissements alternatifs et privent de ressources d'autres besoins sociaux urgents.

Se fier aux prédictions des modèles plutôt qu'aux preuves est une erreur.

L'état actuel des choses a conduit la société à s'alarmer des prédictions faites par des modèles qui se sont déjà avérés faux au moment de leur publication, mais cela passe souvent inaperçu. La figure 89 montre un exemple récent de ce phénomène. En juin 2023, les journaux du monde entier ont fait état d'une étude scientifique qui annonçait la possibilité d'étés arctiques sans glace dans les années 2030, quels que soient nos efforts de réduction des émissions.

L'article présente des projections basées sur des observations d'un Arctique libre de glace, même dans un scénario de faibles émissions.[428] Toutefois, il convient de noter que les données de l'article ne couvrent que les observations jusqu'en 2019, bien que les données pour 2020-22 aient été disponibles au moment de la publication. En outre, les projections du modèle de l'étude commencent en 2021. La figure 89 montre les résultats de l'étude dans le cadre d'un scénario d'émissions intermédiaires similaire à la situation actuelle. Cependant, un problème majeur se pose au moment de l'acceptation et de la publication du document, car les projections du modèle pour 2021 et 2022 diffèrent considérablement des données observées, avec une différence stupéfiante de 1,3 million de km^2, soit 33 % de moins. Ce problème évident, qui compromet l'étude dans son ensemble, soulève des questions sur la manière dont le document a été accepté pour publication.

En outre, il est important de noter qu'il n'y a pas eu de tendance significative dans l'étendue de la glace de mer en été dans l'Arctique au cours des 16 dernières années. Cela jette un doute sérieux sur l'ensemble des prémisses de l'étude.

---

[428] Kim, Y.H., et al, 2023. Nat. Commun. 14 (1), p.3139. doi.org/10.1038/s41467-023-38511-8

Quel que soit le scénario d'émissions, il est très peu probable que l'Arctique soit dépourvu de glace de mer dans les années 2030 ou 2040, étant donné qu'il n'y a pas eu de déclin au cours des quinze dernières années.

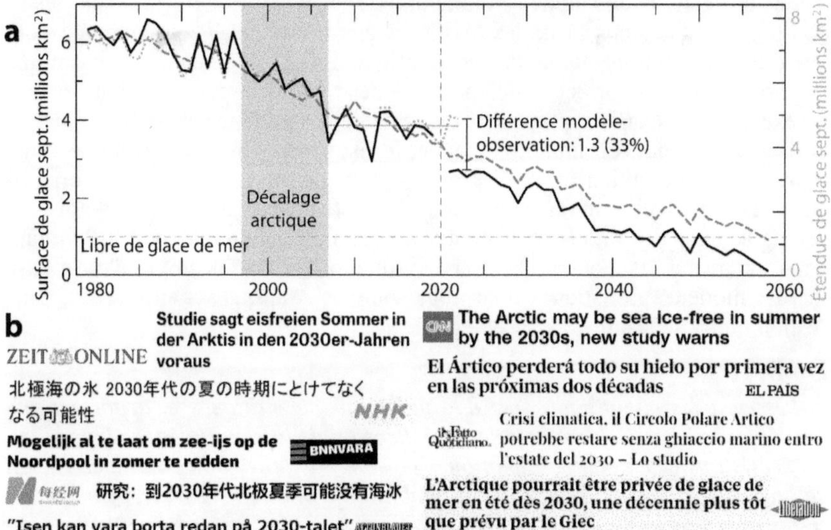

Figure 89. Projections relatives à la glace de mer dans l'Arctique et leurs implications. a) Résultats d'une étude de modélisation. La ligne noire avant 2020 représente le changement observé dans la superficie de la glace de mer en septembre, et après 2020, la superficie de la glace de mer projetée dans l'étude. La ligne en tirets gris est la superficie moyenne de la glace de mer arctique obtenue dans le cadre du 6e projet de comparaison de modèles couplés. La ligne grise en pointillés représente l'étendue de la glace de mer en septembre, une mesure connexe de la glace de mer, et la ligne horizontale grise montre l'absence de tendance au cours des 16 dernières années. b) Exemples de titres des médias à la suite du communiqué de presse du 6 juin 2023.

Comment est-il possible qu'un article aussi manifestement erroné ait passé avec succès le processus d'évaluation par les pairs ? En outre, qui détermine s'il peut être diffusé à grande échelle dans un paysage médiatique mondial qui semble incapable de remettre en question ou d'évaluer ces prédictions ? Les données réfutant les observations sont accessibles à toute personne disposant d'une connexion Internet et peuvent être facilement localisées par une simple requête sur un moteur de recherche. La méthode actuelle de communication à la société des prévisions incertaines des modèles climatiques est indéniablement inadéquate, et il est vraiment étonnant qu'aucune voix scientifique faisant autorité n'ait abordé cette question et exprimé sa désapprobation.

Les prévisions incertaines des modèles climatiques qui augmentent l'anxiété des personnes vulnérables n'apportent que peu d'avantages perceptibles à la société dans son ensemble. C'est particulièrement vrai pour les jeunes, qui n'ont pas toujours l'expérience et le scepticisme nécessaire pour évaluer de manière critique les informations qui leur sont présentées par les décideurs politiques. De telles prédictions peuvent également induire en erreur les décideurs politiques et les amener à prendre de mauvaises décisions. Malheureusement, certains scientifiques ont fait passer le gain personnel de l'amplification de l'alarmisme climatique avant le maintien de la rigueur scientifique. Cette situation entrave le développement d'une relation constructive et de confiance entre la société et sa communauté scientifique.

Les projections des modèles climatiques sont utilisées pour justifier l'abandon progressif des combustibles fossiles. Cette transition énergétique nécessite une transformation profonde de l'économie mondiale. Même en supposant que les modèles soient corrects, elle comporte des risques importants. Pour revenir à l'exemple du chapitre précédent concernant la confiance dans les modèles utilisés pour concevoir un nouvel avion, le risque est similaire à celui de construire un nouvel avion en se basant uniquement sur des modèles informatiques : si le nouvel avion n'avait jamais été testé en vol, autoriserions-nous les gens à acheter des billets et à monter à bord de leur premier vol ? Pourtant, nous sommes prêts à embarquer l'économie mondiale pour un vol d'essai basé sur des modèles climatiques dont nous sommes sûrs qu'ils sont erronés, dans l'espoir qu'ils ne le soient pas trop.

En bref

Les modèles climatiques sont très utiles aux scientifiques et apportent une contribution inestimable à notre compréhension de la climatologie. Cependant, les prévisions des modèles climatiques ne sont pas utiles à la société en raison de leur incertitude et de la forte probabilité qu'elles soient inacceptablement erronées. Deux exemples sont présentés. À San Francisco, comme dans beaucoup d'autres endroits, le niveau de la mer a augmenté de façon linéaire au cours du siècle dernier, sans réagir à l'augmentation des niveaux de CO_2, à la température ou à la fonte des nappes glaciaires. Cependant, les modèles et les experts prévoient une forte augmentation du taux global d'élévation du niveau de la mer, qui devrait affecter San Francisco. Ces prévisions ont conduit les décideurs politiques à dépenser des sommes considérables pour la préparation aux catastrophes. Comme les prévisions portent sur la période 2000-2030, nous savons déjà que l'accélération prévue ne se produira pas et que les prévisions seront largement erronées. En ce qui concerne la perte de glace de mer en été dans l'Arctique, aucun des modèles n'a pris en compte la possibilité d'une absence de déclin au cours des 16 dernières années. Par conséquent, certaines des prévisions largement diffusées dans les médias, selon lesquelles l'Arctique serait libre de glace dans les années 2030, ne sont pas plausibles. Ces exemples montrent que les prévisions des modèles climatiques sont plus qu'inutiles, car elles suscitent une inquiétude injustifiée et une mauvaise affectation des ressources.

SECTION 15 QUESTIONS CLÉS

Les modèles climatiques intègrent de nombreux processus mal compris, négligent des éléments importants et sont très complexes et fragiles. Ils ne connaissent même pas la température de la planète. Ils produisent un modèle de climat qui, malgré une ressemblance superficielle, est fondamentalement différent du climat réel. L'état actuel des connaissances ne permet pas aux modélisateurs du climat d'atteindre leurs objectifs. Les changements récents conduisent les modèles à surestimer le réchauffement depuis 1998, ce qui jette un doute sur leurs projections climatiques futures.

Bien que la modélisation fasse partie intégrante de la science, les lacunes des modèles climatiques limitent leur utilité pour établir des prévisions précises. Leur sensibilité aux conditions initiales et leurs défauts structurels rendent leurs projections très incertaines, même lorsque plusieurs modèles sont d'accord, car ils ne sont pas vraiment indépendants. L'analyse des prévisions relatives au niveau de la mer et à la glace de mer montre que les prévisions des modèles climatiques peuvent avoir des effets négatifs sur la société.

SECTION 16 - LE CLIMAT DE L'AVENIR

CHAPITRE 51
DEUX FUTURS OPPOSÉS

Les déclarations fréquentes des dirigeants mondiaux dépeignent souvent un avenir « d'enfer climatique » si nous ne parvenons pas à éliminer progressivement les combustibles fossiles. Pourtant, malgré 30 ans d'efforts, notre dépendance à l'égard des combustibles fossiles a augmenté de 60 %. Cette contradiction entre l'urgence d'agir et l'impossibilité de le faire est à l'origine d'angoisses et de dépressions climatiques chez les personnes vulnérables et conduit à l'émergence d'un radicalisme climatique. Cependant, cet avenir climatique pessimiste repose uniquement sur des modèles incertains et erronés et nécessite des taux de réchauffement beaucoup plus élevés que ceux observés jusqu'à présent. En revanche, les taux de réchauffement actuels ne montrent aucun signe d'accélération et pourraient même diminuer en raison de la variabilité naturelle.

Le scénario du gardien d'hiver, basé principalement sur des facteurs naturels, offre une perspective différente sur l'avenir de notre climat. Afin d'évaluer ses différences avec le scénario à forte concentration de CO_2, il est comparé à un scénario d'émissions intermédiaires jusqu'en 2050. Les changements possibles dans les aérosols anthropiques, l'activité solaire et les oscillations océaniques multidécennales sont pris en compte pour fournir une projection prudente du changement climatique à cette date. Compte tenu de l'écart important entre les prévisions des deux scénarios, il faut s'attendre à ce que l'un d'entre eux se révèle erroné au cours des deux prochaines décennies.

Un délire populaire extraordinaire ?

Le poste de Secrétaire général des Nations unies est occupé par un candidat de compromis, généralement un politicien ou un diplomate de carrière. Il est élu dans un pays de puissance moyenne par rotation régionale. Néanmoins, ce poste exerce une influence considérable, offrant la tribune la plus visible au monde pour prononcer des discours, attirer l'attention sur les problèmes mondiaux et jouer parfois un rôle crucial dans la médiation des conflits.

L'actuel secrétaire général des Nations unies est António Guterres, ancien président du Portugal et de l'Internationale socialiste. Parmi les principaux dirigeants mondiaux, António Guterres adopte une position extrême sur le changement climatique. Dans plusieurs discours récents, il s'est dit préoccupé par le fait que le changement climatique est hors de contrôle, que les pays doivent éliminer progressivement le charbon et les autres combustibles fossiles pour éviter une « catastrophe » climatique et que l'humanité est sur une « autoroute de l'enfer climatique ». Selon lui, nous sommes passés du réchauffement climatique à une « ère de l'ébullition mondiale ». [429]

De telles déclarations, émanant de l'un des dirigeants les plus éminents du monde, témoignent d'un excès de confiance quant à l'avenir du climat de notre planète si nous ne parvenons pas à transformer radicalement le système énergétique et l'économie mondiale. António Guterres va au-delà des évaluations des

---

[429] news.un.org/en/story/2023/07/1139162

rapports du GIEC et présente une vision plus pessimiste de notre climat futur. Malheureusement, cette vision est largement partagée par les médias mondiaux.

En 1992, l'importance de réduire notre dépendance à l'égard des combustibles fossiles a été reconnue par l'adoption de la Convention-cadre des Nations unies sur les changements climatiques, qui vise à stabiliser les concentrations atmosphériques de gaz à effet de serre. Au cours des 30 années suivantes, la part de l'énergie primaire mondiale dérivée des combustibles fossiles est tombée de 87 % à 82 %. Cependant, la quantité d'énergie dérivée des combustibles fossiles a énormément augmenté, passant de 300 à 500 exajoules (trillions de joules), soit une augmentation de 60 % !

Il devrait être clair pour tout le monde qu'il n'est pas possible de réduire substantiellement l'utilisation des combustibles fossiles au cours des prochaines décennies. Nous ne disposons pas actuellement d'une source d'énergie alternative viable capable de répondre à la demande croissante de notre population et, en même temps, de remplacer une part importante de notre énergie actuelle basée sur les combustibles fossiles. Toute tentative de réduire l'utilisation des combustibles fossiles en réduisant la consommation d'énergie aurait un impact profond sur le niveau de vie mondial et provoquerait des troubles sociaux. La nécessité urgente de réduire rapidement notre dépendance aux combustibles fossiles pour « sauver la planète », exprimée par de nombreux dirigeants mondiaux, se heurte à l'impossibilité d'y parvenir. En conséquence, de nombreuses personnes éprouvent de l'anxiété, du désespoir et de la dépression face au climat.[430] Cette situation a conduit à l'émergence de groupes d'activistes prônant des mesures radicales, telles que l'attaque de chefs-d'œuvre dans les musées d'art.

Compte tenu de notre connaissance limitée du climat de la Terre et des problèmes inhérents aux modèles climatiques, notre certitude quant aux conditions climatiques dans plusieurs décennies est assez faible. Les modèles climatiques utilisés dans le cadre du 6e projet de comparaison prévoient une augmentation moyenne des températures de 2 °C d'ici 2100 par rapport aux températures actuelles (moyenne 2015-2022) dans le cadre du scénario qui se rapproche le plus des niveaux d'émission actuels (fig. 90a). Toutefois, cette augmentation projetée est entachée d'une grande incertitude, allant de +1 °C à +3 °C à un niveau de confiance de 90 %. En outre, la réalisation de ce scénario nécessiterait des réductions drastiques des émissions de CO_2 dans la seconde moitié du siècle.

La projection de ce scénario intermédiaire se heurte au problème qu'elle est basée sur une augmentation soutenue de la température de 0,25 °C par décennie pour atteindre la valeur moyenne projetée. Or, ce taux de réchauffement est nettement plus élevé que celui observé à ce jour. Au cours des 40 dernières années, malgré l'augmentation rapide des émissions de CO_2, le taux de réchauffement a été de 0,2 °C par décennie et a même diminué au cours des sept dernières années (figure 81b, chap. 46). Les données sur la température de la basse troposphère de l'Université de l'Alabama à Huntsville, obtenues à partir de mesures par satellite, montrent un taux de réchauffement plus faible de 0,14 °C par décennie depuis 1979. Les données satellitaires sont moins affectées par l'effet d'îlot de chaleur urbain, qui se produit lorsque les températures de surface sont mesurées dans des zones affectées par l'activité humaine. La diffé-

---

430 Hickman, C., et al, 2021. Lancet Planet. Health 5 (12), pp.e863-e873.
    doi.org/10.1016/S2542-5196(21)00278-3

rence de taux de réchauffement entre les deux méthodes ne peut pas être attribuée à un réchauffement moindre dans la basse troposphère, car cela entraînerait une augmentation significative du gradient thermique vertical (la diminution de la température avec l'altitude). Une telle augmentation agirait comme une rétroaction négative pour contrecarrer l'augmentation de l'effet de serre.

De plus, l'influence des oscillations océaniques multidécennales sur la température globale et son taux de changement est substantielle (ch. 19). Par conséquent, lorsque ces oscillations entreront dans leur phase de refroidissement, le taux de réchauffement de la planète pourrait diminuer. Il n'existe aucune preuve ou précédent historique suggérant que le taux moyen de réchauffement pourrait augmenter de 0,25 °C par décennie. Au contraire, il est prouvé que le taux de réchauffement est devenu négatif dans les années 1960 et au début des années 1970, même en présence de niveaux croissants de CO_2.

Compte tenu de notre connaissance des taux de réchauffement global et de la reconnaissance du fait que les modèles surestiment les augmentations de température (fig. 87, Ch. 49), il semble peu probable que la planète connaisse une augmentation de 2 °C d'ici 2100. En outre, même si le réchauffement devait atteindre 1 °C de plus que les températures actuelles, ce qui se situe dans la fourchette d'incertitude inférieure prévue par les modèles, cela constituerait-il vraiment une « catastrophe » climatique ? Une partie de l'humanité semble avoir succombé à un délire populaire extraordinaire.[431]

Le choix d'un scénario probable

Ce livre examine deux hypothèses concurrentes concernant les principaux déterminants du changement climatique : l'hypothèse largement soutenue qui met l'accent sur l'effet renforcé des changements de CO_2 et une nouvelle hypothèse qui met l'accent sur les variations naturelles du transport de chaleur vers le pôle arctique pendant l'hiver. Bien que ces hypothèses ne s'excluent pas mutuellement, elles conduisent à des prévisions divergentes du changement climatique futur. Par conséquent, si le changement climatique futur est compatible avec l'un des scénarios, il faussera l'autre.

Avant de pouvoir prédire le climat futur, nous devons anticiper les changements dans les facteurs qui le déterminent. C'est pourquoi les scientifiques parlent de projections climatiques, c'est-à-dire de prévisions qui dépendent de scénarios de forçage spécifiques. Chaque scénario comprend un éventail de changements possibles dans les niveaux de CO_2, les concentrations d'aérosols et l'activité solaire. Les éruptions volcaniques étant imprévisibles, même si une projection est exacte, le résultat climatique en cas d'éruption majeure pourrait être plus froid que prévu.

Le rythme d'augmentation du CO_2 dans l'atmosphère dépend principalement de l'évolution des émissions humaines. Ces émissions ont contribué à une nette accélération de la croissance des niveaux de CO_2, qui est passée de 0,85 ppm par an dans les années 1960 à 2,45 ppm par an au cours de la dernière décennie (2013-2022). Pour le 6e rapport d'évaluation du GIEC, les scientifiques ont élaboré une nouvelle série de scénarios, dont certains sont similaires à ceux du

---

[431] L'expression est tirée de l'ouvrage de Charles Mackay de 1841 sur les délires de masse intitulé « Extraordinary Popular Delusions and the Madness of the Masses » (Délires populaires extraordinaires et folie des masses).

rapport précédent. La figure 90a montre les émissions mondiales de CO_2 et quatre scénarios, allant du scénario optimiste SSP1 2,6 au scénario pessimiste SSP5 8,5. Le deuxième chiffre du nom de chaque scénario indique l'augmentation prévue du forçage radiatif d'ici 2100 en W/m^2. Le scénario SSP2 4,5 prévoit une forte réduction des émissions à partir des années 2040, bien qu'il soit actuellement le plus proche des émissions actuelles. Il convient de noter que nos émissions présentent une tendance à la baisse de leur taux de changement depuis le début des années 2000, ce qui n'était pas prévu (fig. 90b).

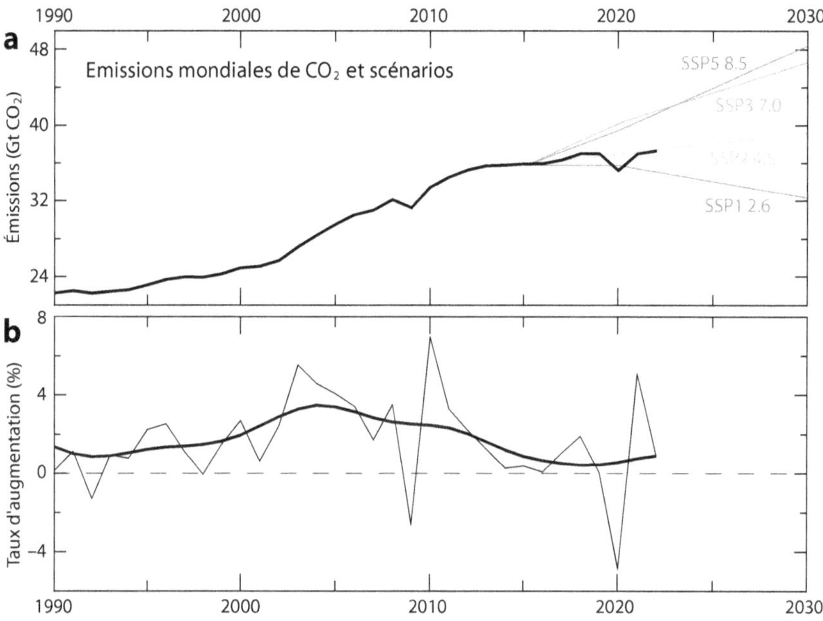

Figure 90. Émissions anthropiques de CO_2. a) Émissions récentes de CO_2 (ligne noire épaisse) et émissions pour différents scénarios du 6e rapport d'évaluation (lignes fines grises). b) Taux annuel d'augmentation des émissions de CO_2 (ligne fine) et lissage des données (ligne épaisse).[432]

La prévision de l'activité solaire future est moins importante pour l'hypothèse de l'effet renforcé du CO_2, étant donné que les changements historiques du forçage solaire ne sont pas considérés comme ayant contribué de manière significative au changement climatique dans le cadre de cette hypothèse. En revanche, elle est très importante pour l'hypothèse du gardien d'hiver, qui pose un problème parce que l'activité solaire s'est avérée difficile à prédire avec précision. En réponse à ce problème, j'ai développé un modèle solaire simple en 2018. Ce modèle simplifie l'analyse en supposant une durée moyenne de 11 ans pour chaque cycle solaire et se concentre uniquement sur le nombre total de taches solaires dans un cycle. Le modèle ne tente pas de prédire le nombre

---

[432] Les données sur les émissions de CO_2 proviennent de Gilfillan, D. & Marland, G., 2021. Earth Syst. Sci. Data, 13(4), pp.1667-1680. doi.org/10.5194/essd-13-1667-2021 et de la Revue statistique de l'énergie mondiale de l'Institut de l'énergie, 72e ed. www.energyinst.org/statistical-review

maximum de taches solaires dans un cycle ou leur nombre exact pour une année donnée. Il se concentre plutôt sur la comparaison de l'activité d'un cycle avec les autres, ce qui devrait fournir suffisamment d'informations pour définir un scénario de changement climatique futur.

Le modèle tient compte de l'influence sur l'activité solaire de cinq longs cycles solaires d'une durée comprise entre 50 et 2 500 ans, comme le révèlent les relevés de ^{14}C et de taches solaires. Un modèle similaire de modulation à basse fréquence a correctement prédit le minimum du cycle long 24-25 ans avant qu'il ne se produise.[433] Le modèle, illustré à la figure 91, a déjà réussi à prédire une activité solaire plus élevée pour le cycle 25 que pour le cycle 24. Il prédit également une augmentation de l'activité solaire au cours des 35 prochaines années, ce qui conduirait à l'établissement d'un nouveau grand maximum solaire au cours du 21e siècle.

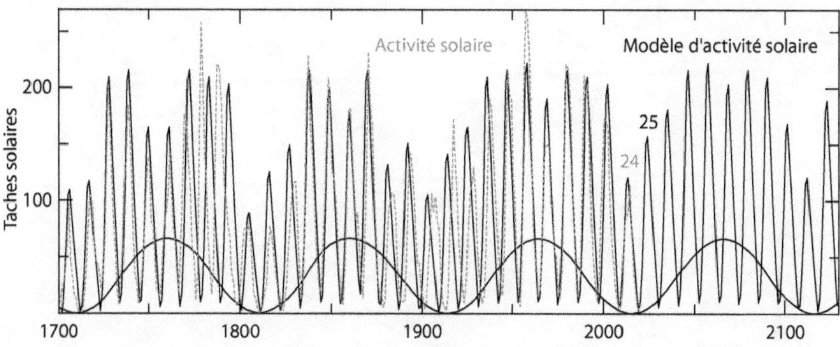

Figure 91. Modèle d'activité solaire. Les taches solaires annuelles de 1700-2018 (ligne pointillée gris) sont comparées aux résultats d'un modèle d'activité solaire pour l'intervalle 1700-2130 (ligne noire). Quatre oscillations centennales sont représentées. Le cycle solaire actuel est le 25e.

Tenter de prédire le changement climatique huit décennies à l'avance n'a qu'un intérêt limité. En 2100, la majeure partie de la population actuelle sera décédée, et les progrès de la science et du développement économique révéleront probablement le caractère incomplet de nos connaissances actuelles, ce qui aboutira à une société très différente de nos attentes actuelles. Il est plus pratique de concentrer nos projections climatiques sur les 25 prochaines années. Cette période nous permet de tester nos hypothèses sur le changement climatique futur et fournit une base d'analyse plus significative et plus pertinente.

Évolution des déterminants du climat au cours des 25 prochaines années

Le scénario utilisé dans cette analyse pour projeter l'évolution future du climat jusqu'en 2050 adopte une approche intermédiaire, incorporant les forçages des gaz à effet de serre et des aérosols de la SSP2 4.5 et des conditions d'activité solaire similaires à celles des trois dernières décennies. Ce scénario conservateur ne suppose aucun changement majeur dans l'économie, le système énergétique ou le comportement des facteurs climatiques naturels. Nous pouvons

---

[433] Clilverd, M.A., et al, 2006. Space Weather, 4 (9) S09005.
   doi.org/10.1029/2005SW000207

maintenant examiner comment ce scénario affecte les déterminants climatiques connus, en tenant compte de certains de ses changements prévus.

Le scénario du gardien d'hiver met l'accent sur deux facteurs climatiques naturels à l'échelle multidécennale : l'activité solaire et les oscillations océaniques multidécennales. L'activité solaire devrait augmenter entre aujourd'hui et la fin de la période considérée (fig. 92a, ligne noire). L'oscillation multidécennale de l'Atlantique est représentative des oscillations océaniques globales qui influencent fortement le transport de chaleur vers les pôles. Si la périodicité observée au cours du 20e siècle se maintient, elle devrait entrer dans sa phase froide au cours des 15 prochaines années (fig. 92a, ligne en tirets gris).

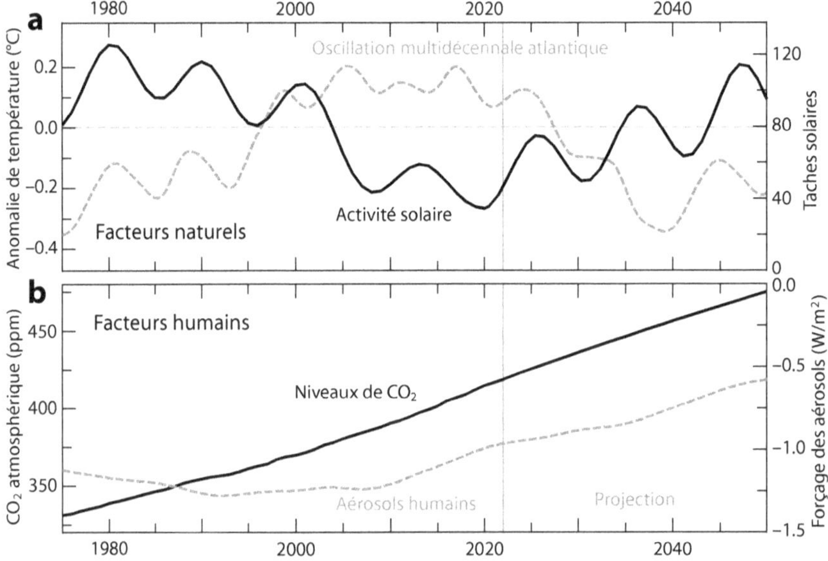

Figure 92. Quelques déterminants du changement climatique. a) Facteurs naturels. Les données lissées de l'activité solaire (ligne noire) jusqu'en 2022 sont projetées jusqu'en 2050 selon le modèle solaire de la figure 90. Les données lissées de l'indice de l'oscillation multidécennale de l'Atlantique (ligne en tirets gris) sont projetées en fonction de son comportement passé. b) L'augmentation des niveaux annuels de CO_2 (ligne noire) est projetée jusqu'en 2050. Le forçage humain par les aérosols (ligne en tirets gris) est projeté jusqu'en 2050, selon le modèle climatique de la NASA.

L'hypothèse de l'effet renforcé du CO_2 met l'accent sur deux facteurs humains majeurs du changement climatique : les gaz à effet de serre et les aérosols industriels. Étant donné que nos émissions devraient se poursuivre, les niveaux de CO_2 continueront à augmenter. Toutefois, il est possible que le taux d'augmentation des niveaux de CO_2 dans l'atmosphère ralentisse légèrement en raison de la baisse observée des taux d'émission, comme le montre la figure 90b. En 2050, les niveaux de CO_2 pourraient atteindre environ 475-480 ppm (figure 92b, ligne noire). Ce chiffre est inférieur aux 507 ppm prévus dans le scénario SSP2 4.5.[434]

---

[434] Meinshausen, M., et al, 2020. Geosci. Model Dev. 13 (8), pp.3571-3605. doi.org/10.5194/gmd-13-3571-2020

Les aérosols jouent un rôle de refroidissement en augmentant l'albédo atmosphérique, réduisant ainsi la quantité d'énergie solaire qui atteint la surface de la Terre. L'effet de forçage des aérosols industriels a cessé d'augmenter dans les années 1990 et a diminué au cours de la dernière décennie. Cette baisse continue des niveaux d'aérosols contribue au réchauffement et devrait se poursuivre. La projection des aérosols dans la figure 92b (ligne en tirets gris) provient de la NASA.[435]

Deux scénarios conduisent à deux climats futurs différents

Au fur et à mesure que le forçage climatique anthropique augmente, les modèles basés sur l'hypothèse de l'effet renforcé du CO_2 prévoient une augmentation rapide et continue de la température. Selon ces modèles, les températures mondiales devraient dépasser la moyenne de 1961-1990 d'environ 2 °C d'ici 2050 (fig. 93a, ligne pointillée gris).[436] Toutefois, pour atteindre cette prévision, il faudrait un taux de réchauffement soutenu d'environ 0,3 °C par décennie, soit 50 % de plus que ce qui a été observé dans le passé. Il est très peu probable qu'un tel niveau de réchauffement se produise au cours des 25 prochaines années, même dans le scénario intermédiaire.

Selon le scénario du gardien d'hiver, un changement de phase prévu de l'oscillation multidécennale atlantique, coïncidant avec une activité solaire inférieure à la moyenne, devrait entraîner un refroidissement modéré jusqu'en 2040 (fig. 93a, ligne noire). Toutefois, comme l'activité solaire devrait continuer à augmenter par la suite, la tendance au réchauffement devrait reprendre. D'ici 2050, la température moyenne à la surface du globe pourrait être inférieure d'un degré Celsius aux projections de température moyenne du modèle.

Après le changement climatique de 1997, on a observé une accélération marquée du rythme de disparition de la glace de mer dans l'Arctique. Les scientifiques ont remarqué cette tendance une dizaine d'années plus tard et se sont de plus en plus inquiétés de la perspective d'un Arctique dépourvu de glace.[437] Toutefois, les chercheurs ont été surpris par le rétablissement de la glace de mer en 2013, lorsqu'il est apparu clairement qu'il n'y avait pas eu de perte nette depuis 2007. À l'aide de modèles, ils ont calculé qu'il y avait 34 % de chances qu'il y ait un hiatus de sept ans (pause).[438] Cependant, le hiatus s'est maintenant étendu à 17 ans, et la probabilité est tombée à 10 %. En d'autres termes, il y a 90 % de chances que les prévisions des climatologues concernant la glace de mer arctique soient erronées. Si la pause se prolonge jusqu'en 2027, elle sera statistiquement significative (p<0,05, soit moins de 5 %) et réfutera l'hypothèse d'un déclin causé par les émissions anthropiques. Pour une explication des changements observés dans l'Arctique, voir les chapitres 34 et 42.

---

[435] Miller, R.L., et al, 2021. J. Adv. Model. Earth Syst. 13 (1), p.e2019MS002034.
doi.org/10.1029/2019MS002034

[436] Données agrégées pour tous les membres du CMIP6 dans le scénario SSP2-4.5 avec référence 1961-1990.
climexp.knmi.nl/CMIP6/Tglobal/global_tas_mon_ens_ssp245_192_ave.dat

[437] Stroeve, J.C., et al, 2005. Geophys. Res. Lett. 32 (4).
doi.org/10.1029/2004GL021810

[438] Swart, N.C., et al, 2015. Nat. Clim. Change, 5 (2), pp.86-89.
doi.org/10.1038/nclimate2483

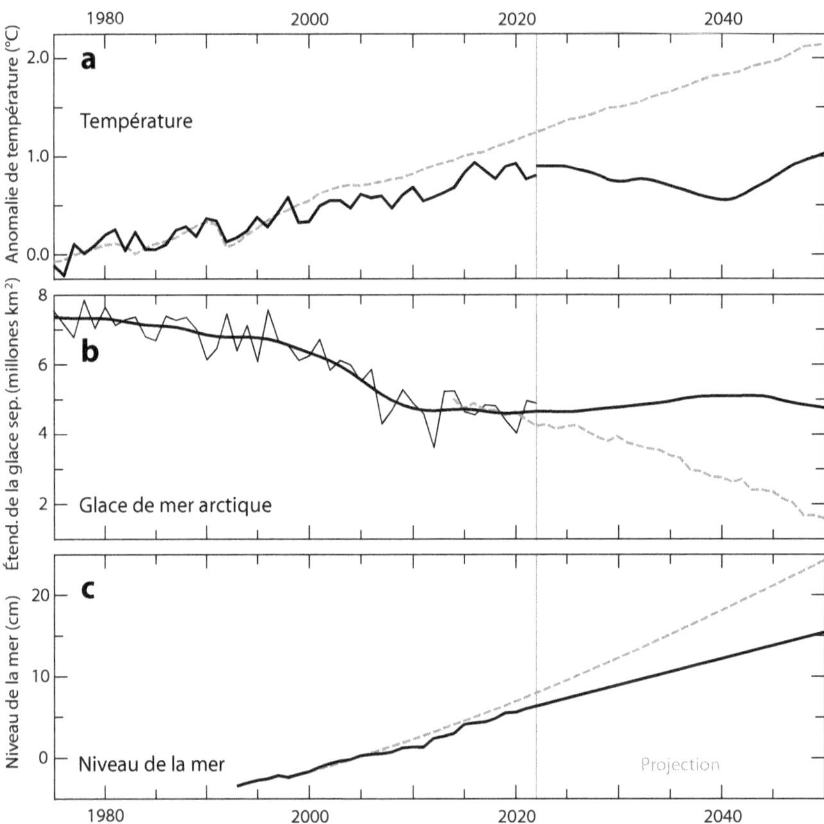

Figure 93. Projections climatiques contradictoires jusqu'en 2050 à partir de deux scénarios concurrents. a) Données de température provenant de l'ensemble de données Had-CRUT5 (ligne noire jusqu'en 2022). Projections de température à partir des modèles (ligne en tirets gris) et du nouveau scénario (ligne noire de 2022 à 2050). b) Données sur l'étendue de la glace de mer arctique en septembre (ligne noire jusqu'en 2022). Prévision de l'étendue de la glace de mer à partir des modèles (ligne en tirets gris) et du nouveau scénario (ligne noire de 2022 à 2050). c) Données de la NASA sur le niveau de la mer (ligne noire jusqu'en 2022). Augmentation prévue du niveau de la mer d'après les modèles (ligne en tirets gris) et le nouveau scénario (ligne noire de 2022 à 2050).

Avec l'augmentation constante prévue du forçage anthropique, les modèles prévoient une diminution progressive de la glace de mer arctique (fig. 93b, ligne en tirets gris). D'ici à 2050, ces modèles prévoient une réduction de 2,4 millions de km^2 par rapport aux niveaux actuels.[439] En revanche, le scénario du gardien d'hiver suggère que la glace de mer arctique restera stable en raison de l'augmentation de l'activité solaire et pourrait même connaître une croissance modeste jusqu'à ce qu'un réchauffement supplémentaire déclenche une tendance négative similaire à celle observée dans les années 1980 (fig. 93b, ligne noire épaisse). Si cette prédiction est correcte, les changements futurs de la

---

[439] SIMIP Community, 2020. Geophys. Res. Lett. 47 (10), p.e2019GL086749. doi.org/10.1029/2019GL086749

glace de mer arctique seraient inexplicables dans le cadre de l'hypothèse de l'effet renforcé du CO_2, similaire à la situation actuelle observée dans l'Antarctique.

Le niveau de la mer a augmenté au cours des deux derniers siècles et il est très probable que cette tendance se poursuive au cours des 25 prochaines années.[440] Dans les rapports précédents du GIEC, les projections de l'élévation du niveau de la mer étaient relativement prudentes jusqu'au 5e rapport d'évaluation, qui a introduit des projections d'accélération significative, bien qu'aucune n'ait encore été observée. Dans le chapitre précédent, nous avons examiné un document qui combinait les modèles du 5e rapport d'évaluation avec l'avis d'experts pour établir des projections du niveau de la mer.[441] Selon cette étude, l'élévation projetée du niveau de la mer dans le scénario intermédiaire pour 2000-2050 est estimée à 26 ± 8 cm (fig. 93c, ligne en tirets gris). Les données de la NASA indiquent que le niveau de la mer en 2022 est déjà supérieur de 8 cm à celui de 2000. Sur la base du scénario du gardien d'hiver, qui suppose une poursuite de la tendance actuelle, une élévation supplémentaire du niveau de la mer de 9 cm est prévue pour la période allant de 2022 à 2050, ce qui donne une élévation totale du niveau de la mer de 17 cm (fig. 93c, ligne noire) au cours de la première moitié du 21e siècle. Cette prévision est inférieure à la limite inférieure de l'intervalle de confiance à 90 % de la prévision combinée du modèle et des experts.

Les différences de prévisions entre les scénarios concurrents sont frappantes, comme le montre la figure 93. En 2050, les conditions climatiques réelles peuvent donner un aperçu de l'influence relative des facteurs anthropiques proposés par le scénario de l'effet renforcé du CO_2 par rapport aux forçages naturels proposés par le scénario du gardien d'hiver. Si le résultat se situe entre les deux séries de prévisions, cela pourrait indiquer une contribution comparable des facteurs climatiques anthropiques et naturels à l'évolution du climat.

Dans la figure 93, l'année la plus récente pour laquelle des données sont disponibles est 2022 (indiquée par la ligne verticale grise). Malgré la période relativement courte (moins d'une décennie) qui s'est écoulée depuis l'obtention des résultats du modèle, représentés par les lignes en tirets gris, les modèles présentent des tendances clairement divergentes par rapport aux données observées, ce qui suggère un biais pessimiste. Si l'hypothèse du gardien d'hiver est correcte, on peut s'attendre à ce que cette divergence entre les prévisions des modèles et les observations augmente avec le temps. Mais même si cette nouvelle hypothèse est incorrecte, il est important de reconnaître que l'affirmation du secrétaire général des Nations unies et d'autres, selon laquelle nous sommes sur « l'autoroute vers l'enfer climatique », n'est pas fondée sur des preuves. Il s'agit d'une affirmation exagérée basée sur des prédictions incertaines dérivées de modèles défectueux, avec des conséquences néfastes pour la santé mentale des gens.

---

[440] Jevrejeva, S., et al. 2008. Geophys. Res. Lett. 35 (8).
doi.org/10.1029/2008GL033611
[441] Kopp, R.E., et al, 2014. Earth's future, 2 (8), pp.383-406.
doi.org/10.1002/2014EF000239

En bref

Selon l'hypothèse de l'effet renforcé du CO_2, si les émissions de CO_2 se maintiennent aux niveaux actuels, on peut s'attendre à une augmentation de la température de 2 °C, à une diminution de l'étendue de la glace de mer arctique en été de 2,4 millions de km^2 et à une élévation du niveau de la mer de 18 cm par rapport aux niveaux actuels d'ici à 2050. En revanche, le scénario du gardien d'hiver, qui suppose une augmentation de l'activité solaire et un passage de l'oscillation multidécennale atlantique à sa phase froide, prévoit un changement de température minime, aucune perte significative de la glace de mer arctique et une élévation du niveau de la mer de seulement 9 cm. Le contraste frappant entre ces prévisions offre la possibilité de remettre en question et éventuellement de réfuter l'une de ces hypothèses au cours des deux prochaines décennies. Si les résultats se situent entre les deux, ils suggéreront que les facteurs naturels et humains contribuent de la même manière au changement climatique. Quoi qu'il en soit, les histoires de catastrophes climatiques semblent exagérées et pourraient indiquer qu'un délire populaire extraordinaire s'est installée dans notre société.

SECTION 16 QUESTIONS CLÉS

Malgré 30 ans d'avertissements sur l'imminence d'un « enfer climatique » si nous n'éliminons pas progressivement les combustibles fossiles, notre dépendance à leur égard a augmenté de 60 %. Cette contradiction est à l'origine de l'anxiété et de la dépression climatiques parmi les populations vulnérables et de l'émergence du radicalisme climatique. Pourtant, le réchauffement, l'élévation du niveau de la mer et la perte de la banquise arctique ne se sont pas accélérés au cours des dernières décennies. Selon le scénario de l'effet renforcé du CO_2, si les émissions de CO_2 restent aux niveaux actuels, on peut s'attendre à une augmentation de la température de 2 °C, à une réduction de l'étendue de la glace de mer arctique en été de 2,4 millions de km^2 et à une élévation du niveau de la mer de 18 cm par rapport aux niveaux actuels d'ici à 2050. Le scénario « gardien d'hiver », qui prend en compte les facteurs naturels, prévoit des changements de température minimes, aucune perte significative de la glace de mer arctique et une élévation du niveau de la mer de seulement 9 cm à cette date. Le contraste frappant entre ces prévisions offre la possibilité de rejeter l'un des scénarios dans les deux décennies à venir.

Le gardien d'hiver

L'effet de serre est important sous les tropiques et faible aux pôles en hiver. Par conséquent, l'augmentation du transport de chaleur vers les pôles entraîne un refroidissement de la planète, car ils agissent comme des radiateurs de refroidissement. L'augmentation du transport de chaleur en hiver entraîne une rotation plus rapide de la Terre.

Le climat présente des régimes de transport de chaleur s'étalant sur plusieurs décennies, séparés par des décalages brusques. Ces régimes se manifestent par des oscillations océaniques qui reflètent différentes intensités de transport, ce qui se traduit par des tendances différentes de la température de surface.

Le transport de chaleur et la perte d'énergie dans l'Arctique sont déterminés par la force du vortex polaire, qui est miné par des ondes atmosphériques planétaires. Ces ondes sont modulées par de multiples facteurs, tels que l'oscillation quasi-biennale, les oscillations océaniques multidécennales, El Niño, les éruptions volcaniques et l'activité solaire. Ils jouent le rôle de gardiens du transport de la chaleur en hiver.

L'activité solaire affecte El Niño, la vitesse de rotation de la Terre et le transport de chaleur. Ses effets climatiques se manifestent par les températures arctiques et la fréquence des hivers froids dans l'hémisphère nord. Leurs effets à court terme sont souvent masqués par d'autres gardiens, mais les changements énergétiques provoqués par les anomalies de l'activité solaire sont cumulatifs. Sur plusieurs décennies de divergence solaire, il devient important et lorsqu'il persiste pendant un siècle ou deux, il provoque les changements climatiques les plus importants depuis des milliers d'années.

L'activité solaire élevée de la période 1933-1996 a été responsable de la rétention d'une plus grande quantité d'énergie dans le système climatique et du réchauffement de la planète.

CHAPITRE 52
CONCLUSION

Le climat est incroyablement complexe, et ce livre reflète cette complexité. Si vous êtes arrivé jusqu'à ce dernier chapitre, c'est que vous avez fait de gros efforts et que vous méritez des félicitations. Mon objectif en écrivant ce livre n'était pas de vous embrouiller, mais de mettre en lumière le fait qu'il n'y a pas de réponses simples et définitives à la question de savoir pourquoi le climat est en train de changer. Ce message a une grande valeur, surtout à l'ère des fausses certitudes.

Le livre fournit de nombreuses informations sur ce que nous savons actuellement du changement climatique et encore plus sur ce que nous ne savons pas, car c'est la réalité. Nous gnorons plus de choses que nous n'en savons sur le changement climatique. Il s'agit d'un travail en cours, et non d'une question réglée.

Le changement climatique est un phénomène complexe induit par des changements énergétiques. La première partie de l'ouvrage se concentre sur notre compréhension du flux vertical d'énergie au sein du système climatique et sur notre connaissance limitée des changements d'albédo (réflectance) et du transport horizontal d'énergie. On oublie souvent que l'effet de serre varie d'un bout à l'autre de la planète, qu'il est fort sous les tropiques et faible dans les régions polaires en hiver. Cette variabilité inhérente signifie que les changements dans le transport horizontal de chaleur ne sont pas neutres par rapport aux flux radiatifs au sommet de l'atmosphère, contribuant ainsi potentiellement au changement climatique. Lorsque la chaleur se déplace vers un endroit où elle peut être plus facilement diffusée dans l'espace, le rayonnement sortant augmente, ce qui entraîne une réduction du contenu énergétique du système.

Le défi, cependant, réside dans notre compréhension limitée du transport de chaleur en raison du manque actuel de méthodes de mesure précises. Dans la première partie de l'ouvrage, nous présentons un examen approfondi de nos connaissances actuelles sur le transport méridien de chaleur, c'est-à-dire le mouvement de la chaleur vers les pôles. Il est intéressant de noter que ce manque de connaissances pourrait être l'une des raisons pour lesquelles le rôle d'El Niño - Oscillation australe dans le système de transport est généralement négligé et que les oscillations océaniques multidécennales ne sont pas reconnues comme des manifestations de changements globaux dans le transport.

La deuxième partie du livre traite de la variabilité naturelle du climat. Ce sujet fascinant n'a pas reçu suffisamment d'attention car on estime généralement qu'il n'a pas contribué au changement climatique récent. Notre connaissance des facteurs responsables des changements passés reste remarquablement faible. Nous ne pouvons pas expliquer l'époque où les palmiers poussaient aux pôles et où les grenouilles vivaient en Antarctique. Nous ne savons pas pourquoi la Terre s'est refroidie pendant 50 millions d'années. La baisse des niveaux de CO_2 n'a pas pu en être la cause, car elle s'est produite en grande partie pendant l'Oligocène, au début d'une longue période de réchauffement. De nombreux événements climatiques abrupts survenus au cours de l'Holocène, tels que le petit âge glaciaire, laissent perplexe. En fait, nous ne savons pas comment expliquer le changement climatique si les variations du CO_2 ne peuvent pas l'expliquer. Alors que les éruptions volcaniques ont des effets à court terme, nous négligeons les effets indirects des changements de l'activité solaire, dont l'existence a pourtant été amplement démontrée. Notre incapacité à comprendre les changements climatiques passés est due au fait que nous n'avons pas reconnu que les changements dans le transport de la chaleur sont un moteur du changement climatique.

Dans la troisième partie, nous critiquons l'hypothèse consensuelle existante, qui est malheureusement insuffisante à plusieurs égards. Elle n'explique pas les caractéristiques climatiques les plus marquantes de notre époque, telles que la prédominance de régimes climatiques multidécennaux entrecoupés de décalages abrupts. Elle n'explique pas non plus la plupart des changements climatiques du passé, car elle ignore des facteurs cruciaux tels que les changements dans le transport de la chaleur et le forçage solaire indirect. Nous avons besoin de nouvelles hypothèses capables de répondre à ces limites. C'est dans ce contexte que je présente ma contribution, l'hypothèse du gardien d'hiver, qui vise à fournir une compréhension plus complète et plus précise du changement climatique.

Le but de ce livre n'est pas de vous convaincre que mon hypothèse est correcte, mais de démontrer l'inadéquation de notre hypothèse consensuelle, basée principalement sur les changements de CO_2. Au mieux, l'hypothèse consensuelle ne peut expliquer que partiellement les changements observés dans notre climat. Les preuves présentées dans ce livre pointent fortement dans cette direction. Je vous présente ces preuves et vous donne les outils dont vous avez besoin pour vous forger votre propre opinion en toute connaissance de cause. Contrairement à l'effet renforcé du CO_2, mon hypothèse offre une explication viable pour les preuves présentées. Cependant, je ne peux pas être sûr qu'elle soit correcte. Il a fallu des décennies pour établir la validité de la théorie de l'évolution par sélection naturelle de Darwin ou de la théorie de Milankovitch sur les glaciations dues aux changements orbitaux. Mais il est important de comprendre que nous avons besoin d'une meilleure hypothèse que celle dont nous disposons actuellement.

La quatrième partie explique pourquoi l'hypothèse du gardien d'hiver est supérieure à l'hypothèse consensuelle actuelle. Nous mettons en lumière l'erreur qui consiste à croire que les modèles climatiques sont les arbitres ultimes de la science du changement climatique. La véritable épreuve réside dans les prévisions divergentes des deux scénarios, en particulier lorsque l'on considère une période relativement courte, comme les 25 prochaines années. Si les changements observés au cours des 25 prochaines années ne confirmeront pas la validité de l'un ou l'autre scénario, ils devraient permettre de déterminer lequel des deux est le plus erroné.

Si vous avez lu ce livre, vous aurez acquis une meilleure compréhension des nuances du changement climatique que de nombreuses personnalités publiques qui s'expriment avec assurance sur le sujet. Si vous n'étiez pas sceptique auparavant, vous devriez maintenant remettre en question la crise annoncée et les solutions proposées. Le scepticisme est au cœur de la recherche scientifique, et même en tant que scientifique, j'adhère à l'un des principes les plus importants de la science : « *Nullius in verba* », c'est-à-dire ne croyez personne sur parole. Les scientifiques ont la responsabilité de présenter les preuves tout en reconnaissant que leurs réponses sont provisoires et sujettes à d'éventuelles erreurs ou sont incomplètes.

Soutenir les politiques que vous estimez être les meilleures pour votre société est l'essence même de la démocratie. Pour vous assurer que vos décisions sont vraiment les vôtres, il est important d'être vigilant face à la tromperie. Le scepticisme est notre seul rempart contre la tromperie. Cultivez votre scepticisme et acceptez le doute, car il vaut mieux *« vivre dans le doute et l'incertitude et ne pas savoir, que d'avoir des réponses qui pourraient être erronées »*.[442]

---

[442] Feynman, R., 1981. In : "Feynman : The Pleasure of Finding Things Out" BBC Horizon, Série 18, épisode 9 (23 novembre 1981) vimeo.com/340695809

Revues

Résoudre le puzzle du climat offre de nouvelles perspectives sur la composante naturelle du changement climatique qui n'a pas été suffisamment prise en compte dans les rapports du GIEC ou par la plupart des climatologues. Javier Vinós sort du cadre étroit de la pensée conventionnelle sur le changement climatique et présente l'hypothèse du gardien d'hiver comme une alternative à l'hypothèse dominante du CO_2.

Le cheminement de Javier Vinós vers l'identification du transport méridien de chaleur comme moteur du changement climatique représente le processus scientifique dans ce qu'il a de meilleur. Son livre jette la lumière sur des questions longtemps restées sans réponse concernant l'influence possible de l'activité solaire sur le climat et l'ampleur des facteurs naturels contribuant au réchauffement récent. *Résoudre le puzzle du climat* changera votre façon d'envisager le changement climatique passé, présent et futur.

Dra. Judith Curry, scientifique en géophysique
Professeur émérite, Georgia Institute of Technology
Présidente du Réseau d'applications des prévisions climatiques (CFAN)

Voulez-vous savoir ce qui se cache vraiment derrière les nouvelles quotidiennes alarmantes et frénétiques sur le réchauffement de la planète et le changement climatique ? Si vous répondez par l'affirmative, « Résoudre le puzzle du climat » de Javier Vinós est le livre qu'il vous faut.

M. Vinós est un intellectuel public infatigable et inébranlable qui a étudié les données scientifiques en toute indépendance, y compris vis-à-vis de moi, et qui est parvenu à sa propre conclusion. La réussite unique du Dr Vinós dans ce livre est sa capacité à raconter des histoires scientifiques complexes de la manière la plus simple possible, et rien de moins. Vous pouvez donc vous attendre à maîtriser suffisamment de concepts et de preuves pour avoir la chance de comprendre le sujet suffisamment bien pour pouvoir commencer à converser correctement, même avec des scientifiques professionnels du climat. Le Dr Vinós a rassemblé dans ce nouveau livre puissant une richesse de connaissances et d'idées scientifiques récentes inégalée, alors félicitations à tous ceux d'entre vous qui sont prêts à étudier ce livre de leur plein gré et en prenant le temps nécessaire.

Dr. Willie Soon, astrophysicien et géoscientifique
Centre d'astrophysique de Harvard-Smithsonian
Centre de recherche sur l'environnement et les sciences de la terre (CERES)

Glossaire

^{14}C : Isotope instable du carbone, d'un poids atomique de 14 et d'une demi-vie d'environ 5 700 ans. Il est produit par l'action du rayonnement cosmique et solaire de haute énergie sur l'azote atmosphérique. Il est utilisé pour la datation au radiocarbone il y a environ 40 000 ans et comme indicateur indirect de l'activité solaire passée. Sa production est affectée par l'activité magnétique solaire et les variations géomagnétiques.

- A -

Albédo : fraction (pourcentage) du rayonnement solaire qui est réfléchie par une surface. L'albédo atmosphérique dû à la couverture nuageuse est le principal facteur contribuant à l'albédo de la Terre. L'albédo de surface est le plus élevé dans la glace et généralement le plus faible dans l'océan.

Anomalie : se réfère à une échelle de température, généralement en degrés Celsius ou Kelvin, dont la valeur zéro correspond à la température moyenne sur une période donnée, généralement 30 ans. Le nom est malheureux car il suggère que les changements de température sont anormaux.

Anthropique : causé par les activités humaines passées et présentes.

Aphélie : Point de l'orbite le plus éloigné du Soleil. Dans le cas de la Terre, il se produit autour du 5 juillet.

Austral : Qui concerne l'hémisphère sud.

- B -

Boréal : Qui concerne l'hémisphère nord.

- C -

Changement climatique : changement du climat identifié par des changements statistiquement significatifs de ses variables climatologiques qui persistent sur une longue période, généralement des décennies ou plus. Selon cette définition, le climat change en permanence.

Changement climatique abrupt : changement climatique caractérisé par une modification durable d'une ou plusieurs variables climatiques à un rythme supérieur à celui observé 80 % du temps, entraînant un état climatique différent qui peut durer des décennies ou plus.

Cellule de Ferrel : Partie du schéma de circulation atmosphérique proposé par William Ferrel en 1856 pour expliquer les vents dominants entre 35° et 60° de latitude dans les deux hémisphères. Une partie de l'air ascendant à 60° diverge à haute altitude vers l'ouest et vers l'équateur, où il rencontre la circulation opposée de la cellule de Hadley à 30° de latitude. Là, il descend et renforce les crêtes de haute pression situées en dessous. L'air s'écoule ensuite vers l'est et le nord près de la surface. La cellule de Ferrel est entraînée par la présence des cellules de Hadley et polaires parce que son air monte dans une région plus froide et descend dans une région plus chaude, étant entraîné mécaniquement plutôt que thermiquement. Cela en fait une cellule plus faible avec des vents plus mélangés, et ses vents de surface caractéristiques sont appelés vents d'ouest dominants. La cellule de Ferrel ne représente pas très bien la réalité, car les vents d'ouest forts se trouvent généralement à 10 km d'altitude.

Cellule de Hadley : Partie du schéma de circulation atmosphérique proposé par George Hadley en 1735 pour expliquer les vents dominants près de l'équateur (alizés). Le rayonnement solaire élevé dans la bande équatoriale fait monter l'air chaud. À haute altitude, l'air chaud se déplace vers les pôles et est dévié vers l'est par la force de Coriolis. À 30° de latitude, l'air s'enfonce et ferme la boucle, se déplaçant vers l'équateur et vers l'ouest à la surface, créant ainsi les alizés (vents d'est).

Cellule polaire : Partie du schéma de circulation atmosphérique. L'air très froid à haute altitude dans les régions polaires s'enfonce, créant une zone de haute pression. Il se déplace ensuite vers l'équateur et vers l'ouest à la surface (vents polaires d'est) en direction du parallèle de 60°, où il rencontre des vents opposés, plus chauds et plus humides, provenant de la cellule de Ferrel. L'air s'élève et diverge, et une partie se déplace vers les pôles et l'est à haute altitude pour fermer la boucle.

Couche d'ozone : Partie de la stratosphère qui contient environ 90 % de l'ozone terrestre. La majeure partie de l'ozone se trouve entre 20 et 35 kilomètres au-dessus du niveau de la mer. Il joue un rôle essentiel dans la protection de la vie sur Terre en absorbant les longueurs d'onde les plus énergétiques et les plus nocives de la lumière ultraviolette.

Couple : mesure de la force qui fait tourner un objet et lui fait acquérir une accélération angulaire. Il est égal au produit de la magnitude de la force et de la distance entre son point d'application et l'axe de rotation.

Cycle glaciaire : Alternance de périodes glaciaires et interglaciaires au cours du Pléistocène selon les fréquences orbitales de Milankovitch.

Cycle solaire de Bray : Périodicité de l'activité solaire d'environ 2 500 ans, décrite pour la première fois par Roger Bray en 1968 et liée à une périodicité climatique de la même période et de la même phase.

Cycle solaire d'Eddy : Périodicité d'environ 1 000 ans de l'activité solaire, nommée d'après John A. Eddy, qui l'a décrite en 1976.

Circulation de Brewer-Dobson : Modèle de circulation atmosphérique mondiale dans lequel l'air de la troposphère tropicale s'élève dans la stratosphère et se déplace vers les pôles en descendant. Elle joue un rôle clé dans le transport de masse (y compris l'ozone) et de chaleur dans la stratosphère, de l'équateur vers chaque pôle.

Circulation méridienne : composante nord-sud de la circulation atmosphérique.

Circulation méridienne de retournement de l'Atlantique : Système de courants océaniques de surface et profonds dans l'Atlantique responsable du transport de la chaleur, du sel, du carbone et des nutriments. Les courants de surface transportent la chaleur et l'humidité des tropiques vers le nord, tandis que les courants profonds et froids transportent le sel vers le sud. Des régions de retournement aux deux extrémités relient les deux sous-systèmes.

Circulation zonale : composante longitudinale (est-ouest) de la circulation atmosphérique.

Climat : modèle général des conditions météorologiques dans une région. Le climat est défini statistiquement en termes de moyenne et de variabilité des variables météorologiques pertinentes sur des échelles de temps allant de quelques mois à des milliers ou des millions d'années.

Compensation de Bjerknes : Proposition de Jacob Bjerknes (1964) selon laquelle la variabilité du transport de chaleur latitudinal à travers l'océan est largement compensée par la variabilité de signe opposé du transport de chaleur latitudinal à travers l'atmosphère. Bien que cela n'ait pas été formellement démontré en raison des difficultés rencontrées pour mesurer le transport de chaleur par l'océan, cette hypothèse est généralement acceptée.

Conduction : transfert de chaleur entre particules par collision. Le flux d'énergie est spontané d'un corps plus chaud vers un corps plus froid, et sa vitesse dépend du gradient de température et des propriétés du milieu conducteur.

Convection : Transfert d'une propriété de l'atmosphère ou de l'océan, telle que la chaleur, l'humidité ou la salinité, par des mouvements de masse principalement verticaux de l'eau ou de l'air. En météorologie et en océanographie, il s'agit de l'équivalent vertical de l'advection principalement horizontale.

Cryosphère : Partie de la surface terrestre où l'eau est à l'état solide, y compris les sols gelés (pergélisol). Elle représente environ 7 % de la surface de la Terre.

- D -

Décalage climatique : Petit changement rapide du climat d'un régime climatique à un autre.

Dernier maximum glaciaire : période de la dernière glaciation au cours de laquelle les nappes glaciaires ont atteint leur étendue maximale. Il est défini sur la base d'un niveau de la mer inférieur de 125 mètres au niveau actuel entre 26 500 et 19 000 ans.

- E -

El Niño : Phase chaude d'El Niño - Oscillation australe associée à un réchauffement des eaux de surface du centre et de l'est de l'océan Pacifique et à un affaiblissement ou à une inversion des alizés de l'est.

El Niño - Oscillation australe : oscillation périodique et irrégulière, d'une durée de 2 à 5 ans, des températures de surface de la mer et de la force des vents dominants dans l'océan Pacifique tropical oriental, qui affecte la météorologie d'une grande partie du monde.

Ère glaciaire : toute période géologique de l'histoire de la Terre caractérisée par la présence de grandes nappes glaciaires continentales. Nous nous trouvons actuellement dans l'ère glaciaire quaternaire, puisque des nappes glaciaires recouvrent le Groenland et l'Antarctique. Au cours d'une ère glaciaire, des périodes glaciaires ou stadiales plus froides alternent avec des périodes interglaciaires ou interstadiales plus chaudes. Historiquement et populairement, le terme de glaciation est utilisé à la fois pour les ères glaciaires et les périodes glaciaires, ce qui prête à confusion.

Ère glaciaire du Cénozoïque supérieur : La période glaciaire actuelle qui a commencé il y a 33,9 millions d'années à la limite entre l'Éocène et l'Oligocène, avec le début de la glaciation antarctique. Elle couvre la seconde moitié de l'ère cénozoïque ou « âge des mammifères ».

Effet de serre : Différence entre la température à laquelle une planète doit émettre un rayonnement infrarouge pour équilibrer le rayonnement solaire absorbé et la température à sa surface. Il est principalement dû aux gaz à effet de serre présents dans l'atmosphère, qui absorbent et émettent des rayonnements infrarouges. En raison de l'effet de serre, la surface de la Terre est 33 °C plus chaude qu'elle ne le serait avec une atmosphère transparente au rayonnement infrarouge ou sans atmosphère du tout.

Effet Holton-Tan : phénomène dans lequel la force du vortex polaire boréal stratosphérique en hiver est synchronisée avec l'oscillation quasi-biennale équatoriale. Le vortex devient plus fort et plus froid lorsque l'oscillation quasi-biennale est dans sa phase ouest et plus faible et plus chaud lorsqu'elle est dans sa phase est.

Entropie : mesure de l'indisponibilité de l'énergie d'un système pour effectuer un travail. Elle exprime également l'irréversibilité d'un processus en raison de la dispersion de la matière ou de l'énergie.

Événement climatique abrupt : Période de plusieurs siècles qui présente une modification significative des variables climatiques à l'échelle mondiale ou hémisphérique en raison d'un changement climatique abrupt, constituant un état climatique différent.

Événement Dansgaard-Oeschger : événement climatique glaciaire abrupt centré sur la région de l'Atlantique Nord et des mers nordiques, caractérisé par un réchauffement abrupt mesuré dans les carottes de glace du Groenland entre 7 et 13 °C sur une période de sept décennies, suivi d'un retour plus lent aux conditions glaciaires sur plusieurs siècles ou quelques millénaires. Son effet est hémisphérique et s'associe aux changements isotopiques dans l'Antarctique pour produire une caractéristique climatique globale qui est bien enregistrée dans les niveaux de méthane mondiaux.

- F -

Fenêtre atmosphérique : dans l'infrarouge, la gamme de fréquences 8,5-13,5 µm qui permet à environ 17 % du rayonnement de grande longueur d'onde émis par la surface de traverser l'atmosphère sans entrave. Environ 12 % de l'énergie solaire reçue à la surface est émise dans l'espace à travers cette fenêtre atmosphérique. D'autres fenêtres importantes existent dans les fréquences visibles et radio.

Forçage : tout processus ou perturbation qui entraîne un changement climatique, généralement en modifiant le flux radiatif au sommet de l'atmosphère.

Forçage radiatif : changement net du bilan énergétique du système terrestre dû à une perturbation imposée.

Front polaire : Front météorologique qui sert de limite entre la cellule polaire et la cellule de Ferrel vers 60° de latitude, près des régions polaires, dans les deux hémisphères. À cette limite, il existe un fort gradient de température entre ces deux masses d'air, chacune ayant une température très différente.

- G -

Gaz à effet de serre (GES) : gaz qui absorbe et émet de l'énergie dans la partie infrarouge du spectre. Les principaux GES présents dans l'atmosphère terrestre sont la vapeur d'eau (H_2O_v), le dioxyde de carbone (CO_2), le méthane (CH_4), l'oxyde nitreux (N_2O), l'ozone (O_3), les chlorofluorocarbones (CFC) et les hydrofluorocarbones (HFC). En climatologie, le terme peut inclure uniquement les gaz à effet de serre non condensants, à l'exclusion de la vapeur d'eau.

Gradient d'insolation latitudinal : Le gradient, déterminé par l'angle d'incidence du rayonnement solaire, de la quantité d'énergie reçue du soleil à la surface de la Terre pendant une période donnée (par exemple, kWh/m^2 jour) qui varie en fonction de la latitude. Ce gradient agit sur le système climatique par le biais d'un réchauffement solaire différentiel, qui détermine le gradient de température latitudinal de la Terre, lequel détermine la circulation atmosphérique et océanique et crée les différentes zones climatiques. Le gradient latitudinal de l'insolation change avec les saisons et, à plus long terme, avec les changements d'obliquité et de précession.

Gradient de température latitudinal : gradient de température de surface, déterminé principalement par le réchauffement solaire différentiel, qui change avec la latitude et par l'efficacité du transport de chaleur des tropiques vers les pôles. Le gradient de température latitudinal détermine la circulation atmosphérique et océanique et crée les différentes zones climatiques. Le gradient de température latitudinal change avec les saisons et, sur des échelles de temps plus longues, avec les changements d'obliquité et de précession. Cependant, contrairement au gradient latitudinal d'insolation, il change également lorsqu'il y a un changement latitudinal des températures de surface, comme c'est le cas avec le récent réchauffement de l'Arctique. Le gradient latitudinal de température est une propriété essentielle du système climatique terrestre.

Gradient thermique vertical : taux de variation de la température atmosphérique avec l'augmentation de l'altitude. Il est positif lorsque la température diminue avec l'altitude et négatif lorsqu'elle augmente.

Groupe d'experts intergouvernemental sur l'évolution du climat (GIEC) : organisme des Nations unies chargé de produire des rapports qui évaluent les données scientifiques publiées sur le changement climatique.

- H -

HadCRUT : enregistrement des températures de surface à l'échelle mondiale produit par le Centre Hadley du Met Office du Royaume-Uni et l'Unité de recherche climatique de l'Université d'East Anglia. La version actuelle est HadCRUT5.

Hauteur géopotentielle : il s'agit de la hauteur réelle d'une surface de pression au-dessus du niveau moyen de la mer, qui est liée à la densité de l'air en dessous. Une faible hauteur géopotentielle indique la présence de masses d'air froid et dense en dessous, tandis qu'une hauteur géopotentielle élevée indique le contraire. Elle est mesurée en mètres par rapport à une pression donnée. Sur les cartes météorologiques, les contours de hauteur relient les points de même hauteur géopotentielle.

Hiatus : En climatologie, toute période de l'ère instrumentale de mesure des températures (depuis 1850) au cours de laquelle il y a eu peu ou pas de réchauffement. Les hiatus semblent être la phase froide d'une périodicité d'environ 65 ans. Le premier hiatus s'est produit entre 1879 et 1909. Le deuxième hiatus s'est produit entre 1944 et 1974. Un troisième hiatus, communément appelé « la pause », a débuté en 1998 et a duré jusqu'en 2014.

Hypothèse de la vague du stade : L'hypothèse, proposée par Marcia Glaze Wyatt en 2012, d'un signal climatique multidécennal se propageant à travers l'hémisphère nord dans une séquence en chaîne d'indices océaniques, atmosphériques et de glace de mer synchronisés. Tous les indices varient sur la même échelle de temps d'environ 64 ans, d'un pic à l'autre au cours du 20e siècle, un indice précédant le suivant de manière ordonnée et chronologique.

Hypothèse de l'effet renforcé du CO_2 : L'hypothèse selon laquelle la quantité de CO_2 dans l'atmosphère terrestre est le principal facteur contrôlant la température à la surface de la terre et que les changements dans les niveaux de CO_2 ont causé la plupart des changements climatiques majeurs dans le passé et sont responsables du réchauffement climatique actuel.

Hypothèse du gardien d'hiver : hypothèse qui propose des changements à long terme dans la quantité de chaleur et d'humidité transportée vers les pôles comme cause principale du changement climatique. Le principal effet de ce mécanisme sur des échelles de temps allant de quelques décennies à quelques siècles est dû à des changements dans la quantité de chaleur transportée vers l'Arctique pendant l'hiver. Les variations solaires sont un important modulateur ou « gardien » de ce transport.

Holocène : Époque géologique interglaciaire et actuelle. L'Union internationale des sciences géologiques a défini stratigraphiquement la base de l'Holocène comme étant 11 700 ans avant l'an 2000.

Holocène inférieur : La première partie après la division de l'Holocène en trois périodes de durée similaire. Auparavant, sa durée variait en fonction de la zone et du proxy étudiés, mais en 2018, l'Union internationale des sciences géologiques a établi sa correspondance avec le stade groenlandais entre 11 700 et 8 326 ans avant l'an 2000.

Holocène moyen : La deuxième partie après la division de l'Holocène en trois périodes de durée similaire. Auparavant, son extension était variable en fonction de la zone et du proxy étudiés, mais en 2018, l'Union internationale des sciences géologiques a établi sa correspondance avec le stade nord-grippien entre 8 326 et 4 250 ans avant l'an 2000.

Holocène supérieur : La dernière partie après la division de l'Holocène en trois périodes de durée similaire. Auparavant, sa durée variait en fonction de la zone et du proxy étudiés, mais en 2018, l'Union internationale des sciences géologiques a établi sa correspondance avec le stade Meghalayan, de 4 250 ans avant 2000 à aujourd'hui.

- I -

Indice El Niño océanique : Indice El Niño-Southern Oscillation de la NOAA basé sur la température de surface de la mer dans la région Niño 3.4 (5°N-5°S, 120-170°W).

Insolation : quantité d'énergie solaire reçue par unité de surface pendant la période considérée.

Irradiation solaire totale : Quantité totale de rayonnement solaire en W/m^2 reçue en dehors de l'atmosphère terrestre sur une surface perpendiculaire au rayonnement entrant et à la distance moyenne entre la Terre et le Soleil. Il ne peut être mesuré de manière fiable que par des satellites, et les relevés ne remontent qu'à 1978. La variation de l'irradiation solaire totale au cours du cycle solaire est de l'ordre de 0,1 %.

- L -

La Niña : Phase froide d'El Niño - Oscillation australe El Niño associée à des eaux de surface froides dans le centre-est de l'océan Pacifique et à un renforcement des alizés de l'est.

Limite des arbres : Limite de l'habitat, à haute altitude ou latitude, au-delà de laquelle les arbres ne peuvent pas pousser.

Longueur du jour (LOD) : Mesure des variations de la longueur du jour déterminée par la différence entre la longueur astronomique du jour et les 86 400 secondes du système international.

Lunisolaire : causé à la fois par le Soleil et la Lune.

- M -

Maximum solaire moderne : la période 1935-2000, qui est la plus longue période d'activité solaire décennale supérieure à la moyenne dans l'enregistrement des taches solaires sur 275 ans.

Modèle de circulation générale : modèles numériques représentant les processus physiques dans l'atmosphère, l'océan, la cryosphère et la surface terrestre.

Modèle du système terrestre : modèle qui intègre la biogéochimie et le cycle du carbone et qui, sur la base d'une trajectoire d'émissions, génère un modèle des niveaux de CO_2 atmosphérique qui en résultent.

Moment angulaire : Quantité vectorielle déterminée par le moment de rotation d'un corps ou d'un système en rotation, qui est égal au produit de la vitesse angulaire du corps ou du système et de son moment d'inertie par rapport à l'axe de rotation. La direction du vecteur est l'axe de rotation.

- N -

Néoglaciation : Tendance à l'augmentation de l'avancée des glaciers à l'échelle mondiale après l'optimum climatique de l'Holocène, identifiée et nommée par François Matthes dans les années 1940.

Néoglaciaire : Période de l'Holocène comprise entre 5 200 et 400 ans avant le présent, caractérisée par une augmentation de l'avancée des glaciers et une diminution de la température globale. On pense qu'elle résulte d'une diminution de l'obliquité de la Terre et d'une baisse de l'insolation pendant l'été boréal en raison de la précession.

- O -

Obliquité : Angle entre le plan orbital de la Terre (écliptique) et le plan équatorial, également appelé inclinaison axiale. Elle peut varier entre 22,1° et 24,5° et est actuellement de 23°26′ (23,44°) et en diminution. C'est le principal paramètre de Milankovitch pour le forçage climatique orbital, responsable de l'espacement et de l'occurrence des interglaciaires.

Onde atmosphérique : Les ondes atmosphériques sont des mouvements de l'air dans l'atmosphère terrestre à différentes échelles spatiales (de quelques mètres à des milliers de kilomètres) et temporelles (de quelques minutes à quelques semaines). Il s'agit de perturbations périodiques d'une variable atmosphérique (pression, température ou vitesse du vent) qui peuvent se propager ou rester sur leur lieu d'origine. Les ondes importantes pour ce livre sont les ondes planétaires, un type d'onde de Rossby.

Onde de Rossby : type d'onde inertielle générée sur les planètes en rotation en raison des différences de l'effet de Coriolis en fonction de la latitude. Les ondes de Rossby atmosphériques sont des méandres géants dans les vents de haute altitude, avec des longueurs d'onde de plusieurs centaines de kilomètres. Les ondes de Rossby océaniques sont beaucoup plus petites et sont généralement associées à la thermocline.

Onde planétaire : Type d'onde de Rossby de très grande longueur d'onde (milliers de kilomètres) qui peut se propager verticalement dans la stratosphère si elle est suffisamment grande et si les conditions stratosphériques le permettent.

Optimum climatique de l'Holocène : Période de l'Holocène au cours de laquelle les températures moyennes mondiales les plus élevées ont été atteintes. Bien que sa chronologie varie d'une région à l'autre, on peut considérer qu'il s'est produit globalement entre environ 9 600 et 5 500 ans avant le présent.

Optimum climatique médiéval : intervalle climatique qui a suivi la période froide du haut Moyen Âge et précédé le petit âge glaciaire, caractérisé par un réchauffement et un rétrécissement des glaciers de montagne. El est généralement datée entre 950 et 1250 après J.-C. environ.

Optimum climatique romain : très long intervalle climatique suivant l'événement de 2,8 kiloans et précédant la période froide du haut Moyen Âge, caractérisé par un réchauffement et un rétrécissement des glaciers de montagne. Certains auteurs la situent entre 2550 et 1650 ans (550 av. J.-C. et 350 ap. J.-C.), tandis que d'autres la limitent à 250 av. J.-C. et 350 ap. J.-C. Les données historiques et climatiques suggèrent que l'Optimum climatique romaine a pu être aussi chaude, voire plus chaude, que la période actuelle.

Oscillation arctique : Également connue sous le nom de mode annulaire nord, l'oscillation arctique est un mode de variabilité climatique qui affecte les vents circulant dans le sens inverse des aiguilles d'une montre autour de l'Arctique. Une oscillation arctique positive se caractérise par des vents forts, un courant-jet en forme d'anneau, une faible pression de surface dans l'Arctique et des masses d'air froid confinées aux régions polaires. Une oscillation arctique négative se caractérise par des vents plus faibles, un courant-jet sinueux, une pression de surface élevée dans l'Arctique et des masses d'air froid pénétrant dans les latitudes non polaires. L'indice d'oscillation arctique est calculé en comparant le champ de hauteur géopotentielle 20-90°N 1 000 mBar avec son principal mode de variabilité pour la période 1979-2000.

Oscillation quasi-biennale (QBO) : oscillation quasi-périodique des forts vents stratosphériques qui encerclent la planète au-dessus de l'équateur, descendant d'environ 1 km par mois. La nouvelle ceinture qui se développe au-dessus de l'ancienne a une orientation opposée. À une altitude donnée (mesurée à 30 hPa), les vents d'ouest et d'est alternent environ tous les 14 mois. L'amplitude de la phase est (QBOe, valeurs négatives de la vitesse du vent) est environ deux fois plus forte que celle de la phase ouest (QBOw, valeurs positives de la vitesse du vent) et dure un peu plus longtemps, mais les vents d'est à faible vitesse (–5-0 m/s) se comportent sur le plan climatique comme les vents d'ouest. La QBO a des effets importants sur le climat de l'hémisphère nord, en particulier en hiver, en influençant la force du vortex polaire et du courant-jet.

Oscillation décennale du Pacifique (PDO) : Mode de variabilité du climat dans le Pacifique Nord avec des téléconnexions étendues. Elle est définie comme le schéma dominant des anomalies de température de surface de la mer dans le bassin du Pacifique Nord. Elle est fortement influencée par El Niño - Oscillation australe et représente une enveloppe à long terme de la variabilité d'El Niño - Oscillation australe. Ses phases peuvent durer des décennies et, lorsqu'elles sont positives, les anomalies de température de surface de la mer sont négatives dans le centre et l'ouest du Pacifique Nord et positives dans l'est du Pacifique Nord, et vice versa. Ces anomalies se reflètent faiblement dans le Pacifique Sud.

Oscillation nord-atlantique : Dipôle nord-sud du mode de variabilité de la pression atmosphérique sur l'Atlantique Nord avec des téléconnexions climatiques prononcées. Un centre du dipôle est situé au-dessus du Groenland, et l'autre centre, de signe opposé, dans le centre de l'Atlantique Nord, entre 35 et 40°N. L'indice de l'oscillation nord-atlantique est construit à partir de la différence de pression entre la dépression d'Islande et l'anticyclone des Açores. L'oscillation alterne entre un mode positif avec unes fortes dépression d'Islande et anticyclone des Açores et un mode négatif avec unes faibles dépression d'Islande et anticyclone des Açores. Les phases fortement positives de l'oscillation nord-atlantique se traduisent par des températures supérieures à la moyenne dans l'est des États-Unis et en Europe du Nord, et par des températures inférieures à la moyenne au Groenland et souvent dans le sud de l'Europe et au Moyen-Orient. Elles sont également associées à des précipitations hivernales supérieures à la moyenne en Europe du Nord et en Scandinavie et inférieures à la moyenne en Europe méridionale et centrale. Des schémas opposés d'anomalies de température et de précipitations sont souvent observés pendant les phases fortement négatives de l'oscillation nord-atlantique.

Oscillation multidécennale atlantique (AMO) : mode de variabilité climatique récurrent dans l'Atlantique Nord associé à des changements de la température de surface de la mer, à des changements des précipitations en Amérique du Nord, en Europe et en Afrique du Nord, et à l'intensité des ouragans de l'Atlantique Nord. Il se caractérise par une alternance de phases de 20 à 40 ans avec une amplitude d'environ 0,6 °C de la température de surface de la mer.

- P -

Paradoxe du petit gradient : Paradoxe physique posé par les climats equables avec des pôles chauds qui nécessitent des flux de chaleur méridiens accrus pour maintenir des températures douces aux latitudes élevées et empêcher les basses latitudes de surchauffer, et le principe de la théorie de la turbulence selon lequel le flux de chaleur méridien est proportionnel au gradient de température méridien.

Pause : voir hiatus.

Petit âge glaciaire : intervalle climatique suivant l'Optimum climatique médiéval, caractérisé par un refroidissement et une expansion des glaciers de montagne. Il n'y a pas d'accord sur la durée du petit âge glaciaire. Dans cet ouvrage, le petit âge glaciaire est considéré comme couvrant la période comprise entre 1300 et 1845.

Périhélie : Point d'une orbite où le Soleil est le plus proche. Pour la Terre, ce point se situe actuellement autour du 4 janvier.

Période froide du Haut Moyen Âge : intervalle climatique suivant l'Optimum climatique romaine et précédant l'Optimum climatique médiéval, caractérisé par un refroidissement. Elle est généralement datée d'environ 400-900 après J.-C.

Période glaciaire : période de temps au sein d'une ère glaciaire où la température de surface est inférieure de plusieurs degrés à celle d'aujourd'hui et où les nappes glaciaires polaires et montagneuses sont beaucoup plus étendues et couvrent de grandes parties de l'hémisphère nord.

Piscine chaude indo-pacifique : vaste zone (>30 × 10^6 km²) du Pacifique tropical occidental et de l'océan Indien oriental, comprenant environ 7 % de la surface de la Terre, où la température est en permanence supérieure à 28 °C. Les températures élevées provoquent une convection profonde qui produit des nuages d'une hauteur de 15 km et des effets importants sur la circulation atmosphérique. Il s'agit d'un élément important du système climatique mondial.

Précession : dans un corps ou un système en rotation, la précession est le changement relativement lent (par rapport à la vitesse de rotation) de l'orientation de l'axe de rotation. La précession axiale de la Terre est responsable du lent déplacement des équinoxes (et des saisons) le long de son orbite, avec des implications climatiques très importantes, et constitue l'un des forçages orbitaux de Milankovitch. L'orbite de la Terre autour du Soleil possède également un axe de rotation précessionnel (précession apsidale), qui modifie les fréquences de la précession des équinoxes.

Problème des climats equables : il s'agit de l'incapacité des modèles climatiques à reproduire les anciens climats de four (hothouse) de la Terre (par exemple, l'Éocène inférieur, le Crétacé), caractérisés par une faible différence de température entre l'équateur et les pôles, des régions polaires chaudes avec une saisonnalité réduite et des conditions sans glace aux deux pôles, sans avoir recours à des concentrations de gaz à effet de serre irréalistes ou à des paramètres physiques altérés.

Projet de comparaison de modèles couplés (CMIP) : cadre de collaboration visant à améliorer la compréhension des modèles de circulation générale couplés océan-atmosphère. Organisé en 1995 par le groupe de travail sur les modèles couplés du Programme mondial de recherche sur le climat. La phase la plus récente du projet (2014-2020) est la phase 6.

Proxy (climat) : caractéristiques physiques conservées dans le passé qui permettent de reconstituer les conditions climatiques antérieures.

- Q -

Quaternaire : L'actuelle et la plus récente des trois périodes de l'ère cénozoïque, couvrant les derniers 2,59 millions d'années et divisée en deux époques : le Pléistocène (de 2,59 millions à 11 700 ans) et l'Holocène (de 11 700 ans à aujourd'hui).

- R -

Rayonnement infrarouge : Rayonnement dont la longueur d'onde est comprise entre 0,75 et 1 000 µm. L'infrarouge pertinent pour le climat est l'infrarouge thermique, entre 3 et 15 µm.

Réanalyse : méthode scientifique permettant de produire un enregistrement complet des changements météorologiques et climatiques au fil du temps. Elle combine des prévisions météorologiques passées à court terme, basées sur des modèles, avec des observations par assimilation de données pour produire une estimation synthétisée de l'état du système climatique. Le processus imite la production de prévisions météorologiques quotidiennes pour les applications climatiques.

Réchauffement climatique moderne : Période de réchauffement depuis la fin du petit âge glaciaire, entre 1845 et aujourd'hui.

Réchauffement du début du 20ᵉ siècle : période de réchauffement climatique entre 1910 et 1945, d'une ampleur comparable (0,5 °C contre 0,6 °C) au réchauffement de la fin du 20ᵉ siècle entre 1975 et 2000, malgré une augmentation beaucoup plus faible des niveaux de CO_2 dans l'atmosphère.

Réchauffement de la fin du 20ᵉ siècle : période de réchauffement planétaire entre 1975 et 2000 d'une ampleur comparable (0,6 °C contre 0,5 °C) au réchauffement du début du 20ᵉ siècle entre 1910 et 1945, malgré une augmentation beaucoup plus importante des niveaux de CO_2 dans l'atmosphère.

Régime climatique : état climatique caractérisé par une faible variation d'une ou plusieurs variables climatiques au cours d'une période donnée.

Rétroaction : une rétroaction se produit lorsqu'une partie de la sortie d'un système est ajoutée ou soustraite de l'entrée, ce qui modifie le résultat. Les rétroactions d'amplification sont positives et les rétroactions d'amortissement sont négatives. Les systèmes dominés par des rétroactions négatives sont intrinsèquement stables et les systèmes dominés par des rétroactions positives sont instables.

- S -

Saisonnalité : Différence entre les saisons. En paléoclimatologie, cette différence a varié au fil du temps en raison des changements d'insolation liés à la précession. Aujourd'hui, les hivers de l'hémisphère nord sont plus chauds et les étés plus frais qu'au cours de l'Holocène inférieur, ce qui montre une diminution de la saisonnalité au fil du temps.

Sensibilité climatique à l'équilibre : réchauffement provoqué par un doublement du CO_2 atmosphérique après que les océans ont eu le temps de s'équilibrer.

Sommet de l'atmosphère : La hauteur à laquelle l'échange d'énergie entre l'espace et la Terre est supposé se produire pour les calculs du bilan énergétique. Elle doit être inférieure à la hauteur à laquelle les satellites mesurent le rayonnement sortant de la Terre. La plupart des études utilisent une altitude de 100 km.

Système climatique : système interactif composé de cinq éléments principaux : l'atmosphère (l'air), l'hydrosphère (l'eau), la cryosphère (l'eau gelée), la surface terrestre et la biosphère (les êtres vivants).

- T -

Terminaison glaciaire : période d'environ 5 à 10 000 ans au cours de laquelle se produit la transition d'une période glaciaire à une période interglaciaire. Elles sont généralement datées à leur point médian, défini comme le moment où l'élévation du niveau de la mer atteint 50 % de sa variation.

Théorie de Milankovitch : Théorie proposée par Milutin Milanković en 1920 pour expliquer l'alternance des périodes interglaciaires et glaciaires au cours du Pléistocène par des changements à longue période de l'orbite terrestre provoqués par l'attraction gravitationnelle du Soleil, de la Lune et des planètes. En 1976, il a été démontré que les proxies climatiques du Pléistocène suivaient les fréquences orbitales proposées par Milankovitch.

Théorie de l'effet de serre : théorie qui décrit comment l'équilibre entre le rayonnement solaire absorbé et le rayonnement infrarouge émis détermine la température de surface d'une planète dont l'atmosphère contient des gaz à effet de serre. En raison de la présence de gaz à effet de serre, la majeure partie du rayonnement infrarouge émis dans l'espace provient de l'atmosphère plutôt que de la surface, et la température de surface se réchauffe. Toute modification de la quantité de gaz à effet de serre entraîne un déséquilibre entre l'énergie absorbée et l'énergie émise, en raison d'une modification de la quantité de rayonnement infrarouge émise. L'équilibre est rétabli par un changement de la température de la surface et de l'atmosphère, ce qui entraîne un changement climatique.

Thermocline : fine couche d'une grande masse fluide qui sépare une zone de mélange de températures plus élevées d'une zone de mélange de températures plus basses, ce qui se traduit par un taux de changement de température plus rapide qu'au-dessus et en dessous.

Thermodynamique : branche de la physique qui s'intéresse à la chaleur, au travail et à la température et à leur relation avec l'énergie, l'entropie et les propriétés physiques de la matière et du rayonnement.

Tourbillon (eddy) : écoulement d'un fluide dans une direction différente de celle de l'écoulement général. Ils sont responsables de la majeure partie du transfert d'énergie et de moment angulaire au sein du fluide. La taille et le nombre de tourbillons sont une mesure de la turbulence. Les ouragans, les cyclones et les anticyclones, ainsi que les ondes de Rossby sont des exemples de tourbillons atmosphériques. Les tourbillons océaniques sont responsables des courants ascendants et descendants.

Transport méridien : transport nord-sud de chaleur, d'humidité, de nuages, de produits chimiques et de moment angulaire le long des méridiens de la Terre.

Traceur pétrologique : sédiment minéral dont l'origine peut être rattachée aux formations géologiques d'une région donnée.

- V -

Vortex polaire : Grande région d'air froid et de basse pression qui tourne de manière cyclique (dans le sens des aiguilles d'une montre dans l'hémisphère sud, dans le sens inverse dans l'hémisphère nord) autour des deux pôles, se manifestant à la fois dans la troposphère et dans la stratosphère. Le vortex polaire stratosphérique est un phénomène d'automne-printemps, tandis que le vortex polaire troposphérique persiste généralement, bien qu'affaibli, tout au long de l'été.

- Z -

Zone de convergence intertropicale (ZCIT) : il s'agit de l'équateur climatique de la planète, la zone autour de la Terre où les alizés du nord-est et du sud-est convergent, créant ce que les marins appellent les calmes. Il est formé par une forte insolation tropicale qui entraîne la convection d'air chaud et humide, formant la branche ascendante de la cellule de Hadley. En s'élevant, l'air se refroidit, formant une bande de nuages et de tempêtes qui encercle le globe près de l'équateur. L'emplacement de la ZCIT varie selon les saisons, se déplaçant vers le nord de janvier à juillet et vers le sud de juillet à janvier, en suivant la bande de flux solaire maximal. Les moussons tropicales sont liées à la position de la ZCIT, et les changements à long terme de sa position dus aux modifications de l'insolation résultant des changements de précession et d'obliquité ont un effet très important sur l'évolution paléoclimatique.

INDICE